Groene theologie

MIX
Papier van verantwoorde herkomst
FSC® C004472

Gedrukt door Wilco in Zutphen op FSC-gecertifieerd papier met inkt Novaboard® C 1090 RACE BIO. Het omslag heeft een beschermende laag van recyclebaar vernis.

Deze uitgave is mede mogelijk gemaakt door bijdragen van de Stichting Zonneweelde, de Stichting Catharina Halkes Fonds en de stichting Vrienden van Oikos.

Voor lezingen en gespreksmateriaal: www.VanMontfoortCommunicatie.nl

Eerste druk 2019
Tweede druk 2020

ISBN 978-94-92183-80-4
NUR 700

Uitgeverij Skandalon
Markt 51
4331 LK Middelburg
info@skandalon.nl
www.skandalon.nl

Vormgeving: Circe, Zierikzee

TREES VAN MONTFOORT

Groene theologie

SKANDALON
NON NOBIS SED POSTERIS

De heilige Benno en de kikkers

De man Gods ging vaak de natuur in om te bidden en te mediteren. En op een keer toen hij langs een moeras kwam, was er een spraakzame kikker aan het kwaken in het troebele water. Om te voorkomen dat die zijn contemplatie zou verstoren, beval hij hem om een Serafische te zijn, aangezien alle kikkers van Serafia stom zijn. Maar toen hij een stukje doorgelopen was, schoten hem de woorden te binnen van Daniël: 'Zeemonsters en al wat in het water zwemt, prijs de Heer, dieren in het wild en al het vee, prijs de Heer.'[1] En omdat hij bang was dat het zingen van de kikkers misschien aangenamer was dan zijn eigen bidden, richtte hij zijn bevel weer tot hen, dat zij God zouden prijzen op hun eigen manier. En spoedig waren de lucht en de velden vervuld met hun luid gekwaak.[2]

Inhoudsopgave

Voorwoord

In de vijf jaar dat ik aan dit boek gewerkt heb, kwam ik mijn onderwerp tegen op onverwachte plaatsen. Op vakantie in Edinburgh in 2017 hing daar naast de bushalte ineens een poster met 'Hoe kan theologie studeren de klimaatverandering bestrijden?' Veel voorbijgangers zullen zich afgevraagd hebben wat theologie en klimaatverandering met elkaar te maken hebben. Zelf heb ik ook lange tijd gedacht dat milieuproblematiek geen zaak voor theologen is.

Sinds mijn zestiende of zeventiende, ben ik bezig met theologie en met duurzaamheid. Die twee stonden los van elkaar. In studie en beroep was ik theoloog, in mijn privéleven en in politieke keuzes was duurzaamheid belangrijk. Ik studeerde zowel katholieke als protestantse theologie, was onder meer radioprogrammamaker, gemeentepredikant en hoofd van een afdeling communicatie en daarnaast verplaatste ik me zo veel mogelijk met de fiets en het openbaar vervoer, lette op energiegebruik in huis, ging sparen bij een duurzame bank en mijn eten werd steeds meer biologisch en vegetarisch. De natuur was een plek om tot rust te komen, de stad was en is mijn habitat.

Voorgeschiedenis van dit boek

Pas sinds een kleine tien jaar zijn ecologische vragen van invloed geworden op mijn theologie en andersom. Engelstalige literatuur speelde daarin een belangrijke rol, vaak gelezen met de onvolprezen leesgroep GGM (Godgewaagde meiden).[3] Vanaf 2010 was vrouwen-geloven-groen een thema op de bijeenkomsten van de Oecumenische Vrouwensynode. In 2012 heb ik daar een workshop Schepping gegeven. De Werkgroep Kerk, Theologie en Duurzaamheid is vanaf 2013 een inspirerende groep geweest, waarin theologen en niet-theologen uit uiteenlopende richtingen proberen duurzaamheid op de theologische agenda te krijgen, met name binnen de theologische opleidingen, en om duurzame activiteiten in de kerken beter theologisch te onderbouwen en zo duurzaamheid in het hart van de kerk te brengen.[4]

Het combineren van theologie en duurzaamheid, ecologie en geloof, is voor mij een grote eyeopener geworden. Ik begon ineens in de Bijbel van alles te lezen wat ik voorheen over het hoofd gezien had, theologie werd relevant voor terreinen waar het eerst niets mee te maken had. En andersom. Op de tentoonstelling 'Urban by Nature' (Rotterdam, IABR 2014) over de stad als plaats waar de ecologische crisis opgelost moet worden, las ik voor het eerst de term antropoceen en begreep dat dat een belangrijke term is voor het nadenken over de verhouding tussen mensen en de rest van de natuur in het licht van de ecologische crisis.[5] Ik was toen net begonnen serieus werk te maken van ecologische theologie. Een van de leden van de werkgroep had mij gevraagd of ik er wel eens over gedacht had om te gaan promoveren. Anderhalf jaar lang ben ik bezig geweest met het maken van een onderzoeksopzet. Want, ja, het is belangrijk dat ecotheologie ook aan de Nederlandse universiteiten beoefend gaat worden. In een seminar bij Anne-Marie Korte heb ik heel veel geleerd over wetenschappelijk verantwoord werken en een goede opbouw van een dissertatie. Heleen Zorgdrager en Erik Borgman hebben mij geholpen bij de opzet en wilden mijn promotors zijn.

Toen de opzet klaar was, heb ik hem niet ingediend, want ik realiseerde me dat het niet meer was wat ik wilde. Ik wilde zo schrijven dat het niet alleen voor wetenschappers goed leesbaar zou zijn en bijvoorbeeld alle anderstalige citaten in het Nederlands kunnen vertalen. Ik wilde een boek schrijven waar mensen die zich inzetten voor duurzaamheid in de kerken iets aan zouden hebben, evenals mensen die vanuit geloof actief zijn in de milieubeweging en in de politiek. Daarom heb ik mijn aanvankelijke opzet verbreed en ben ik teruggekeerd naar een meer journalistieke schrijfstijl. Daarbij heb ik geprobeerd de precisie en degelijke onderbouwing van een wetenschappelijke benadering te behouden. Vandaar de vele voetnoten en vandaar dat ik mijn zeer deskundige meelezers zo dankbaar ben.

Dankwoord

Als eerst noem ik Hilda Koster, Associate Professor of Theology and Ethics, Concordia College, Moorhead MN (USA), auteur en redacteur van diverse boeken op het gebied van theologie, ecologie en gender. Onder Nederlandstaligen had ik me geen deskundiger meelezer kunnen wensen. Zij heeft het tweede deel van hoofdstuk een en de hoofdstukken drie tot en met vijf van stimulerend commentaar voorzien. Toen ik hoofdstuk twee voor de helft af had, is dat gelezen door Eep Talstra, emeritus hoogleraar oude testament aan de VU. Aan hem dank ik een aantal nuttige tips en correcties en een bemoediging dat het een heel belangrijk onderwerp was waar ik mee bezig ben. Magda Misset-van der Weg was nieuwtestamentica aan de PThU. Zij heeft hoofdstuk twee, toen het af was, zeer grondig gelezen en van commentaar voorzien. Daar werd het veel beter van.

Erica Meijers, verbonden aan de PThU voor diaconaat, en biologe Marjolijn Tiemens-Hulscher van groengeloven.nl hebben het eerste hoofdstuk gelezen. Dankzij hen is dat wat ik over de ecologische crisis schrijf accurater geworden. Ook de GGM – zie boven – heeft hoofdstuk 1 gelezen en mij geholpen de puntjes op de i te zetten. Marc van der Post, theoloog in Buenos Aires, heeft het deel van hoofdstuk 4 over Ivone Gebara van deskundig commentaar voorzien. De communicatie met Albert Ronhaar van uitgeverij Skandalon, waarmee ik halverwege 2017 contact gelegd heb, was plezierig en stimulerend. Mijn belangrijkste meelezer noem ik als laatste: Wim Reedijk, met wie ik naast heel veel andere zaken een liefde deel voor theologie en voor taal, en die alles wat ik geschreven heb als eerste gelezen heeft. Mijn kinderen, Bram en Dore van Montfoort, wil ik bedanken voor hun luisterend oor voor mijn schrijfperikelen. Ze weten beiden wat het is om een boek te schrijven.

Al degenen die ik hierboven bij de voorgeschiedenis genoemd heb, waren belangrijk, evenals vele anderen die mij tips gaven, reageerden op mijn artikelen en lezingen of bijvoorbeeld een boek opstuurden. De deelnemers aan de OPP (onderlinge promotie promoting) studieweken hebben in 2014 en 2018 naar een presentatie van mij geluisterd en lastige maar nuttige vragen gesteld. Naast talloze uren in stilte achter mijn bureau, heeft dit onderzoek me vele interessante contacten en uitwisselingen opgeleverd. Dit boek was er ook niet gekomen zonder de stimulans van de gemeentes die luisterden naar mijn preken, meebaden en vierden. Soms was dat in diensten met een ecologisch thema. Als ik een enkele keer dacht 'waar doe ik het voor?', merkte ik in die diensten hoe nieuw en zinvol een ecologische theologie is. En hoe welkom.

Inleiding

Duurzaamheid is een thema geworden in gelovig Nederland en Vlaanderen. Er zijn honderden groene kerken, moskeeën en kloosters. Er is Ecokerk, Groen Geloven en Groen Gelovig. Er is zelfs een Groene Bijbel. [6] Diaconie gaat steeds vaker niet alleen over sociale maar ook over ecologische thema's. Kerkrentmeesters en kerkbesturen werken aan duurzaam beheer van het kerkgebouw. Er wordt gecollecteerd voor milieuvriendelijke kooktoestellen in India en de koffie is fairtrade. In de vasten/veertigdagentijd zijn er sobere maaltijden en andere initiatieven om te inspireren tot een duurzame levensstijl. In sommige kerken wordt scheppingszondag gevierd of een themadienst gehouden over duurzaamheid, soms krijgen biddag en dankdag voor gewas en arbeid een groene invulling.

Het begrip duurzaamheid werd bekend in de definitie van Brundtland uit 1987: 'duurzame ontwikkeling is ontwikkeling die voorziet in de behoeften van de huidige generaties zonder de mogelijkheden van toekomstige generaties om in hun behoeften te voorzien te schaden.'[7] Duurzaamheid dreigt een containerbegrip te worden waar van alles onder kan vallen en waar niemand tegen kan zijn. Ik gebruik het in de beperktere betekenis van ecologische duurzaamheid en breder dan alleen betrokken op de toekomst van mensen. Het gaat om de toekomst van de hele aarde.

Al gebeurt er dan in de kerken veel goeds op het gebied van duurzaamheid, het blijft vaak beperkt tot diaconaat en kerkbeheer. Het zijn vooral de doeners die het beeld bepalen, de doordenking blijft achter. Schepping functioneert dan als gelovig woord voor natuur en rentmeesterschap als een kerkelijke term voor milieubewustzijn. Duurzaamheid raakt nog niet het hart van het geloof, waar het thuishoort. Daarmee volgen christenen vaak enkel het maatschappelijke debat terwijl ze er ook veel aan toe zouden kunnen voegen. Groene theologie of ecotheologie dient niet alleen om de aarzelende kerkelijke praktijk te onderbouwen en te stimuleren, maar ook om de theologie minder eenzijdig te maken en om vanuit christelijk perspectief bij te dragen aan het welzijn van de aarde en al haar – menselijke en niet-menselijke – bewoners. Theologie is namelijk niet alleen voor binnenkerkelijk gebruik, maar kan ook vanuit haar eigen bronnen iets bijdragen aan het maatschappelijk debat.[8]

Er is vanuit de christelijke traditie zoveel meer te zeggen over duurzaamheid dan alleen 'rentmeesterschap' en 'zorg voor de schepping'. Voor een verantwoorde ecologische theologie is het om te beginnen nodig om de Bijbel beter te lezen. De *Groene Bijbel*[9] laat zien hoeveel relevante teksten er zijn, zoveel meer dan alleen de scheppingsverhalen aan het begin van Genesis. De term rentmeesterschap is in protestantse kringen ingeburgerd en er gaat een appel van uit. De term heeft echter ook grote beperkingen. In de Bijbel is rentmeester een economische functie, die niets zegt over de verhouding tussen mensen en de aarde. In onze tijd is een rentmeester een beheerder van agrarisch onroerend goed. De term kan zelfs gevaarlijk zijn, omdat hij te goed past in een wereldbeeld dat juist een oorzaak is van de ecologische crisis, een wereldbeeld dat gevormd is door een ideologie van overheersing en exploitatie, waarin economische groei en technische beheersing de norm zijn, zoals de paus beschrijft in zijn encycliek *Laudato Si'*.[10]

Sommigen zien – niet helemaal ten onrechte – het christendom als een van de oorzaken van de huidige ecologische problemen. Christenen zouden de mens zo op een voetstuk zetten dat de natuur in hun ogen niet meer is dan een gebruiksartikel dat onbeperkt geëxploiteerd mag worden.[11] Is het christelijk antwoord daarop: 'wel heersen, maar zorgzaam' voldoende? Blijft in dat antwoord de mens niet te zeer verheven boven de aarde? In veel ecotheologie worden vraagtekens gezet bij het wereldbeeld van de moderne tijd met zijn geloof in menselijk kunnen en in vooruitgang. In het moderne wereldbeeld zijn mensen nauwelijks meer onderdeel van een groter geheel, van de schepping, maar staan ze erboven. En er worden bijbelteksten gevonden om dat te onderbouwen. Psalm 8 wordt daar bijvoorbeeld voor gebruikt: 'U hebt [...] hem toevertrouwd het werk van uw handen en alles aan zijn voeten gelegd' (Ps. 8,6-7). In de Bijbel gaat het echter niet alleen over God en mensen. Veel teksten spreken over de verhouding tussen God en alles wat er bestaat: mensen, dieren, planten, stenen enzovoort. God sluit een verbond ook met de dieren (Genesis 9), voedt de wilde dieren, en bovenal: God is Schepper van hemel en aarde, dus van alles wat er is. God is niet alleen

een God van mensen. Maar, als dat zo is, wat is dan nog de plaats van mensen in het grote geheel? En kun je wel spreken over mensen in het algemeen? De keuterboer in Afrika en de inwoonster van een sloppenwijk in Latijns-Amerika lijden meer onder de ecologische crisis dan de welgestelde westerling, terwijl ze hem niet veroorzaakt hebben.

Wereldwijd is ecotheologie al decennia in opmars, onder meer vanuit de Wereldraad van Kerken.[12] De lutherse theoloog Joseph Sittler pleitte al in 1961 in een vergadering van de Wereldraad voor een theologie die we nu ecologisch zouden noemen. Het gaat God om de *hele* aarde, zei hij, en Gods redding in Christus heeft betrekking op de hele wereld, niet alleen op mensen. Zorg voor de aarde hoort bij de kern van het christelijk geloof, concludeerde hij. Hij stuitte op veel onverschilligheid. Felle kritiek kwam van degenen die elke verbinding van God met natuur associeerden met nazi-theologie.[13] In de jaren tachtig was er het 'Conciliair Proces voor vrede, gerechtigheid en heelheid van de schepping', iets eerder al de actie Nieuwe Levensstijl. Beide werden in Nederland vooral praktisch ingevuld en ebden weg. Paus Franciscus luidde in 2015 met *Laudato Si'* een nieuwe fase in in de verspreiding van ecotheologische inzichten. De encycliek levert forse kritiek op het geloof in techniek en economische groei dat ten koste gaat van de aarde en de armen. Hij stelt daar de deugden van soberheid en nederigheid tegenover.

Veel ecotheologie komt uit de feministische hoek. Ecofeministische theologen wijzen op de samenhang tussen de overheersing van de aarde en van vrouwen. Catharina Halkes probeerde in 1989 ecofeministische inzichten in Nederland te introduceren met haar boek *...en alles zal worden herschapen. Gedachten over heelwording van de schepping in het spanningsveld tussen natuur en cultuur.* Het duurde lang voor ze respons kreeg. Die kwam onder meer van de Oecumenische Vrouwensynode die vanaf 2010 een aantal bijeenkomsten wijdde aan vrouwen, geloof, geld en groen.[14]

Op Nederlandse theologische universiteiten en hogescholen krijgt het thema religie en ecologie langzaam iets meer aandacht.[15] De werkgroep Theologie, kerk en duurzaamheid, een soort denktank opgericht door de stichting Oikos[16] in 2013, bracht deskundige mensen bij elkaar van universiteiten, hogescholen en christelijke organisaties. Duurzaamheid is een thema in uiteenlopende christelijke organisaties als Missie Nederland, de Franciscaanse Beweging, Kerk in Actie, Tear, Micha, de Raad van Kerken (Kerk en Milieu), de Vrouwensynode, De Linkerwang en A Rocha.[17]

Met dit boek wil ik het denken over geloof en ecologie toegankelijk maken voor een Nederlandstalig publiek en een nieuwe impuls geven aan de praktijk. Het is een zoektocht naar een gelovig denken dat recht doet aan God, aan de aarde en aan mensen, met name aan hen die het meest lijden onder de milieuproblemen, namelijk armen en vrouwen. Met de Bijbel als belangrijke bron. Daarmee is dit boek meer dan een inventarisatie van wat in vooral Engelstalige literatuur ontwikkeld is op dit terrein. Het is ook een stellingname die uitdaagt tot discussie. Dat ik put uit de christelijke traditie is geen diskwalificatie van andere levensbeschouwingen. Het is de traditie waarin ik zelf deskundig ben, de traditie die uitbuiting van de aarde vaak gelegitimeerd heeft, maar ook een traditie die in zijn hele diepte en breedte veel te bieden heeft aan ecologische wijsheid. Die gemengde erfenis heeft het christendom gemeen met andere religies. De denkers over duurzaamheid en levensbeschouwing die het boeddhisme presenteren als veel milieuvriendelijker dan het christendom, winkelen vaak selectief in die traditie terwijl ze van het christendom een karikatuur maken.[18]

Het eerste hoofdstuk gaat over de rol van de theologie in de huidige ecologische crisis. Deze crisis gaat dieper dan praktische problemen die praktische oplossingen vragen. Het hedendaagse wereldbeeld blijkt een belangrijke rol te spelen in het ontstaan ervan. In onze moderne westerse cultuur zijn we mensen te centraal gaan stellen (antropocentrisme) en verwachten te veel van techniek en van economische groei (het technocratisch-economisch paradigma). Het huidige wereldbeeld is verweven met de christelijke traditie en volgens sommigen is de ecologische crisis zelfs de schuld van het christendom. Theologie, als reflectie vanuit geloof, is zich in de moderne tijd gaan beperken tot de relatie tussen God en mensen. Ze wordt veel relevanter als ze weer durft te spreken over de hele werkelijkheid.

Hoofdstuk twee schetst het andere wereldbeeld van de Bijbel. Ik bespreek uitgebreid een aantal bijbelteksten die in de discussies vaak terugkomen of er mijns inziens een plaats in zouden moeten hebben – geclusterd in scheppingsteksten, teksten over dieren en teksten over de redding van de aarde in het Oude en het Nieuwe Testament. Daarbij laat ik zien dat het wereldbeeld van de Bijbel veel minder antropocentrisch en dualistisch is dan het moderne wereldbeeld. De hele werkelijkheid wordt met God verbonden en waar dat het meest expliciet gebeurt, ontdekte ik, worden vaak inclusieve godsbeelden gebuikt.

Hoofdstuk drie bespreekt de ecotheologische ontwikkelingen in Nederland en Vlaanderen, in de breedte van de kerken. Ik inventariseer termen en thema's in Nederlandstalige ecotheologie en spiritualiteit en bekritiseer de term rentmeesterschap. Vervolgens onderzoek ik de weerstand tegen een positieve waardering van natuur in sommige protestantse kringen en het antropocentrisme dat ook in katholieke en vrijzinnige theologie overheerst. Ik bespreek *Laudato Si'* en een document van de Nederlands-Hervormde synode, naast enkele recente Nederlandstalige boeken die raken aan ecotheologische thema's.

In het vierde hoofdstuk presenteer ik inzichten uit ecofeministische theologie wereldwijd. De benaderingen en inzichten van Ivone Gebara (Rooms-Katholiek en Latijns-Amerikaans), Catherine Keller (protestant en Noord-Amerikaans) en Elizabeth Theokritoff (Grieks-orthodox en Europees) kunnen de ontwikkeling van ecotheologie in Nederland een nieuwe impuls geven. Daartoe maak ik hun gedachtegoed toegankelijk, vergelijk hun context met de Nederlandse en trek enkele conclusies die een tegenwicht geven aan de dominante termen rentmeesterschap en 'zorg voor de schepping'.

Hoofdstuk vijf spitst – na een korte samenvatting – de vraag naar de verhouding tussen God en de wereld en de plaats van mensen daarbinnen toe op een kernthema in christelijke theologie: Christus. Als de ecologische crisis een belangrijke context is voor de theologie, heeft dat ook gevolgen voor het denken over wie Jezus Christus is. Ik eindig met een voorbeeld van ecologische spiritualiteit en ethiek uit mijn eigen praktijk.

Alhoewel er een opbouw zit in het boek als geheel, zijn de hoofdstukken ook afzonderlijk te lezen. Wie wil, kan eerst het laatste hoofdstuk lezen. Wie vooral geïnteresseerd is in bijbeluitleg kan met hoofdstuk twee beginnen. Wie liever start met een systematisch-theologische doordenking van het thema, leest eerst hoofdstuk drie en vier. Wie zich afvraagt of ecologische duurzaamheid wel een onderwerp is voor theologie en zo ja, hoe dan, leest direct verder op de volgende bladzijde.

HOOFDSTUK 1

Theologie en duurzaamheid

Dat duurzaamheid een thema is voor theologie is allerminst vanzelfsprekend. Er zijn in Nederland wel groene kerken, er is weinig groene theologie. Duurzaamheid wordt vooral praktisch benaderd. Een goede theologische doordenking is echter nodig, zowel om duurzame activiteiten uit de marge te halen als – nog veel belangrijker – om theologie minder eenzijdig te maken. We hoeven niet bij nul te beginnen. Er is al veel, vooral Engelstalige, ecotheologie. Daarin zijn verschillende soorten verbindingen te ontwaren tussen theologie en duurzaamheid, onder meer vanuit de verschillende vakgebieden van de theologie. Op het terrein van de ethiek ligt de vraag: wat moeten we doen? En meer fundamenteel: wat zijn onze normen en waarden als het over duurzaamheid gaat en hoe komen die tot stand?[19] Op het terrein van diaconaat gaat het bijvoorbeeld over zorg en gerechtigheid. Ik benader duurzaamheid vanuit systematische theologie met bijbeluitleg als belangrijke bron. Dan komen vragen aan de orde als: wat levert het lezen van de Bijbel op vanuit de context van de ecologische crisis? En: hoe kan de relatie tussen God en de wereld, inclusief de plaats van mensen daarbinnen, opnieuw doordacht worden?

Eerst zal ik kort inventariseren welke in hoofdlijnen de ecologische problemen zijn en in welke zin er sprake is van een crisis. Het gaat namelijk niet alleen over klimaatverandering, ook over vervuiling en uitsterven van soorten. De impact van mensen op de aarde is onhoudbaar groot geworden. Dan zal ik beredeneren waarom een praktische benadering geen afdoende antwoord vormt. Oplossingen worden vaak gezocht in betere technologie en nieuwe producten. De onderliggende oorzaken worden daarmee niet aangepakt, want de crisis heeft ook culturele, ideologische en religieuze oorzaken. Er is iets mis met ons wereldbeeld. Ik zal laten zien dat de wortels van de uitbuiting van de natuur zijn te vinden in een antropocentrische visie, het natuurwetenschappelijk model, technocratie, de neoliberale markteconomie, patriarchaat en kolonialisme. Het onderliggende beeld is dat van de mens – met name de westerse man – die de aarde exploiteert.

Het christendom heeft een rol gespeeld in het ontstaan en bevorderen van dit wereldbeeld, maar ook in de kritiek erop. Ik zal laten zien dat theologie heel relevant wordt als ze niet klakkeloos meegaat in het wereldbeeld van de moderniteit en zich niet beperkt tot moraal of zingeving, maar iets durft te zeggen over hoe de wereld in elkaar zit. Daarbij kan ze putten uit de rijkdom van haar eigen bronnen en in gesprek gaan met vele anderen. De interessantste gesprekspartners zullen hedendaagse natuurwetenschappers en postmoderne filosofen blijken te zijn, en anderen die door positie en/of ideeën afwijken van het moderne mens- en wereldbeeld.

1.1 Een ecologische crisis

De Club van Rome waarschuwde al in 1972 met het rapport *Grenzen aan de groei* dat bij ongewijzigd beleid de aarde op termijn niet meer in de behoeften van mensen zou kunnen voorzien. Al kwamen hun voorspellingen niet allemaal uit, de urgentie van de problemen is sindsdien niet kleiner geworden.[20] Alle problemen rond het opraken van hulpbronnen, uitsterven van soorten, toenemen van vervuiling, klimaatverandering, verarming, bevolkingstoename en overconsumptie zijn zo groot en zo urgent dat er sprake is van een crisis: milieucrisis of ecologische crisis. Wil de aarde duurzaam in de behoefte van mensen kunnen voorzien, dan zullen mensen binnen de grenzen moeten blijven die de aarde stelt, want de draagkracht van de aarde is beperkt en wordt al overschreden. Er komen steeds meer mensen en per persoon verbruiken we meer aan natuurlijke hulpbronnen, waardoor de aarde zwaarder belast wordt. Hoe verder haar draagkracht overschreden wordt, des te groter zullen de gevolgen zijn. En dan hebben we het alleen nog maar over mensen.

Het woord crisis kan verwarrend zijn, want het kan de suggestie wekken dat de toestand van voor de crisis weer hersteld zou kunnen worden. Dat is helaas een illusie. Sommige verliezen zijn definitief. Uitgestorven soorten komen niet terug, net zomin als geërodeerde bodems of afgegraven delfstoffen. Het is een crisis qua omvang en urgentie, niet qua beperktheid in tijd. Zoals het voor de crisis was, zal het nooit meer worden. De klimaatverandering is al niet meer terug te draaien:

> De zeespiegel blijft nog eeuwen stijgen nadat broeikasgas emissies zijn gestopt. Als de instabiliteit van de ijskappen overeenkomt met de nieuwste model berekeningen en we broeikasgas emissies niet terugdringen, kunnen we binnen een paar honderd jaar tien tot twintig meter zeespiegelstijging (ZSS) verwachten. Zelfs met de meest agressieve emissiereductie kunnen we op termijn van tweehonderd jaar drie tot vier meter ZSS niet uitsluiten. (KNMI)[21]

1.1.1 Onmerkbare crisis

Toch lijkt het zo'n vijftig jaar na het rapport van de Club van Rome mee te vallen. In onze streken zijn de milieuproblemen voor veel mensen niet direct ervaarbaar. Het voelt niet als een crisis, er zijn geen plotselinge veranderingen, zoals in een economische crisis. Niemands leven verandert erdoor van de ene op de andere dag, zoals bij ontslag of faillissement. De zomers zijn misschien warmer, de regens heftiger, de droogteperiodes langer, er zijn minder weidevogels en insecten, de bloemen zijn verdwenen uit de meeste weilanden. De lucht die we inademen behoort tot de vuilste in Europa, met als gevolg meer mensen met longziektes. Maar dat is het dan. Onleefbaar is ons land zeker niet geworden. Omdat het geleidelijk gaat, valt het niet zo op. Op sommige fronten gaat het zelfs beter dan in de jaren zeventig. Rivieren zijn schoner geworden, bussen rijden op aardgas en stinken niet meer zo, het meeste glas wordt gerecycled. Zo zullen er voor andere milieuproblemen ook wel technische oplossingen gevonden worden, denken veel mensen. Het recyclen van afval en af en toe vegetarisch eten, wat de meeste mensen doen, geven het gevoel aan de oplossing bij te dragen.

Veel van de achteruitgang van het milieu die we als westerse mensen veroorzaken, zien we echter zelf niet. De overschrijding van de draagkracht van de aarde heeft in andere delen van de wereld een veel grotere impact. De productie van onze consumptieartikelen en van de grondstoffen daarvoor vindt immers meestal elders in de wereld plaats. Ons afval wordt deels buiten ons zicht gedumpt.[22] Dramatisch verwoeste landschappen door mijnbouw, veeteelt of agrarische monoculturen vallen buiten ons directe blikveld. Het zijn de armsten in de wereld die het meest lijden onder de achteruitgang van het milieu. Zij leven bovendien in gebieden waar de klimaatverandering de grootste gevolgen heeft in de vorm van extreme droogte of juist overstromingen. Zij verliezen vruchtbaar land en hebben tekort aan drinkwater. Het voedsel voor de koeien, varkens en kippen die wij eten wordt voor het overgrote deel elders verbouwd. De soja- en oliepalmplantages, waar vaak eeuwenoude wouden voor gekapt zijn, onttrekken zich aan ons zicht. We weten van de plasticsoep in de oceanen, maar zien hem niet. Dat plastic niet vergaat, maar in hele kleine stukjes uiteenvalt en in de voedselketen terecht komt, merken we nog niet aan den lijve.

Bovengenoemde ontwikkelingen versterken elkaar. Het zijn geleidelijke ontwikkelingen en de gevolgen zijn in onze streken voorlopig nog te overzien. Toch zal de ecologische crisis onontkoombaar worden voor iedereen. De impact van mensen op de aarde is onhoudbaar groot geworden. Als de omvang van de crisis doordringt, leidt dat vaak tot een gevoel van machteloosheid. 'Het zal wel meevallen' en 'ik kan er toch niets aan doen' liggen dicht bij elkaar.

1.1.2 De groeiende impact van mensen op de aarde

Om de invloed van mensen op de aarde te benadrukken, spreken sommigen van een nieuw geologisch tijdvak. Daarvoor wordt de omstreden en niet eenduidige term 'antropoceen' gebruikt: de eerste periode in het bestaan van de aarde waarin de veranderingen in klimaat, flora en fauna grotendeels toe te schrijven zijn aan een enkele soort, de mens.[23] Het is de zesde keer – in de vierenhalf miljard jaar dat de aarde bestaat – dat diersoorten massaal in aantal afnemen en uitsterven. Het Wereld Natuur Fonds rapporteert een gemiddelde afname van de grootte van de populaties van soorten van 60% tussen 1970 en 2014. In Latijns-Amerika is dat zelfs 89%, in zoet water 83%.[24] Het klimaat is vaker veranderd, de laatste ijstijd is nog maar zo'n twaalfduizend jaar geleden. Waar eerdere grote geologische veranderingen het gevolg waren van inslagen van meteoren of verandering in zonneactiviteit, leven we nu in een periode waarin de nieuwste levensvorm op aarde, de mens, in zeer korte tijd het aanzien van de planeet ingrijpend verandert.

De invloed van mensen op het ecosysteem van de aarde is exponentieel gegroeid. Als jager-verzamelaars leefden mensen in betrekkelijke harmonie met hun natuurlijke omgeving. Al is de uitroeiing van diersoorten – zoals de oeros en de mammoet – toen al begonnen. Toen ze landbouwers werden, begonnen ze de natuur naar hun hand te zetten. Volgens sommige historici en biologisch antropologen ontstond er door de landbouwrevolutie in de nieuwe steentijd een kloof tussen mensen en de niet-menselijke natuur en deden maatschappelijke ongelijkheid en geweld hun intrede. [25] Met een soortgelijke analyse kwam Friedrich Engels, de compagnon van Karl Marx, al in de negentiende eeuw. [26] Hij stelde dat met de landbouw het privébezit ontstond – een eigen erf en voorraden – en daarmee verschil in bezit en de behoefte om dat bezit te verdedigen. Vervreemding van mensen van de natuur en van de producten van hun arbeid zou volgens hem teruggaan tot dat verleden. Bij mannen ontstond bovendien de behoefte om zeker te weten wie hun nakomelingen en dus hun erfgenamen waren, wat een reden was voor het controleren van de seksualiteit van vrouwen. En zo ontstond volgens Engels tevens het patriarchaat.

Met de industriële revolutie vanaf de negentiende eeuw kwam de invloed van mensen op de natuur in een hogere versnelling. Sommigen laten het antropoceen daarom beginnen halverwege de negentiende eeuw, toen mede dankzij de inzet van fossiele brandstoffen de natuurlijke hulpbronnen grootschaliger geëxploiteerd konden worden en er een bevolkingsgroei mogelijk werd tot de huidige zeven miljard. [27] Het Wereld Natuur Fonds stelt vast: 'het is in de afgelopen vijftig jaar geweest dat de economische ontwikkeling een fenomenale groei heeft veroorzaakt in de vraag naar energie, land en water die het besturingssysteem van de aarde fundamenteel veranderd heeft.'[28]

De term antropoceen heeft ook nadelen.[29] Een bezwaar is dat hij veel te generaliserend is. Niet alle mensen dragen evenveel bij aan de ecologische problemen. Niet 'de mens' of 'de mensheid' maar een geprivilegieerde minderheid van mensen heeft de ecologische crisis veroorzaakt en houdt haar in stand. De toenemende armoede in de wereld – en voor een kleine groep toenemende rijkdom – is er nauw mee verweven.[30]

Een model om de milieueffecten per persoon te bepalen is de mondiale of ecologische voetafdruk.[31] Als je het hele bruikbare aardoppervlak zou verdelen onder alle mensen, krijg je het aantal hectare per persoon, het zogenaamde eerlijk aarde-aandeel. Momenteel is dat 1,7 hectare.[32] Vervolgens kun je berekenen hoeveel hectare je gebruikt met wat je consumeert, met hoe je je verplaatst, met de energie die je gebruikt. Nederlanders hadden in 2014 gemiddeld een mondiale voetafdruk van 5,9 hectare per persoon, Belgen 6,7. Inwoners van de Verenigde Staten komen op 8,4. Inwoners van landen als Burundi (0,6) of Bangladesh (0,8) gebruiken en vervuilen het minst. [33] Dat de gemiddelde westerling – en ieder met een vergelijkbare levensstijl – zo'n groot stuk van de aarde gebruikt, komt onder meer door de vleesconsumptie. Er is veel grond nodig voor de productie van vlees. Niet alleen voor weidegronden zijn er vele hectares nodig, ook aan landbouwgrond voor veevoer. Daar komt nog bij dat er heel veel water nodig is om vlees te produceren. [34] Wanneer datzelfde land gebruikt zou worden voor granen en peulvruchten voor menselijke consumptie, zouden er zeven keer meer mensen mee gevoed kunnen worden. En andersom: mensen die veganistisch eten, hebben maar een zevende deel nodig van het landoppervlakte dat vlees-eters gebruiken.[35]

Degenen die de grootste schuld hebben aan de ecologische crisis, hebben het minst last van de gevolgen. Zoals al geconstateerd: onder de mensen zijn het de armsten die het meest te lijden hebben onder de achteruitgang van het milieu. En dan zijn er nog de dieren, de planten en de overige natuur, die elk op hun eigen manier lijden.[36]

1.1.3 Gangbare oplossingen

Er zijn veel praktische manieren om de impact van mensen op de aarde kleiner te maken. Een model om het totale effect op de aarde te bepalen is de volgende formule: IPAT: *impact*(I) = *population*(P) x *consumption/ per person*(A) x *impact/per unit of consumption*(T).[37] De milieueffecten hangen af van de grootte van de wereldbevolking, de consumptie per persoon en de impact per consumptie-eenheid. Anders gezegd: impact = bevolking x voetafdruk. De impact (I) verminderen kan dus door afname van het aantal mensen (P), door minder consumeren (A) en/of door een minder vervuilende en verspillende consumptie (T).

Onze cultuur die zo gevormd is door technologie en een kapitalistische economie, grijpt als vanzelf naar technische oplossingen en nieuwe verdienmodellen. Ecomodernisten geloven in verstedelijking, economische groei en technische mogelijkheden als middelen tot een modern leven voor iedereen op een schone planeet. [38] Ook in de kerken wordt vaak zo gedacht: duurzaamheid als een zaak van technici, ondernemers en politici. Aan de hand van het IPAT-model zal ik een kort overzicht geven van praktische oplossingen en laten zien waarom die tekortschieten.

Er zijn inderdaad vele mogelijkheden voor een minder vervuilende en verspillende consumptie (T). Duurzame energiebronnen kunnen technisch verder ontwikkeld worden en rendabeler gemaakt. Op het gebied van woningisolatie is nog veel mogelijk. Biologische producten bedienen nieuwe markten. Vintage meubels zijn mode. En veel twintigers en dertigers in de grote steden, althans in Nederland, schaffen geen auto meer aan, maar verplaatsen zich op de fiets en doen aan autodelen. In plaats van verlichting te kopen voor een kantoorgebouw, is het mogelijk een bedrijf in te huren dat voor licht zorgt en er dus belang bij heeft dat zo goedkoop en dus energiezuinig mogelijk te doen. Afval kan gerecycled worden en dan levert het weer iets op. Spullen kunnen zo gemaakt worden dat zoveel mogelijk onderdelen hergebruikt kunnen worden.

Al deze nieuwe producten en diensten vinden echter pas ingang als er een markt voor is. Met andere woorden: als ze voor producenten en handel genoeg opleveren en voor consumenten aantrekkelijk genoeg zijn. De drieslag people-planet-profit is een richtlijn bij deze praktische benadering: is het goed voor mensen, voor de aarde en voor de winst? Soms gaat dat samen. Zolang het niet duurder is of zelfs goedkoper en hetzelfde of meer gemak oplevert, zoals sommige vormen van energiebesparing, willen mensen er wel aan. Maar bijvoorbeeld anders op vakantie gaan dan met vliegtuig en/of auto vinden weinig mensen aantrekkelijk. De fiets vraagt meer inspanning, de trein is duurder en ingewikkelder.

Bovendien is het voortbestaan van plant- en diersoorten moeilijk onder te brengen in technische oplossingen en verdienmodellen. De waarde van natuur kan uitgedrukt worden in 'diensten van het ecosysteem' waar een prijskaartje aan gehangen kan worden.[39] Deze benadering heeft voor- en nadelen.[40] Een voordeel is dat duidelijk wordt hoezeer mensen afhankelijk zijn van de natuur – voor onder meer voedsel, drinkwater, kustbescherming, waterhuishouding en recreatie – en dat het dus van een kwestie van eigenbelang is om zorgvuldig met de natuur om te gaan. Een nadeel is dat natuur alleen beoordeeld wordt op nut voor mensen. De eigen waarde van planten, dieren en landschappen en ecosystemen wordt niet erkend. Het is niet alleen lastig om de prijs te berekenen van ecosystemen – wat is de economische waarde van de Veluwe? – maar het is ook een degradatie van dieren, planten en natuurgebieden.[41]

Minder consumeren (A) is niet direct aantrekkelijk, maar wel nodig. Degenen die het meest consumeren, zullen drastisch moeten minderen. Recyclen lijkt een oplossing. Met recyclen alleen lukt het echter niet, want ook dat kost energie. Zelfs als alles gerecycled zou kunnen worden – de circulaire economie – is de energie die het gekost heeft om het product te maken verloren gegaan, er moet energie toegevoegd worden om er een nieuw product van te maken. Bovendien is de kwaliteit van gerecycled materiaal vaak minder. Van oude kleding wordt geen nieuwe gemaakt, maar poetsdoeken en isolatiemateriaal, van plastic bijvoorbeeld bermpaaltjes. Het zou enorm schelen in afval en energiegebruik als producten langer mee zouden gaan, dus minder snel kapot zouden gaan en eenvoudiger gerepareerd zouden kunnen worden of eventueel hergebruikt. Producenten hebben er echter meer belang bij dat ik na een aantal jaren weer een nieuw apparaat moet kopen.

Niet alle noodzakelijke veranderingen zijn dus economisch aantrekkelijk. Dan is er ook nog het zogenaamde *rebound-effect*: 'de financiële opbrengst van recyclen of energie besparen wordt direct omgezet in meer consumptie.'[42] Zo leverde de introductie van spaarlampen geen energiebesparing op, omdat mensen licht op meer plaatsen en langer lieten branden. Met de opkomst van de ledverlichting – nog zuiniger in gebruik – kwam ook de gewoonte op om tuinen te verlichten. Milieuvriendelijke producten en diensten leveren dus vaak geen milieuwinst op omdat het gebruik toeneemt.

De ecologische crisis wordt dus niet vanzelf bestreden door meer en betere milieuvriendelijke producten en diensten op de markt te brengen. Een uitweg uit de ecologische crisis binnen het huidige kapitalistische systeem, dat gebaseerd is op groei, is toch moeilijk denkbaar. Alle pogingen tot gedragsverandering zullen stuiten op economische belangen, die veel sterker zijn dan alle ander belangen. Als alles ingesteld is op meer productie en consumptie, als welvaart afgemeten wordt aan het bruto binnenlands product, als er een economische crisis ontstaat op het moment dat er geen of weinig groei is, hoe zou dan binnen dat systeem grootschalig en langdurig consuminderen mogelijk zijn? Goede voorbeelden als ecowijken, buurtmoestuinen en voedselcoöperaties helpen om de moed erin te houden, maar blijven niches. Duurzame groei is 'een tegenspraak in zichzelf, want duurzaamheid is precies geen groei en groei is niet duurzaam.'[43] Dat systeem is het probleem evenals het wereldbeeld dat ermee samengaat.

Blijft over de bevolkingsgroei (P) als terrein voor ecologische actie. Zelfs als alle beschikbare middelen ter bescherming van het milieu aangewend worden, is het zeer de vraag of de aarde zeven miljard mensen kan blijven dragen.[44] Zoals het echter geen ethisch verantwoorde oplossing is om de armen in de wereld arm te houden zodat hun mondiale voetafdruk klein blijft, zo is het ook schijnheilig om hen te vertellen dat ze minder kinderen moeten krijgen. Het zijn immers de Europeanen geweest die zich de afgelopen eeuwen over grote delen van de aarde verspreid hebben in het proces van kolonialisatie.[45] Programma's voor geboortebeperking hebben bovendien zelden gewerkt. Wel geldt dat vrouwen minder kinderen krijgen als hun maatschappelijke positie beter wordt. Vrouwenemancipatie – onderwijs voor meisjes, gelijkberechtiging, economische zelfstandigheid, zeggenschap over het eigen lichaam – is dus noodzakelijk om de wereldwijde toename van de bevolking en daarmee het steeds grotere beslag van mensen op de aarde af te remmen.

1.2 Wereldbeelden

Nu het duidelijk wordt dat de ecologische crisis meer is dan een serie praktische problemen die met gangbare middelen op te lossen zijn, is het nodig te kijken naar de dieperliggende oorzaken van deze crisis. Wat zijn de culturele, ideologische en religieuze oorzaken? Wat is er mis met ons wereldbeeld en is er een alternatief? Is een ander wereldbeeld/denkmodel/paradigma mogelijk?

Een wereldbeeld is geen boven de werkelijkheid zwevend idee, maar altijd belichaamd in praktijken. De hedendaagse technologie bijvoorbeeld is een stelsel van opvattingen verbonden met machines en technische mogelijkheden, de markteconomie is een systeem van geld en goederen waarin bepaalde overtuigingen werken. Uit overtuigingen komen praktijken voort en uit praktijken overtuigingen. Verandering kan beginnen bij de praktijken en/of bij de overtuigingen, maar heeft altijd met beide te maken.

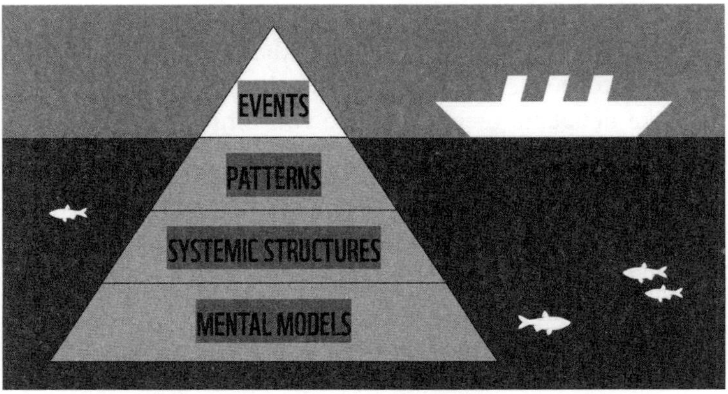

Vier niveaus van denken (van boven naar beneden): gebeurtenissen/symptomen, patronen, structuren en denkmodellen/wereldbeelden[46]

1.2.1 Antropocentrisme en exploitatie (White en Morton)
De historicus Lynn White, gespecialiseerd in technologische innovatie in de middeleeuwen, bracht al in 1966 een debat op gang[47] – dat nog steeds voortduurt – over de rol van religie in het westerse wereldbeeld.[48] Hij verweet de christelijke kerken dat ze door hun antropocentrische – dat wil zeggen: mensgerichte – theologie de natuur gedegradeerd hadden tot gebruiksartikel.

> Met name in zijn westerse vorm is het christendom de meest antropocentrische religie die de wereld gekend heeft [...] Het christendom maakte het mogelijk om de natuur te exploiteren in een stemming van onverschilligheid voor de gevoelens van natuurlijke objecten.[49]

Het christendom heeft de grond rijp gemaakt voor westerse natuurwetenschap en technologie, aldus White. De kerken, stelde hij, hebben de technologische overmeestering van de natuur gelegitimeerd alsof die overeen zou komen met Gods plan. De agressieve houding ten opzichte van de natuur, gericht op exploitatie, is volgens hem al in de middeleeuwen begonnen, al waren de technische middelen toen nog beperkt. Daarin speelde de tekst van Genesis 1,28 die mensen heerschappij geeft over de aarde een grote rol. Animisme, het geloof dat alles bezield of goddelijk is, werd verworpen en daarmee een mogelijkheid voor respect voor de niet-menselijke werkelijkheid. Een derde belangrijke factor was het westerse monnikendom. Het waren de kloosters die in de vroege middeleeuwen grote gebieden ontgonnen, die nieuwe technieken introduceerden, die in hun kloosterregel werk even belangrijk maakten als gebed. Met de toenemende technische mogelijkheden werd de westerse controle over de natuur steeds succesvoller. Zo legde White een relatie tussen christelijke deugden, technologische vooruitgang en verval van het milieu.

White wees ook op de lineaire tijdsopvatting van de Bijbel – niet cyclisch zoals bij omringende volken – als bron van ons vooruitgangsgeloof: de toekomst is beter of zou beter moeten zijn dan het heden. Gecombineerd met de bijbelteksten die mensen centraal stellen binnen de schepping en met name de opdracht tot heersen uit Genesis 1, leidt deze tijdsopvatting tot een antropocentrisch exploratief wereldbeeld.

White kreeg weerwoord van verschillende theologen die het christendom verdedigden met een beroep op de Bijbel. Zij zagen zorg voor de natuur juist als typisch christelijk. Het gaat in de Bijbel om de hele werkelijkheid, de hele wereld, de hele schepping, zeiden zij, en de taak van mensen is niet het verspillen, maar het bewaren van de natuur. Het theologisch antropocentrisme waar White kritiek op had, betreft inderdaad niet in de eerste plaats de Bijbel zelf, maar een bijbeluitleg en theologie die God exclusief in verband brengt met mensen en aan mensen de opdracht geeft tot exploitatie.[50]

Ook van collega-historici en filosofen kreeg White kritiek. Zij bestreden het beeld dat hij van de middeleeuwen schetste. De natuur had toen wel degelijk een waarde op zich, stelden zij. En menselijke controle over de natuur werd al in de klassieke voorchristelijke oudheid positief gewaardeerd. Bovendien zijn het niet enkel christenen die schade toebrengen aan de natuur.

Hendrik-Joost van Soest onderzocht hoe de tekst van Genesis 1,26-28 in het negentiende en twintigste-eeuwse Nederland geïnterpreteerd werd. Ook hij kritiseert White. Hij constateert dat het ‘heersen over de aarde’ geen belangrijk theologisch thema was. Als het wel ter sprake kwam, kon de uitleg zowel gericht zijn op het in cultuur brengen van Nederland, als juist op natuurbehoud.[51] Niet de mens, maar God stond centraal bij de theologen van verschillende richtingen en in de populaire literatuur die hij bestudeerde. Pas als het ‘heersen’ los komt te staan van zijn theocentrische – op God gerichte – context, wordt het volgens hem problematisch, want dan pas wordt de mens heer en meester.[52]

Gelden de verwijten van White wel het christendom of eerder het humanisme, ontstaan als stroming binnen het christendom? ‘Het humanisme, dat met de moderniteit ontstond en de opkomst van een cultuur heeft bevorderd waarin de mens zichzelf tot heer en meester van de wereld verhief en tot de bezitter van de aarde.’[53]

Sinds White is de verhouding tussen geloof/theologie, wereldbeeld en ecologische crisis een thema. Wereldbeeld en religie beïnvloeden elkaar, want geloof wordt altijd geleefd in een bepaalde context. In een pre-industriële agrarische maatschappij wordt anders geloofd en over geloof gedacht dan in een postindustriële samenleving. Ook binnen de Bijbel zijn al grote verschillen te zien tussen teksten uit verschillende tijden en situaties. Zo zijn de verschillen tussen de eerste twee scheppingsverhalen in de Bijbel grotendeels te verklaren uit hun verschillende context van ontstaan, zoals in het volgende hoofdstuk duidelijk zal worden.

En of het christendom nu een wereldbeeld mogelijk heeft gemaakt dat tot de ecologische crisis geleid heeft of dat het christendom gevormd is door de wereld waarin het groot werd, is een kip-of-eikwestie. Er is in ieder geval sprake van een verwevenheid van moderne theologie en moderne cultuur, waarbij het christendom een zekere schuld heeft aan de ecologische crisis.[54] White spreekt zelfs van 'een grote schuldenlast'.

Als religie en wereldbeeld die crisis mede veroorzaakt hebben, ligt het voor de hand ook een uitweg te zoeken op het terrein van levensbeschouwing. In ons geval op het terrein van christelijk geloof. Zoals White het zag: 'Meer natuurwetenschap en meer technologie zullen ons niet uit de huidige ecologische crisis halen, tenzij we een nieuwe religie vinden of onze oude herformuleren [...] Omdat de wortels van onze problemen grotendeels religieus zijn, moet de remedie in essentie ook religieus zijn, of we het nu zo noemen of niet'. Franciscus van Assisi was voor hem een voorbeeld vanwege diens 'geloof in de deugd van de nederigheid – niet enkel van het individu, maar van de mensheid als soort. Franciscus probeerde de mens te onttronen als koning over de schepping en een democratie in te stellen van al Gods schepselen.'[55]

Volgens Timothy Morton[56] is er zich al een paradigmawisseling aan het voltrekken. Het antropoceen brengt een revolutie in ons denken teweeg. Nu we de planeet aan het verwoesten zijn, realiseren we ons dat we er deel van uitmaken. Door de ecologische crisis zijn we ons bewust geworden dat we het antropoceen binnen gegaan zijn. Dat was al eerder gebeurd, al vanaf de Mesopotamiërs, maar we hadden het nog niet door. Morton spreekt van 'duistere ecologie': de gevreesde ecologische ramp heeft al plaats gevonden, al zijn nog niet alle gevolgen zichtbaar. We worden geconfronteerd met de grenzen van de natuurwetenschappen en daardoor met de grenzen van de menselijke heerschappij, want wat de menselijke invloed op de aarde teweeg heeft gebracht, is niet meer te beheersen – klimaatverandering, plasticsoep, resistentie van bacteriën. Hij noemt deze entiteiten die te groot zijn om te beheersen 'hyperobjects'. We worden ons bewust van zowel onze schuld als onze kwetsbaarheid. Net als andere wezens kunnen we de wereld enkel begrijpen op onze eigen beperkte manier. We moeten de fantasie opgeven dat we boven andere wezens staan en de aarde kunnen beheersen, concludeert hij: onze relatie met andere entiteiten verandert van exploitatie door wetenschap in solidariteit in onwetendheid. Dat is volgens hem niet enkel verlies. Het is ook een bevrijding, want als we niet meer hoeven te beheersen, kunnen we plezier hebben in andere wezens en in onszelf.

Mortons denken is beïnvloed door postmoderne filosofen als Derrida en Said en hij heeft affiniteit met het boeddhisme. Begrippen als schuld, kwetsbaarheid, solidariteit in onwetendheid en plezier in andere wezens zijn echter ook vanuit christelijk perspectief belangrijk en zullen in de volgende hoofdstukken van dit boek terugkomen.

1.2.2 Westerse wereldbeelden door de eeuwen heen

In de loop der tijden is er heel verschillend gedacht over de verhouding tussen God, mensen en de wereld.[57] In de Bijbel gaat het nog om de hele wereld en God heeft niet alleen een relatie met mensen, maar ook een directe relatie met bijvoorbeeld de dieren. Daarover meer in hoofdstuk twee. Bij de kerkvaders loopt de relatie van God met de wereld via mensen, maar bij hen is nog geen sprake van een antropocentrisch wereldbeeld in moderne zin, want God is de norm.[58] De middeleeuwen kennen ook een alomvattende kosmologie: alles is naar het voorbeeld van de eeuwige ideeën (Plato) in Gods Geest geschapen en in die zin beeld of spoor van God. De kosmos is onveranderlijk en volmaakt, met de aarde en de mens als middelpunt. De schepping is een boek dat over God vertelt. Men zag de wereld als een levend geheel en zichzelf als een afspiegeling daarvan, een microkosmos. De mens moet zichzelf volmaken naar de volmaakte orde die de kosmos is. Met de opkomst van de steden in de dertiende eeuw wordt de natuur een waarde toegekend onafhankelijk van de mens, die zichzelf gaat zien als *homo faber*, makende mens. Via Thomas van Aquino krijgt de filosofie van Aristoteles invloed op de theologie: er is een rationele orde in de natuur die door de menselijke geest kan worden doorgrond.[59] Dit idee werkt ook door in het occultisme, dat gelooft met magische praktijken de spirituele krachten in de natuur te kunnen beheersen. Deze praktische en actieve houding ten opzichte van de natuur vormt mede de bakermat van de wetenschappelijke revolutie en van het kapitalisme.[60]

De reformatie houdt aanvankelijk het middeleeuwse beeld vast van de wereld als een boek waaruit God gekend kan worden. De *Nederlandse Geloofsbelijdenis* is een van de belangrijke belijdenisgeschriften uit het Nederlandse protestantisme. [61] Artikel twee noemt twee bronnen van godskennis. De eerste is 'de schepping, onderhouding en regering van de hele wereld'. De wereld is als een boek waaruit je kunt weten van Gods macht en goddelijkheid. Om te weten wie God werkelijk is, is daarnaast als tweede bron de Bijbel nodig. In deze geloofsbelijdenis uit 1561 gaat het nog over de hele wereld, de natuur wordt niet apart gezet. Het is niet alleen het 'boek van de natuur', zoals het later wel genoemd is, de geschiedenis hoort ook bij het boek van de wereld.[62]

Het beeld van de twee boeken waaruit God gekend kan worden, krijgt nieuwe betekenis in de vroegmoderne tijd. In de zeventiende eeuw worden met name protestantse wetenschappers erdoor gemotiveerd voor experimenteel onderzoek van de natuur: kijk eens hoe mooi God alles gemaakt heeft. Natuurwetenschappen zijn voortgekomen uit de theologie zoals overigens alle wetenschappen.[63] Ook een radicale verlichtingsfilosoof als Descartes (1596-1650) ziet geen tegenstelling tussen ratio en geloof. Wel verandert het beeld van de relatie tussen God en wereld drastisch. Het dominante beeld van God in de protestantse wereld is dat van God als de grote klokkenmaker, degene die in het begin de wereld in gang gezet had als een vernuftig systeem dat de maker niet meer nodig heeft als het eenmaal werkt. Onder invloed van de mechanica van Newton (1642-1726) wordt de schepping opgevat als een eenmalige daad van God, niet meer als Gods permanente activiteit.[64] De wereld is een machine geworden zonder ziel. God staat aan het begin en aan het einde van alles en daartussen in draait het grote uurwerk zelfstandig door. Het is dan nog maar een kleine stap om het idee God helemaal overbodig te verklaren. God is niet meer nodig om de natuur te bestuderen. Zeker als met de evolutietheorie de rol van God als grote gangmaker omstreden begint te worden.

Ook in onze tijd is het beeld van de wereld als een machine nog sterk. Mensen praten zelfs over hun eigen lichaam als een machine. Bijvoorbeeld als ze een bezoek aan het ziekenhuis voor een medische behandeling vergelijken met het naar de garage brengen van een auto. Als er iets hapert in het lichaam, kan het gerepareerd worden, is het idee daarachter.

De filosoof Kant (1724-1804) had al een scheiding gemaakt tussen mensen en natuur die inmiddels vanzelfsprekend geworden is.[65] Als we het over de natuur hebben, bedoelen we doorgaans dat wat niet menselijk en niet door mensen gemaakt is. We plaatsen onszelf er buiten. In die lijn is er ook een scheiding ontstaan tussen mens- en geesteswetenschappen enerzijds en natuurwetenschappen anderzijds, waarbij de laatsten normatief geworden zijn. Theologie als wetenschap die zich met kennis van God bezighoudt, is in dit wereldbeeld bijna onmogelijk. De theologie heeft geprobeerd zich aan te passen door bijvoorbeeld niet meer God maar mensen en hun geloof als object van onderzoek te nemen. Religiewetenschappers – en ook steeds meer theologen – gebruiken daarvoor de methoden van de menswetenschappen. Een andere optie was om te zoeken naar de gaatjes die door de natuurwetenschappelijke kennis opengelaten worden om daar God te vinden. Het idee daarachter is: als we niet weten hoe het werkt, kunnen we daar de hand van God zien. Theologie hoeft echter niet mee te gaan met dit wereldbeeld. Ze kan zich er ook tegen verzetten, door terug te grijpen op oudere wereldbeelden of door juist in gesprek te gaan met de nieuwere filosofische en natuurwetenschappelijke inzichten.

1.2.3 Hedendaagse natuurwetenschap

Juist vanuit een deel van de hedendaagse natuurwetenschappen komt een nieuw wereldbeeld. Terwijl in delen van de natuurwetenschappen het mechanistische wereldbeeld nog dominant is en het in de theologie nog vrij gangbaar is om mensen los te zien van de natuur, om mensen als persoon en de rest van de werkelijkheid als ding te zien, leren kosmologie en biologie dat alles met alles samenhangt en alles van elkaar afhankelijk is. We weten nu dat de aarde heel oud is en het heelal nog veel ouder, mensen zijn maar nieuwkomers. We weten dat het heelal onvoorstelbaar groot is, mensen zijn maar een stofje. We weten dat alles met alles verbonden is, ook mensen zijn gemaakt van sterrenstof. En we weten dat het heelal dynamisch is, dat geschiedenis niet tegenover natuur staat, want natuur is ook voortdurende verandering.[66]

De relatie theologie – natuurwetenschappen is complex geworden. Er zijn ruwweg vier opvattingen.[67] De eerste is dat ze over verschillende zaken gaan en niets met elkaar te maken hebben. Deze visie is het meest gangbaar in de hoofdstroom van de Nederlandse kerken. Dan wordt bijvoorbeeld gezegd dat natuurwetenschappen over feiten gaan en theologie over geloof en ethiek. De tweede is dat natuurwetenschappen – meestal in de zin van het mechanistische wereldbeeld – normatief zijn. Dan blijft er voor geloof en theologie weinig tot geen ruimte over. Dit is de secularistische opvatting waarin geloof privézaak is en eigenlijk achterhaald. De derde mogelijkheid is dat theologie belangrijker is dan natuurwetenschappen. Dit is de opvatting van religieuze fundamentalisten die bijvoorbeeld de evolutietheorie verwerpen omdat die strijdig is met hun bijbelopvatting. Een vierde mogelijkheid is een gesprek tussen beiden: wat kan de theologie leren van de natuurwetenschappen en andersom? Het blijkt niet eenvoudig te zijn om zo'n gesprek op gang te brengen, alleen al omdat de behoefte daaraan van theologen groter is dan van natuurwetenschappers. Deze laatste benadering levert wel het meeste op als het gaat om theologie en duurzaamheid.

De hedendaagse theologie heeft de scheiding tussen mens en wereld zo ver doorgevoerd dat zelfs het godsbeeld verschilt: over God in relatie tot de natuur wordt anders gesproken dan over God in relatie tot mensen.[68] Als het in de theologie over de niet-menselijke wereld gaat, overheerst een statisch beeld: de natuur als een van God gegeven orde, de wereld door God gemaakt als een ding buiten zichzelf en aan de mensen gegeven om te beheren. Voor Gods relatie tot mensen worden dynamische beelden gebruikt: uittocht, roeping, verlossing. Mensen zijn dan op weg naar Gods koninkrijk.

Vanuit de inzichten van de hedendaagse natuurwetenschappen is het veel logischer om dat dynamische model op de hele wereld te betrekken. De natuur is immers ook voortdurend in ontwikkeling. 'Een van de opmerkelijkste inzichten van de hedendaagse natuurwetenschap is dat de hele kosmos historisch is.'[69] Zelfs de natuurwetten liggen niet vast, maar zijn afhankelijk van de omstandigheden. Niet alleen de theologie, ook de natuurwetenschap vertelt een verhaal, is een narratief.[70] Dit dynamische model levert een ander godsbeeld op. In een veranderende wereld is God de drijvende of appellerende kracht. God is niet de ontwerper, maar de motor van de wereld. God roept, doet een appel, niet alleen op mensen, maar op de hele werkelijkheid. Zo is alles op weg naar voltooiing in God. De schepping is niet onveranderlijk, niet per definitie goed of juist slecht. In de hele werkelijkheid is God aan het werk – dat is schepping. Dit is geen nieuw model, maar gaat al terug op Thomas van Aquino. In de procestheologie is het op een bepaalde manier uitgewerkt. [71] Daarin is Gods werkzaamheid vergelijkbaar met die van een choreograaf of dirigent: God geeft richting en probeert het beste te halen uit het koor/orkest/dansgezelschap dat de wereld is.[72] Het dynamische beeld van Gods relatie met de wereld is ook een Bijbels beeld, zoals we in hoofdstuk 2 zullen zien.

Het gesprek tussen natuurwetenschappen en theologie werkt naar twee kanten. Ook vanuit de theologie is het mogelijk bepaalde wereldbeelden in de natuurwetenschappen af te wijzen, bijvoorbeeld dat van totale chaos of een opvatting van evolutie als het recht van de best aangepaste ten koste van de zwakkere.

1.2.4 Technologie

Natuurwetenschappen en techniek hangen samen, als kennis en toepassing. Wetenschappers begrijpen, ingenieurs grijpen in. Technische ontwikkelingen hebben, naast ellende als moderne oorlogvoering en uitbuiting van de aarde, veel verbetering teweeggebracht. Denk aan gezondheid en kwaliteit van leven voor veel mensen. Die verworvenheden wil niemand kwijt. Wat wel een probleem is, is een te groot geloof in technologie, de illusie dat mensen de wereld volledig onder controle kunnen krijgen door middel van technologie, en dat de wereld het materiaal is voor technische bewerking door de mens. White laat zien hoe een technologisch wereldbeeld en de ecologische crisis samenhangen. De paus wijst in zijn encycliek *Laudato Si'* een technocratisch wereldbeeld – een wereldbeeld waarin de techniek alles beheerst – aan als een van de oorzaken van de achteruitgang van het milieu. De diepere oorzaak van de ecologische crisis legt hij bij 'het technocratisch-economisch paradigma', het dominante idee dat mensen met behulp van techniek de hele werkelijkheid kunnen beheersen. Een kleine groep mensen eigent zich het recht toe andere mensen en de natuur aan zich te onderwerpen met maximalisatie van de winst als hoogste doel. Een ideologie waarin bevrediging van de eigen behoeften de norm is, leidt tot misstanden in arbeidssituaties en in de voedselproductie, zoals de concentratie van vruchtbaar land in de handen van weinigen.[73] In het dominante, westerse wereldbeeld spelen namelijk niet alleen natuurwetenschappen en techniek een grote rol. Net zo alom aanwezig is een bepaald economisch model.

1.2.5 Markteconomie

De manier waarop onze economie georganiseerd is, heeft de schijn van vanzelfsprekendheid. Sinds de val van de Muur is er nauwelijks een reëel bestaand alternatief te vinden voor de hedendaagse markteconomie. In de Verenigde Staten is het geloof in de vrije markt nog sterker dan in Europa. Europa heeft nog deels het zogenaamde Rijnlandse model waarin een grote publieke sector, regulering van de markt en bescherming van werknemers de wet van vraag en aanbod en de macht van aandeelhouders intomen. Maar ook de EU heeft de vrije markt tot uitgangspunt van haar beleid gemaakt. Politici en beleidsmakers doen vaak of economie gaat over wetmatigheden en niet over waarden.

Het wereldbeeld dat ten grondslag ligt aan dit economische systeem is dat van de mens als individu en de wereld als machine. Een machine bestaande uit vele onderdelen die object van studie kunnen zijn. Het doel is groei, waarbij alles wat geld oplevert goed is, omdat het bijdraagt aan het BBP (bruto binnenlands product). Onbetaald werk als huishouden, zorg voor kinderen en vrijwilligerswerk tellen niet mee in het BBP, net zomin als schade aan de natuur of de samenleving.

Het idee is dat het mechanisme van vraag en aanbod zorgt voor een optimale prijs en een optimale verdeling van goederen en dus uiteindelijk aan iedereen ten goede zou komen. De vraag wie in feite profiteert van een economisch systeem en of de aarde de last kan dragen, is geen onderdeel van deze economische theorie.[74] De ondernemer houdt de klant tevreden met bijvoorbeeld goedkope kleding en de klant vraagt zich niet af hoe het komt dat dat T-shirt zo goedkoop is. Er is veel dat in de prijs niet meegenomen is: de insecticiden en kunstmest die gebruikt zijn bij de verbouw van het katoen, de situatie in de kledingfabrieken, de kunststofvezels die bij het wassen in het milieu terechtkomen, de afvalstroom van afgedankte kleding die moeilijk recyclebaar is door de mix van materialen.

Vaak wordt inkomen per hoofd van de bevolking gehanteerd als graadmeter voor welvaart. De hoogte van het inkomen zegt echter niet zo veel. Neem iemand die vijf dollar per dag verdient, maar in een sloppenwijk woont en een dollar moet betalen voor de bus naar haar/zijn werk, moet betalen voor voedsel, water, onderwijs voor de kinderen, gezondheidszorg etc. Die persoon is armer dan iemand die maar twee dollar per dag verdient, maar een stukje land heeft met groenten, kippen of een geit, een bos en schoon water in de buurt, en gratis onderwijs en gezondheidszorg. Bij veel programma's ter stimulering van de economie zijn mensen juist die zaken kwijtgeraakt.[75] Deregulatie, privatisering en bezuinigingen op sociale programma's immers zijn de gangbare maatregelen om economische groei te bereiken.[76]

© Broederlijk Delen 1989[77]

Het mensbeeld van het kapitalisme gaat samen met dat van de reformatie. In beide is de mens een vrij individu dat handelt uit eigenbelang. De beoordeling verschilt echter. In het geloof geldt dit handelen uit eigenbelang als zondig, in de economie als noodzakelijke motor. Daar ligt een spanning. Tot in de twintigste eeuw was het individu nog onderdeel van een groter geheel: de politiek en de kerk. Nu die instituties zwakker worden, wordt de samenhang in de maatschappij minder, verdwijnt het besef van onderlinge betrokkenheid en afhankelijkheid, en vervaagt ook het gevoel van maatschappelijke verantwoordelijkheid.[78] De consumptiesamenleving lijkt nog de enige mogelijke. Meer consumptie kan wel degelijk gelukkiger maken, maar dat geldt alleen in situaties van armoede. Zodra aan de basisbehoeften is voldaan, maakt meer inkomen en bezit niet gelukkiger. Bovendien gaat het huidige consumptieniveau de draagkracht van de aarde al te boven, laat staan als de hele mensheid het westerse niveau zou hebben. Zelfs al zouden producten en diensten sterk verduurzaamd worden.

Als de wereld vergelijkbaar zou zijn met een machine, zou hij gerepareerd kunnen worden. Onderdelen die niet meer functioneren kunnen dan vervangen worden. Het probleem is echter dat de zogenaamde 'hernieuwbare hulpbronnen' onderling verbonden zijn: water, lucht, bodem, bomen, biodiversiteit. Bovendien is er geen vervanging voor. Het zijn geen producten, geen onderdelen van een machine, maar ze vormen samen het ecosysteem waarin wij leven. Het beeld van een levend wezen past hier beter dan het beeld van een machine.[79]

Ons huidige economische model heeft dus minstens twee fouten: het individualistisch mensbeeld en de blinde vlek voor het welzijn van de aarde. Het is bovendien achterhaald, want het ging uit van lokale markten. Door de globalisering echter is de hele wereld een grote markt geworden en gaat het grote geld naar de plaatsen waar belastingen laag zijn – Nederland bijvoorbeeld – en milieuwetten soepel zijn of slecht gehandhaafd worden. Nu de grootste bedrijven nauwelijks belasting betalen, komen de kosten dus elders te liggen. Bovendien maken handelsverdragen het moeilijk om internationale bedrijven te houden aan sociale en milieuwetgeving.[80]

De economische theorie van het marktkapitalisme is een ideologie geworden die mensen tot consumenten maakt, tot individuen die alsmaar meer willen.[81] Onbeperkte groei is echter onmogelijk omdat de hulpbronnen beperkt zijn. Als economie er is om de schaarse middelen te verdelen, dan moet de vraag gesteld worden wat een rechtvaardige verdeling is en wat genoeg is. 'Hoe dat wat de aarde voortbrengt verdeeld moeten worden, kan niet overgelaten worden aan de vaagheden van het marktkapitalisme, want [...] de resultaten daarvan zijn noch rechtvaardig, noch duurzaam.'[82]

1.2.6 Patriarchaat en kolonialisme

We hebben gezien dat er meerdere antwoorden zijn op de vraag naar de wortels van een manier van denken die uitbuiting van de natuur legitimeert. Ze hangen met elkaar samen: antropocentrisme, het natuurwetenschappelijk model, technocratie, de neoliberale markteconomie. Het onderliggende beeld is dat van de mens die de aarde exploiteert. Maar dé mens bestaat niet. Niet alle groepen mensen gebruiken de aarde even intensief, zoals al duidelijk werd bij het model van de ecologische voetafdruk. De armen gebruiken minder dan de rijken, de niet-westerse wereld minder dan de westerse, vrouwen minder dan mannen. Bovendien zijn de gevolgen van de ecologische achteruitgang niet voor alle mensen even sterk voelbaar. In 1989 rapporteerde de VN: 'Het is nu een algemeen aanvaard feit dat het de vrouw is die het grootste slachtoffer is van de vernietiging van het milieu. Hoe armer ze is, hoe groter haar last.'[83] De impact op vrouwen komt onder meer door de arbeidsdeling waarbij het huishouden voornamelijk vrouwenwerk is. Door de ecologische druk wordt het moeilijker om te voorzien in water, voedsel en brandstof voor het gezin. Veel ontwikkelingsprojecten bleken verwoestende consequenties te hebben voor vrouwen en voor de natuur.

Ook in de beeldvorming is er verschil tussen de ene categorie mensen en de andere: sommigen staan boven de natuur en anderen zijn er deel van. Vrouwen zijn van oudsher beschouwd als meer met de natuur verbonden dan mannen.[84] De natuur werd zelfs nadrukkelijk als vrouwelijk gezien: moeder aarde die leven geeft. Vrouwen zouden door menstruatie en zwangerschap dichter bij de natuur staan, als draagsters van nieuw leven meer bepaald worden door hun lichaam, aardser zijn. In culturen waar de natuur in hoog aanzien stond, werkte dit in het voordeel voor vrouwen en andersom: waar vrouwen in hoog aanzien stonden werkte dit in het voordeel van de natuur. In onze westerse cultuur was het een nadeel voor zowel vrouwen als natuur.[85] Beide werden tegenover hoger gewaardeerde grootheden geplaatst: mannen en cultuur. Er ontstond een geheel van hiërarchische dualismen. Aan de ondergeschikte kant stonden aarde, natuur, vrouwen, lichaam, emotie, wildernis, aan de dominante kant hemel, cultuur, mannen, geest, ratio, beschaving. Het idee dat beschaafde rationele mannen mogen heersen over vrouwen, de natuur en niet-westerse volken – de 'wilden'– zit diep in onze cultuur en gaat terug op Aristoteles.[86] Zowel over vrouwen als over de natuur wordt nog altijd gesproken in termen van veroveren en bezitten.

Het concept van de natuur als vrouwelijk had aanvankelijk zowel een positieve als een negatieve betekenis: voedend maar ook wild en oncontroleerbaar, leven gevend maar ook leven nemend. Het negatieve werd dominant en ingebed in filosofische, religieuze en natuurwetenschappelijke ideeën.[87] Zo ontstond een ideologie van controle die aan de basis staat van de patriarchaal-kapitalistische orde. Er is dus een verband tussen het mechanistisch wereldbeeld van de moderne wetenschappen, de opkomst van een wereldwijde markteconomie en de exploitatie van menselijke en natuurlijke hulpbronnen.

Deze ideologie, dit wereldbeeld, komt terug in kolonialisme en agenda's voor ontwikkeling. In de taal van het kolonialisme is het de beschaving die verspreid moet worden, in de taal van ontwikkelingssamenwerking zijn het de zogenoemde onderontwikkelde landen die op hetzelfde niveau moeten komen als de rijke landen. Voor een meer duurzame omgang met de aarde kunnen echter juist niet-westerse wereldbeelden en praktijken een voorbeeld zijn, want 'de meeste niet-westerse culturen zijn gegrondvest op de democratie-van-al-het-leven.'[88]

1.2.7 Postmodernisme

Het moderne westerse wereldbeeld van de autonome mens is ook van binnenuit aangevochten. Darwin onttroonde de mens door van mensen een diersoort te maken, nauw verwant met vooral de apen. Freud heeft laten zien dat de mens – zelfs de witte welgestelde gezonde mannelijke mens – helemaal niet zichzelf stuurt. Het ik wordt voortgedreven door allerlei voor de persoon zelf niet of nauwelijks inzichtelijke drijfveren, de driften. Marx toonde aan dat productieverhoudingen grote invloed hebben op – volgens hem zelfs bepalend zijn voor – wie mensen zijn en hoe de samenleving functioneert. Nietzsche heeft het onbehagen benoemd van de mens overgeleverd aan een onbegrijpelijke wereld.

In het spoor van deze denkers hebben postmoderne filosofen als Foucault, Derrida, Deleuze en Irigaray het beeld van de mens als autonoom en rationeel verder onderuitgehaald. Ze hebben de verhouding tussen mens en wereld opnieuw doordacht. Al is postmodern een verzamelnaam voor een groot aantal denkers die meer verschillen dan overeenkomsten hebben, ze hebben gemeen dat ze afstand nemen van de vooronderstellingen van de moderniteit. Ze hebben niet alleen kritiek op het concept van het onafhankelijke individu, maar ook op het denken in dualismen en op het geloof in algemeen geldige waarheden. Er is volgens hen geen vaste identiteit, geen kennistheoretische zekerheid, geen eenduidigheid van betekenis en geen historische vooruitgang. Ze laten zien dat wat als waarheid geldt een constructie is, een combinatie van taal en macht. Er is geen algemene waarheid die overal en altijd geldig is. De 'grote verhalen' zijn ontmaskerd als onderdrukkend omdat ze vormen van overheersing legitimeren en wat anders is buitensluiten.[89]

Wat als algemene waarheid gepresenteerd wordt, is altijd bepaald door de omstandigheden, de machtsverhoudingen en bepaalde belangen. Het moderne idee dat mensen centraal staan in de wereld en de wereld naar hun hand kunnen en moeten zetten, is gelijk opgegaan met de natuurwetenschappelijke en technische ontwikkelingen. Om de aarde te kunnen exploiteren was een nieuw mensbeeld nodig dat mensen losmaakte van de natuur en de natuur tot ding maakte, en een geloof in vooruitgang. De postmoderne filosofie heeft dit beeld en andere beelden van de Verlichting uit elkaar gehaald, 'gedeconstrueerd'.

Postmodernisme heeft een slechte naam omdat het vaak neer lijkt te komen op nihilisme. Als alles betrekkelijk is, waarom zou je je dan nog ergens voor inzetten, waar kun je dan nog in geloven? Rest dan alleen cynisme? Het ontmaskeren van de werking van macht blijkt echter ook ruimte te maken voor wat eerder weggedrukt werd. Postmodernisme levert kritiek en opent ogen. Als objectiviteit onmogelijk is, is engagement niet onwetenschappelijk. Het benoemen van de eigen context, positie en vooronderstellingen wordt juist noodzakelijk voor een geloofwaardig betoog. Als betekenis nooit eenduidig is, is er altijd nieuwe interpretatie mogelijk. Als historische vooruitgang betrekkelijk is, zijn recente inzichten niet beter dan inzichten van lang geleden. Als de wereld altijd deels onbegrijpelijk blijft, is het niet meer nodig te zoeken naar een sluitend wereldbeeld. Juist de barsten in schijnbaar gesloten systemen laten licht door dat zichtbaar kan maken wat verborgen bleef.

Sommige theologen maken dan ook vruchtbaar gebruik van postmoderne inzichten en methoden om de situatie in de wereld te duiden, teksten opnieuw te lezen en het verleden te herinterpreteren om zo tot nieuwe inzichten te komen over God en de wereld.[90] Dat is dan geen theologie met de pretentie van tijdloze waarheid, maar een denken dat zich bewust is tijd- en situatiegebonden te zijn, met – als het goed is – de intentie om in gesprek te zijn met andere tijden en situaties.

1.2.8 Taal

Taal is nooit neutraal. Taal weerspiegelt een wereldbeeld en vormt ook het wereldbeeld. Het woord natuur bijvoorbeeld wordt meestal gebruikt om een werkelijkheid aan te duiden die niet door mensen gemaakt is. Daarmee wordt een scheiding voltrokken tussen mensen en de rest van de werkelijkheid. Moeten we het woord natuur nog wel gebruiken? Hoe gebruiken we het eigenlijk?

Het begrip natuur heeft vele betekenissen. Natuur kan betekenen alles wat door de natuurwetenschappen bestudeerd wordt: atomen, dieren en planten, meteorologische en geologische processen, de kosmos, de materie en energie waar dit alles uit bestaat en de relaties hiertussen. Het begrip natuur kan betrekking hebben op de dieren- en plantenwereld en de niet-levende natuur in al hun veelvormigheid. 'Natuurlijk' kan ook betrokken worden op sociale theorieën, normen en waarden, die daarmee een zekere vanzelfsprekendheid krijgen. Natuurlijk kan betekenen gezond of goed. Natuur kan staan tegenover socialisatie (nature-nurture, genen/karakter of opvoeding), techniek, het bovennatuurlijke, cultuur of menselijke creaties.[91]

Ook in geloofstaal heeft natuur vele betekenissen. Natuur kan zowel positief als negatief zijn, zowel de goede schepping als de bedreigende of gevallen natuur. In de theologie is natuur vaak tegenover genade geplaatst, waarbij natuur gezien wordt als een realiteit die gecorrigeerd of verlost moet worden. Als 'natuur' in positieve zin gebruikt wordt, is dat vaak om iets dat wenselijk geacht wordt als vanzelfsprekend of onvermijdelijk voor te stellen: 'De "wetten van de natuur" of "de natuurwet" zijn mijnenvelden van religieuze concepten, vooroordelen, instrumenten van sociale organisatie en beheersing.'[92] In moderne theologie staat natuur vaak tegenover geschiedenis, waarbij God voornamelijk in de geschiedenis te vinden zou zijn.[93] Soms wordt natuur als synoniem gebruikt voor schepping.

Ecotheologen en filosofen herinneren er aan dat mensen onderdeel zijn van het grote geheel van de aardse levensgemeenschap. Sommigen vermijden daarom het woord natuur. Latour verwerpt het onderscheid tussen mens en natuur en tussen natuur en cultuur, net als de daarmee verbonden scheiding tussen subject en object.[94] Theokritoff gebruikt natuur om de niet-menselijke materiële werkelijkheid aan te duiden, terwijl schepping gaat over alles wat bestaat.[95] Keller gebruikt het woord natuur niet, alleen het woord schepping.[96] Boureux biecht aan het einde van zijn boek op dat hij de lastige kwestie wat natuur betekent, ontweken heeft.[97] Elvey noemt natuur een homogeniserende term en prefereert 'materie'.[98]

Omdat natuur zo'n veelduidig en verwarrend begrip is, lijkt het de beste oplossing om het niet meer te gebruiken. Dat zie ik niet als alternatief omdat daarmee de problemen slechts verplaatst worden en dan wordt de verwarring alleen maar groter. Ook 'materie' en 'schepping' zijn veelduidig. Het is goed om ons van meet af aan van het problematische van het begrip natuur bewust te zijn en daarmee te rekenen. Ik zal het niet vermijden, maar ook niet proberen me aan één definitie te houden. Meestal gebruik ik natuur overeenkomstig de meest gangbare betekenis voor de niet-menselijke materiële werkelijkheid of alleen voor dieren en planten, soms voor de aardse levensgemeenschap, soms voor de hele aarde of voor de kosmos. De betekenis is afhankelijk van de besproken auteur en de context.

In het voorafgaande heb ik de begrippen duurzaamheid, ecologie en milieu door elkaar gebruikt. Ze hebben elk hun voors en tegens. 'Milieu' klinkt wat gedateerd en heeft bovendien het nadeel dat het in zijn betekenis 'natuurlijke leefomgeving' mensen buiten de natuur plaatst en sterk antropocentrisch is. Duurzaamheid is een containerbegrip geworden – er is economische, sociale en ecologische duurzaamheid – waarin de nadruk ligt op houdbaarheid, met name op de leefbaarheid van de wereld voor huidige en toekomstige generaties mensen.[99] Ook een sterk antropocentrisch begrip dus. Het woord 'ecologie' heeft dit nadeel minder. Aanvankelijk was het enkel de aanduiding van een vakgebied binnen de biologie, inmiddels heeft het een bredere betekenis gekregen. Ecologie als biologische discipline is de studie van ecosystemen, dat wil zeggen van leefgemeenschappen van dieren, planten en anorganische natuur, hun relaties en interacties. Ofwel: 'Ecologie is de wetenschap die de relaties bestudeert van organismen met elkaar en met hun omgeving.'[100] Biologen hebben erop gewezen dat de aarde in haar geheel beschouwd kan worden als een groot ecosysteem, de biosfeer.[101] 'Ecologisch' is buiten de biologie gaan betekenen: met respect voor de natuur of voor de aarde vanuit een bewustzijn van de onderlinge afhankelijkheid van alles. Het legt de nadruk op de samenhang van het aardse ecosysteem en op de eigen waarde van de niet-menselijke natuur. De paus roept op tot 'ecologische bekering'.[102] Ecologisch is soms afgevlakt tot een synoniem voor milieuvriendelijk. Al heb ik een voorkeur voor het woord ecologisch, ik zal de woorden duurzaamheid en milieu ook blijven gebruiken.

Taal voor God is ook niet vrij van vooronderstellingen. Ik probeer te vermijden over God als 'hij' te spreken, omdat ik niet een eenzijdig mannelijk godsbeeld wil bevestigen. Dat zal niet helemaal lukken. Omdat 'zij' voor God nog vrij ongebruikelijk is en vervreemdend zou kunnen werken, gebruik ik dat 'zij' alleen wanneer dat in de context het meest voor de hand ligt, zoals bij feministische auteurs. Het neutrale begrip 'het goddelijke' is mij te onpersoonlijk en te vaag.

1.3 De taak van de theologie

In het voorgaande zijn de ecologische crisis en het wereldbeeld dat die crisis veroorzaakt heeft al verbonden met theologie. Nu wordt het tijd om die verbinding nader te bekijken. Wat versta ik onder theologie en op welke manier kan theologie van belang zijn? Ik ga uit van een klassieke definitie: theologie is vanuit geloof nadenken over God en alles wat met God te maken heeft, ofwel met de bekende woorden van Augustinus (vierde eeuw) *fides querens intellectum*, geloof dat probeert te begrijpen. Nadenken vanuit geloof gebeurt op vele manieren. In dit boek gaat het vooral om systematische reflectie die zich wetenschappelijk verantwoordt. Daarbij zal ik regelmatig refereren aan andersoortige geloofsreflectie, zoals in liturgische teksten.

1.3.1 Theologie gaat over de wereld in relatie tot God

Door haar verwevenheid met de moderniteit – de antropocentrische wending, een mechanistisch wereldbeeld en een denken in termen van maakbaarheid en vooruitgang – heeft de theologie zichzelf op twee manieren irrelevant gemaakt. Ten eerste is ze als niet-wetenschappelijk gaan gelden omdat ze in het wereldbeeld van de moderniteit niet over de hele werkelijkheid gaat, maar hoogstens over moraal of zingeving. Wat van theologie overblijft is een vorm van antropologie die het geloof van mensen beschrijft of een vorm van ethiek. Wie wil weten hoe de wereld in elkaar zit, zoekt het antwoord niet meer in de theologie. Een relevante theologie echter gaat over de hele werkelijkheid, dus ook over dieren en planten en economische structuren, in relatie tot God.[103] Ten tweede is moderne theologie niet in staat een antwoord te geven op de ecologische crisis omdat ze zo vast zit in dat moderne wereldbeeld, wat juist een van de oorzaken is van die crisis. White noemde dat de 'grote schuldenlast' van het christendom. Een theologie die haar uiterste best doet voor moderne mensen begrijpelijk te zijn, loopt het grote risico dat ze zich zo aanpast aan de tijdgeest dat ze niets meer te zeggen heeft.

Zodra theologie niet samenvalt met het dominante wereldbeeld, maar zich daar kritisch toe verhoudt, kan ze weer relevant worden en een factor die ertoe doet. Theologie kan namelijk meer doen dan mentaliteitsverandering ondersteunen of inspiratiebron zijn bij reeds ingenomen standpunten. Ze is niet alleen leverancier van normen en waarden, maar geeft ook kennis van de werkelijkheid, een ander soort kennis dan vanuit de natuurwetenschappen, maar wel kennis.[104] Sociale wetenschappen kunnen de theologie behulpzaam zijn, als ze niet leiden tot een reductie van de theologie tot wat binnen de grenzen van de sociale wetenschappen valt.[105]

1.3.2 Vele bronnen en gesprekspartners

Zouden we dan terug moeten naar een theologie van voor de moderniteit? Uiteraard is het onmogelijk om naar het wereldbeeld van de middeleeuwen of het oude Israël terug te keren.

Je kunt niet terug in de geschiedenis – de omstandigheden zijn heel anders – en een wereldbeeld is ook niet zomaar te veranderen. Buiten het dominante wereldbeeld gaan staan is misschien moeilijk, maar in elk wereldbeeld zitten barsten, kieren waardoor andere mogelijkheden zichtbaar worden. Ons wereldbeeld verandert vanzelf mee als de omstandigheden veranderen. Kunnen we vasthouden aan het beeld van de mens als heerser over de aarde als de ecologische crisis ons duidelijk maakt hoe afhankelijk en kwetsbaar we zijn? Inzichten uit andere tijden en culturen kunnen ons helpen ons wereldbeeld te relativeren en bij te stellen. Net als andere praktijken en het luisteren naar niet-dominante groepen, dat wil zeggen naar mensen die niet tot de geprivilegieerden in de wereld horen en niet het gesprek bepalen.

Dat kan op allerlei manieren, binnen en buiten het christendom. Andere religies hebben andere inzichten en andere praktijken te bieden. Voor sommigen zijn die een alternatief voor het christelijk geloof, maar ze kunnen ook als een spiegel werken voor christenen. Zoals de legendarische rede van indianenopperhoofd Seattle als de Amerikaanse regering het land van zijn stam wil kopen: ‘Hoe kun je de lucht kopen of verkopen, de warmte van de aarde, de snelheid van de antilope?’[106] Zo’n vraag relativeert het gangbare idee van de aarde als hulpbron en handelswaar met een notie van heiligheid van de aarde. Die notie is er in het christendom ook: de aarde als Gods schepping.

Binnen de hele christelijke traditie zijn nog zoveel andere stemmen dan de moderne westerse. De Bijbel natuurlijk, maar ook de hele kerkgeschiedenis in al haar veelvormigheid en het levende geloof van christenen in vele culturen en situaties. Bij de Yine, een volk in de westelijke Amazone in Peru – bijvoorbeeld – speelt contact met niet-menselijke personen een grote rol in hun geloofsleven. Dat kunnen verschillende dieren zijn of de zielen van doden, het teken van het beest, God en Satan.[107] Ook in onze contreien zijn er andere vormen van christendom dan de westerse, met name bij de migrantenkerken of interculturele kerken. En er zijn ook andere praktijken dan die van de gangbare economische agenda. Al zullen kleinschalige initiatieven als buurtmoestuinen en ecologische woonprojecten en leefgemeenschappen niet direct de wereld veranderen, ze kunnen wel belangrijke nieuwe ervaringen en inzichten opleveren, ook voor de theologie. Sallie McFague vraagt zich af hoe christenen van de natuur kunnen houden.[108] Ze onderscheidt twee manieren van kijken: de arrogante blik en de liefhebbende blik. Wie de bomen, de planten, de stenen als naasten kan ervaren, kan van ze houden. Het gebod heb uw naaste lief, breidt ze uit tot de hele natuur. Om liefdevol om te gaan met de natuur, is het niet nodig op zoek te gaan naar een overweldigend landschap ver van huis. De eigen tuin, plantjes op het balkon, park in de buurt zijn veel belangrijker, want daar kun je een band mee opbouwen. Wie een tuin verzorgt of huisdieren heeft, weet dat de natuur geen ding is, dat een hond of een kat ook een eigen persoonlijkheid heeft, dat de ene roos de andere niet is. Wie de natuurlijke omgeving niet als bezit maar als medeschepselen beschouwt, gaat er anders mee om. Aanraken geeft een ander wereldbeeld dan analyseren en gebruiken, omdat aanraken altijd wederkerig is. Door aanraking ontstaat een relatie. Ook meditatie/gebed en eredienst/liturgie zijn ervaringen die een vorm van kennis op kunnen leveren die anders is dan de gangbare.[109]

Luisteren naar niet-dominante groepen is overigens een kunst apart. Zij die niet of nauwelijks stem hebben in onze samenleving, worden meestal alleen gehoord als ze zich grotendeels aangepast hebben aan wat acceptabel is. Toch kunnen mensen in de marge van de maatschappij inzichten hebben die in het centrum ontbreken, bijvoorbeeld als het gaat om ons economisch system. En wat als de dieren een stem zouden hebben? Als we de wereld bijvoorbeeld eens vanuit een varken bekijken? Nog een stap verder is het 'parlement der dingen'[110]. Kortom: een nieuwe theologie met een nieuw wereldbeeld is gebaat bij niet-dominante inzichten. Want het moderne westerse wereldbeeld mag dan wel overheersend zijn, er zitten ook barsten in. En er zijn 'verborgen verhalen', een term van Michel Foucault, die te horen zijn voor wie kan luisteren. Een mooi voorbeeld is *Het verborgen leven van bomen*[111] waarin een bosbouwkundige voor een breed publiek kennis toegankelijk maakt over hoe bomen leven en communiceren.

1.3.3 Bijbel en traditie

De bronnen voor theologie zijn van oudsher Bijbel, traditie en geleefd geloof. Theologen houden zich bezig met bijbels materiaal, theologisch materiaal in de vorm van geloofsbelijdenissen en theologische controverses uit het verleden, en cultureel materiaal van geleefde christelijke ervaring zoals liturgische praktijken, gebedsleven en maatschappelijke praktijken.[112] Deze bronnen worden voortdurend opnieuw geïnterpreteerd als zich vanuit nieuwe situaties en opvattingen nieuwe vragen aandienen.[113] Zo werkt dat zowel in reformatorische als vrijzinnige als katholieke theologie. Een vrijzinnig theoloog als Christa Anbeek wil traditionele geloofstaal decoderen als een symbolische taal, om de ervaringen die erachter zitten en het perspectief dat ze bieden toegankelijk te maken voor geseculariseerde mensen. Ze noemt het noodzakelijk voor het overleven van christelijke theologie om theologische inzichten te vertalen naar persoonlijke ervaringen met de kwetsbaarheid van het menselijk leven.[114] Een katholiek theoloog als Erik Borgman herinterpreteert de dertiende-eeuwse theoloog Thomas van Aquino voor een theologie die 'een authentieke gestalte is van onderzoek naar wat er in de wereld werkelijk aan de hand is en een bijdrage levert aan de voortgang van onze cultuur en het overdenken van de problemen waar wij voor staan.'[115] Gijsbert van den Brink staat in de reformatorische traditie en ziet theologie als verantwoording en verduidelijking van het geloof van de kerk dat vastgelegd is in dogma's en belijdenisgeschriften. Hij herlas de Bijbel en een aantal in zijn traditie gezaghebbende auteurs om antwoord te geven op de vraag hoe orthodoxe christenen zich kunnen verhouden tot de evolutietheorie.[116]

Theologie is dus altijd het hernemen en herinterpreteren van elementen van Bijbel en traditie in een bepaalde context. Een praktijk of opvatting uit het verleden kan nooit de enige norm zijn voor goede theologie, want het verleden is altijd wijder en meer divers dan welke specifieke identificatie dan ook van een gezaghebbend verleden en zaken kunnen altijd anders blijken te zijn.[117] Hedendaagse opvattingen en praktijken kunnen evenmin de enige norm zijn, op straffe van opgesloten blijven in het heden. Ieders blik is beperkt. Al zijn zowel God als de wereld nooit volledig kenbaar, historisch onderzoek – van Bijbel en traditie – helpt wel om de blik te verruimen. Met Kathryn Tanner wil ik me daarom in een grote theologische ruimte plaatsen:

> Kennis van het christendom in andere tijden en plaatsen is dan een manier om het bereik uit te breiden van verbeeldingsmogelijkheden voor theologische constructie in enige tijd en plaats, een manier om de bronnen uit te breiden waarmee je kunt werken.[118]

Dat is niet het restaureren van oude theologie, ook niet het verwerpen ervan, maar 'creatief mobiliseren van de christelijke traditie met de bedoeling iets te zeggen over God en over Gods betrekking tot de wereld.'[119] Tanner verstaat onder wereld vooral mensenwereld. Als haar methode toegepast wordt op de hele wereld, ook de niet-menselijke, wordt ze nog veel relevanter.[120]

1.4 Theologie en de ecologische crisis

Een relevante theologie gaat dus over de hele werkelijkheid, dus ook over dieren en planten en economische structuren, in relatie tot God. Theologie is dus meer dan ethiek en levert kennis op van de werkelijkheid. Christelijke theologie bedrijven is niet het herhalen of opnieuw toepassen van onveranderbare inzichten, maar het creatief mobiliseren van de christelijke traditie met de bedoeling iets te zeggen over God en de wereld. Daarbij zijn vele gesprekspartners welkom.

Naast constructieve theologie is een vorm van deconstructie nodig, want theologie heeft te vaak gevestigde belangen ondersteund en sociale en ecologische ongelijkheid in stand gehouden.[121] Daarom is het nodig om kritisch te kijken naar vormen van theologie die grenzeloze exploitatie van de aarde legitimeren. Hetzelfde geldt voor andere vormen van exploitatie, uitsluiting en onderdrukking, met name die van vrouwen, armen en niet-westerse volken. Theologie is altijd verweven met een wereldbeeld en kan tegelijk wereldbeelden relativeren of ontmaskeren. Filosofie kan daarbij helpen.

Vanuit de ecologische crisis is het nodig het wereldbeeld van de moderniteit te deconstrueren. Het wereldbeeld van de moderniteit met zijn antropocentrisme, individualisme, geloof in maakbaarheid en scheiding van subject en object, mens en natuur, heeft enerzijds veel goeds gebracht. Denk aan wetenschappelijk onderzoek, nuttige technieken en doorbreken van de standenmaatschappij. Anderzijds heeft dit wereldbeeld zeer negatieve bijwerkingen. Of misschien is het beter te zeggen dat het doorgeslagen is in een economisch-technocratisch paradigma dat verwoestende effecten heeft op de aardse biosfeer en op de levens van veel mensen, arme vrouwen het meest.

Theologie kan meer doen dan een specifieke groep in de samenleving, namelijk christenen, motiveren om de agenda van de milieubeweging te volgen. Theologie kan vanuit haar eigen mogelijkheden bijdragen aan het welzijn van de aarde en haar bewoners, om te beginnen door fundamentele vragen te stellen, bestaande vragen aan te scherpen en inzichten aan te dragen vanuit haar rijke traditie. Die inzichten hebben vaak de vorm van verhalen, onder meer de verhalen uit de Bijbel.

HOOFDSTUK 2

Het andere wereldbeeld van de Bijbel

Theologie is hernemen en herinterpreteren van elementen van Bijbel en traditie in een bepaalde context, hebben we vastgesteld. De ecologische crisis is een context die dringende, nieuwe vragen stelt aan de theologie. Lynn White achtte de kerken medeverantwoordelijk voor de exploitatie van de natuur vanwege hun antropocentrisme en vooruitgangsdenken.[122] Het valt niet te ontkennen dat het christendom een zekere schuld heeft aan de huidige ecologische crisis met theologische opvattingen die de relatie van God en de wereld beperken tot de mensenwereld, mensen als heersers buiten en boven de natuur plaatsen en de natuur reduceren tot materiaal voor menselijke vooruitgang. De aarde wordt vaak beschouwd als een geschenk van God aan mensen om te gebruiken en verder vorm te geven. Niet zelden gaat een negatieve waardering van de natuur samen met een negatieve waardering van vrouwen en van volken die dichter bij de natuur staan.

De vermeende superioriteit van (bepaalde) mensen en de opdracht tot onderwerpen van de natuur worden aan de Bijbel ontleend. Voor velen is dat een reden om de Bijbel te beschouwen als onverenigbaar met of irrelevant voor een ecologische visie. [123] Om die reden verwerpt de milieubeweging meestal de Bijbel en distantiëren sommige fundamentalistische christenen zich van de milieubeweging.[124] Anderen wijzen juist op de vele milieuvriendelijk teksten in de Bijbel, waarin wel degelijk positief gesproken wordt over dieren, planten en de aarde en Gods relatie met hen. Ze lezen in de Bijbel dat van mensen een houding van zorgzaamheid verwacht wordt.

In dit hoofdstuk wil ik de Bijbel opnieuw lezen vanuit een ecologisch perspectief. De Bijbel is immers voor alle christenen een belangrijke bron en spreekt ook veel niet-christenen aan. Ik beschouw de Bijbel als een gesprekspartner met gezag. Daarom wil ik me er niet te gemakkelijk vanaf maken door alleen teksten naar voren te halen die als bewijsplaatsen kunnen dienen voor wat ik zelf al vond. De vragen die ik aan de Bijbel stel, zijn fundamenteler: Hoe ziet de Bijbel de relatie tussen God en de aarde en de plaats van mensen daarin? En daarbinnen: hoe wordt de verhouding tussen menselijk en niet-menselijk leven verbeeld?

Eerst zal ik in kort bestek verschillende methodes van ecologisch bijbellezen bespreken en mijn keuze van bijbelteksten motiveren. Daarna volgt een uitleg van teksten onderverdeeld in drie categorieën: teksten die handelen over scheppen, het omgaan met dieren en redding van de aarde (eschatologie). Het opnieuw lezen van de Bijbel, blijkt veel op te leveren. Er komt een ander beeld naar voren dan het westerse christelijke wereldbeeld, waarin de mens boven de schepping staat.

Bijna alle citaten en de versindeling zijn genomen uit de Nieuwe Bijbelvertaling (NBV). Alleen het woord HEER heb ik vervangen door Eeuwige om het misverstand te voorkomen dat Heer de meest wenselijke vertaling van JHWH zou zijn.[125] Ik verwijs expliciet naar het Hebreeuws of Grieks van de grondtekst als dat verhelderend is. Soms citeer ik een andere vertaling dan de NBV als die meer recht doet aan de grondtekst of daar een andere interpretatie van geeft.

2.1 De Bijbel in ecologisch perspectief

Een ecologische lezing van de Bijbel zet bepaalde accenten, stelt bepaalde vragen, haalt bepaalde teksten naar voren. Het is lezen door een ecologische bril. Iedereen die de Bijbel leest, doet dat door een bepaalde bril, zelfs degenen die zweren bij het lezen van kaft tot kaft. Theologische vooronderstellingen, vaak impliciet, bepalen welke teksten meer en welke minder gewicht krijgen. Luther zocht een genadige God en vond die bij Paulus. Voor Luther vormde Paulus de toegang tot de Bijbel. De bevrijdingstheologie leest vooral vanuit het uittochtverhaal, de profeten en de evangeliën en vindt daar God als bevrijder van de armen. Tegenwoordig is een psychologische lezing populair. Menige preek gaat vooral in op de gevoelens en de beweegredenen van de personen in een bijbelverhaal waaraan de toehoorders zich kunnen spiegelen. Wat gebeurt er nu als we de Bijbel lezen vanuit de vragen die de ecologische crisis oproept? Dat vraagt een andere focus dan op individueel heil of persoonlijke groei. De eerste stap is om beter te lezen, scherper te zien wat voorheen door antropocentrische vooroordelen vaag of zelfs onzichtbaar bleef. Lezen met een ecologische bril is in de eerste plaats oog krijgen voor de niet-menselijke werkelijkheid in de Bijbel.

2.1.1 Mogelijkheden voor een ecologische interpretatie

Bijbeluitleg die relevant is voor een ecologische theologie is er in vele soorten.[126] De auteurs waar ik naar verwijs verschillen in methode, in setting en doel. Zo wil Jan Boersema in *Thora en Stoa* aantonen dat onze westerse ideeën over de verhouding mens-natuur vooral uit het Griekse denken afkomstig zijn en niet uit de (Hebreeuwse) Bijbel. David Horrell werkt in *The Bible and the Environment* aan een hermeneutiek (uitlegkunde) die milieuethiek kan ondersteunen. Richard Bauckham wil in *Living with other Creatures* laten zien dat het in de Bijbel om de levensgemeenschap van alle schepselen gaat. Gijsbert van den Brink onderzoekt in *En de aarde bracht voort* hoe de evolutietheorie verenigbaar is met orthodoxe gereformeerde dogmatiek. Ellen van Wolde houdt zich bezig met scheppingsverhalen als oorsprongsmythes. Het thema van Johan Graafland is dierenrechten. Christophe Boureux leest in *Dieu est aussi jardinier* de Bijbel als gefocust op Christus (christocentrisch) en met een Franse filosofische insteek. Catherine Keller is een protestants systematisch theologe die vanuit een postmodern en feministisch kader een boek gewijd heeft aan één bijbelvers: *Face of the Deep* gaat helemaal over Genesis 1,2. In *Earth, Wind & Fire* gaan feministische exegeten en systematisch theologen vanuit diverse teksten op zoek naar thema's voor een ecologische scheppingstheologie.

Bij alle tot nu toe genoemde auteurs is er sprake van een wisselwerking tussen exegese en systematische theologie. Dat kan ook niet anders, omdat theologische vooronderstellingen altijd een rol spelen in exegese en exegese een rol speelt in systematische theologie.[127]

Duurzaamheid in de Bijbel

Lezen met een ecologische bril kan dus op vele manieren. De eenvoudigste methode is zoeken op trefwoorden. Woorden als ecologie of milieu komen echter in de Bijbel niet voor. 'Duurzaamheid' levert wel een belangrijke notie op: Gods duurzame trouw, woorden tegen de lange duur en woorden die duren, hoe de omstandigheden ook veranderen.[128] Die notie kan ecologisch geïnterpreteerd worden als: Gods trouw aan de aarde blijft.

Deze methode is weinig bevredigend, want de Bijbel gaat niet over de ecologische crisis van onze tijd. In de tijd waarin de Bijbel ontstond was de aarde aanmerkelijk dunner bevolkt dan nu en grote gebieden waren nog niet of nauwelijks door mensen beïnvloed. Afval dat mensen produceerden was organisch en verteerde vanzelf. Natuur was overvloedig aanwezig en vaak bedreigend voor mensen. De zee was gevaarlijk en eiste veel mensenlevens. De kans als mens door een wild dier gedood te worden was reëel. Voedsel verbouwen was zwaar werk en voldoende opbrengst niet gegarandeerd. De impact van mensen op de aarde was nog klein. Mensen waren nog niet in staat de aarde onbewoonbaar te maken, hoogstens tijdelijk en plaatselijk als gevolg van oorlogshandelingen. Denk aan het kappen van vruchtbomen, dichtstoppen van waterbronnen en volgooien van akkers met stenen om een vijandig volk op de knieën te dwingen (Deuteronomium 20,19-20 en 2 Koningen 3,25).

Groene teksten

De Bijbel kan geen oplossingen bieden voor een crisis die er nog niet was. Er kan in de Bijbel wel een analogie of een bredere categorie gezocht worden waarbinnen vragen rond geloof en duurzaamheid vallen.[129] De *Groene Bijbel* heeft als bredere categorie gekozen voor teksten die 'gaan over de manier waarop God en mens in de Bijbel omgaan met de natuur', en op grond daarvan een uitgebreide selectie gemaakt.[130] De criteria voor die selectie zijn theologische uitgangspunten, onder meer: 'Gods zorg voor de schepping', 'de eenheid van de schepping', 'de schepping looft en gehoorzaamt God' en 'de mens moet voor de aarde zorgen'.[131] Het studie- en werkmateriaal[132] hanteert weer iets andere theologische noties: 'en het was goed', 'God vinden', 'verbondenheid met de schepping', 'zorg voor de schepping als rechtvaardigheid', 'de gevolgen van de zonde' en 'de nieuwe aarde'.[133] Doel is om teksten naar voren te halen die aanknopingspunten bieden voor groen leven, doordat ze oproepen tot een respectvolle omgang met mensen, planten en dieren. 'Een oproep die verbonden is met het geloof dat de hele schepping als een Godsgeschenk aan mensen is toevertrouwd.'[134] Het idee dat de schepping een geschenk is van God aan mensen weerspiegelt wel de gangbare protestantse theologie[135], maar doet geen recht aan de bijbelteksten over de schepping, zoals uit het vervolg zal blijken. De vraag is niet hoe God en mens omgaan met de natuur, want in die formulering worden God, mens en natuur als drie grootheden naast elkaar geplaatst. De groen gemarkeerde teksten laten overigens wel goed zien hoe vaak dieren, planten en de aarde voorkomen in de Bijbel.

Ecologische en feministische exegese

Vanuit mijn analyse van de ecologische crisis als een crisis van ons wereldbeeld, is de bredere categorie de relatie tussen God en de aarde en de plaats van mensen daarin. En daarbinnen de verhouding tussen menselijk en niet-menselijk leven. Door de Bijbel te lezen vanuit deze theologische categorie, kan de Bijbel oriëntatie bieden in de ecologische crisis. Mijn richtvragen daarbij zijn: 'Hoe wordt de mensheid verbeeld in relatie tot niet-menselijk leven? Hoe worden relaties tussen God, mensheid en aarde begrepen?'[136]

De Bijbel is vaak te antropocentrisch gelezen, als een verhaal van God met mensen of zelfs als alleen het verhaal van de mens. Ik geef alvast een voorbeeld ontleend aan Genesis 9.[137] Dit bijbelgedeelte is bekend geworden als 'het verbond met Noach' en wordt doorgaans opgevat als een verhaal over een verbond met Noach en zijn nageslacht. In de tekst is echter sprake van een verbond met alle levende wezens en met de hele aarde. Veel uitleggers negeren dit. Dit vanzelfsprekende antropocentrisme is te vergelijken met vanzelfsprekend androcentrisme, waarbij de man centraal staat of de eenzijdig mannelijke blik.[138] Zo wordt soms gesproken over de Abrahamverhalen alsof Sara daarin niet ook een grote rol speelt.

Zoals in het begin van de feministische exegese gespeurd werd naar vergeten vrouwen in de Bijbel, gebeurt dat nu vaak met vergeten groene teksten. En dan is er veel moois te vinden, zoals uit de selectie van De *Groene Bijbel* blijkt. Dat is echter niet genoeg. Dan blijven namelijk de lastige teksten die in hun doorwerking negatieve gevolgen hebben gehad voor het milieu ongemoeid.[139] Daarom is een methode nodig om zowel op zoek te gaan naar inspirerende teksten als om eventueel de minder aantrekkelijke passages anders uit te leggen. In de feministische exegese zijn daarvoor drie benaderingen te vinden die gecombineerd kunnen worden.[140] Ze zijn ook bruikbaar voor ecologische exegese:

- lezen vanuit de bevrijdende traditie van de Bijbel, bevrijdend niet alleen voor mannen, maar ook voor vrouwen, niet alleen voor alle mensen, maar voor de hele aarde,
- tegenstemmen in de tekst zoeken, namelijk de stemmen van vrouwen in een tekst waar mannen centraal staan, de stem van de aarde in een antropocentrische tekst,
- een alternatieve canon samenstellen van teksten binnen de Bijbel die in de context van genderongelijkheid c.q. de ecologische crisis het meest relevant zijn.

De vergelijking van ecologische met feministische exegese gaat maar gedeeltelijk op. In de meeste bijbelverhalen zijn mannen de hoofdpersoon en de Bijbel is al met al een androcentrisch en patriarchaal boek. Volgens sommigen is de Bijbel ook een antropocentrisch boek, omdat meestal mensen belangrijker zijn dan de rest van de aarde.[141] In vergelijking met onze cultuur is de Bijbel echter veel patriarchaler, maar lang niet zo antropocentrisch. In veel teksten gaat het wel degelijk over de hele schepping. Historisch-kritisch onderzoek heeft het patriarchale karakter van de oud-Israëlische cultuur blootgelegd, maar ook het ecologisch bewustzijn avant la lettre omdat het 'de onderlinge afhankelijke relationaliteit van de oude Israëlieten met alle levende wezens laat zien [...] en hun bewustzijn van hun eigen kwetsbaarheid en afhankelijkheid, die leidde tot respect voor andere delen van de schepping.'[142]

De vanuit ecologisch opzicht lastige teksten kunnen gelezen worden vanuit de bevrijdende traditie van de Bijbel en luisterend naar tegenstemmen in de tekst. Vaak is het al genoeg om deze teksten te lezen in hun literaire en historische context. Dan zal bijvoorbeeld blijken dat de mens helemaal niet zo centraal staat in Genesis 1 en dat het idee dat God de aarde zal vernietigen, zoals sommige fundamentalisten lezen in de Bijbel, daar niet te vinden is. Lezen in de context betekent ook minder bekende teksten naar voren halen, zoals de scheppingspsalmen en Job.[143] Minder bekende teksten werpen vaak een nieuw licht op bekende teksten.

2.1.3 Relevante teksten

Er zijn heel veel teksten die vanuit ecologisch perspectief relevant zijn. Sommige teksten komen in de huidige discussie over Bijbel en ecologie steeds terug en zijn daarom voor dit boek onmisbaar. Genesis 1 en 2 springen daarbij naar voren; daarnaast andere scheppingsteksten, teksten over de toekomst van de aarde en teksten over dieren. En er zijn teksten die ik tegenkom in mijn praktijk als predikant en die nieuwe inzichten geopend hebben toen ik ze ging lezen vanuit ecologisch perspectief, bijvoorbeeld het verhaal over de vrouw bij de bron (Johannes 4).

De vraag 'Hoe verhouden zich God, mens en niet-menselijke natuur binnen het grote geheel?' komt met name in scheppingsteksten aan de orde. Daarom zullen eerst een groot aantal scheppingsteksten de revue passeren. Een tweede deel van dit hoofdstuk zal gaan over teksten waarin dieren een rol spelen. Die neem ik op omdat ze gaan over de niet-menselijke natuur. Het derde deel gaat over teksten die onder de noemer te vatten zijn van 'redding van de aarde': teksten over verlossing, bevrijding, koninkrijk van God, een nieuwe hemel en een nieuwe aarde. Zoals zal blijken, is deze laatste categorie teksten niet scherp te onderscheiden van scheppingsteksten. Veel bijbelwetenschappers en theologen hanteren een lineaire tijdsopvatting met heilsgeschiedenis en eschatologie als kernbegrippen.[144] In de grote diversiteit aan teksten zijn zeker lijnen en ontwikkelingen te zien, maar die zijn niet te ordenen op een lijn van oerbegin naar eindtijd. Het frame 'heilsgeschiedenis' is een veel te lineair model om bijbelteksten over schepping en verlossing te ordenen.[145]

Mijn indeling is thematisch en enigszins historisch, van oudere naar jongere bijbelteksten, en deels in volgorde van de canon. Daarbij schroom ik niet om van het Oude naar het Nieuwe Testament over te springen en andersom, vanwege de continuïteit tussen beide bijbelgedeelten. Ik pretendeer niet alle relevante teksten te bespreken. De behandelde teksten moeten genoeg zijn om het moderne wereldbeeld dat bijgedragen heeft aan de ecologische crisis fundamenteel ter discussie te stellen en een ruimer ecologisch perspectief te bieden.

Voortgaande interpretatie

Er is altijd een vertaalslag nodig van de context van de Bijbel naar de onze. Bijbelteksten zijn immers overgeleverd in een proces van voortgaande interpretatie.[146] Tot hun definitieve vastlegging waren de teksten zelf aan verandering onderhevig. In een nieuwe context werd het verhaal weer iets anders verteld. Verschillen in situaties, belangen en opvattingen zorgden voor een grote variatie aan overleveringen in de Bijbel. Teksten worden voortdurend gerecycled en dat kan ook niet anders.[147] Elke tekst vraagt interpretatie. Exegese is altijd een wisselwerking tussen de tekst en andere teksten, tussen verschillende contexten. Een tekst is nooit volledig nieuw, er klinken altijd eerdere teksten in mee, en de lezer verwerkt de tekst opnieuw vanuit haar of zijn situatie. Wat niet wil zeggen dat elke interpretatie even waar is, even waardevol of zinvol. 'In de boeken van de Bijbel zelf wordt al een voortgaand gesprek gevoerd.'[148] Het lezen van de Bijbel is deelnemen aan een voortgaand gesprek. Achter de verschillende stemmen in de Bijbel hoor ik de stem van God en door dat gesprek waait de Geest van God.

2.2 Scheppingsverhalen

In het gewone spraakgebruik spreekt men vaak van 'het scheppingsverhaal', waarmee Genesis 1 t/m 3 bedoeld wordt. Het zijn deze hoofdstukken van de Bijbel die de meeste invloed hebben gehad op het denken over de schepping door de eeuwen heen. Dat er meer dan één scheppingsverhaal is, daarover zijn theologen het eens. Alleen Genesis 1 en 2/3 zijn al twee verschillende verhalen. Welke teksten in de Bijbel al dan niet over schepping gaan, daarover verschillen de meningen. Zijn het de verhalen en gedichten over het begin of de teksten die gaan over de relatie tussen God en alles-wat-is? Schepping is een theologische categorie die niet eenduidig ingevuld wordt. Horen bijvoorbeeld Psalm 104 ('U spant de hemel uit als een tentdoek'), Johannes 1 ('in het begin was het Woord') en Romeinen 8 (de schepping die 'als in barensweeën zucht') bij de scheppingsteksten? Ik reken ze er wel toe, net als andere teksten die gaan over een begin of waarin het woord schepping/scheppen/schepper voorkomt.

In het Oude Testament komen verschillende werkwoorden voor die met scheppen vertaald kunnen worden, elk met hun eigen betekenis. Een zelfstandig naamwoord voor schepping komt alleen in het Nieuwe Testament voor: *ktisis*, dat zowel kan duiden op de daad van het scheppen als op het resultaat ervan (schepping/wereld of schepsel). Alles-wat-is, de totale werkelijkheid, wordt in de Bijbel aangeduid met 'hemel en aarde' of – alleen in het Nieuwe Testament – met *kosmos*.

2.2.1 Het worden van de kosmos: Genesis 1–2,4

Schepping en evolutie, beeld van de kosmos

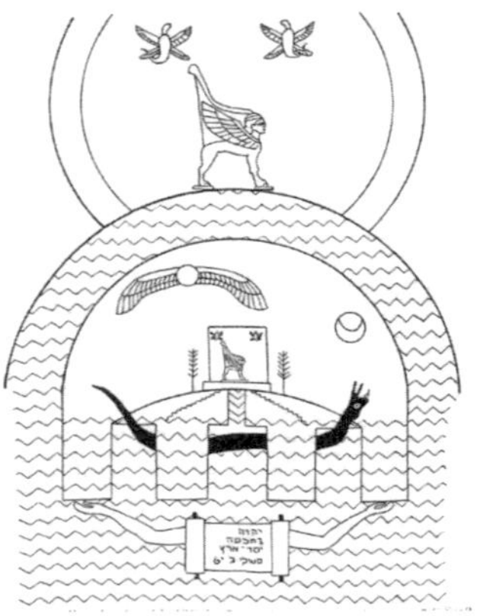

In het begin toen God de hemel en de aarde scheidde
en de aarde ongefundeerd en grondeloos was
en duisternis over de diepte lag
terwijl Gods adem de wateren uiteen blies
zei God: 'Er zij licht.' En licht was. (Gen 1,1-3)[149]

De voorstelling van de kosmos in het oude Israël verschilt niet of nauwelijks van die van omringende volken.[150] Het beeld in Genesis 1 komt overeen met Soemerische en Akkadische teksten. Het wereldbeeld in letterlijke zin bestaat uit de aarde als een platte schijf met daaromheen en daaronder water, het uitspansel met de hemellichamen als een koepel daaroverheen, en boven het uitspansel ook water. In oudere bijbelteksten is er sprake van drie sferen: de hemel, de aarde en de diepte onder de aarde. In latere teksten is er sprake van een tweedeling: hemel en aarde. Het idee dat God in de hemel woont is een latere ontwikkeling.[151]

Ook de biologie in het oude Israël is heel anders dan de onze. Planten worden niet tot de levende wezens gerekend, maar tot de aarde, en nauwelijks systematisch ingedeeld. In het Oude Testament is er sprake van bijvoorbeeld bomen en laagblijvend groen, maar een overkoepelend woord voor 'plant' ontbreekt.[152] Dieren worden wel op verschillende manieren geklassificeerd, soms naar hun leefomgeving, soms naar de vraag of ze gegeten of geofferd mogen worden.[153]

Het scheppingsgedicht in Genesis 1-2,4 wordt vaak gebruikt in debatten over de verhouding tussen schepping en evolutie.[154] 'Moderne lezers die niet gewend zijn aan een verhaal als voertuig voor serieus denkwerk, vinden het vaak moeilijk om de diepte en blijvende betekenis van deze hoofdstukken te waarderen.'[155] Het wordt dan gelezen als een feitelijk verslag en vergeleken met moderne natuurwetenschappelijke theorieën over de leeftijd van de aarde en het ontstaan der soorten. Voor veel gereformeerde en evangelicale christenen een reden om de evolutietheorie af te wijzen als tegenstrijdig met de Bijbel – het creationisme. Veel anderen beschouwen door dezelfde manier van lezen het begin van Genesis juist als achterhaald.[156] Nog afgezien van het feit dat dit een vergelijking is tussen ongelijke grootheden – de interesse van de tekst ligt niet bij geschiedenis en natuurwetenschap in moderne zin – zijn velen die zich als bijbelgetrouw beschouwen niet consequent. De aarde wordt immers in de Bijbel voorgesteld als een platte schijf en er zijn weinig creationisten die op grond daarvan beweren dat de aarde plat is. Waarom dan wel volhouden dat de kosmos in zes dagen of zes periodes ontstaan is, in de volgorde zoals beschreven in Genesis 1? Anderen willen de evolutie teruglezen in de Bijbel, wat even aanvechtbaar is.[157]

Inhoud en opbouw

Omdat Genesis 1 zo'n invloedrijke tekst is, waar iedereen al een beeld van heeft, is het extra belangrijk om eerst eens precies te lezen wat er staat. Veel scheppingstheologie ziet alleen het spreken van God als scheppen. Dat is een enorme reductie van deze tekst, die het scheppen van God veelvormiger voorstelt. Genesis 1 is ook een proces van scheiden en ordenen. Tot de scheppende activiteiten van God behoren eveneens 'maken' en 'benoemen'.[158] Ook 'waaien', 'laten ontstaan' en 'zegenen' kunnen ertoe gerekend worden. De structuur is die van een lied met een ritme, met variaties, onderbrekingen en een refrein. Genesis 1 is poëzie.

Het eerste vers wordt meestal gelezen als titel van de tekst die volgt: 'In het begin schiep God de hemel en de aarde.'[159] Ook mogelijk is: 'Sinds het begin is God Schepper van de hemel en van de aarde.'[160] (Voordeel van deze laatste vertaling is dat een historiserende lezing voorkomen wordt, schepping is een voortgaand proces.) Weer een andere traditie vertaalt vers 1 als het begin van een zin die doorloopt[161]: 'In het begin toen God de hemel en de aarde schiep/scheidde, was de aarde woest en doods.' 'God schept en scheidt de hemel en de aarde, de hemellichamen en de aardse bewoners, allen in nauwe onderlinge relatie, maar wel op enige afstand van elkaar.'[162] De uitgangssituatie in die lezing is niet dat er helemaal niets is, er is de aarde die woest en doods is of vormeloos en leeg of ongefundeerd en grondeloos.[163] Er is een watermassa gehuld in duisternis waar Gods adem/Geest/wind aanwezig is en beweegt – zweeft, waait of broedt. De meeste uitleggers laten Gods scheppende activiteit pas beginnen bij vers drie. Die activiteit van God wordt beschreven met werkwoorden die uiteen halen (van plaats) en scheiden (in tijd) betekenen. Licht en duisternis worden zo gescheiden en het water uiteen gehaald in een deel onder en een deel boven de aarde. Scheppen in de zin van iets nieuws maken wordt pas vanaf vers zeven gebruikt, voor het hemelgewelf. Droog land komt tevoorschijn doordat het water samenstroomt. In andere teksten wordt beschreven dat God de aarde fundeert.[164] Het beeld is dat van een schijf die op pilaren geplaatst wordt: 'U hebt de aarde op pijlers vastgezet, tot in eeuwigheid wankelt zij niet.' (Psalm 104,5)

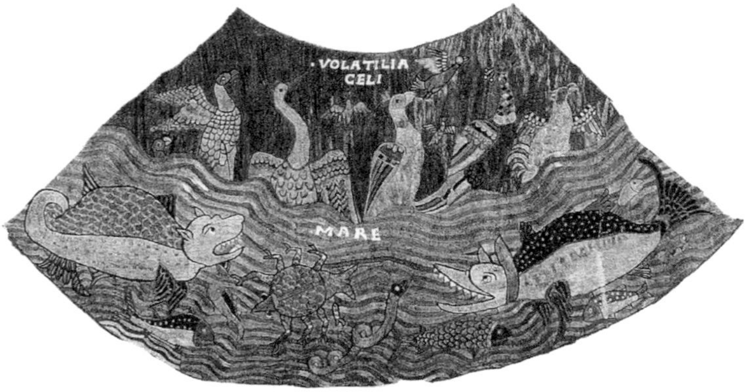

De vijfde dag, fragment van een tapijt uit de 12e eeuw[165]

Dan laat God leven ontstaan en maakt de hemellichamen die het leven ordenen in dag en nacht en in seizoenen. God laat het water wemelen van levende wezens en laat vogels vliegen langs het hemelgewelf. Dan schept of scheidt God drie groepen dieren: de grote zeemonsters, de levende wezens in het water en de vogels. De aarde zelf brengt de planten en de dieren op het land voort. Op dezelfde dag dat de aarde het vee, de kruipende dieren en de wilde dieren voortbrengt, maakt God mensen. Zij worden gezegend en moeten vruchtbaar zijn, net als de zeedieren en de vogels, en krijgen planten tot voedsel, net als de dieren. Zij moeten de aarde onder hun gezag brengen en heersen over de vissen, de vogels en de dieren die op aarde rondkruipen. De grote zeemonsters en de wilde dieren vallen buiten hun heerschappij. De mensen zijn gemaakt als Gods evenbeeld. Het refrein is: en God zag dat het goed was. Op de zesde dag als God kijkt naar alles wat hij gemaakt heeft, is Gods conclusie: zeer goed. Op de zevende dag rust God en verklaart die heilig. Zo wordt de herkomst van de sabbat verklaard.

Dag een tot en met drie en dag vier tot en met zes zijn parallel:

Het begin: de aarde woest en doods, duisternis over de oervloed, Gods Geest over het water.			
DAG 1	dag en nacht	DAG 4	hemellichamen
DAG 2	zee en hemelgewelf	DAG 5	zeeleven en vogels
DAG 3	droog land en planten	DAG 6	landdieren en mensen
DAG 7 Gods werk voltooid. God rust, zegent de zevende dag en verklaart die heilig.			

'Onder gezag brengen van de aarde' en 'heersen over de dieren'?

Over het belang van Genesis 1 voor een ecologische theologie bestaat weinig twijfel, maar wat leren we precies? In de traditionele exegese wordt de unieke plaats van de mens in de tekst benadrukt. Lynn White wees op de werkingsgeschiedenis van vers 26-28 als fundament voor het antropocentrisme in het christendom. Veel ecotheologen laten echter zien dat de mens hier onderdeel is van een groter geheel, schepsel onder de schepselen. De kroon op de schepping is niet de mens, maar de sabbat.[166] Mensen worden op dezelfde dag geschapen als de dieren op aarde. En het voedsel dat de aarde opbrengt delen ze met de dieren. Het leven wordt geschetst in zijn onderlinge samenhang en afhankelijkheid. Niet alleen de mens, maar de hele natuur is in principe goed, want God zag dat het goed was.

Maar wijst de opdracht tot heersen dan niet op de menselijke superioriteit en voorrang op al wat is? Heeft een sterk antropocentrische benadering hier de Bijbel achter zich? De verzen over de mensen (26-28) blijven vanuit ecologisch perspectief lastig: 'dit blijkt een van de teksten die het moeilijkst te verdedigen is tegen de kritiek dat de Bijbel een beeld oproept van menselijke superioriteit en roeping dat de rest van de aardegemeenschap onvoldoende waardeert', volgens David G. Horrell.[167] Al vanaf de kerkvaders is deze tekst gebruikt om de unieke plaats van mensen binnen de schepping te benadrukken, al was dat in een theocentrische context en nog lang niet het antropocentrisme van de renaissance, de Verlichting en de moderne natuurwetenschappen. Het idee dat de mens net als God met rede bekleed zou zijn tegenover redeloze dieren, komt uit de Griekse filosofie.[168] Sinds de middeleeuwen wordt het begrip *dominium terrae*, heerschappij over de aarde, gebruikt, dat gebaseerd is Genesis 1,26-28 in combinatie met Genesis 2,15 'God, de Eeuwige, bracht de mens in de tuin van Eden, om die te bewerken en erover te waken', Genesis 9,2.3 'De dieren [...] zullen ontzag en angst voor jullie voelen – ze zijn in jullie macht' en Psalm 8,6-9 'U hebt hem bijna een god gemaakt, hem gekroond met glans en glorie, hem toevertrouwd het werk van uw handen en alles aan zijn voeten gelegd.'[169]

Er is discussie over de betekenis van de woorden die vertaald zijn met 'onder gezag brengen' en 'heersen over'. Argumenten om tegengas te geven aan de latere impact van deze woorden zijn er genoeg. [170] Want heersen als beeld van God kan nooit onderdrukking impliceren, maar betekent zorgen voor en tot bloei laten komen.[171] Een mens, zelfs een koning, kan in de Bijbel nooit een absolute heerser zijn, maar is altijd aan God verantwoording schuldig. Het woord heersen komt bovendien al voor in vers 16: 'God maakte de twee grote lichten, het grootste om over de dag te heersen, het kleinere om over de nacht te heersen, en ook de sterren.' Daar heeft het volgens exegeten geen bijzondere connotatie en is het puur functioneel.[172] Zou zo het heersen van mensen ook niet gezien kunnen worden als feitelijke constatering: mensen zijn nu eenmaal de dominante soort op aarde? Zoals de zon en de maan dominant zijn in de hemelkoepel,[173] zo is de mens dominant op aarde. Ook de angst van de dieren uit Genesis 9 kan op deze manier als constatering opgevat worden. En in Psalm 8 gaat het niet om een opdracht. Over deze teksten later meer.[174] Zo kunnen de woorden 'onder gezag brengen' en 'heersen over' dus gerelativeerd worden.

Bovendien is het de vraag over wie of wat het object is van het heersen. De hele aarde en alle dieren? Uit de context blijkt in ieder geval dat de aarde de woonplaats is voor mens én dier. En er zijn goede redenen om te veronderstellen dat het hier alleen gaat over het bezitten van land ten behoeve van landbouw en over het domesticeren van dieren. Voor deze laatste interpretatie zijn twee argumenten. Het eerste is de tijd van ontstaan van de tekst: toen het volk terugkeerde na de ballingschap, was de grootste zorg hoe het land weer in hun levensonderhoud zou kunnen voorzien. Daarover meer in de volgende paragraaf. Een tweede argument is het feit dat zeemonsters en wilde dieren in deze verzen niet genoemd worden.

Er zijn ook redenen waarom het niet zo gemakkelijk is tegengas te geven tegen de milieuonvriendelijke doorwerking van deze tekst. De belangrijkste is dat 'onder gezag brengen' wel degelijk onderwerpen betekent en dus allesbehalve zorgzaam is. Het is wat koningen doen met veroverd gebied. Deze tekst is ook niet de enige die menselijke dominantie zo niet propageert dan toch lijkt te veronderstellen. Volgens sommigen is deze tekst een uitdrukking van het dominerende mannelijke ego dat al genoeg leed veroorzaakt heeft en moet hij daarom worden verworpen. Tegelijk zijn deze verzen die de exploitatie van niet-menselijke soorten gelegitimeerd hebben ook de verzen waarin de mogelijkheid van gendergelijkheid tussen mensen gegeven wordt.[175] Niet alleen mannen zijn Gods evenbeeld, mensen zijn vanaf het begin meervoud.

Er zijn ook stemmen om niet de tekst, maar juist de ecologische benadering te verwerpen. Zij leiden uit Genesis 1 in combinatie met Genesis 2 en Psalm 8 af dat mensen de opdracht hebben de natuur te onderwerpen – en zo de natuur te herstellen en te verlossen van de vloek – door van de wildernis een tuin te maken, zodat de menselijke behoeften optimaal vervuld kunnen worden.[176]

Geen menselijke superioriteit

Een manier om zowel de tekst als de ecologische benadering serieus te nemen, is de tekst lezen in de context van de tijd van ontstaan en dan pas de vraag te stellen naar de betekenis voor onze tijd waarin de ecologische crisis een van de ernstigste bedreigingen is. Genesis 1 is geschreven in de tijd rond het einde van de ballingschap, toen het deel van het volk dat weggevoerd was geweest naar Babel terugkeerde naar Juda. Genesis 2 en 3 zijn ouder en bestonden toen dus al. Wat kan de reden geweest zijn om daar een nieuwe scheppingstekst aan toe te voegen?[177]

Genesis 1 is een vorm van verzetsliteratuur en bedoeld om ontmoedigde mensen een hart onder de riem te steken. De tekst verwerkt de scheppingsmythen van de onderdrukkers en biedt een alternatief. Het

Enuma Elish is de mythe die de status van het Babylonische imperium en zijn god Mardoek legitimeert. In Genesis 1 hebben mensen een plaats te midden van vele levensvormen in een wereld die gericht is op de sabbat.

Er is anders dan in hoofdstuk 2 en 3 geen sprake van verboden en het overtreden daarvan, noch van misleiding of vervloekingen. Schuldbewustzijn was er genoeg na de ballingschap. De ballingschap werd ervaren als het gevolg van het verval van de samenleving, als straf voor onrecht en afgoderij. In die context schrijven de auteurs van Genesis 1 woorden van bemoediging. 'Gemaakt zijn naar Gods beeld is dus geen verklaring van menselijke rationaliteit en/of superioriteit. Het verzekert juist een ontmoedigd volk dat het al met al waardevol is.'[178]

De nadruk op voortplanting – een ander aspect van de tekst – is begrijpelijk en zelfs noodzakelijk in de situatie van een volk dat terugkeert om een ontvolkt en verwoest land opnieuw in bezit te nemen. Ze moeten zien te overleven en daarvoor moeten ze niet met te weinig zijn. Daarom worden mensen niet alleen met God, maar ook met dieren vergeleken: vruchtbaar zijn als de zeedieren en de vogels (Genesis 1,20), als 'mannetjes en vrouwtjes'. De Hebreeuwse woorden voor mannelijk en vrouwelijk in vers 27 worden alleen op deze plaats voor mensen gebruikt, in Genesis 6 en 7 voor de dieren in de ark. De aarde onder je gezag brengen en heersen over de dieren kan dus begrepen worden als bevestiging van de kracht van mensen in een situatie waarin ze zich machteloos en nutteloos voelen.[179]

Dat dieren en mensen beide planten eten is een uitdrukking van wat ze gezamenlijk hebben. In tijden van grote armoede is het verleidelijk om het vee te slachten, maar verstandiger om het in leven te laten. Dieren zijn immers nodig om het land te bewerken en als transportmiddel. Bovendien leveren ze melk en eieren.

Gezien de context is het dus onwaarschijnlijk dat de schrijvers een legitimatie zochten voor menselijke superioriteit. Ze waren zich juist zeer bewust van hun kwetsbaarheid en van de onderlinge afhankelijkheid van alle levende wezens en ze benadrukten dat wat juist niet vanzelfsprekend was: dat mensen goed zijn in Gods ogen en invloed kunnen hebben op hun omgeving. De hedendaagse westerse cultuur heeft tegenovergestelde vanzelfsprekendheden: weinig zondebesef en een technocratische cultuur van beheersing. Bovendien zijn er eerder te veel dan te weinig mensen. In die situatie kan de opdracht van vers 28 indien letterlijk genomen alleen maar kwaad doen. We kunnen hem interpreteren in de richting van rentmeesterschap, zorgvuldig beheer. In hoofdstuk drie wordt die mogelijkheid besproken. Of is het verstandiger en meer in lijn met de Bijbel om dit vers te beschouwen als niet aan ons hedendaagse mensen gericht?

Nu we vers 28 in de context van de hele tekst van het eerste scheppingsverhaal en van de tijd hebben geplaatst, kunnen we beter tot ons door laten dringen wat er in de rest van het verhaal staat. We kunnen ons voordeel doen met het besef van de onderlinge relatie van alle schepselen en Gods goedkeuring van de aarde en alle levende wezens. Mensen delen het land en de eetbare planten die het land voortbrengt met de dieren. God vertelt aan de mensen dat de planten er ook voor de dieren zijn, opdat ze weten dat de aarde niet alleen hen moet voeden. Ze mogen de aarde gebruiken, maar niet onbeperkt en alleen met respect voor andere schepselen. Het besef dat de aarde één groot ecosysteem is, is al in Genesis 1 aanwezig, evenals het besef dat alle schepselen waarde hebben voor God en dat een grote biodiversiteit positief is.[180] De waarde van biodiversiteit komt tot uitdrukking in het herhaalde 'allerlei', 'alle soorten' en 'alles wat' waar het gaat over planten en dieren. De rust van de zevende dag stelt een norm die ingaat tegen een economie van onbeperkte groei die 24/7 productie en consumptie eist.

Als we de opdracht tot heersen nuanceren, blijft de vraag wat dan de verantwoordelijkheid van mensen is in het grote geheel. Die vraag zal in het vervolg steeds hernomen worden. De voorlopige conclusie kan luiden: 'het menselijk heersen over de andere schepselen is niet het heersen van superieure over inferieure wezens, maar de verantwoordelijkheid van sommige schepselen voor hun broeder- en zusterschepselen,'[181] naar het voorbeeld van de koning in Israël die allerlei beperkingen opgelegd krijgt, met als argument: 'Dan zal hij zich niet inbeelden dat hij meer is dan anderen en in enig opzicht boven de wet staat.' (Deuteronomium 17,20) Heersen is in ieder geval een rol binnen de schepping, niet erboven, en kan zowel bestaan uit interventies als uit laten zijn.[182] Niet alleen mensen, ook de aarde en de zeedieren en de vogels zijn geroepen om respectievelijk soorten voort te brengen en vruchtbaar en talrijk te worden.

Vanuit de diepte, Genesis 1,2

Vers 2 is een minstens zo invloedrijk en lastig te duiden vers als de verzen over de mensen. Maar op een andere manier. Waar de vertalingen van de verzen 26-28 nauwelijks verschillen, kan dat van dit vers niet gezegd worden. De aarde is *tohu wabohu,* woest en doods of woest en ledig, vormeloos en leeg, leeg en verlaten, ongefundeerd en grondeloos, chaos en woestenij, woest en wild. En duisternis ligt over de *tehom*: de oervloed/afgrond/diepte.[183] En het is de *ruach* (letterlijk: bewegende lucht), de adem/wind/Geest van God[184], die zweeft/waait/broedt/uiteenblaast (over/op) de wateren. Deze poëtische tekst kan op vele manieren vertaald en op vele niveaus uitgelegd worden. Er is ook veel mee gedaan dat strijdig is met de tekst. In de theologie is het idee van een schepping uit het niets, *creatio ex nihilo*, dominant geworden. Dat sluit misschien aan bij de begrippen 'woest en doods' en bij 'duisternis', maar laat zich moeilijk rijmen met de aanwezigheid van – naast Gods adem – aarde en oervloed. Ook de andere oudtestamentische scheppingsteksten suggereren niet dat er helemaal niets is voorafgaand aan het handelen van God, hoogstens dat er nog niets zichtbaar is.[185] Van Wolde komt tot de volgende conclusie:

> Genesis 1,1-2 blijkt niet een tekst te zijn die gaat over het absolute begin van de tijd, maar over het begin van een bepaalde handeling. Vervolgens blijkt de handeling waarover vers 1 spreekt niet 'scheppen' maar 'scheiden' te zijn. En het begin van die scheiding betreft de hemel en de aarde en niet het derde kosmische deel, de ondergrondse watermassa of *tehom*, die reeds bestond en blijft bestaan. Vervolgens blijkt dat vers 2 de situatie beschrijft die God aantrof voor hij met dit scheiden begon. De aarde bestond wel, maar was nog bedekt met water en was nog niet op zuilen gezet. De hemel als gewelf of uitspansel zou pas later worden gemaakt in de watermassa. Op dit moment is er slechts een enorme watermassa gehuld in duisternis en *elohim*-God. Uit het verloop van de tekst komt bovendien naar voren dat in die watermassa reeds *tanninim* of zeemonsters leven.[186]

Veel theologen lezen in Genesis niet een schepping uit het niets, maar vullen dat wat er is voordat God spreekt wel volledig negatief in. Ze identificeren de oervloed en de duisternis met het kwaad. De zee geldt in de Bijbel weliswaar vaak als plaats van gevaar en in enkele andere teksten gaat het over God die het monster of de monsters van de zee verslagen heeft of nog zal verslaan.[187] Daar is in dit vers echter geen sprake van. En dan nog is gevaar niet hetzelfde als kwaad.

De NBV voegde aanvankelijk de woorden 'nog' en 'maar' toe – 'De aarde was nog woest en doods, en duisternis lag over de oervloed, maar Gods Geest zweefde over het water' – en bracht zo een tegenstelling aan tussen enerzijds de aarde en de oervloed en anderzijds Gods geest. Er werd ten onrechte een dualisme in de tekst gelegd. Bij de herziening van de NBV zijn deze toevoegingen gelukkig geschrapt. In de Bijbel is geen sprake van het dualisme tussen geest en materie dat later zo bepalend geworden is, ook voor de theologie.[188] In de eerste hoofdstukken van Genesis wordt juist verteld hoe alle leven voortkomt uit de aarde en uit Gods Geest.

Schepping uit het niets, strijd tegen het kwaad, moedermoord?

Een uitleg die God tegenover de woeste en lege aarde plaatst, legitimeert te vaak een dualistische theologie die de aarde aan de kant van het kwaad plaatst en Gods activiteit ziet als het ontheffen van mensen aan de aarde. Nog gevaarlijker wordt het als kwaad en aarde als vrouwelijk gelabeld worden. Dat gebeurde in de Assyrisch-Babylonische scheppingsmythe *Enuma Elish*,[189] waar de schrijvers van Genesis 1 op reageerden. In die mythe is de oertoestand die van de grote moeder Tiamat, verwant met het bijbelse woord *tehom*. Zij wordt afgeslacht door de jonge krijger-god Mardoek en uit haar bloederige resten maakt hij de wereld. De wereld begint in *Enuma Elish* dus met matricide, moedermoord. Lied 350 in het Liedboek[190] wekt de indruk dat ook in Genesis afgerekend wordt met de aardse moederschoot. 'Het water van de grote vloed en van de zee zo rood als bloed, dat is de aardse moederschoot, dat is de diepte van de dood' luidt namelijk de eerste strofe. Het kan hier zowel over de oervloed als over de zondvloed gaan. Dit lied ligt in de lijn van Karl Barth die Genesis 1,2 leest als een parodie van het beeld van de heidense moedergodin en de diepte als *das Nichtige* (ongeldige, onbeduidende, waardeloze) waar God nee tegen zegt. Waarbij volgens hem 'zelfs de Geest van Elohim veroordeeld is [...] tot de complete impotentie van een vogel zwevend of broedend op kustloze of steriele wateren.'[191] Barths theologie mag een tegengif zijn geweest tegen de bloed-en-bodemideologie van de nazi's, hij laadt hier wel de verdenking op zich dat hij in een moeite door zowel het vrouwelijke beeld van de aarde als de vrouwelijke kant van God diskwalificeert. In een andere omgeving dan die van het gif wordt ook een tegengif giftig.

> Nog voor de bergen waren geboren,
> voor u aarde en land had gebaard –
> u bent, o God, van eeuwigheid tot eeuwigheid. (Psalm 90,2)

De Geest is in het Oude Testament vrouwelijk. Er zijn overeenkomsten tussen de *tehom* – de diepte, de oervloed – en de moederschoot. Scheppen wordt vergeleken met baren in Genesis 2,4. In vertaling: 'Dit is de geschiedenis van hemel en aarde.' Het woord dat vertaald is met geschiedenis betekent letterlijk: voortbrengingen. Het Hebreeuws heeft één woord, *jalad*, voor het voortbrengen door mannen – verwekken – en het voortbrengen door vrouwen – baren.[192] De Statenvertaling vertaalt: 'Dit zijn de geboorten des hemels en der aarde'. Gezien de vrouwelijke beelden in Genesis 1,2 is het dan niet ver gezocht om het heelal te zien als het lichaam van God, gematerialiseerd vanuit de diepte als een kosmisch lichaam geboren uit de diepte, uit het oneindige.[193] De Geest als vogel die broedt is – in tegenstelling tot Barths voorstelling – allesbehalve machteloos. Het woord dat in de NBV vertaald is met zweven, wordt elders gebruikt voor het klapwieken van een vogel op de rand van het nest, het is dus een krachtig bewegen.[194] Eerst is er de adem van God en dan het woord. Er is geen aanleiding in de tekst om adem en woord tegenover elkaar te plaatsen. Het is veel logischer dat adem het spreken mogelijk maakt. In Psalm 33,6 zijn woord en adem bijna synoniem in Gods scheppende activiteit: 'Door het woord van de Eeuwige is de hemel gemaakt, door de adem van zijn mond het leger der sterren.' In Genesis 8,1 is het Gods adem die het water van de vloed doet verdwijnen.[195]

Een dualistische lezing van het tweede vers van Genesis heeft een negatief beeld van vrouwen en van de aarde gelegitimeerd. Dat die lezing niet klopt, blijkt ook uit de volgende verzen. God roept het licht tevoorschijn: 'Er moet licht komen'. En 'hij scheidde het licht van de duisternis'. Licht en duisternis worden gescheiden, zoals water en land gescheiden worden. En zoals het land al in het water aanwezig was, zo was het licht al in de duisternis aanwezig.[196] Het begin dat geschetst wordt is er dus niet een van hiërarchische dualismen van geest en materie, goed en kwaad, mannelijk en vrouwelijk[197], maar het is de diepte of de chaos waaruit iets nieuws voortkomt. Niet ooit en eens, maar steeds weer, in een niet-historiserende interpretatie. In sommige procestheologieën wordt een verband gelegd met de postmoderne natuurwetenschappelijke inzichten over chaos en zelforganisatie. [198] Het oude beeld van een God die zittend in de hemel de structuur en de loop van het universum plant en regelt is in ieder geval niet het beeld van Genesis 1.[199] Gods activiteit bestaat deels uit maken, maar meer nog uit tevoorschijn roepen, laten zijn, doen ontstaan: 'er moet ... komen'. De vertaling 'laat er ... komen' is ook mogelijk en zou te prefereren zijn, want roept geen associatie op met dwang, klinkt niet als een bevel. God laat zijn en het is de aarde die groen voortbrengt en allerlei levende wezens (vers 12 en 24). Vers 25 is bijna een herhaling van 24. 'De aarde moet [...] voortbrengen' en 'God maakte' zijn hier praktisch synoniemen.

Het refrein is 'En God zag dat het (zeer) goed was', niet 'God zei', maar 'God zag'. Alsof God blij verrast is met wat de aarde allemaal voortbrengt.[200] God geeft de vrijheid om te zijn en noemt dat bij herhaling 'tov'.[201]

In het nieuwe Liedboek (2013) staat het volgende toepasselijke lied uit Iona[202]

Liedboek, lied 701[202a]:

Het oerwater is ook het water van de baarmoeder, alles komt eruit voort als de Geest erop broedt. Er komt iets nieuws voort uit het spreken van God: licht, hemel en aarde, leven, wijzelf. De schepping is een soort bevalling in gang gezet door het Woord. In de volgende strofe wordt de Geest verbonden met de duif van Noach en met vrouwe Wijsheid die beiden een woonplaats zoeken op aarde.[203] Dan gaat het verder over de Geest die inspireert tot profetisch spreken, over Pinksteren en over de Drie-eenheid en de kerk. De Geest van God die schept is dezelfde Geest die inspireert tot profetisch spreken, die in Christus is en in de kerk: 'gift van de Verlosser aan zijn aardse bruid' (lied 701, vierde strofe).[204]

Een nieuwe lezing van Genesis 1

In Genesis 1 draait het dus niet allemaal om mensen. Het is een lied dat begint met de Geest van God die beweegt over de oervloed en eindigt met God die rust nadat hij gezien heeft dat het zeer goed is. Het draait om God, is theocentrisch. Mensen spelen een eigen rol in het grote geheel waarin alles met elkaar samenhangt. Ze zijn schepsel onder de schepselen. Dieren worden geschetst in een grote verscheidenheid. Scheppen is een voortdurende beweging van Gods Geest die vanuit het onbepaalde (onvaste, chaotische, verborgene) leven laat ontstaan in interactie met de aarde en haar bewoners.

2.2.2 *Verloren paradijs? Genesis 2 en 3*

Inhoud en opbouw Genesis 2

Het tweede scheppingsverhaal, dat begint met Genesis 2,4, gaat niet over de hele kosmos, niet over de wateren onder, boven en om de aarde, niet over het hemelgewelf en de hemellichamen, maar alleen over de aarde zelf. Eerst wordt opgenoemd wat er allemaal nog niet is: geen planten, geen regen, geen mensen. En dan wat er wel is: water dat uit de aardbodem opwelt en de aardbodem overal bevloeit. Het begint dus met vruchtbare grond en kijkt daarmee vanuit het perspectief van een landbouwer of tuinder naar de basis van het bestaan. Dan maakt God de mens uit aarde, blaast de mens levensadem in en de mens wordt een levend wezen. God legt een tuin aan en plaatst de mens daarin om die te bewerken en erover te waken. God laat bomen opschieten en er stroomt een rivier die de tuin bevloeit. De mens mag eten van alle bomen, zegt God, maar niet van de boom van de kennis van goed en kwaad.

De mens heeft een helper nodig en God maakt uit aarde alle wilde dieren en alle vogels. De mens geeft aan hen – en ook aan het vee – namen. Een helper heeft de mens nog niet. Een helper is er pas als de mens gesplitst wordt tot man en vrouw. Zo wordt het (heteroseksuele) huwelijk verklaard als een twee-eenheid. Verrassend is dat daarbij niet de vrouw haar familie verlaat, zoals in patriarchale culturen en ook in het oude Israël gebruikelijk, maar juist de man verlaat zijn ouders om zich bij zijn vrouw te voegen.

Mens en dier gemaakt uit aarde en Gods adem

Dit scheppingsverhaal onderstreept de verbondenheid van vrouwen en mannen met elkaar en met de rest van de schepping. Mensen en dieren – alle in het wild levende dieren en alle vogels – zijn allemaal gemaakt uit stof, ze zijn uit aarde gevormd. Mens en dier hebben bovendien dezelfde levensadem in zich. ‘Hij vormde hem uit stof, uit aarde, en blies hem levensadem in de neus. Zo werd de mens een levend wezen. (Genesis 2,7) Dat ook de dieren levensadem hebben, blijkt enkele hoofdstukken later:

'Van alle levende wezens waarin levensadem was, kwamen er telkens twee bij Noach in de ark: er kwamen van alle dieren een mannetje en een vrouwtje, in overeenstemming met wat God hem had opgedragen' (Genesis 7,15). Mensen krijgen de opdracht de tuin te bewerken en erover te waken. Sommigen lezen dit vers 15 als een opdracht om de hele aarde te bewerken. Maar net zoals het onder gezag brengen en heersen uit Genesis 1 niet voor de hele aarde en alle dieren hoeft te gelden, hoeft hier niet voor tuin de hele aarde ingevuld te worden. Bovendien heeft bewerken – *abad* – als grondbetekenis dienen. En bewaken – *samar* – komt in de Hebreeuwse Bijbel soms voor als bewaken (van iets kostbaars tegen gevaar van buitenaf), maar vaker in de betekenis onderhouden (van geboden).[205] Als dit gebod toegepast wordt op de hele aarde, ligt het accent dus zeker niet op het in cultuur brengen van wilde natuur, maar op dienen van en je houden aan de aarde.

Ook in dit verhaal wordt de onderlinge verbondenheid en afhankelijkheid van alle schepselen van elkaar en van de aarde benadrukt. 'Dit verhaal onderstreept de aardse solidariteit die vrouwen en mannen hebben met elkaar en met de rest van de schepping. Ze worden allesbehalve weggenomen van de natuur en erboven geplaatst. Ze zijn gemaakt van hetzelfde spul, ondergedompeld in een web van wederkerige relaties met de grond en andere schepselen en ermee belast hen te eren en dienen, zorgvuldig te gebruiken en te beschermen.'[206] Namen geven aan de dieren impliceert erkenning en geeft vertrouwdheid.[207]

Vervloekt is de akker om wat jij hebt gedaan, Genesis 3

In hoofdstuk 3 komt voor het eerst het kwaad aan de orde.[208] Vanaf de latere joodse traditie en bij Paulus wordt de 'zondeval' gezien als van doorslaggevende betekenis, als een beslissend gebeuren tussen God, mensen en de aarde. Al lezen sommigen het verhaal als een vorm van geschiedschrijving en anderen als mythe,[209] bijna altijd draait de interpretatie om de vraag wat er fundamenteel misgegaan is of misgaat in de relatie tussen God en de wereld. Als in die vraag, net als in het verhaal, de aarde meegenomen wordt, is het een ecologisch relevante vraag. Ik bespreek drie verschillende interpretaties.[210]

Volgens Horrell gaat het in het verhaal om het onderscheid tussen God en mensen – mensen zijn niet onsterfelijk – en om een verklaring voor de hardheid van het dagelijks bestaan.[211] In zijn uitleg is de sleutelpassage niet het eten van de appel, maar de vervloeking van de slang en de grond, en de implicaties daarvan voor de vrouw en de man (Genesis 3,14-19). Zo worden het lijden, de moeiten en de gevaren van het leven verklaard, van de lasten van de zwangerschap tot het harde werk op het land. Vanuit ecologisch oogpunt is vooral vers 17 van belang: 'Vervloekt is de akker om wat jij hebt gedaan, zwoegen zul je om ervan te eten je hele leven lang.' De grond, de aarde waar mensen en dieren uit gemaakt zijn, wordt het stof dat de slang zal eten (Genesis 3,14) en waarnaar de mens zal terugkeren: 'totdat je terugkeert tot de aarde waaruit je bent genomen: stof ben je, tot stof keer je terug.'(Genesis 3,19). De vervloeking van de grond wordt voorgesteld als een gevolg van menselijke ongehoorzaamheid.[212] In de hedendaagse context klinkt dat zeer actueel: ook de grond draagt de negatieve gevolgen van menselijk handelen.

Al is de tekst een realistische weergave van de moeiten van het leven, hij impliceert ook dat het eigenlijk anders zou moeten zijn. In de heilsprofetieën van de profeten komt de grond, de aarde, regelmatig terug. Zo roept Joël niet alleen de kinderen van Sion op om blij te zijn, niet alleen de dieren van het veld om niet bang meer te zijn, maar ook de akkers: 'Wees niet bang meer, akkers, barst uit in gejubel, want de Eeuwige doet grote daden!' (Joël 2,21).[213] Ook voor de grond is er redding. Ook voor de grond geldt de sabbatsrust, volgens Leviticus 25 eens in de zeven jaar.[214]

De landbouwrevolutie als zondeval

Ook de auteurs van *Het oerboek van de mens* – evolutionair bioloog Cees van Schaik en historicus Kai Michel – lezen in de tekst een weergave van de moeiten van het leven. [215] Zij lezen de Bijbel echter als een weerslag van prehistorische ontwikkelingen. Ze zien de zondeval als een concrete fase in de geschiedenis, namelijk de prehistorische landbouwrevolutie, toen mensen van jagers-verzamelaars geleidelijk aan veehouders en akkerbouwers werden en later ook stedelingen.[216] Die overgang noemen zij de grootste fout van de mensheid, waardoor mensen zich honger, ziektes en geweld op de hals gehaald hebben. Die misère riep volgens hen een blijvend verlangen op naar de tijd dat mensen nog in harmonie met de natuur leefden, naar het verloren paradijs. [217] De auteurs lezen met een atheïstische agenda. Geloof in God zien zij als een achterhaalde verklaring voor alle ontstane problemen. Omdat de mensen in bijbelse tijden nog te weinig wisten van de oorzaken van ziektes, misoogsten en natuurrampen, zouden ze een boze God bedacht hebben en bovendien vrouwen de schuld gegeven hebben. Ge- en verboden werden nodig om God gunstig te stemmen en vrouwen in het gareel te houden, aldus de auteurs.

Opmerkelijk aan deze benadering is de theologie die erin doorklinkt. Het is het klassieke concept van zondeval, verloren paradijs en zondige staat van de wereld als schema voor de geschiedenis van de mensheid tot nu toe. Tegen hun benadering zijn vele bezwaren in te brengen. Ik noem er drie. Het eerste is dat het projecteren van een paradijs in een oertijd (of een verre toekomst) verleidelijk kan zijn maar ongeloofwaardig is. De samenleving van de jagers-verzamelaars was waarschijnlijk meer egalitair dan de moderne samenleving, maar een op de vijf mensen kwam door geweld om het leven. Geen paradijs, dus. Voorts was die samenleving in het Midden-Oosten al zo'n negenduizend jaar voorbij toen daar de Bijbel ontstond. Het belangrijkste bezwaar is dat een lineaire interpretatie van de geschiedenis waarbij het goede in het verleden of in de toekomst ligt geen recht doet aan de Bijbel en aan Gods aanwezigheid in de geschapen werkelijkheid. Dit laatste punt zal steeds terugkomen in dit en de volgende hoofdstukken.

God als tuinier

De Franse dominicaan Christophe Boureux[218] leest Genesis 3 niet historisch, maar symbolisch. Hij doet dat vanuit een achtergrond in katholieke theologie, Franse filosofie en psychoanalyse. Vanuit de ecologische crisis vraagt hij zich af wat er fundamenteel mis is in de verhouding tussen mensen, God en natuur. De zondeval is bij hem dat mensen zich schuldig maken aan het zich willen toe-eigenen van het leven. Mensen krijgen het leven wel in bewaring maar kunnen zichzelf geen eigenaar noemen. Het moet bewaard en beschermd worden, er moet voor worden gezorgd.[219] Daarom is het leven afgeschermd in een omheind, afgebakend gebied: een tuin. Werk is niet het gevolg van en een straf voor de zonde. In de tuin van Eden wordt namelijk wel degelijk gewerkt, namelijk gezorgd.

Het verbod niet te eten van de vrucht van de boom van kennis van goed en kwaad is geen inperking van de vrijheid, maar een waarschuwing: verstoor niet de verbinding tussen God en de geschapen werkelijkheid. Door te eten van de boom eigent de mens zich Gods macht toe die als enige leven geeft. Daarom is eten van de boom van kennis van goed en kwaad hetzelfde als eten van de levensboom: je onttrekt het leven aan zijn bron. Het gaat dus om één boom zegt Boureux, al wordt in de joodse en christelijke tradities soms over een en soms over twee bomen gesproken.[220] Boureux houdt het op één boom 'in het midden van de tuin' die zich onder twee aspecten laat zien: als boom van kennis van goed en kwaad én als levensboom. Wanneer de mensen zich schuldig hebben gemaakt door zich het leven toe te eigenen verstoppen zij zich juist 'tussen de bomen' (Genesis 3,8). Maar het verlies van 'leven' kunnen zij niet goedmaken door zich te verschuilen achter de levensboom.[221] De mensen worden uit het paradijs verdreven. Eten van de levensboom zou hen als God maken, en dat is nu gebeurd. Maar met die kennis valt voor een mens niet te leven. De uitdrijving brengt hen in de 'tijd' (buiten de eeuwigheid) die hun leert dat leven geschonken is en dat voor het in stand houden van dit leven er gewerkt en gezorgd moet worden. Van een leven als God in eeuwigheid moet de mens afgeschermd worden.[222] De levensboom in het paradijs 'karakteriseert de directe en evidente aanwezigheid van God en de boom van de kennis karakteriseert de aanwezigheid van God die verschijnt aan het sprekende geweten/bewustzijn'.[223] Dit weten zegt dat de mens 'zichzelf niet gemaakt heeft, maar dat hij het leven van een ander ontvangt, dat hij niet slechts voor zichzelf bestaat maar gemaakt is om het leven te onderhouden'.[224]

De hof van Eden valt niet alleen buiten de gewone tijd (chronos), maar laat zich ook niet lokaliseren. Het heeft geen vaste tijd of plaats. Het paradijs is daarmee geen utopische fictie, aldus Boureux, maar is wat Foucault *hétérotopie* (andere plaats) noemde. Dat is de plek die plek en geen plek tegelijk is, zoals een spiegelbeeld. In een spiegel zie je jezelf en de ruimte waarin je je bevindt maar aan gene zijde van het glas. Daar ben je te zien maar toch ben je daar niet. Foucault noemde zulke plaatsen andere plaatsen omdat daar een orde gesuggereerd wordt die er niet is maar wel als reëel wordt voorgesteld. Zo is de tuin van Eden ook een beeld van een plek waar iets te zien is dat niet in het bestaande is, maar ook niet nergens is. Paradijs beeldt uit waar het leven werkelijk leven is maar zoals wij het niet gerealiseerd krijgen op eigen kracht.[225]

Boureux trekt parallellen tussen de tuin van Eden en de tuin van Jezus' graf waar de ontmoeting van de opgestane Christus met Maria plaatsvindt (Johannes 20). Het onmogelijke gebeurt juist als Maria Magdalena leeft met het feit van de dode Christus maar voor het geopende graf – ook een *hétérotopie* – de levende Christus ontmoet. Zich de levende toe-eigenen is niet mogelijk ('houd me niet vast'), wel zet die ervaring haar aan tot het verkondigen van de opstanding.[226] De ontmoeting van Maria en 'de tuinman' voor het geopende graf maakt de ruimte tot een tuin en heeft overeenkomsten met de omsloten tuin van Eden: de aanwezigheid van engelen aan de poort van de tuin op de grens tussen goddelijk en wereldlijk terrein. De omsloten graftuin verbeeldt ook de gesloten ogen van Maria die Jezus niet herkent, want de opgestane is voor het verstandelijk denken niet waarneembaar.

> Maria die het lichaam van Jezus wil nemen zoals Eva de vrucht heeft genomen, Maria aangesproken door haar bij haar naam te noemen zoals God doet als hij Adam in de tuin zoekt, en Christus die de levensboom en de boom van de kennis verbeeldt. Deze beelden zijn veelvuldig hernomen in de christelijke iconografie zoals de afbeelding van de boom van het kruis dat geplant is op de beenderen van Adam.[227]

Voor Boureux valt het beeld van Jezus als tuinman bijna samen met dat van God wandelend in de tuin van Eden. God als tuinier is een metafoor voor de verbinding tussen God en de schepping. Zijn toepassing van het begrip heterotopie op Genesis 3 biedt mogelijkheden. Het is een mooi alternatief voor de interpretatie van het verhaal als een beschrijving van een historische werkelijkheid of utopie geprojecteerd op het verleden of enkel verklaring voor de moeiten van het bestaan. De verbinding met het opstandingsverhaal volgens Johannes sluit aan bij een oude traditie en geeft het verhaal meer diepte doordat ook de natuur mee gaat spelen. Het risico daarbij is wel dat de schuld voor het kwaad in de wereld bij vrouwen neergelegd wordt: Eva die de appel neemt en Maria Magdalena die Jezus vast wil houden.[228]

Hoe groen is ons bed

Doordenkend op Boureux, kom ik op een andere verbinding die gelegd wordt tussen de tuin en de opstanding, namelijk die tussen Maria Magdalena en de vrouw uit het Hooglied.[229] Beiden zijn hun geliefde kwijt, zoeken hem en willen hem vasthouden (Hooglied 3,1-4).[230] De geliefden in het Hooglied gebruiken planten en dieren als beeld voor de aantrekkelijkheid van de ander, hun liefde wordt beschreven met de geuren en smaken van de natuur en hun bed is het groen:

> Het groen is ons bed, de balken van ons huis zijn ceders, de binten zijn cipressen.'(1,16-17)
> 'Als een appelboom tussen de bomen van het bos, zo is mijn lief tussen de jongens. Ik verlang in zijn schaduw te zitten, met mijn tong wil ik zijn zoete vruchten proeven.'(2,3).

Er is waarschijnlijk geen bijbelboek waarin meer planten en dieren voorkomen. Zowel in de joodse als in de christelijke traditie zijn de sensuele liefdesliederen meestal allegorisch geïnterpreteerd, als beeld van de liefde tussen God en zijn volk of Christus en de kerk. Ook veel mystici hebben beelden uit het Hooglied gebruikt om hun ervaringen te beschrijven. Dan stond het lied voor de omgang van God en de ziel. In een niet-dualistische benadering hoeft er geen tegenstelling te zijn tussen een 'geestelijke' en een 'materiële' interpretatie. Trouwens: elke tekst heeft meerdere betekenissen en dat geldt zeker voor poëzie. De geuren, kleuren en smaken van bloemen en vruchten en van de liefde zijn verbonden met Gods aanwezigheid. Wordt ook in het Hooglied een soort paradijs bezongen al dan niet als een heterotopie?

Genesis 3 benaderen vanuit de vraag 'wat gaat er mis tussen God, mensen en de aarde?' levert veel op. Resumerend: Het hoofdstuk is te lezen als een verklaring voor de moeiten van het bestaan. Dat levert de notie op dat het met de grond/aarde niet goed gaat door menselijk toedoen en dat Gods redding ook de grond betreft. Het duiden van historische gebeurtenissen als zondeval, doet net zomin recht aan de tekst als het zoeken naar een historische Adam en Eva. Ik lees de tekst, net als de rest van Genesis 1-11 als een mythisch verhaal, waarin diepe inzichten over belangrijke vragen verwerkt zijn. De tuin als heterotopie die ons een spiegel voorhoudt, is dan een mooie duiding. Dat mensen zich schuldig maken aan het zich willen toe-eigenen van het leven, is wel van toepassing op de hedendaagse uitbuiting van de aarde, die geen recht doet aan de verbinding tussen God en de schepping.

De volgende hoofdstukken van Genesis vertellen over het voortgaande verval, over de slechtheid van de mensen en hoe God spijt krijgt van het maken van mensen en daarom besluit om de hele aarde te vernietigen. Belangrijk voor ecotheologie is dat het verval van de mensheid en dat van de rest van de aarde met elkaar verweven zijn en dat voor redding hetzelfde geldt. Meer over Genesis 6-9 in paragraaf 2.3.2 einde en nieuw begin voor al wat leeft.

2.2.3 *Profeet van de schepping: Deuterojesaja*

Schepping en redding zijn bij Deuterojesaja (Jesaja 40-55, het tweede deel van het boek Jesaja) sterk verbonden. De profeet herneemt de uittochtverhalen uit Exodus en Deuteronomium en verbindt ze met God als schepper om de ballingen in Babylon moed in te spreken.[231]

Jesaja 40,12-31 en 42,5: een scheppingsverhaal

Jesaja 40,12-31 is een wat langere tekst die overeenkomsten heeft met Genesis 1. Ook hier begint alles met water: 'Wie heeft de wateren met holle hand omvat, de hemel gemeten met een ellemaat?'(12) Ook hier is de aarde gegrondvest: 'Is het niet al helder sinds de grondvesting van de wereld?'(21) En de hemel wordt neergezet als een tent: 'hij spreidt de hemel uit als een doek, spant hem uit als een tent om in te wonen.'(22) Daarnaast weegt God het stof van de aarde, weegt de bergen en de heuvels op een weegschaal. (12) Gods activiteit wordt voorgesteld als iets wat voortduurt: God spant de hemel uit en geeft adem aan al wat leeft.[232] Dat laatste roept Genesis 2 in herinnering en staat iets verderop:

> die de mensen op aarde levensadem geeft,
> en levensadem aan allen die daar verkeren (Jesaja 42,5)

God zelf troont boven het hemelgewelf (22), is maker en heerser. De beschrijving van Gods scheppende activiteiten staat hier in het kader van Gods grootheid: 'Wie heeft de geest van de Eeuwige gemeten?'(13) 'Met wie wil je God vergelijken, hoe is hij uit te beelden?'(17) 'Met wie wil je mij vergelijken, zegt de Heilige, aan wie ben ik gelijk te stellen?'(25) Gods grootheid staat tegenover de mens die is als gras (6), tegenover de volken die als een druppel in een emmer of een stofje op een weegschaal zijn (15), godenbeelden, maar een stuk hout (19), vorsten en leiders, die hij omver blaast (23). De 'schepper van de einden der aarde'(28) geeft de vermoeide kracht en de machteloze macht (29).

'Zo brengt deze uiteenzetting de thema's kosmogenese[233] en voortgaande schepping van kosmos en mensen samen in een verdediging van de ene God wiens macht het universum gemaakt heeft en onderhoudt.'[234] Dat gebeurt deels met dezelfde woorden als in het begin van Genesis: scheppen/scheiden (bara') en vormen (yasar). Natuur en geschiedenis staan niet tegenover elkaar. Gods handelen heeft zowel betrekking op de kosmos – 'Hij laat het leger sterren voltallig uitrukken'(26) – als op mensen.

Schepping en verlossing

In de systematische theologie worden schepping en verlossing meestal in verschillende hoofdstukken behandeld. Bij Jesaja zijn schepping en verlossing geen fundamenteel verschillende categorieën, net zomin als natuur en geschiedenis. Ze worden in onderstaande heilsprofetie nauw verbonden. Ten behoeve van armen en behoeftigen voorziet God in water in de woestijn. Hiervoor wordt het woord scheppen (bara') gebruikt.

> Armen en behoeftigen zoeken water – niets!
> Hun tong verdroogt van de dorst.
> Ik, de Eeuwige, zal hun antwoord geven,

ik, de God van Israël, zal hen niet verlaten.
Ik laat op kale heuvels rivieren ontspringen
en bronnen in de valleien.
In de woestijn laat ik meren ontstaan,
uit dorre grond borrelt water op.
Ik plant in de woestijn
ceder en acacia, mirte en olijfwilg,
en ik laat in de wildernis
den, sneeuwbal en cipres opschieten.
Dan zullen zij zien en beseffen,
begrijpen en erkennen
dat de hand van de Eeuwige dit heeft verricht,
dat de Heilige van Israël dit alles schiep. (Jesaja 41,17-20)

In Jesaja 43,1-7 worden scheppen en vrijkopen/terugbrengen verbonden. 'Welnu, dit zegt de Eeuwige, die jou schiep Jakob, die jou vormde, Israël: Wees niet bang, want ik zal je vrij kopen'(1). 'Breng mijn zonen terug van verre, mijn dochters van de einden der aarde, allen over wie mijn naam is uitgeroepen, en die ik omwille van mijn majesteit geschapen heb, gemaakt en gevormd.'(7) Het woord (uit)roepen in deze tekst is hetzelfde (qara') als het noemen in Genesis 1,5.8.10 en 2,19.23. God schept zich een volk, zoals God alles schept, als hij de ballingen roept om terug te keren naar hun land.

Al worden ook eilanden aangesproken – 'Zwijg en hoor mij aan, eilanden'(41,1) – bij Deuterojesaja staan mensen centraal in Gods scheppend/verlossend handelen. Dit kan verklaard worden door de omstandigheden aan het einde van de ballingschap, de tijd waarin ook Genesis 1 ontstaan is, toen het volk moedeloos was en hen verteld moest worden dat ze voor God belangrijk waren. Hier is alleen Israël het object van dit handelen, later breekt het perspectief open naar alle volken en de hele wereld. Israël of alle volken zijn niet het doel van de schepping, dat is Gods majesteit. (43,7)

2.2.4 *De schepping zingt: de psalmen*

In de psalmen is de schepping vaak een reden om God te danken en te loven. Dat loven gebeurt niet alleen door mensen, maar door alle schepselen:

> Laat bruisen de zee en alles wat daar leeft,
> laat juichen de wereld met haar bewoners.

Laten de rivieren in de handen klappen
en samen met de bergen jubelen
voor de Eeuwige (Psalm 98,7-9)

De schepping is vooral een thema in lof- en dankpsalmen, nauwelijks in klaagpsalmen en koningspsalmen.[235] In de psalmen komt de schepping op twee manieren naar voren: als getuige van Gods grootheid en als brenger van lof aan God.[236]

De schepping als getuige van Gods grootheid

Net als in Jesaja 40,12-31 worden in sommige psalmen Gods scheppingsdaden beschreven om Gods grootheid te tonen. In Psalm 136 is de schepping teken van Gods trouw. Na een drievoudige oproep om God te loven omdat alleen hij wonderen doet, volgt:

die de hemel maakte, met wijsheid
– eeuwig duurt zijn trouw –
die de aarde uitspreidde op het water
– eeuwig duurt zijn trouw –
die de grote lichten maakte
– eeuwig duurt zijn trouw –
de zon om te heersen over de dag
– eeuwig duurt zijn trouw –
maan en sterren om te heersen over de nacht
– eeuwig duurt zijn trouw – (Psalm 136,5-9)

De psalm gaat verder met het beschrijven van de uittocht, steeds met het refrein: eeuwig duurt zijn trouw. Schepping en bevrijding liggen hier dus net als bij Deuterojesaja in elkaars verlengde. Het zijn wonderen van God.

In Psalm 19 getuigt de schepping van Gods majesteit. Ze doet dat zonder woorden, eenvoudigweg door te bestaan:

De hemel verhaalt van Gods majesteit,
het uitspansel roemt het werk van zijn handen,
de dag zegt het voort aan de dag die komt,
de nacht vertelt het door aan de volgende nacht.
Toch wordt er niets gezegd, geen woord
gehoord, het is een spraak zonder klank. (Psalm 19,2-4)

Terwijl het scheppen van God begint met Gods adem, de Geest, die het uitgesproken woord draagt,[237] heeft het antwoord van de schepping geen woorden nodig. De menselijke stem is secundair.[238]

In Psalm 104 wordt de aarde beschreven als een ecosysteem waarin alles met elkaar samenhangt en afhankelijk is van God. Na een oproep om God te prijzen (1,2), volgt een beschrijving van het uitspannen van de hemel als een tentdoek, van wolken, wind en vuur en van het vastzetten van de aarde op pijlers en het scheiden van de wateren (2-9). Vervolgens wordt het leven op aarde, in de lucht en in de zee beschreven in zijn onderlinge samenhang:

> U leidt het water van de bronnen door de beken,
> tussen de bergen beweegt het zich voort.
> Het drenkt alles wat leeft in het veld,
> de wilde ezels lessen er hun dorst.
> Daarboven wonen de vogels van de hemel,
> uit het dichte groen klinkt hun gezang.
> U bevloeit de bergen vanuit uw hoge zalen,
> de aarde wordt verzadigd en vruchtbaar:
> gras laat u groeien voor het vee
> en gewassen die de mens moet verbouwen. (10-14)

In vers 15 tot 26 volgen bossen en bergen en alles wat daar leeft, inclusief mensen. Dan de zee: 'daar wemelt het zonder tal' (25). God speelt met de Leviatan.[239]
Het is God die alle levende wezens voedsel geeft (27-28) en het is Gods adem die alles tot leven brengt:

> Verberg uw gelaat en zij bezwijken van angst,
> ontneem hun de adem en het is met hen gedaan,
> dan keren zij terug tot het stof dat zij waren.
> Zend uw adem en zij worden geschapen,
> zo geeft u de aarde een nieuw gelaat. (29-30)

In het slot van de psalm verheugt de psalmist zich met God over zijn werken en de psalm eindigt zoals hij begon: 'Prijs de Eeuwige, mijn ziel.' (31-36)

Psalm 104 geeft het meest uitgebreide portret van de hele schepping als een gemeenschap van schepselen. Elk schepsel heeft zijn plaats in de wereld van God gekregen en krijgt van God zijn bestaansmiddelen. De mens is slechts een van de schepselen, God staat centraal.[240] 'Psalm 104 geeft ons mensen dus een bescheiden plaats te midden van de enorme verscheidenheid aan levende wezens en toont ons de uiteenlopende manieren waarop deze andere schepselen floreren tot eer van God, elk op eigen wijze getuigend van diens kracht en wijsheid.'[241] De rol van mensen is om God te prijzen en zo vreugde te vinden in God en zich met God te verheugen in het goede van de schepping:

> Zo zal hij brood winnen uit de aarde
> en wijn die het mensenhart verheugt,
> geurige olie die het gelaat doet stralen,
> ja brood dat het mensenhart versterkt. (14,15)
> Moge mijn lofzang de Eeuwige behagen,
> zoals ik mijn vreugde vind in hem. (34)

Mensen zijn niet nodig als heersers over of behoeders van de aarde. Er wordt een beeld geschetst van de aarde die voorziet in het voedsel voor al haar bewoners, een ander beeld dan dat van de vervloeking uit Genesis 3.[242] Voedsel komt van de aarde en van God, zonder dat tussen die twee een tegenstelling bestaat. Er is nog geen sprake van het westerse dualisme waarin God en de aarde gescheiden worden.[243] Evenmin is er sprake van een scheiding tussen schepping en onderhouding. God laat de aarde voortbrengen en geeft levensadem, toen, nu en straks.

Ook in Psalm 8 getuigt de schepping van Gods grootheid. Mensen zijn onderdeel van het grote geheel van de schepping, lijken daarbinnen zelfs nietig. Maar Gods macht toont zich ook in de allerzwakste mensen, de kinderen en zuigelingen.

> Eeuwige, onze Heer, hoe machtig is uw naam op heel de aarde.
> U die aan de hemel uw luister toont –
> met de stemmen van kinderen en zuigelingen
> bouwt u een macht op tegen uw vijanden
> om hun wraak en verzet te breken.
> Zie de hemel, het werk van uw vingers,
> de maan en de sterren door u daar bevestigd,
> wat is dan de sterveling dat u aan hem denkt,
> het mensenkind dat u naar hem omziet? (Psalm 8,1-4)

Dan komen de verzen waarop, samen met Genesis 1,26-28, het idee gebaseerd is dat mensen boven de schepping zouden staan en die zouden mogen exploiteren:[244]

> U hebt hem bijna een god gemaakt,
> hem gekroond met glans en glorie,
> hem toevertrouwd het werk van uw handen
> en alles aan zijn voeten gelegd:
> schapen, geiten, al het vee,
> en ook de dieren van het veld,
> de vogels aan de hemel, de vissen in de zee
> en alles wat trekt over de wegen der zeeën.
> Eeuwige, onze Heer,
> hoe machtig is uw naam op heel de aarde.

Deze psalm bevat echter verbazing, geen vergunning tot exploitatie. In het boek Job komt een vergelijkbare vraag voor en eenzelfde grammaticale constructie: 'Waarom acht u de mens zo hoog? Waarom krijgt hij al die aandacht van u?' (Job 7,17) Daarom zou het logischer zijn de zin 'U hebt hem bijna een god gemaakt' hier ook niet als een constatering, maar als onderdeel van de vraag te vertalen: 'wat is dan de sterveling dat u aan hem denkt, het mensenkind dat u naar hem omziet, dat u hem bijna een god gemaakt hebt, hem gekroond hebt met glans en glorie?' Dan komt pas de clou: U hebt hem toevertrouwd het werk van uw handen.[245] De teneur lijkt hetzelfde als in Genesis 1: een hart onder de riem van mensen in nood, bevestiging van de kracht van mensen in een situatie waarin ze zich machteloos en nutteloos voelen; mensen mogen de aarde gebruiken, maar ze zijn zelf deel van het grote geheel van hemel en aarde.[246]

De schepping brengt lof aan God

De schepping die zelf God looft is een thema dat vaak in de psalmen voorkomt. En niet alleen daar. Joël 2,21-22 is al genoemd.[247] En in Deuterojesaja staan teksten als:

> Juich, hemel, want de Eeuwige heeft dit gedaan,
> jubel, diepten van de aarde,
> bergen, breek uit in gejuich,
> en ook jullie, bossen met al je bomen (Jesaja 44,23)[248]

Een oproep aan heel de aarde – en soms ook de hemel – om voor God te juichen en God lof te brengen is onder meer te vinden in Psalm 66,1-4; 69,35; 96,1.11-12; 97,1 en 98,4-9. Een variatie daarop is de oproep aan alle schepselen of alles wat adem heeft om God te loven in Psalm 103,22 en 150,6. In het Nieuwe Testament komt deze notie terug in Filippenzen 2,10 en Openbaring 5,13.

Psalm 148 is de meest uitgebreide lofzang in de psalmen, zo niet in lengte, dan toch in reikwijdte. Het begint bij de hemel. 'Loof de Eeuwige, bewoners van de hemel.' De bewoners van de hemel[249] – de engelen, de zon, de maan en de sterren – worden opgeroepen om God te loven, want God heeft hen hun plaats gegeven. En dan komt de aarde en het onderaardse. Denk aan hoe men zich in het oude Midden-Oosten de kosmos voorstelde: een platte aarde, daaromheen en daaronder water, daarboven een hemelkoepel met zon, maan en sterren en achter die koepel ook weer water, dat soms door openingen naar beneden kwam in de vorm van regen. En nog boven dat hemelwater bevinden zich God en de engelen. De psalm roept heel de kosmos op, van de hemelen boven tot de aarde beneden:

> Loof de Eeuwige, bewoners van de aarde,
> zeemonsters en oceanen,
> vuur en hagel, sneeuw en rook,
> stormwind die doet wat hij zegt.
> Alle bergen en heuveltoppen,
> hout dat vrucht draagt, alle ceders,
> dieren van het veld en dieren in de wei,
> alles wat kruipt en op vleugels gaat. (Psalm 148,7-10)

En dan komen pas de mensen, van koningen tot jonge vrouwen. Het is in de lofzang van deze hele kosmos dat de mensen mee mogen doen, als deel van de aarde. Een speciale plaats krijgt het volk Israël – let wel: Israël en niet de mensheid – want dat is God nabij. De hemel en de aarde vormen in deze psalm een dubbelkoor dat de hele werkelijkheid omvat.

Veel uit deze psalm is terug te vinden in het loflied van de mannen in de oven. In katholieke bijbelvertalingen is dat in Daniël 3,51-90. In protestantse bijbelvertalingen is het soms opgenomen als Daniël A,29-68 onder de toevoegingen aan Daniël. Het is in protestantse kringen vooral bekend als lied. In het Liedboek uit 2013 is het opgenomen in twee versies: 154a en b.

Berg en heuvel, rots en dal,
klaterende waterval,
geef luidkeels de echo weer
van de jubel tot zijn eer.

Alles wat op aarde groeit,
wat ontkiemt en wat er bloeit,
wees een kleurig lofgedicht
voor zijn vriendelijk aangezicht

Vogels, vissen, wild en vee,
dieren hoog en laag, doe mee,
ieder met zijn eigen stem,
in het feestconcert voor Hem.[250]

Bergen kunnen (niet) juichen

Voor moderne mensen is het idee dat bergen zouden kunnen juichen moeilijk te vatten. Onder invloed van de Verlichting zijn wij immers alles wat niet-menselijk is als ding gaan zien en alleen mensen als personen die tot handelen in staat zijn. Wim van der Zee heeft in zijn bewerking van het loflied uit Daniël de oorspronkelijke tekst zo aangepast dat hij acceptabeler wordt. De bijbeltekst luidt:

bergen en heuvels, prijs de Eeuwige,
bezing en verhoog hem in eeuwigheid.
Al wat op aarde groeit, prijs de Heer,
bezing en verhoog hem in eeuwigheid (Daniël A: 53-54)

Van der Zee hertaalt deze tot: 'berg en heuvel [...] geef luidkeels de echo weer van de jubel tot zijn eer.' Dan wordt het beeld dat in het landschap de echo weerklinkt van een lofzang. Het zijn niet meer bergen en heuvels zelf die loven. Wie looft er dan wel? Alleen mensen? In de volgende strofe komen de planten aan de beurt: 'wees een lofgedicht.' Dat klinkt als een bosje bloemen dat aan God gepresenteerd wordt. Ook de planten zijn in lied 154b geen subject van de lofzang meer. De dieren hebben een stem, maken althans geluid. We kunnen ons dieren blijkbaar alleen als lofzangers voorstellen in zoverre ze op mensen lijken.

Er is veel voor te zeggen om de tekst iets letterlijker te nemen. Juist doordat natuur hier op zo'n andere manier voorgesteld wordt dan we gewend zijn, kunnen deze psalmen veel opleveren voor ecotheologie.

De hele levende en niet-levende natuur looft God eenvoudigweg door te bestaan. Het klateren van rivieren, het ruisen van bomen kan klinken als klappen en jubelen, maar ook de geluidloze hemellichamen en de stille planten zijn onderdelen van de schepping die God looft. Als mensen behoren we ook tot dat grote geheel, om precies te zijn: tot de biosfeer van de aarde.

Dat de psalmist alle schepselen oproept, betekent niet dat deze oproep nodig is om de schepselen God te laten loven. Dat doen ze al door te bestaan, zonder dat daar een mens bij nodig is.[251] De oproep is een grammaticale vorm vergelijkbaar met de oproep aan de eigen ziel: 'Prijs de Eeuwige, mijn ziel' (Psalm 103,1 e.v.a.) wat hetzelfde is als: ik prijs de Eeuwige.

De psalmen zijn poëtische teksten en bevatten veel beeldspraak. Ook deze passages zijn metaforisch, in de zin dat er menselijke beelden gebruikt worden voor niet-menselijke werkelijkheid. Ze verwijzen echter wel degelijk naar de niet-menselijke werkelijkheid en stellen die bovendien voor als subject. De natuur is geen metafoor voor de mensenwereld. In voormoderne tijden had men minder moeite met niet-menselijke subjecten. 'Thomas van Aquino (1225-1274) schrijft bijvoorbeeld aan alles wat leeft gevoel, verlangen en verbeelding toe, zij het in verschillende graden, en beschouwt hun gedrag als getuigen daarvan.'[252] Denk ook aan Franciscus die geïnspireerd door de psalmen in 1224 of 1225 zijn Zonnelied dichtte, dat zo begint:

> Allerhoogste, almachtige, goede Heer,
> van U zijn de lof, de roem, de eer en alle zegen.
> U alleen, Allerhoogste, komen zij toe,
> en geen mens is waardig uw naam te noemen.
> Wees geprezen, mijn Heer, door al uw schepselen,
> vooral door mijnheer broeder zon
> die de dag is en door wie Gij ons verlicht.
> En hij is mooi en straalt in grote pracht;
> Van U, Allerhoogste, draagt hij het teken.
> Wees geprezen, mijn Heer, door zuster maan en de sterren.
> Aan de hemel hebt Gij ze gevormd, helder en kostbaar en mooi.
> Wees geprezen, mijn Heer, door broeder wind
> en door de lucht, bewolkt of helder, en ieder jaargetijde
> door wie Gij het leven van uw schepselen onderhoudt.
> Wees geprezen, mijn Heer, door zuster water

die heel nuttig is en nederig, kostbaar en kuis.
Wees geprezen, mijn Heer, door broeder vuur
door wie Gij voor ons de nacht verlicht;
en hij is mooi en vrolijk, stoer en sterk.
Wees geprezen, mijn Heer, door onze zuster moeder aarde,
die ons voedt en leidt,
en allerlei vruchten voortbrengt, bonte bloemen en planten.[253]

Het is veelzeggend dat in de vertaling opgenomen in het *Liedboek* van 1973 niet 'door', maar 'om' de schepselen geloofd wordt en dat het lied niet opgenomen is in het *Liedboek* van 2013. Ook de versie van de kapucijn Richard van Grunsven vertaalt *per* met 'om'.[254] En voorin de *Groene Bijbel* staat een vertaling van Liesbeth Goedbloed waarin 'per' vertaald is met 'voor'.

Franciscus begreep de scheppingspsalmen nog. In de moderne tijd zijn we dat begrip kwijt geraakt. Vanuit postmoderne inzichten over subject- of persoon-zijn zijn ze opnieuw te begrijpen. In het poststructuralisme van bijvoorbeeld Michel Foucault werd het subject-zijn van mensen gerelativeerd: mensen zijn geen autonome individuen, maar worden voortdurend gevormd door invloeden van de omgeving.[255] Anderzijds blijken dieren meer subject of persoon te zijn dan lange tijd gedacht is. Het behaviouristische idee dat dieren alleen door instincten gedreven worden, is in onderzoek naar diergedrag achterhaald. Primatoloog Frans de Waal toonde aan dat veel dat typisch menselijk lijkt, ook bij dieren voorkomt, zoals zelfbewustzijn, rechtvaardigheidsgevoel en empathie.[256] In de dierenrechtenbeweging worden dieren als persoon erkend. Planten verschillen veel meer van mensen dan dieren en worden daardoor gezien als de laagste vorm van leven, stelt plantenneurobioloog Stefano Mancuso.[257] Ze hebben niet als dieren en mensen een ondeelbaar organisme met organen en een centraal commandocentrum (hersenen), maar zijn deelbaar en hebben een structuur als internet, een soort zwermintelligentie. Volgens Mancuso hebben ze meer zintuigen dan mensen. In de sociale sfeer lijken ze meer op mensen met hun vermogen zich te oriënteren, te communiceren en hun familie te herkennen.[258]

In de post-humanistische filosofie[259] is de mens niet meer de maat van alles en is er zelfs geen tegenstelling meer tussen persoon en ding, net zomin als in de hedendaagse natuurwetenschappen.[260] Als een persoon-zijn betekent in staat zich te oriënteren, te handelen en zich te ontwikkelen en daarin te verschillen van soortgenoten, kan dat namelijk ook van planten gezegd worden. Als een zekere gerichtheid en individualiteit genoeg is om persoon te zijn, verschuift de grens tussen ding en persoon nog verder. In Nieuw-Zeeland heeft in 2014 een rivier, de Whanganui, de status van rechtspersoon gekregen. Dat gebeurde op instigatie van de Maori's. Zo kwam een einde aan een conflict over de uitleg van een verdrag uit 1840. De Britten waren daarmee naar hun inzicht in het bezit gekomen van de rivier, de Maori's kenden dat concept van bezit niet en dachten over de natuur alleen in termen van relatie, zoals in menselijke relaties, niet in termen van bezit. De rivier als rechtspersoon is een compromis tussen deze twee botsende wereldbeelden. Er zijn voogden benoemd om de belangen van de rivier te behartigen.[261]

Deze inzichten van voor, na en buiten de moderniteit ondersteunen het horizontale model van medeschepsel zijn, dat uit de meeste lofpsalmen spreekt. Dit model is een tegenwicht binnen de Bijbel tegen het heersen van mensen uit Genesis 1 en het idee uit Psalm 8 dat alles aan de voeten van mensen is gelegd. Elk schepsel looft op zijn eigen manier God. Daar is geen stem voor nodig. Een beuk leeft ter ere van God door te groeien en te communiceren op een manier die bij de soort past en die ook net even anders is dan andere beuken.[262] Een kikker prijst God door te kwaken, maar ook door er te zijn. Het is niet zo dat mensen nodig zijn om de lofzang van de natuur te verwoorden. Onze medeschepselen kunnen ons juist leren om het niet bij woorden te laten, aldus Bauckham:

> Het is typisch menselijk om te loven door bewuste expressie via de stem, maar de schepselen herinneren ons eraan dat deze typische menselijke vorm van loven waardeloos is tenzij we, als zij, ons hele leven leven tot Gods glorie.[263]
> Het is meer voor de hand liggend dat andere schepselen ons kunnen helpen om God te eren dan dat wij hen kunnen helpen.[264]

Dat de wereld door te zijn Gods lof zingt, lijkt misschien een te romantisch beeld, te mooi, alsof er niet veel lijden is in de wereld. Er zit iets van een wensgedachte in: ach, mocht alles zo zijn als God het voor ogen heeft ... Uw koninkrijk kome. Intussen zucht de schepping in barensweeën, zoals Paulus het uitdrukt. (Romeinen 8,22)[265] Lofzang en leed vormen echter geen tegenstelling. Het zijn vaak juist mensen in zeer benarde omstandigheden die instemmen met de lofzang van de schepping: Franciscus van Assisi als hij ernstig ziek en wanhopig is, de mannen die door Nebukadnezar in het vuur gegooid zijn en niet te vergeten Job in al zijn ellende. Ze zingen hoopvol Gods lof tegen het kwaad en het leed in.

2.2.5 *Jobs lijden in context*

In het boek Job komt schepping uitgebreid aan de orde, vooral in de laatste hoofdstukken. Het beeld van de kosmos is hetzelfde als in andere teksten: een aardschijf op het water en een hemelkoepel daarboven. Ook de activiteit van God wordt met dezelfde begrippen beschreven: God scheidt, maakt, begrenst, meet, fundeert, boetseert en brengt voort. Daar komt een belangrijk motief bij dat eerder nog niet ter sprake is geweest: Gods wijsheid. De wijsheid, voorgesteld als vrouw, is ook een scheppingsmotief.

Inhoud en opbouw

Job wordt gerekend tot de wijsheidsliteratuur.[266] Het begin en het einde van het boek – Job 1-2, en 42,7-17 – zijn in proza geschreven en fungeren als raamvertelling. De overige hoofdstukken zijn poëzie en zijn van een grote literaire schoonheid.

In de raamvertelling ondergaat Job zijn leed geduldig. Zijn leed wordt uiteindelijk verlicht in een sprookjesachtig einde waarin hij meer terugkrijgt dan hij verloren heeft. Het verlies van zijn kinderen, zijn bezit en zijn gezondheid is het gevolg van een weddenschap tussen God en de satan. De inzet is: zal Job nog zo gelovig en rechtvaardig blijven als hij alles kwijt raakt? In Job 3-42,6 komen Job en zijn vrouw en zijn vrienden aan het woord. Job verwerpt de verklaringen van zijn vrienden en de troost die ze proberen te bieden. Hij klaagt God aan.

Job en zijn vrienden verwijzen vaak naar de schepping, soms als lofprijzing, soms als aanklacht of verwijt, soms als onderdeel van een redenering. Zo raadt Elifaz Job aan om het oordeel aan God over te laten die nu eenmaal ondoorgrondelijke dingen doet, zoals regen zenden (5,8 e.v.). In zijn tweede betoog wil hij Job de mond snoeren met: 'Was jij de eerste mens die werd geboren, werd jij geschapen vóór de bergen en de heuvels?'(15,7) Job zelf werpt God voor de voeten: 'Uw handen hebben me gevormd en gemaakt, geheel en al – en nu wilt u mij verdelgen?'(10,8) Job verwijst ook uitgebreid naar de schepping in hoofdstuk 28. Mensen kunnen veel, zoals doordringen tot het binnenste van de aarde om zilver, goud, ijzer en koper te delven, maar dat heeft ze niet dichter bij de wijsheid gebracht. Alleen God kent de wijsheid, die er al was vanaf het allereerste begin: 'Toen hij de kracht schiep van de winden en de wateren omgrensde [...] zag hij de wijsheid en hij toetste haar, hij peilde en doorgrondde haar.'(28,25-27) Door de wind bepaalt God dus de grenzen van de oerwateren.[267] De wijsheid is er al voor de schepping. Mensen zijn wijs als ze ontzag hebben voor God en het kwaad mijden. (28,28)

Vanuit ecologisch opzicht zijn de laatste hoofdstukken – 38-42 – van groot belang. In het verrassende antwoord dat God ten slotte aan Job geeft staat de niet-menselijke schepping centraal. Het gaat over natuur waar mensen niet aan te pas komen. Anders dan in Genesis is er in het boek Job geen sprake van heersen van mensen over de schepping. Daar hebben mensen eenvoudigweg de kennis, de vaardigheden en de macht niet voor.[268]

Job 38-42,6 Gods antwoord in de storm, inhoud en opbouw

Gods antwoord aan Job bestaat uit twee redevoeringen onderbroken door een korte reactie van Job. Het is gesteld in vraagvorm. 'Sta op Job, wapen je; ik zal je ondervragen, zeg me wat je weet.'(38,3)[269]

Het eerste deel van de eerste rede, 38,1-38, gaat over de niet-levende natuur: aarde en water, licht en duisternis, regen, sneeuw, winden en wolken etc. Steeds met vragen als: Waar was jij..., Wie..., Waar..., Kun jij..., Ken jij...? 'Waar was jij toen ik de aarde grondvestte?'(38,4) 'Kun jij de bliksems uitsturen?'(38,35) Het beeld in vers 1-15 is dat van God als bouwmeester, die grenzen vastlegt, een meetlint hanteert, een hoeksteen legt, een deur plaatst.

Het tweede deel van de eerste rede, 38,39-40,2 gaat – ook aan de hand van vragen – over wilde dieren. Tien soorten worden genoemd: Leeuw, raaf, berggeit, hinde, wilde ezel, wilde stier, struisvogel, paard, valk en gier. Ze hebben gemeen dat ze sterk zijn en vrij, soms angstaanjagend. In oud-oosterse iconografie worden ze vaak afgebeeld in combinatie met een machthebber, soms als symbool voor harmonie, bijvoorbeeld met een levensboom.[270]

Een korte reactie van Job volgt in 40,3-5. Job legt zijn hand op zijn mond en belooft verder te zwijgen.

De tweede rede van God, 40,6–41,26, spitst zich toe op twee dieren: *Behemot* en *Leviatan*. Ze hebben trekken van nijlpaard en krokodil, maar uit de beschrijving blijkt dat het oermonsters zijn. De *Bijbel in Gewone Taal* laat daarom in tegenstelling tot de NBV de namen staan en vertaalt: 'het monster Behemot' en 'de draak Leviathan.'[271] Ze zijn nog sterker en ontembaarder dan de wilde dieren: 'Hij slurpt een rivier leeg zonder zich te haasten'(40,23) en 'Zijn adem laat kolen ontbranden, uit zijn bek slaat een vlam.'(41,13)

Job reageert nog een laatste keer in 42,1-6: 'Eerder had ik slechts over u gehoord, maar nu heb ik u met eigen ogen aanschouwd.' (42,5) Vers 6 is moeilijk te interpreteren: trekt hij zijn aanklacht in, heeft hij juist gelijk gekregen of is het rechtsgeding onbeslist gebleven? Is hij berouwvol, berustend of juist getroost?

1E REDE VAN GOD	38,1-38	de niet-levende natuur	kosmogenese, God als bouwmeester
			aarde/water, licht/duisternis
			weersverschijnselen
	38,39-40: 2	wilde dieren	
1E REACTIE VAN JOB	40,3-5	Job wil zwijgen	
2E REDE VAN GOD	40,6-41,26	oermonsters	nijlpaard/Behemot
			krokodil/Leviatan
2E REACTIE VAN JOB	42,1-6	Jobs conclusie	

Kennis en strijd tegen het kwaad?

De redes van God zijn verreweg de langste tekst over de niet-menselijke schepping in de Bijbel. God refereert niet aan de Satan en aan Job als proefpersoon, waarover in hoofdstuk 1 en 2 verteld wordt. De weddenschap ontbreekt helemaal. Een algemeen aanvaarde verklaring hiervoor is dat de prozastukken later toegevoegd zijn. De vraag blijft in hoeverre de rede van God een antwoord is op de klachten en het leed van Job. Job heeft God aangeklaagd. Waarom antwoordt God zoals hij dat doet?

Een traditionele uitleg is dat God zijn almacht toont en Job vernedert en tot zwijgen brengt. God wordt dan voorgesteld als een geweldenaar, de wilde dieren fungeren alleen als illustratie van Gods macht en de mens is machteloos en schuldig. Het beeld dat opgeroepen wordt, is dat van een toornende God en een mens die heeft te gehoorzamen, waarbij de zo uitgebreid beschreven dieren zelf van geen belang zijn. Het onbevredigende van deze uitleg is het macho godsbeeld en de negatieve rol van de natuur.[272]

De benadering van Jan Boersema doet meer recht aan de beschrijving van de natuur in het boek Job. Hij stelt dat God de ordening van de kosmos laat zien inclusief de daarin aanwezige chaos, waarbij God niet de maker is van het kwaad, maar de chaos ziet en ertegen strijdt.[273] Dan is de mens niet nietig ten opzichte van een toornende God, maar God staat aan de kant van Job en als Job dat begrijpt is hij getroost. Job begrijpt dat het kwaad zich niet wetmatig gedraagt langs de lijnen die de vrienden hem voorhielden. Die stelden immers dat hij zijn leed aan zichzelf te danken moest hebben, omdat God die goed en machtig is dat niet veroorzaakt kon hebben. Maar God toont zich juist een bondgenoot in de strijd tegen het kwaad. Een les uit Jobs geschiedenis zou kunnen zijn: er is orde en regelmaat in de kosmos, mensen begrijpen daar steeds meer van, maar het menselijk kennen is ook begrensd en de grote vragen blijven. De vraag naar het lijden is niet beantwoord, wel in een nieuw perspectief geplaatst: de begrensdheid van het menselijk kennen.

Het sterke punt van deze uitleg is dat het kennis als sleutelbegrip gebruikt om Gods antwoord aan Job te duiden. Kennis, ook kennis van de natuur, is een belangrijk thema in de wijsheidsliteratuur, waar alle kennis en inzicht gegrond worden in Gods wijsheid die in de schepping aanwezig is. Al van de wijsheid van Salomo wordt gezegd dat die een grote kennis van de natuur impliceerde. (1Koningen 4,32-33)[274] Het siert mensen als ze zich door Vrouwe Wijsheid laten onderrichten. Het is echter de vraag welk inzicht God nu precies aan Job geeft.

Het nadeel van deze benadering is dat ze neigt naar dualisme, dat chaos gelijk gesteld wordt aan kwaad en dat de monsters gedemoniseerd worden. Net zomin als bij Genesis 1 is dat laatste uit deze tekst af te leiden.

De monsters

In sommige bijbelteksten is wel sprake van Leviatan of een ander monster dat verslagen wordt. In Psalm 74,13-14 worden de zeemonsters door God verslagen. De Leviatan wordt in deze psalm namelijk geïdentificeerd met Babylon dat een inval heeft gedaan. De sterke arm van God brengt dan redding door de kop van het monster te verbrijzelen. Jesaja 27,1 verplaatst het doden van de Leviatan door God naar de toekomst: 'Op die dag zal de Eeuwige ingrijpen: hij trekt zijn groot en machtig zwaard tegen Leviatan, de snelle kronkelende slang, en hij zal Leviatan doden, het monster in de zee.' Dit beeld sluit aan bij mythische voorstellingen in Syrië, Egypte en Palestina over de strijd van goden tegen slangachtige monsters. En in Egypte is de krokodil een vijand van de zonnegod, onderworpen aan Horus en aan de farao. Het is duidelijk dat de schrijver van het boek Job deze tradities ook kende maar niet overneemt.[275] God spreekt vol respect over het nijlpaard/Behemot en de krokodil/Leviatan in Job 40-41. Uitgebreid wordt hun kracht en hun machtige uiterlijk beschreven. En Gods betoog over Leviatan eindigt met: 'Hij heeft op de aarde zijn gelijke niet, hij is een schepsel zonder vrees. Op al wat hoog is kijkt hij neer, hij is de koning van alle trotse dieren.'(41,25-26)

Niet in alle bijbelteksten hebben de oermonsters dus dezelfde rol.[276] Of Behemot elders in de Bijbel genoemd wordt, is niet duidelijk. Het Hebreeuwse woord *behemot* is namelijk ook het meervoud van *behema*, vrouwelijk dier.[277] Bij Job lijkt het wel om één dier te gaan.

In de laatste hoofdstukken van het boek Job zijn de monsters gevaarlijk en God zou ze kunnen doden – niemand anders dan God zou dat kunnen – maar God doodt hen niet. Job dacht in een van zijn antwoorden aan de vrienden nog van wel: 'Met zijn kracht doet hij de zee bedaren en met zijn vaardigheid verdelgt hij Rahab. Met zijn adem blaast hij de hemel schoon, zijn hand doorboort de kronkelende slang.'(26,12-13) Als God zelf aan het woord is, spreekt God echter eerder bewonderend dan afkeurend over hen.

De wereld draait niet om mensen

In de redes van God wordt aan Job en de aan de lezer een belangrijk inzicht onthuld. Er is veel dat Job niet begrijpt, waar hij geen macht over heeft en dat hij niet gemaakt heeft.[278] 'Vertel het me als je zoveel weet.'(38,4) 'Ken je de voorraadkamers van de sneeuw?'(38,22) 'Weet jij wanneer de berggeit moet werpen?(39,1) Nog vaker gaat het over Jobs onmacht en is de vraag bijvoorbeeld: 'Heb jij ooit de morgen ontboden?'(38,12), 'Kun jij de Pleiaden aan banden leggen?'(38,31), 'Kun jij voor de leeuw op prooi jagen?'(38,39) 'Zou de wilde stier bereid zijn jou te dienen, zou hij willen overnachten bij je voederbak?'(39,9) en over de krokodil: 'Kun je met hem spelen als met een vogel?'(40,29) Op alle vragen zou Job met 'nee' moeten antwoorden. Uitgebreid worden die natuurverschijnselen en die dieren beschreven die niet onder de beheersing van mensen vallen. Dieren die door mensen getemd zijn, worden niet genoemd; alleen de wilde dieren, niet het vee. Mensen krijgen hier allesbehalve een centrale plaats. Ze zijn toeschouwer, bewonderaar. De wereld heeft ook los van mensen een bestaansrecht en zin:

> Wie heeft de geulen gekliefd voor de stromen,
> de weg voor donder en bliksem gebaand,
> zodat de regen neervalt op de onbewoonde aarde,
> op de woestijn waar geen mensen leven,
> en wildernis en woestenij doordrenkt raken
> en er overal jong gras opschiet? (38,25-27)

Het gaat niet alleen over God – al dan niet tegenover de mens Job –, maar ook over de hele niet-menselijke natuur. De vraag is wat binnen het hele ecosysteem van de aarde de rol van mensen is. Mensen worden op hun plaats gezet.[279]

Mensen hebben niet de kennis, de vaardigheden of de macht om over de schepping te heersen.[280] Daarmee geeft het boek Job een ander beeld van de rol van mensen in het geheel van de schepping dan Genesis 1. En ook een ander beeld dan Genesis 9,2 waar gesproken wordt over de angst van dieren voor mensen en de macht van mensen over dieren.[281] In de rede van God tegen Job blijken mensen niet centraal te staan en blijkt de menselijke wil tot macht een illusie.[282] De wilde dieren zijn niet in Jobs macht. 'Deze tien zijn speciaal geselecteerd vooral om hun prachtige wildheid. Zij moeten Job eraan herinneren dat de wereld niet om hem draait, dat zij vol is met schepselen waar hij niets over te zeggen heeft en die hij nooit de baas zal zijn. Toch is God blij met hen.'[283]

De ontzagwekkende schoonheid van de schepping

God is geen boeman die Job vernedert, maar God heeft plezier in de wildheid van de beschreven dieren. 'Hoe krachtig zijn zijn lendenen, hoe machtig de spieren van zijn buik!' (40,16) 'Wie kan oog in oog met hem staan en een ring door zijn neus halen?'(38,24)

Dat de taal zo poëtisch is, is geen extraatje, maar past bij de inhoud. 'De schoonheid van de goddelijke redes in Job is geen toevallig literair kenmerk of enkel prettige harmonieuze esthetiek, maar is zelf openbaring.'[284] Job krijgt geen direct antwoord op zijn aanklacht, wel een indirect antwoord. Zijn blik wordt naar buiten gericht naar de ontzagwekkende schoonheid van de kosmos. Hij ervaart de wereld en God als *tremendum et fascinans*, ontzagwekkend en fascinerend, de begrippen waarmee Rudolf Otto het ervaren van het goddelijke typeerde.[285] Die ervaring verandert Job. God berispt de vrienden en brengt een keer in het leven van Job. Job zelf neemt het op voor zijn vrienden – hij bidt voor hen (42,10) – en zijn dochters worden bij name genoemd en krijgen een even groot erfdeel als zijn zonen (42,14.15), wat in oud-oosterse culturen en ook in de Bijbel vrij uitzonderlijk is.

De ervaring van Job wordt weerspiegeld in die van een hedendaagse poolreiziger. Erling Kagge is een Noors jurist die als eerste te voet naar de Zuidpool trok, ook de Noordpool bereikte en de Himalaya beklom. Hij antwoordde op de vraag 'In welke zin maakt het ondergaan van de wildernis je tot een beter mens?':

> Door het grootse van de natuur, door de kracht en de energie ervan, voel je hoe klein je bent, hoe onbelangrijk je leven is en dat maakt je op een of andere manier nederig. Aan de andere kant maakt het je bewust dat je deel uitmaakt van iets groters. En daardoor voel je ook iets groots in jezelf. Misschien is je leven in groter perspectief onbelangrijk, maar het is wel jouw leven. Je bent máár een schepsel - maar je maakt wel deel uit van die geweldige schepping. Daarom ben je er ook verantwoordelijk voor. Als je alleen bent in de natuur voel je je mogelijkheden. (poolreiziger Erling Kagge)[286]

Job leert God kennen uit de schepping. De schoonheid en de vrijheid van de wilde dieren, lijken op die van hun Schepper. Als de storm de antropomorfe projecties weggeblazen heeft, ziet Job wie God is omdat hij dan de rest van de schepping ziet.[287] Dan buigt hij zich. En hij herroept. In de NBV is toegevoegd: zijn woorden. Herroept hij zijn aanklacht? Volgens 42,8 heeft Job juist over God gesproken, in tegenstelling tot zijn vrienden. Zijn vrienden begrepen er nog minder van dan hij. Vers 6 kan ook zo vertaald worden dat Job het stof en vuil herroept, dus juist terugkomt op zijn rouw.[288] Ook mogelijk is dat hij zijn aanklacht niet intrekt, maar in de juiste proporties ziet in het kader van de hele schepping.[289] Op een plaats, in een situatie, waarin geen mens het uit kan houden, heeft hij het uitgehouden. Daarom sloeg hij zijn hand voor zijn mond en werd hij stil. Hij is niet vernederd, maar juist opgetild als deel van een veel groter geheel, nederig en zelfbewust tegelijk. Alles is op zijn plek gevallen in de bijzondere openbaring die Job ten deel is gevallen.

2.2.6 Vrouwe Wijsheid: Spreuken 1-9

Wijsheid (Hebreeuws: *chokma,* Grieks: *sofia*) is een vrouwelijk woord en wordt voorgesteld als vrouw. In het boek Job ziet God haar als hij grenzen stelt aan het water, blijkt ze dus al aanwezig te zijn voor de schepping, terwijl ze in Spreuken 8 de eerste is van de schepselen. In alle wijsheidsboeken wordt Wijsheid met de schepping verbonden, niet alleen in de oudere boeken Job en Spreuken, ook in de recentere apocriefe/deuterocanonieke boeken Wijsheid, Wijsheid van Jezus Sirach en Baruch. [290] Daarnaast komen dezelfde scheppingsmotieven voor als in andere bijbelboeken.

Inhoud en opbouw

Wanneer het boek Spreuken ontstaan is, is niet zeker. Men is het erover eens dat de eindredactie in de vijfde eeuw heeft plaats gevonden, ongeveer gelijk met het boek Job. Maar het bevat veel ouder materiaal, uit de tiende en negende eeuw voor Christus.[291] De recentere wijsheidsliteratuur is sterk beïnvloed door Hellenistische filosofie, de bijbelse wijsheidstraditie gaat veel verder terug. Het boek Spreuken bestaat uit drie delen. Het middendeel, hoofdstuk 10 t/m 29 bestaat uit tweeregelige spreuken, het slot, hoofdstuk 30 t/m 31, uit langere uitspraken en gedichten. Het is een lange poëtische instructie, bedoeld voor het onderwijs.

Voor ecotheologie zijn de eerste negen hoofdstukken van belang, want daar wordt Vrouwe Wijsheid uitgebreid geportretteerd en in verband gebracht met de schepping. Ze was er al voor al het andere en hoort bij God. Ze komt zelf aan het woord in drie redes: 1,20-33, 8,1-36 en 9,1-6.[292]

> Luister, neem mijn berispingen ter harte –
> dan stort ik mijn geest over je uit,
> dan laat ik je delen in mijn wijsheid. (Spreuken 1,23)

Deze redes zijn uniek in het Oude Testament, maar lijken op Egyptische teksten waarin de godin Ma'at spreekt, kind van de scheppergod en de godin van het recht.

Aan Vrouwe Wijsheid wordt veel macht toegekend. Ze is daar waar macht wordt uitgeoefend, bij de poorten van de stad en de kruispunten van wegen, daar waar ook de profeten zich ophouden en waar recht gesproken wordt.[293] Alleen bij haar vind je kennis en inzicht, volgens Spreuken. Ze geeft aanzien en beschermt wie haar volgen, door haar regeren koningen. Haar andere naam is Inzicht:

> Roept Wijsheid niet,
> laat Inzicht haar stem niet horen? (Spreuken 8,1)

De plaatsen waar zij mensen oproept bij haar in de leer te gaan zijn overigens ook de plaatsen waar de prostituees hun klanten werven. Haar tegenbeelden zijn dan ook Vrouwe Dwaasheid (9,13) en de lichtzinnige vrouw (5,2).

Goddelijk

Vrouwe Wijsheid kan gezien worden als een personificatie van een goddelijke eigenschap. Zij is de wijsheid van God. Er zijn goede gronden om haar te zien als overblijfsel van een godin. 'Hoewel moderne interpretatoren haar vaak behandeld hebben als een literaire personificatie, kan beargumenteerd worden dat wat later beschouwd zou worden als een zegswijze, zijn carrière begon als een "echte" godheid.'[294] Ze is dan de godin van kennis, intelligentie, staatsmanschap en schrijvende beroepen. De wijsheidsliteratuur in het Oude Testament rekent niet zo radicaal af met het meergodendom als Deuterojesaja en de deuteronomistische redactie van de Pentateuch[295]. Net als in sommige psalmen (95, 96, 97) is JHWH niet zozeer de enige god, als wel de allerhoogste. De andere goden zijn aan hem ondergeschikt. Vrouwe Wijsheid in Spreuken 1-9 is kind van God, getuige van de schepping, leidt koningen en hun ambtenaren bij het regeren en ze onderwijst en begeleidt jonge mannen.

In de apocriefe/deuterocanonieke boeken Baruch, Wijsheid en Wijsheid van Jezus Sirach speelt Vrouwe Wijsheid ook een rol. In Baruch valt ze samen met de Thora (Baruch 3,9-4,4). In de andere twee boeken uit de tweede en eerste eeuw voor Christus is ze prominenter aanwezig. Daar is de invloed van hellenistische filosofie merkbaar, terwijl er tegelijk overeenkomsten zijn met de dan populaire godin Isis, die ook gaat over het koningschap en de natuur.[296] Doordat deze boeken niet in de meeste protestantse bijbels opgenomen zijn, lijken ze minder belangrijk, maar hun gedachtegoed werkt sterk door in het nieuwtestamentische beeld van Christus als schepper.

Eerstgeborene van de schepping

> De Eeuwige heeft mij vóór al het andere verworven,
> toen hij zijn scheppingswerk begon, schiep hij eerst mij.
> Ik ben in het begin gemaakt, nog voor alles er was,
> nog voor de aarde vorm kreeg.
> Toen er nog geen oceanen waren, werd ik voortgebracht,
> nog voor de bronnen met hun waterstromen. (Spreuken 8,22-25)

Veel uitleggers en vertalers worstelen met deze verzen en vinden ze lastig te vertalen omdat ze de woorden die verwijzen naar zwangerschap en bevalling niet kunnen combineren met een als mannelijk voorgestelde God.[297] Van Vrouwe Wijsheid wordt gezegd dat ze geformeerd wordt – namelijk in de baarmoeder, zoals in Psalm 139,13 – en gebaard. De NBG-vertaling van 1951 houdt dit beeld beter vast:

> De Eeuwige heeft mij tot aanzijn geroepen
> als het begin van zijn wegen,
> vóór zijn werken van ouds af.

Van eeuwigheid aan ben ik geformeerd,
van den beginne, eer de aarde bestond.
Toen er nog geen oceaan was, ben ik geboren,
toen er nog geen bronnen waren, rijk aan water.
(Spreuken 8,22-25, NBG)

Wijsheid van Jezus Sirach lost het probleem van geboren worden uit een als mannelijk voorgestelde God op door haar geboren te laten worden uit Gods mond: 'Ik ben uit de mond van de Allerhoogste voortgekomen, als een nevel heb ik de aarde bedekt.' (Sirach 24,3) In dit vers wordt het beeld van de schepping in Spreuken 8 gecombineerd met zowel Genesis 1,2 – het spreken van God – als Genesis 2,6 – water dat uit de aardbodem opwelde.[299]

Getuige van de schepping

Ik was erbij toen hij de hemel zijn plaats gaf
en een cirkel om het water trok. (Spreuken 8,27)
Ik was zijn lieveling, een bron van vreugde, elke dag opnieuw.
(Spreuken 8,30)

Vrouwe Wijsheid is als kind al – daarop duidt het woord lieveling – getuige van de schepping en leert zo hoe alles in elkaar zit.[300]

In het boek Wijsheid zegt Salomo: 'Bij u is de wijsheid die uw werken kent en die erbij was toen u de wereld schiep.'(Wijsheid 9,9) Hoofdstuk 9 van het boek Wijsheid bestaat bijna geheel uit een gebed van Salomo om wijsheid. Hij bidt onder meer: 'Schenk mij de wijsheid die naast u troont'(Wijsheid 9,4) en refereert zo aan de goddelijke status van de Wijsheid.

Behalve getuige is ze ook instrument van de schepping: 'De Eeuwige heeft de aarde met Wijsheid gegrondvest, de hemel met Inzicht bevestigd.'(Spreuken 3,19) In het boek Wijsheid wordt ze zelfs genoemd: 'De Wijsheid, de maakster van alles'(Wijsheid 7,22).

Een aspect van de alomvattende kennis van Wijsheid is de kennis van de natuur: van aarde, water en lucht compleet met alle levende wezens. Zijn uitgebreide kennis van de natuur heeft Salomo dan ook van haar:

God schonk Salomo zeer veel wijsheid en onderscheidingsvermogen en een veelomvattende kennis van zaken [...] Hij dichtte drieduizend spreuken en duizendvijf liederen over allerlei soorten planten, van de ceder op de Libanon tot de majoraan die uit de muur groeit, en over de lopende dieren, de vogels, de kruipende dieren en de vissen. (1 Koningen 4,30-33)

Bemiddelaar tussen God en wereld

Vrouwe Wijsheid heeft dus goddelijke trekken en is ook nauw verbonden met de schepping:

Ik was verheugd in zijn aanwezigheid,
vond vreugde in zijn hele aarde
en was blij met alle mensen. (Spreuken 8,30-31)

Ze heeft een bemiddelende rol:

Want wie mij vindt, vindt het leven, en ontvangt de gunst van de Eeuwige.
Wie aan mij voorbijgaat, doet zichzelf veel kwaad,
wie mij haat, bemint de dood. (Spreuken 8,35-36)

In Wijsheid wordt ze geïdentificeerd met de Geest.[301] Ze is een macht die van God uitgaat en de schepping doordringt.

De wijsheid is beweeglijker dan alles wat beweegt, ze doordringt en doorstroomt alles met haar zuiverheid. Ze is de adem van Gods kracht, de zuivere straling van de luister van de Almachtige; niets dat onrein is, kan haar binnendringen. In haar schittert het eeuwige licht, in haar wordt Gods kracht feilloos weerspiegeld en zijn goedheid afgebeeld. Ze is één, maar kan alles, ze is onveranderlijk, maar vernieuwt alles.
(Wijsheid 7,24-27)

Ze zetelt ook in de harten van de profeten en leiders en inspireert hun uitspraken en hun daden.[302]

'Wijsheid bemiddelt tussen God en de wereld. Immanent in de wereld is ze de bron van alle duiding van de wereld. Komend van God is ze ook openbaring van God en oproep van God in de wereld. [...] Het is het goddelijke appel door de schepping dat ons verleidt, motiveert en zelfs omhelst. Daarom paste christelijke theologie de gestalte van Wijsheid op Jezus toe die, als het geïncarneerde Woord van God de bemiddelaar bij uitstek is tussen God en deze wereld (1 Korintiërs 1,24)'.[303]

Mensen als leerlingen

Doordat Vrouwe Wijsheid zo'n omvattende kennis heeft en die over wil dragen, is ze lerares bij uitstek. De tekst van Spreuken 1-9 is waarschijnlijk eeuwenlang meegegaan als onderwijsmateriaal voor jonge mannen die opgeleid werden voor een leidinggevende rol in de maatschappij. In de tijd van David en Salomo was de behoefte ontstaan aan goed opgeleide mensen voor bestuurlijke functies. Hoewel de teksten dus van oudsher gericht waren op een mannelijke elite, betekent dit niet dat ze als bevestiging van de status quo weggezet kunnen worden. Nergens wordt impliciet of expliciet gezegd dat kennis en inzicht tot een kleine groep beperkt moeten blijven. De enige restrictie die aan alle vormen van kennis gesteld wordt, is dat ze gebaseerd zijn op ontzag voor God: 'Het begin van alle kennis is ontzag voor de Eeuwige'(Spreuken 1,7). Dat de primaire doelgroep bestaat uit mannen, verschilt niet van het grootste deel van de Bijbel. Wijsheid wordt echter niet alleen door vaders, maar ook door moeders overgedragen: 'Mijn zoon, luister naar de lessen van je vader, verwaarloos niet wat je moeder je leert.'(Spreuken 1,8)

Al richt ze zich vooral tot mannen, de figuur van Vrouwe Wijsheid zelf is geen bevestiging voor een mannelijke en hiërarchische status quo. Doordat ze als vrouwelijke figuur een goddelijke status heeft en aanwezig is in de schepping biedt ze juist een tegenwicht tegen het beeld van God als mannelijke heerser boven de schepping. Als vrouwelijk beeld van God is ze niet alleen transcendent, maar ook immanent. Uit de hele schepping spreekt namelijk de Wijsheid:

> Vraag het vee hiernaar, het zal je onderrichten,
> vraag de vogels in de lucht, ze zullen het verkondigen.
> Of spreek tot de aarde, ze zal je onderrichten,
> het wordt je verteld door de vissen van de zee.
> Wie weet van al deze dingen niet:
> de Eeuwige heeft ze tot stand gebracht.
> Want in zijn macht is de ziel van al wat leeft,
> in zijn macht de adem van het menselijk geslacht. (Job 2,7-10)

Door haar kunnen alle mensen wijs worden. De plaats van mensen in het grote geheel van de kosmos volgens de wijsheidsliteratuur is dus die van leerling. Deze rol van leerling zal sterk terugkomen in het Nieuwe Testament, waarin de wijsheidstraditie voortgezet wordt.

2.2.7 *Christus als schepper*

Toen Joseph Sittler de wereldraad toesprak in 1961 om te pleiten voor meer aandacht voor duurzaamheid in de theologie,[304] verwees hij naar de hymne in Kolossenzen 1, waar Christus als schepper voorgesteld wordt. Deze bijbeltekst is een belangrijke bron van ecologische theologie geworden. Vreemd genoeg worden in veel exegeses de verwijzingen in deze hymne naar Vrouwe Wijsheid over het hoofd gezien.[305] Ook Johannes 1 refereert aan de Wijsheid, zoals we zullen zien.

Naast de wijsheidsteksten zijn er andere teksten die Jezus in verband brengen met scheppen. Denk aan Marcus 4,35-41 waar Jezus de storm op het meer tot bedaren brengt door de wind bestraffend toe te spreken en het meer het zwijgen op te leggen.[306] De passage eindigt met een vraag: 'Ze werden bevangen door grote schrik en zeiden tot elkaar: "Wie is hij toch, dat zelfs de wind en het meer hem gehoorzamen?"' Het beeld is dat van God die de oerwateren inperkt om leven mogelijk te maken, zoals in Genesis 1 en andere scheppingsteksten.[307] Het is een ontzagwekkend beeld, dat de leerlingen dan ook hevig doet schrikken.

Ook het verhaal van Jezus die over het water loopt (Marcus 6,47-54)[308], kan gelezen worden als een verwijzing naar de schepping. Ook hier is sprake van grote angst bij de leerlingen en een hevige wind, die gaat liggen als Jezus in de boot stapt.

De wijsheid van Jezus, Jezus als Wijsheid

Elisabeth Schüssler Fiorenza liet in haar boek *Jezus, Kind van Mirjam, Profeet van Sofia* zien hoe belangrijk de wijsheidstraditie is voor het begrijpen van Jezus.[309]

In het Nieuwe Testament wordt Gods wijsheid op verschillende manieren met Jezus verbonden. In de kindheidsverhalen van Lucas bijvoorbeeld: 'Het kind groeide op, werd sterk en was begiftigd met wijsheid' (Lucas 2,40) en 'Jezus groeide verder op en zijn wijsheid nam nog toe.'(Lucas 2,52)

Bij Matteüs identificeert Jezus zichzelf met de Wijsheid. Hij doet dat expliciet als hij zegt: 'En toch is de Wijsheid door heel haar optreden in het gelijk gesteld'(Matteüs 11,19) en impliciet als hij zichzelf presenteert als zachtmoedige leraar die roept om leerlingen:

> Kom naar mij, jullie die vermoeid zijn en onder lasten gebukt gaan, dan zal ik jullie rust geven. Neem mijn juk op je en leer van mij, want ik ben

> zachtmoedig en nederig van hart. Dan zullen jullie werkelijk rust vinden, want mijn juk is zacht en mijn last is licht. (Matteüs 11,28-30)

In leesroosters wordt deze tekst meestal gecombineerd met Zacharia 9,9-12,[310] waarschijnlijk vanwege het begrip zachtmoedigheid. Daardoor verdwijnt de referentie aan Vrouwe Wijsheid.

Christus: '*Mathete ap'emou...*' – Leer van mij...' (Matteüs 11,28)

Jezus geeft zijn wijsheid door aan zijn leerlingen: 'Want ik zal jullie wijsheid schenken die door geen van je tegenstanders kunnen worden weerstaan of weersproken.'(Lucas 21,15) Het Matteüsevangelie eindigt met de opdracht om het onderricht van Jezus door te geven: 'De elf leerlingen gingen naar Galilea, naar de berg waar Jezus hen had onderricht [...] Jezus kwam op hen toe en zei: [...] Ga dus op weg en maak alle volken tot mijn leerlingen.'(Matteüs 28, 16-19) Waar de oudtestamentische wijsheidsliteratuur primair diende als leerstof voor de mannelijke leden van de elite, worden in het slot van Matteüs alle mensen opgeroepen leerlingen van Christus te worden. Het is niet een wijsheid voor koningen, bestuurders en geleerden, maar voor iedereen.

Vrouwe Wijsheid is volgens Paulus zelfs juist niet te vinden bij de dominante groepen in de samenleving. In zijn eerste brief aan de Korintiërs plaatst Paulus de wijsheid van God in Christus scherp tegenover de wijsheid van de wereld en haar machthebbers, met name in de eerste twee hoofdstukken. 'Waar wij over spreken is Gods verborgen en geheime wijsheid, een wijsheid waarover God vóór alle tijden besloten heeft dat wij door haar zouden delen in zijn luister. Geen van de machthebbers van deze wereld heeft die wijsheid gekend'(1 Korintiërs 2,7.8) Voor hen is de boodschap van Paulus – Christus, gekruisigd – dwaasheid. 'Maar voor wie geroepen zijn, zowel Joden als Grieken, is Christus Gods kracht en wijsheid.' (1,24) Ook wijsheid en Geest zijn bij Paulus nauw verbonden: het is de Geest die leert (2,13) en wijsheid is een gave van de Geest. (12,8)

Als Paulus Christus met de schepping verbindt, klinkt daar Vrouwe Wijsheid in door: 'wij weten: er is één God, de Vader, uit wie alles is ontstaan en voor wie wij zijn bestemd, en één Heer, Jezus Christus, door wie alles bestaat en door wie wij leven.'(8,6)

Eerstgeborene van de schepping, Kolossenzen 1,15-20

Of Paulus ook de brief aan de christenen van Kolosse geschreven heeft, is niet duidelijk. Waarschijnlijker is het dat de auteur een medewerker of volgeling was. In de tijd dat de brief geschreven werd,[311] speelde in Kolosse een discussie over de gnostiek. Volgens de gnostici had God alleen met de geestelijke wereld te maken, niet met het materiële. Zij geloofden niet in God als schepper, de materie was geschapen door een demiurg. Om dichter bij God te komen, moest een mens de aardse zaken achter zich laten, de menselijke geest moest zich bevrijden van het lichaam. God was voor hen zuiver geest en stond ver weg van het stoffelijke. Volgens de gnostici kon Christus dan ook niet God en mens zijn. Want als Christus God was, dan kon hij nooit een echt mens geweest zijn, dan was zijn lichaam hoogstens een omhulsel. En als hij een echt mens was, kon hij niet God zijn.

Tegen deze scheiding tussen God en het alledaagse, het lichamelijke, het materiële en de natuur grijpt de auteur van de brief naar een bestaande hymne. Het is een loflied op Christus die voorgesteld wordt als schepper en tegelijk als eerstgeborene van de schepping. De oorsprong ervan is onbekend. Misschien is het een voorchristelijke joodse hymne, want de motieven zijn regelrecht ontleend aan de wijsheidsliteratuur.[312] De meeste exegeten zien de verwijzing naar de kerk in vers 18 en naar het kruis in vers 20 als aanpassingen van de auteur.

Beeld van God, de onzichtbare is hij,
eerstgeborenen van heel de schepping:
in hem is alles geschapen,
alles in de hemel en alles op aarde,
het zichtbare en het onzichtbare,
vorsten en heersers, machten en krachten,
alles is door hem en voor hem geschapen.
Hij bestaat vóór alles en alles bestaat in hem. (Kolossenzen 1,15-17)

Wat hier van Christus gezegd wordt, werd eerder van Vrouwe Wijsheid gezegd. 'Beeld van God [...] is hij', niet alleen zoals ieder mens evenbeeld van God is volgens Genesis 1, maar volledig en onverhuld, zoals ook van de Wijsheid werd gezegd: 'in haar wordt Gods kracht feilloos weerspiegeld en zijn goedheid afgebeeld.'(Wijsheid 7,26) Hij is 'eerstgeborene van heel de schepping' zoals de Wijsheid eerstgeborene van de schepping is. 'In hem is alles geschapen, [...] alles is door hem [...] geschapen' zoals de Wijsheid instrument van de schepping en maakster van alles is.

Christus/Sofia het vrouwelijk gezicht van God

Door de verbinding van Christus met Vrouwe Wijsheid gebeuren er een paar dingen die belangrijk zijn voor een inclusieve ecologische theologie. Ten eerste wordt de hele werkelijkheid – zonder onderscheid tussen materieel en geestelijk, menselijk en niet-menselijk – met God verbonden. Ten tweede wordt ook Christus ten nauwste met die hele werkelijkheid verbonden. Ten derde wordt Christus geïdentificeerd met een vrouwelijke figuur. Dit is dus echt een ander beeld dan het androcentrische en hiërarchische beeld van Christus als heerser over de kosmos dat het heersen van mensen over de aarde legitimeert.[313] Sofia is een vrouwelijk gezicht van God waarin schepping en verlossing van de hele aarde geïmpliceerd is.[314]

In het lied 'Zoek de wegen van de wijsheid' worden de thema's uit de wijsheidsteksten in Oude en Nieuwe Testament prachtig verbonden:[315]

Zoek de wegen van de wijsheid
die de schepping dansend groet.
Blijf haar volgen, schenk haar aandacht
proef haar woorden, juist en goed.
Wijsheid baant het pad naar vrede,
doet ons voor wat liefde doet.

Luister naar de stem van wijsheid,
op de markt prijst zij haar waar.
Hoor het woord dat mens geworden
ware goedheid openbaart.
Als dat woord dan kiemt en uitgroeit
vinden recht en trouw elkaar.

Zuster wijsheid, kom en help ons,
voed wie nieuw geboren wordt.
Zielsvriendin en liefste naaste,
wek het heilig licht in ons.
Vorm ons tot jouw volk, bevrijd ons,
om de aarde en om God.

Incarnatie van het Woord/de Wijsheid, Johannes 1

Ook in het begin van het Johannesevangelie wordt Christus voorgesteld als schepper. Volgens Haenchen is een hymne op Vrouwe Wijsheid toegepast op Christus en verweven met het verhaal over het optreden van Johannes de Doper.[316] Jezus Christus als de Wijsheid van God die mens geworden is lijkt op het Woord van God dat mens geworden is.

> In het begin was het Woord, het Woord was bij God en het Woord was God. Alles is erdoor ontstaan en zonder dit is niets ontstaan van wat bestaat. In het Woord was leven en het leven was het licht voor de mensen. (Johannes 1,1-4)
> Het Woord was in de wereld, de wereld is door hem ontstaan en toch kende de wereld hem niet. (10)
> Het Woord is mens geworden en heeft onder ons gewoond. (14)

Het Griekse *logos* wordt meestal vertaald met Woord, maar het kan ook met Wijsheid vertaald worden. Zoals de *Bibel in gerechter Sprache* doet:[317]

In het begin was de Wijsheid
en de Wijsheid was bij God
en de Wijsheid was als God.
Zij was in het begin bij God.
Alles is door haar ontstaan
en zonder haar is niets ontstaan.
Wat in haar ontstaan is, was leven,

> en het leven was het licht voor de mensen. (Johannes 1,1-4)
> Zij was in de wereld en de wereld is door haar ontstaan,
> maar de wereld heeft haar niet herkent. (10)
> En de Wijsheid werd materie
> en woonde onder ons. (14)

In de kantlijn van deze vertaling wordt verwezen naar de boeken Spreuken, Wijsheid en Jezus Sirach. Zo is bijvoorbeeld het motief van de wijsheid die een woonplaats zoekt op aarde, door de wereld verworpen wordt en toch een plaats vindt om onder de mensen te wonen, ontleend aan Spreuken 1,22-25 en Sirach 24,8-12.

De Wijsheid/het Woord horen bij God vanaf het begin. Dat begin hoeft niet historisch gelezen te worden, net zomin als het 'in het begin' van Genesis 1. Als schepping gaat over de relatie van God met de wereld, is het niet vreemd dat schepping en incarnatie in Kolossenzen 1 en Johannes 1 zo nauw verbonden zijn.

Ook Matthijs de Jong van het Nederlands Bijbelgenootschap zoekt een alternatief voor de vertaling van 'logos' met 'Woord'. Hij geeft sterke argumenten voor de nauwe verbinding van logos met de joodse wijsheidstraditie:

> Met de term logos voert de auteur van de proloog een bestaand concept op, dat zijn wortels heeft in de joodse wijsheidstraditie.[318] [...] Net als de logos in de proloog, wordt de wijsheid in deze teksten voorgesteld als
> • persoonachtig;
> • aanwezig bij God voorafgaand aan de schepping;
> • een afspiegeling van God zelf;
> • uitvoerder van Gods scheppingswerk en al Gods machtige daden;
> • op aarde gekomen en (tijdelijk) onder de mensen verblijvend
> Het gebruik van de term logos (in plaats van sofia, wijsheid) voor dit concept, sluit eveneens aan bij een bestaande traditie. In het boek Wijsheid wordt Gods logos als equivalent van de wijsheid opgevoerd (bijvoorbeeld Wijsheid 9,1, en zie ook de functie van de logos in Wijsheid 18,15), en in de eerste eeuw van onze jaartelling was in het Grieksprekende jodendom de term logos een geëigende aanduiding geworden voor het wijsheidsconcept.[319]

Zijn eerste bezwaar tegen de gebruikelijke vertaling 'het Woord' is dat dat onzijdig is en daarom niet 'open voor identificatie met een persoon' zoals het mannelijke woord *logos* dat wel is.[320] Bovendien stelt hij: 'De weergave met "het Woord" voldoet niet aan de voor de *Bijbel in Gewone Taal* gestelde criteria van duidelijkheid en begrijpelijkheid', het leidt tot te veel misverstanden. Tot zover kan ik hem helemaal volgen. Maar ondanks alles wat voor een vertaling met 'Wijsheid' pleit, kiest hij daar toch niet voor.

Johannes 1,1 in de *Bijbel in Gewone Taal* is geworden: 'In het begin was Gods Zoon er al.' Dat is heel vreemd, want de bezwaren van De Jong tegen 'het Woord' gaan niet op voor 'de Wijsheid'. Wijsheid is zowel in het Hebreeuws, het Grieks als het Nederlands vrouwelijk en wordt in het Oude Testament als een persoon voorgesteld. Wijsheid wordt in het Oude Testament niet als menselijk voorgesteld, maar wel als goddelijk én deel van de schepping. En 'wijsheid' is een heel begrijpelijk woord.

Met de vertaling 'Gods Zoon' sluit hij aan bij Philo van Alexandrië (20/15 v. Chr. – 50 n. Chr.), die de logos 'eerstgeboren Zoon van God' noemt.[321] Hij sluit dus aan bij een uitleg die het vrouwelijke beeld al heeft weggeschoven en er een mannelijk beeld voor in de plaats heeft gezet. Door op deze uitleg terug te grijpen legitimeert hij ook het wegdringen van een van de belangrijkste vrouwelijke beelden voor God. Dit niet zien, is een enorme gemiste kans en wekt de indruk dat het man-zijn van Jezus belangrijker is dan diens mens-zijn. [322]

De Wijsheid belichaamd in Jezus is de wijsheid waarbij de arme eerder het koninkrijk binnen gaat dan de rijke, zelfs een mus niet van het dak valt zonder dat God ervan weet, de wijsheid van iemand die omging met hoeren en tollenaars en een smadelijke dood stierf op een kruis. Jezus als de incarnatie van Wijsheid lijkt op 'hoe zij geportretteerd wordt in het Oude Testament en de intertestamentaire literatuur in haar profetische prediking op straat, haar publieke oproepen tot gerechtigheid, haar vriendschap met gemarginaliseerden, haar belofte van rust aan hen die vermoeid zijn en onder lasten gebukt gaan, haar uitnodiging aan vrienden en vreemdelingen voor een overvloedig feestmaal, haar genezend optreden en haar inwijding van de leerlingen in vriendschap met God. In zijn hele optreden en op een beslissende manier in zijn dood, belichaamt Jezus Sofia's compassie voor de verlorenen en de minsten.'[323]

Schepping en verlossing

Zoals de hele kosmos in en door Christus is, is ze ook voor – in de betekenis: ten behoeve van – Christus. Oorsprong en bestemming, schepping en verlossing zijn nauw verweven, zoals we op een andere manier al gezien hebben bij Deuterojesaja. Het laatste deel van Kolossenzen 1,15-20 gaat vooral over verlossing:

> Hij is het hoofd van het lichaam, de kerk.
> Oorsprong is hij, eerstgeborene van de doden,
> om in alles de eerste te zijn:
> in hem heeft heel de volheid willen wonen
> en door hem en voor hem alles met zich willen verzoenen,
> alles op aarde en alles in de hemel,
> door vrede te brengen met zijn bloed aan het kruis.
> (Kolossenzen 1,18-20)

De verzoening door Christus' kruis geldt de hele schepping. 'Alles' staat er keer op keer, *ta panta* in het Grieks. De auteur had bij 'alles' zeker een ander beeld dan wij, omdat zijn beeld van de wereld heel anders was. Zijn eerste zorg was niet dat mensen zich buiten de schepping zouden kunnen plaatsen, zoals in onze tijd gebeurt. Zijn zorg was dat de machten en de krachten die de materiële werkelijkheid vorm gaven niet, zoals in de gnostiek, los van God gezien zouden worden. Daarom benadrukt hij dat ook machten en krachten, ook de engelen en demonen, door God in Christus geschapen en door God in Christus verlost worden.[324]

In onze context van ecologische crisis en een gangbare theologie die deze crisis mede mogelijk maakt, krijgt 'alles' opnieuw betekenis. De eerste conclusie die getrokken kan worden, is: 'Schepping is niet enkel het toneel waarop het drama van de menselijke redding plaatsvindt. Deze teksten bevestigen de intrinsieke waarde en het intrinsieke doel van de aarde.'[325] Gods redding is bedoeld voor de hele kosmos. Met de woorden van Moltmann: 'Opstanding is niet alleen de zin van de geschiedenis, maar ook de zin van de natuur.'[326]

Die redding is er al en is er nog niet. Christus als de opgestane is de eerstgeborene, nu de rest van de schepping nog. Hij is de eerste, van de schepping (15) en van de doden (18). De dood die al het leven op aarde tekent, is in principe overwonnen. Doordenkend op het beeld van een eerstgeborene, is het denkbaar God voor te stellen als een zwangere vrouw die de wereld draagt.[327] De wereld is nog niet volgroeid. Alleen Christus is al voldragen en geboren en leeft. Hij is de eerste. Hoe de wereld worden moet, is al werkelijkheid geworden in Christus. In hem woont Gods volheid die ooit alles in alles zal zijn. Door zijn leven, sterven aan een kruis en zijn opstanding heeft Christus – in wie Gods volheid woont – vrede gebracht. Zo worden niet alleen de mensen, maar de hele wereld beeld van God.

De rol van mensen wordt zichtbaar in de kerk, lichaam van Christus bij uitstek, maar niet los van de hele schepping. De kerk als de verzameling van alle leerlingen van Christus heeft deel aan de volheid van God, een volheid waartoe de hele schepping bestemd is.

2.3 God en de dieren

Het zijn niet alleen scheppingsverhalen waarin naast de menselijke ook de niet-menselijke werkelijkheid een grote rol speelt. In veel bijbelteksten komen dieren voor, en ook de aarde. De aarde vaak in de zin van de grond, de bodem, inclusief de planten. Dat is misschien niet verwonderlijk in een landbouwsamenleving waarin mensen en dieren nauw samenleven en het bewerken van de grond voor velen hun dagelijks werk is. In de brieven van Paulus, geworteld in een stedelijke omgeving, worden dieren nauwelijks genoemd. De rol van dieren in de Bijbel is van belang in het kader van ecologische vraagstukken als afname van biodiversiteit en de omgang met dieren is van belang in het kader van onze voedselvoorziening.[328]

De eigen plaats van de niet-menselijke schepselen wordt vaak over het hoofd gezien in de uitleg van bijbelteksten. 'Verwijzingen naar de natuur worden vaak geduid als symbolische of pittoreske illustraties van een mensenwereld die niet verbonden is met de natuur.'[329] In de alledaagse en kerkelijke praktijk zijn de dieren in de ark dan leuk voor kinderen en staan de raaf en de duif die Noach loslaat in een preek voor verschillende houdingen van mensen.

Dieren hebben echter een veel grotere plaats in het bijbelse wereldbeeld dan in het moderne westerse. Wij zijn gewend dieren en planten samen te nemen als levende natuur, flora en fauna, en mensen daar buiten te plaatsen. De Bijbel heeft een andere indeling: planten en de aarde horen bij elkaar, en dieren en mensen worden vaak als lotgenoten voorgesteld. [330] In veel teksten worden dieren en mensen in een adem genoemd: 'dat Jeruzalem een open stad zal blijven, niet ommuurd, vanwege het grote aantal mensen en dieren dat er zal wonen.'(Zacharja 2,8) En:

> de mensen en de dieren treft hetzelfde lot. Zoals een dier sterft, zo sterft ook een mens: ze delen in dezelfde adem. Dat is hun beider lot. Een mens

is niet beter af dan een dier, want alles is leegte. Alles gaat naar dezelfde plaats, alles is uit stof ontstaan en alles keert terug tot stof.'
(Prediker 3,19-20)[331]

Maar ook:

'U, Eeuwige, bent de redder van mens en dier.'(Psalm 36,7).

Dieren kunnen een plaag zijn, denk aan de plagen voor Egypte – kikkers, muggen, steekvliegen en sprinkhanen – (Exodus 7-12), de horzels die de volken uit Kanaän zullen verdrijven (Exodus 23,28) en aan de sprinkhanen die alles kaal vreten in de profetie van Joël (Joël 1,4). Dieren zijn echter nooit op zichzelf negatief. Ze kunnen zich vijandig gedragen, net als mensen, maar blijven altijd medeschepsel. Een positieve waardering van dieren is kenmerkend voor de hele Bijbel.[332]

Er zijn allerlei regels om dieren te beschermen. Lastdieren mogen niet te zwaar beladen worden (Exodus 23,5, Deuteronomium 22,4), zieke en zwakke dieren moeten ontzien en geholpen worden (Ezechiël 34,2-4), want 'Een rechtvaardige zorgt goed voor zijn vee, een goddeloze is alleen maar wreed.' (Spreuken 12,10). Dieren hebben recht op een aandeel in de oogst (Deuteronomium 25,4) en op sabbatsrust (Exodus 20,10 en 23,12, Deuteronomium 5,13-14). Ook wilde dieren verdienen een zekere bescherming: ze gaan mee in de ark (Genesis 6-9), mogen eten van wat spontaan opkomt op het land in een sabbatsjaar (Leviticus 25,7) en de moedervogel mag niet tegelijk met haar eieren weggehaald worden (Deuteronomium 22,6-7).[333] Compassie met dieren – zowel wilde dieren als het vee – was de norm en duurzame landbouw was de regel. De regels om dieren te beschermen zijn niet geformuleerd als rechten. De Bijbel denkt niet in termen van dierenrechten, maar van plichten van mensen ten opzichte van dieren.

Dieren hebben een eigen waarde, niet alleen voor zover ze voor mensen van nut zijn.[334] De retorische vraag waarmee het boek Jona eindigt maakt dat nog eens duidelijk. God zegt tegen Jona:

Als jij al verdriet hebt om die wonderboom waar jij geen enkele moeite voor hebt hoeven doen en die jij niet hebt laten groeien, een plant die in een nacht opkwam en in een nacht verging, zou ik dan geen verdriet hebben om Ninevé, die grote stad, waar meer dan honderdtwintigduizend mensen wonen die het verschil tussen links en rechts niet eens kennen, en dan nog al die dieren? (Jona 4,10,11)

2.3.1 Dieren in scheppingsverhalen, resumé

In het overzicht van scheppingsteksten is al naar voren gekomen dat niet alles om mensen draait, maar om God en de hele aarde, de hele kosmos zelfs. God blijkt plezier te hebben in zijn schepping als hij ziet dat ze zeer goed is (Genesis 1), als hij zijn werken ziet in hun onderlinge samenhang, het hele ecosysteem met al die dieren in hun eigen habitat (Psalm 104), als hij dieren een voor een aan Adam als mogelijke partner voorstelt (Genesis 2) en als hij de wilde dieren, ook de meest ontzagwekkende, voor Jobs geestesoog laat verschijnen. God geniet van de overvloed aan dieren en van hun grote variatie.

Dieren komen veelvuldig voor in de scheppingsteksten. Ze worden niet onderverdeeld zoals in de hedendaagse biologie in zoogdieren, reptielen, amfibieën, vogels, vissen, insecten et cetera of in nuttige en schadelijke dieren, maar bijvoorbeeld naar hun habitat – land, zee, lucht – of naar al of niet gedomesticeerd zijn – vee en wilde dieren. Kruipende dieren vormen vaak een aparte categorie onder de landdieren, naast de lopende dieren.[335] Ook oermonsters behoren tot het dierenrijk.

Er zijn veel parallellen tussen dieren en mensen. Landdieren zijn op dezelfde dag geschapen als mensen. Dieren en mensen krijgen aanvankelijk alleen planten tot voedsel en ze moeten vruchtbaar zijn. Dieren zijn net als mensen gemaakt uit het stof van de aarde en in beiden is levensadem. Beiden zijn geschapen tot eer van God. Ze loven God, met hun stem en met hun hele bestaan. Dieren zijn geen object, maar subject. Mens en dier zijn bovendien beide sterfelijk.

Mensen hebben een bescheiden plaats te midden van de verscheidenheid aan levende wezens, maar heersen toch ook over bepaalde categorieën dieren. De vissen, de vogels en de dieren die op aarde rondkruipen vallen onder de heerschappij van mensen, de zeemonsters en de wilde dieren niet.[336] Dieren kunnen bang zijn voor mensen,[337] maar er zijn ook trotse, niet getemde dieren[338] die mensen tonen wat hun plaats is in de schepping. Vee is van groot belang voor mensen, niet alleen voor voedsel, maar ook om het land te kunnen bewerken. Al worden dieren vaak genoemd in combinatie met mensen, ze hebben als schepsel ook zelf een directe relatie met God, die hen het leven geeft en voedt. Gods Wijsheid spreekt in de dieren en de aarde.

2.3.2 Einde en nieuw begin voor al wat leeft: Genesis 6,5 -9,17

Veel exegeten onderscheiden in het verhaal van zondvloed en verbond twee bronnen, die tegenstrijdigheden kunnen verklaren.[339] Toch vormt Genesis 6,5-9,17 ook een duidelijk geheel. Het is opgebouwd als een sandwichconstructie: elk element in het eerste deel wordt gespiegeld door het tegenovergestelde in het tweede deel en in het midden staat het belangrijkste of het keerpunt:[340]

a. slechtheid van de mensen, verval van de aarde
    b. vernietiging
        c. binnengaan van de ark
            d. begin van de vloed
                e. stijgen van het water
                    GOD DENKT WEER AAN NOACH
                    EN DE DIEREN
                e. het water zakt
            d. de aarde wordt droog
        c. verlaten van de ark
    b. de aarde zal voortbestaan
a. zegen, respect voor het leven, verbond

'Het einde van al wat leeft'

Na het verhaal over het kwaad in de wereld in Genesis 3 vertellen de volgende hoofdstukken over het voortgaande verval, over de slechtheid van de mensen en de dieren, en hoe God er spijt van krijgt dat hij ze gemaakt heeft en daarom besluit om alle levende wezens te vernietigen en de aarde erbij. De mensen zijn de eersten van wie God ziet dat ze slecht zijn en die hij besluit te vernietigen. (Genesis 6,5-6) In de NBV wordt in het vervolg de schuld van het onrecht op aarde weer bij de mensen gelegd:

> Toen God zag dat de aarde door en door slecht was, dat *iedereen* een verderfelijk leven leidde, zei hij tegen Noach: 'Ik heb besloten een einde te maken aan het leven van *alle mensen*, want door hen is de aarde vol onrecht. Ik ga hen vernietigen en de aarde erbij. (Genesis 6,12-13)

In de grondtekst staat *kol-basar* – alle vlees of alle lichamelijke wezens.[341] De NBG-vertaling van 1951 vertaalt letterlijker met 'al wat leeft':

> En God zag de aarde aan, en zie, zij was verdorven, want *al wat leeft* had zijn weg op de aarde verdorven. Toen zeide God tot Noach: Het einde van *al wat leeft* is door Mij besloten, want door hun schuld is de aarde vol geweldenarij, en zie, Ik ga hen met de aarde vernietigen. (Genesis 6,12-13 – NBG 51)

Hoewel Noach met zijn familie een hoofdrol speelt in het verhaal, gaat het zeker niet alleen om mensen. De dieren worden steeds expliciet genoemd in Genesis 6-9: de vogels en de verschillende soorten landdieren.[342] De dieren gaan niet enkel mee ten behoeve van mensen. Voedsel wordt apart genoemd: 'Leg ook een voorraad aan van alles wat eetbaar is' (Genesis 6,21). Planten gaan mee in de ark als voedsel, ze worden niet gerekend tot de levende wezens, horen niet bij 'alle vlees'.[343] De veronderstelling is waarschijnlijk dat planten vanzelf weer opkomen zodra de aarde droogvalt.[344] Leven zal pas weer mogelijk zijn als de duif teruggekeerd is met een olijftak, als er dus weer planten groeien.[345] Het is Noachs verantwoordelijkheid om te zorgen dat alle dieren in paren in de ark meegaan, dat ze zich dus weer voort zullen kunnen planten en er geen diersoorten uitsterven. Alle andere dieren en mensen komen om.

> Alles wat op aarde leefde kwam om, alles wat er rondwemelde: vogels, vee, wilde dieren en ook alle mensen. Alles wat op het land leefde en ademde vond de dood. [...] Alleen Noach bleef over, met alles wat bij hem in de ark was. Honderdvijftig dagen lang was de aarde helemaal met water bedekt. Toen dacht God weer aan Noach en aan alle wilde dieren en het vee bij hem in de ark. Op zijn bevel begon er een wind over de aarde te waaien waardoor het water afnam. (Genesis 7,21 – 8,2)

Hier is weer net als in Genesis 1,2 de *ruach* (letterlijk: bewegende lucht), de adem/wind/Geest van God over de wateren waarmee alles begint.

Het lijkt erop dat de aarde als geheel en de dieren in het bijzonder mede schuldig gehouden worden aan het verval van de aarde. Voor ons is dat moeilijk voorstelbaar, gewend als we zijn om geweld van dieren als natuurlijk gedrag te zien dat onvermijdelijk is. Laat staan dat de aarde als geheel slecht zou kunnen zijn. Nu hoeft 'slecht' hier geen morele categorie te zijn, net zomin als 'goed' in Genesis 1. Goed of slecht kan hier ook betekenen: al dan niet beantwoordend aan Gods bedoeling. In het Oude Testament komt het overigens vaker voor dat dieren verantwoordelijk gesteld worden voor hun handelen. Verderop in ditzelfde verhaal staat dat God zegt: 'ik eis daarvoor genoegdoening van mens en dier.'(Genesis 9,5) In het boek Jona betonen mensen en dieren spijt. (Jona 3,7-8) In profetische visioenen van een nieuwe wereld, zijn alle dieren vegetarier.[346] Vanuit ecologisch perspectief is in ieder geval belangrijk dat in de Bijbel het verval van de mensheid en dat van de rest van de aarde met elkaar verweven is. Voor redding geldt hetzelfde:[347]

> Toen zei God tegen Noach: 'Ga de ark uit, samen met je vrouw, je zonen en de vrouwen van je zonen. Laat ook alle dieren die bij je zijn naar buiten gaan: vogels, vee en alles wat op de aarde rondkruipt. Ze moeten weer vruchtbaar zijn en talrijk worden en de aarde bevolken.'
> (Genesis 8,15-17)

Noach brengt vervolgens een brandoffer aan God van al het reine vee en alle reine vogels. Het lijkt misschien heel onlogisch om dieren die met zoveel moeite gered zijn en de aarde weer moeten gaan bevolken nu te offeren. Volgens Genesis 7,2[348] had Noach van de reine dieren niet één maar zeven paar meegenomen. Dat betekent niet dat een dier meer of minder dan niet meer uitmaakt. Het offeren van dieren in het Oude Testament 'had niet van doen met de lage waarde van het dier, maar juist met de hoge waarde daarvan.'[349] Je geeft immers alleen het allerkostbaarste aan God om verzoening te bewerkstelligen.[350] 'Want het bloed is de levenskracht van een levend wezen. Ik heb het jullie gegeven om er op het altaar de verzoeningsrite mee te voltrekken, want bloed kan, als levenskracht verzoening bewerken.' (Leviticus 17,11)

Het leven van dieren en mensen is kostbaar

Nadat de mensen te horen hebben gekregen dat alles wat ze uitdenken nu eenmaal slecht is, maar God toch de aarde nooit meer zal vervloeken omwille van de mens (8,21), zegent God Noach en zijn zonen (9,1) en herhaalt de opdracht uit Genesis 1 om vruchtbaar te zijn en de aarde te bevolken.[351] De dieren worden, anders dan in Genesis 1, niet gezegend. In Genesis 1 werd wel de heerschappij van mensen over dieren genoemd, maar dieren mochten niet gegeten worden, mens en dier kregen planten tot voedsel. Nu echter mogen de mensen ook vlees eten en zullen de dieren bang worden voor hen. Dat mensen geen vegetariërs meer hoeven te zijn is een concessie van God aan hun onverbeterlijkheid.[352] Dieren hebben voortaan een goede reden tot angst voor mensen. Er staat niet dat die nieuwe relatie tussen mensen en dieren goed is, hij is eenvoudigweg realiteit. In onze context van bio-industrie en van de sterke teruggang van aantallen en soorten hebben dieren nog veel meer van mensen te vrezen dan in het oude Israël.

Het eten van vlees is evenwel niet onbeperkt toegestaan, er is een belangrijk voorbehoud: 'vlees waarin nog leven is, waar nog bloed in zit, mag je niet eten.'(9,4) Bloed geldt als de plaats van de levenskracht, de ziel. Met leven, ook dat van dieren, moet je zorgvuldig omgaan. Uit dit voorschrift komt de praktijk van ritueel slachten voort. In het boek Handelingen geldt het nog als noodzakelijk: 'In overeenstemming met de heilige Geest hebben wij namelijk besloten u geen andere verplichtingen op te leggen dan wat strikt noodzakelijk is: onthoud u van offervlees dat bij de afgodendienst gebruikt is, van bloed, van vlees waar nog bloed in zit, en van ontucht.'(Handelingen 15,28-29)

Religieuze joden die zich bekommeren om duurzaamheid, grijpen vaak terug op de spijswetten. In de VS bestaat sinds de jaren zeventig een sterke beweging van joods vegetarisme.[353] En ook in Nederland is aandacht voor eco-kasjroet – de spijswetten op een ecologische manier uitgebreid of ingevuld. [354] 'Het concept van eco-kasjroet (eco-kosjer) houdt in dat voedsel alleen als kosjer kan worden aangemerkt als tijdens alle fasen van het productieproces en de verkoopfases de ethische voorschriften zijn gewaarborgd.'[355] Voedsel dat het milieu te veel belast, is dan niet kosjer, net zomin als vlees van dieren die onder dieronwaardige omstandigheden gehouden worden of voedsel dat geproduceerd wordt onder mensonwaardige arbeidsomstandigheden.[356]

Bloed van dieren mag niet gegeten worden, bloed van mensen mag helemaal niet vergoten worden: 'Ik zal genoegdoening eisen wanneer jullie eigen bloed, waarin levenskracht schuilt, wordt vergoten; ik eis daarvoor genoegdoening van mens en dier [...] want God heeft de mens als zijn evenbeeld gemaakt.'"(9,5) Het bloed, dat wil zeggen het leven, van mensen is dus nog kostbaarder in Gods ogen dan dat van dieren. Dat is een gradueel, geen essentieel verschil. Het idee dat dieren geschapen zijn ten behoeve van mensen komt uit de Aristotelische en de Stoïsche filosofie en niet uit de Bijbel. Het heeft het joodse en christelijke denken wel beïnvloed.[357] Vanuit Genesis 1 en 9 en de spijswetten is het eten van dieren allerminst vanzelfsprekend.

Het verbond van God met de aarde en al wat op aarde leeft

De verbondssluiting die beschreven wordt in Genesis 9,8-17 is bekend geworden als 'Gods verbond met Noach'. Met deze aanduiding is het overgrote deel van Gods partners in dit verbond uit het zicht geraakt. Het verbond sluit God namelijk ook met alle dieren en uitgebreid worden dan ook de verschillende categorieën dieren genoemd: 'Hierbij sluit ik een verbond met jullie en met je nakomelingen, en met alle levende wezens die bij jullie zijn: vogels, vee en wilde dieren, met alles wat uit de ark is gekomen, alle dieren op aarde.'(9,10) Het verbond geldt zelfs de hele aarde: 'ik plaats mijn boog in de wolken; die zal het teken zijn van het verbond tussen mij en de aarde.'(9,13) In de verzen 8-17 is vier keer sprake van 'alle levende wezens', vijf keer van 'alles wat leeft' en zes keer van 'de aarde'.

De onderlinge verbondenheid van mensen, dieren en de hele aarde die uit deze tekst spreekt is van belang voor ecotheologie, evenals de verbondenheid van God met de hele aarde en de verscheidenheid van dieren die gered worden. Uit dat laatste kun je concluderen dat God de rijke biodiversiteit wil bewaren.[358]

2.3.3 Rusten in vrijheid, de sabbatswetten

Een zorgvuldige omgang met dieren als norm komt ook tot uiting in de sabbatswetten, die niet alleen voor mensen gelden, maar ook voor de dieren en voor het land. Mensen en dieren moeten elke zevende dag rusten, het land elk zevende jaar. Elk zevende en vijftigste jaar komt daar de kwijtschelding van schulden bij. De sabbat, het sabbatsjaar en het jubeljaar zijn in de Bijbel een belangrijke basis voor sociale en ecologische duurzaamheid.

De sabbat: rust voor mens en dier

Het vee moet rust krijgen op de zevende dag volgens beide versies van de tien geboden. (Exodus 20,8-11 en Deuteronomium 5,12-15):

> Neem de sabbat in acht, zoals de Eeuwige uw God u heeft geboden; het is een heilige dag. Zes dagen lang kunt u werken en al uw arbeid verrichten, maar de zevende dag is een rustdag, die gewijd is aan de Eeuwige uw God; dan mag u niet werken. Dat geldt voor u, voor uw zonen en dochters, voor uw slaven en slavinnen, voor uw runderen, uw ezels en al uw andere dieren, en ook voor uw vreemdelingen die bij u in de stad wonen. (Deuteronomium 5,13-14)

De motivatie voor de sabbatsrust verschilt. In Deuteronomium is het omdat God de bevrijder is uit slavernij, in Exodus omdat God zelf op de zevende dag rustte. Op de zesde dag als God kijkt naar alles wat hij gemaakt heeft, is Gods conclusie: zeer goed, volgens Genesis 1. Op de zevende dag rust God en verklaart die heilig. De kroon op de schepping is de sabbat, scheppen is gericht op de sabbat.[359] De twee tradities – creatieve vervulling en rust enerzijds en bevrijding uit slavernij anderzijds – komen bij elkaar en versterken elkaar. Het is de verantwoordelijkheid van mensen die aan het hoofd van een huishouden staan – zowel mannen als vrouwen lijken hier aangesproken te worden – om te zorgen dat hun gezin en de mensen en de dieren die voor hen werken regelmatig rust krijgen. In Egypte zijn ze zelf slaven geweest en weten dus hoe het is om uitgebuit te worden. Dat nooit meer, is de boodschap. Nooit meer slavernij. En ook anderen, mens en dier, mag je niet uitputten met werk. Ook dieren mag je niet tot het uiterste gebruiken voor een zo hoog mogelijke opbrengst, want de sabbat is de voltooiing van de schepping en dieren zijn je medeschepselen. In onze 24-uurseconomie, zeven dagen per week, 365 dagen per jaar, gericht op steeds hogere productie, is die boodschap actueler dan ooit.

> Zes dagen lang mag je werken, maar op de zevende dag moet je rust houden; dan kunnen ook je rund en je ezel uitrusten en kunnen de slaven en de vreemdelingen die voor je werken op adem komen. (Exodus 23,12)

In Babylonische scheppingsmythen zijn mensen geschapen om werk van de goden over te nemen,[360] in de Bijbel is alles geschapen om te delen in de vreugde van de sabbat.

Het jubeljaar en het sabbatsjaar

> Zes jaar achtereen mag je je land inzaaien en de oogst binnenhalen. Maar het zevende jaar moet je het land braak laten liggen en het met rust laten, dan kunnen de armen onder jullie ervan eten; wat zij nog overlaten is voor de dieren van het veld. Met je wijngaard en je olijfgaard moet je hetzelfde doen. (Exodus 23,10-11)

In Exodus staat de kortste versie, in Leviticus 25,1-7 wordt uitvoeriger beschreven hoe het sabbatsjaar vorm gegeven moet worden. Hier zijn het niet eerst de armen en dan de dieren van het veld die mogen eten van wat er vanzelf groeit, maar allen, mens en dier. De verschillen tussen mensen onderling vallen weg, het verschil tussen wilde en tamme dieren verdwijnt en in zekere zin ook dat tussen mensen en dieren:

> Je mag er zelf van eten, maar ook je slaven en slavinnen, je loonarbeiders en de vreemdelingen die bij je te gast zijn; ook voor je veestapel en voor de in het wild levende dieren kan het als voedsel dienen. (Leviticus 25,5-7)

Leviticus 25,8-55 gaat vervolgens over het jubeljaar. Na zeven keer zeven jaar is het een heilig jaar dat begint op grote verzoendag met het blazen op de ramshoorn. Ook dan mag er niet gezaaid en geoogst worden en is wat groeit op het land weer voor iedereen, voor alle mensen en alle dieren. Bovendien gaat dan alle land naar de oorspronkelijke eigenaar terug – 'in het jubeljaar zal ieder naar zijn eigen grond terugkeren'(25,13) – en mensen die in schuldslavernij zijn geraakt komen vrij (25,39-41). In de rest van hoofdstuk 25 wordt precies bepaald hoe dat zal gaan. Wie zou nog land kopen als je dat in het jubeljaar weer terug moet geven? Dat bezwaar wordt ondervangen doordat de prijs van land lager is naarmate het jubeljaar nadert. Je koopt ook geen land, maar het gebruiksrecht op land en hoe korter dat gebruiksrecht duurt, hoe lager dus de prijs.

De grond kan en mag je niet ongestraft opgebruiken. Ook met de grond moet je, net als met andere mensen en met dieren, zorgvuldig omgaan.

De reden die voor het jubeljaar gegeven wordt, is dat land en mensen God toebehoren: 'Wanneer jullie eenmaal in het land zijn dat ik je zal geven, moet het land rust krijgen, een sabbatsrust gewijd aan de Eeuwige.'(25,2) 'Benadeel je volksgenoten niet. Toon ontzag voor je God; ik ben de Eeuwige, jullie God.'(25,17) 'Land mag nooit verkocht worden, alleen verpand, want het land behoort mij toe'(25,23). 'Want de Israëlieten behoren mij toe; ik heb hen uit Egypte weggeleid. Ik ben de Eeuwige jullie God.'(25,38) Bezit van land en zeggenschap over anderen[361] zijn dus betrekkelijk. En zorg voor de aarde en vrijheid voor mensen zijn een uiting van respect voor God.

Herstel van de grond en van maatschappelijke verhoudingen
In Israël was het de bedoeling dat men elke vijftig jaar met een schone lei zou kunnen beginnen, elke generatie zou een keer een jubeljaar mee moeten maken. De meningen zijn verdeeld over hoe vaak sabbatsjaren en jubeljaren daadwerkelijk gehouden zijn. Enkel een utopie is het echter ook niet geweest. Wat wel genoemd wordt 'schone-leiwetgeving' bestond ook in omringende culturen, al in het derde millennium voor Christus in Soemerië. De aanleiding was meestal de troonsbestijging van een nieuwe koning. Periodieke herverdeling van land en kwijtschelding van schulden was belangrijk om te voorkomen dat de verschillen tussen arm en rijk te hoog opliepen en dat het land ontvolkt raakte doordat de bevolking door gebrek aan grond niet meer in zijn levensonderhoud kon voorzien. In Israël werd zo voorkomen dat er een landadel zou ontstaan en dat de grond uitgeput raakte.

Rome was het eerste grote rijk in de regio waar zo'n herverdelingswetgeving ontbrak, waar schulden niet kwijtgescholden werden. In de context van het Romeinse kolonialisme waar Palestina onder leed, krijgt het 'zoals wij aan anderen hun schuld vergeven' uit het Onze Vader extra betekenis.[362]

Jubilee 2000 kan beschouwd worden als een actualisatie van het jubeljaar. Het was een project van de Verenigde Naties om gedeeltelijke kwijtschelding van schulden te krijgen voor landen die zo'n grote schuld hadden dat ze die nooit terug zouden kunnen betalen zonder dat de bevolking onder het bestaansminimum terecht zou komen.

Ook herstel van de grond is actueler dan ooit. Ongeveer een derde van alle bodems in de wereld zijn matig tot sterk aangetast door erosie, uitputting, verzuring, verzilting, verdichting en chemische vervuiling, volgens een recent rapport van de VN, en het wordt meer.[363] In sommige streken op aarde raakt de bodem uitgeput door monoculturen van bijvoorbeeld soja, in andere streken is juist weer sprake van overbemesting door intensieve veehouderij. Armoede en uitputting van de grond zijn geen afzonderlijke problemen. De armsten leven vaak op de slechtste grond. Land braak laten liggen is nog altijd een van de manieren tot herstel van de bodem. Een andere methode, vaak in de biologische landbouw toegepast, is wisselteelt of het eens in de zoveel jaar inzaaien van een gewas dat bedoeld is om de bodem te voeden. Een andere vorm van herstel is akkerranden niet maaien zodat er bloemen kunnen groeien die weer vlinders en bijen aantrekken.

Een les van de sabbatswetten is: menselijke en milieurelaties tenderen naar ongelijkheid, maar kunnen ook gecorrigeerd worden.[364] De ecologische impact van de sabbatswetten is groot. Ze zijn nuttig voor de grond en geven aandacht aan voedsel voor de armen en de wilde dieren.[365] De grond en de wilde dieren hun gang laten gaan, drukt respect uit voor de natuur.[366] Ze zijn een stimulans om de economie niet het hele leven te laten bepalen[367] en meer dan dat: ze zijn gericht op een andere economische ordening: 'op een wereld waarin ongelijkheid en onbalans rechtgezet zijn, waar de hele schepping Gods overvloed viert en waar alles in een harmonieuze relatie staat tot elkaar voor de lof van God en het welzijn van allen.'[368] Zo bezien heeft de sabbat een eschatologisch karakter. Het is een heilig moment in de tijd dat vooruitwijst naar hoe het zou moeten zijn: 'de vreugde van rechtvaardige relaties die de sabbat brengt, is een voorsmaak van zijn eschatologische vervulling.'[369]

Zondagsrust

Als Jezus bij zijn eerste openbare optreden duidelijk maakt wat zijn zending is, verwijst hij naar het jubeljaar:

> Om aan armen het goede nieuws te brengen,
> heeft hij mij gezonden, [...]

> om onderdrukten hun vrijheid te geven,
> om een genadejaar van de Heer uit te roepen. (Lucas 4,18-19)

Hoewel de dieren en de grond hier niet genoemd worden, betekent dat niet dat het goede nieuws alleen voor mensen bedoeld is.[370] Daarover meer in het vervolg van dit hoofdstuk. Dat zoveel genezingen door Jezus juist op sabbat plaatsvinden, wordt door zijn tegenstanders geduid als schending van het sabbatsgebod. In het licht van het genadejaar is het juist een vervulling van dat gebod, dat immers gericht is op bevrijding.[371]

De christelijke zondag als de eerste dag van de week, de dag van de opstanding, ligt in het verlengde van de sabbat.

> Aangezien de belofte om binnen te gaan in Gods rust nog steeds van kracht is, moeten we ervoor waken dat iemand van u ook maar de schijn wekt deze gelegenheid aan zich voorbij te laten gaan. Want aan ons is het goede nieuws verkondigd [...] Er wacht het volk van God dus nog steeds een sabbatsrust. En wie is binnengegaan in zijn rust, vindt rust na zijn werk zoals God na het zijne. Laten we dan alles op alles zetten om te kunnen binnengaan in die rust (Hebreeën 4,1.2.9-11)

Zondagsrust kan van groot ecologisch belang zijn, als doorbreking van de economische dwang tot produceren en consumeren, een bewustwording van andere waarden en voorsmaak van rechtvaardiger verhoudingen tussen mensen onderling en tussen mensen en de rest van de schepping.

2.3.4 *Jezus en de dieren*

In de evangeliën gaat het vooral over de interactie van Jezus met mensen. Dieren lijken een minder belangrijke rol te spelen dan in het Oude Testament. Ze komen voorbij in gelijkenissen om iets duidelijk te maken over God en mensen. Toch is daarmee niet alles gezegd, want dieren zijn niet enkel illustratie. Jezus stond in zijn woorden en daden in de bijbelse traditie van Gods zorg voor zijn schepping, verbondenheid tussen mensen en dieren en de aarde, compassievolle omgang met dieren en duurzame landbouw.

Het thema zal ik op twee manieren benaderen: eerst vanuit de ecologische context van Jezus optreden en dan vanuit teksten in de synoptische evangeliën waarin dieren een belangrijke rol spelen. Dieren in het evangelie van Johannes zouden een aparte bespreking vragen en laat ik hier buiten beschouwing.

De ecologische context van de evangeliën

In exegese, om te beginnen in de historisch-kritische methode, wordt groot belang gehecht aan de context. Om de evangeliën te kunnen begrijpen, moet je iets weten van Palestina in de eerste eeuw. Er is aandacht voor de religieuze en soms ook voor de politieke en sociaaleconomische context, maar de ecologische context wordt zelden of nooit meegenomen.[372] Toch zijn Jezus denken en doen ook beïnvloed door de natuur van Galilea en door de manier waarop de inwoners daarmee omgingen. De natuurlijke omgeving en de landbouw zouden op eenzelfde manier beschreven kunnen worden als bijvoorbeeld de maatschappelijke verhoudingen. Er worden dieren en planten genoemd in de evangeliën, evenals niet-levende natuur. Een willekeurig voorbeeld: in Matteüs 7 en 8 komen honden en zwijnen voor, vissen en slangen, vossen en vogels, een kudde varkens, bomen met goede en slechte vruchten, druiven en doornstruiken, vijgen en distels, een steen, een rots, bergstromen, stormen, zand, een berg, golven en een meer, wind en water, spelonken en een steile helling. Ze zijn betekenisvol als plaats van handeling, beeld van de verhouding tussen God en mensen, maar meer dan toevallig decor of inwisselbare beeldspraak. Meer inzicht in de natuurlijke omgeving kan het verstaan van Jezus boodschap verdiepen.

De scheppingstheologie van Jezus

Soms worden dieren ten voorbeeld gesteld aan mensen:

> Wees dus scherpzinnig als een slang, maar behoud de onschuld van een duif. (Matteüs 10,16).
> Kijk naar de vogels in de lucht: ze zaaien niet en oogsten niet en vullen geen voorraadschuren, het is jullie hemelse Vader die ze voedt. Zijn jullie niet meer waard dan zij? (Matteüs 6,26)[373]

Vogels plannen hun leven niet zoals mensen.[374] Hun afhankelijkheid van de schepper is meer zichtbaar dan die van mensen omdat vogels niet werken. Mensen kunnen de illusie hebben dat ze zelf hun werkelijkheid maken, aan vogels zie je dat dat niet zo is. Vogels herinneren ons eraan dat wij op een fundamenteel niveau net zo afhankelijk zijn van de schepper. De leerlingen hoeven zich geen zorgen te maken, want God zorgt ook voor hen, net als voor de vogels.[375] ‘Zijn jullie niet meer waard dan zij?’ is een redenering van het mindere naar het meerdere, maar plaatst mensen niet buiten de schepping en betekent niet dat vogels niets waard zijn.

Zo'n soort redenering komt vaker voor:

> Wat kosten twee mussen? Zo goed als niets. Maar er valt er niet een dood neer als jullie hemelse vader het niet wil.[376] Bij jullie zijn zelfs alle haren op je hoofd geteld. Wees dus niet bang, jullie zijn meer waard dan een hele zwerm mussen. (Matteüs 10,29-31)[377]

Doel van deze vergelijking is om angst bij mensen weg te nemen. De redenering is als volgt: zelfs een schepsel dat voor mensen zo weinig waard is als een mus, is waardevol in Gods ogen, en als God al zo goed voor mussen zorgt, hoeveel temeer dan niet voor mensen.

Jezus vergelijkt genezingen op sabbat soms met daden van compassie ten opzichte van dieren:

> Als uw zoon of uw os in een put valt, dan haalt u hem er toch meteen uit, ook al is het sabbat? (Lucas 14,5)
> Stel dat u maar één schaap hebt en dat valt op sabbat in een kuil, wie van u zou het niet vastgrijpen en het er weer uit halen? En is een mens niet veel meer waard dan een schaap? Daaruit volgt dat we op sabbat goed mogen doen. (Matteüs 12,11-12)

De vooronderstelling van de vergelijking van mensen met dieren is steeds dat mensen belangrijker zijn, maar dat ook elk dier telt voor God. Paulus lijkt daar op het eerste gezicht anders over te denken in zijn eerste brief aan Korinthe. Het gebod dat ook dieren een deel van de oogst moeten krijgen past hij toe op apostelen die door de gemeente onderhouden moeten worden: 'want in de wet van Mozes staat: "U mag een dorsend rund niet muilbanden." Maar bekommert God zich dan om runderen? Of zegt hij dit om ons. Om ons natuurlijk' (1 Korintiërs 9,9-10). Suggereert Paulus nu dat God zich niet om runderen bekommert volgens de Thora?[378] De redenering lijkt eerder vergelijkbaar met die in de evangeliën, van het mindere naar het meerdere, want in vers 12 staat: 'Als anderen hierop al aanspraak kunnen maken, kunnen wij het dan niet des te meer?' De redenering is dus: als God werkende runderen al recht geeft om mee te eten van de oogst, dan hebben wij als apostelen toch zeker recht op een beloning voor ons werk?

Een andere tekst die op het eerste gezicht weinig waarde lijkt te hechten aan dieren is Marcus 5,1-20. Jezus staat de demonen van een bezetene toe om een kudde varkens te enteren. Kan het leven van de varkens Jezus niets schelen?

> Toen de onreine geesten de man verlaten hadden, trokken ze in de varkens, en de kudde van wel tweeduizend stuks stormde de helling af, het meer in, en verdronk in het water. (Marcus 5,13)

Het is dus niet Jezus die de varkens het meer in drijft, dat doen de onreine geesten. Er is een uitleg die suggereert dat de varkens met Jezus samenwerken om in een daad van zelfopoffering de man van zijn demonen te verlossen.[379] Het water zou kunnen verwijzen naar de oervloed, de chaos van het begin. Dan is het mogelijk dit verhaal als een scheppingsverhaal te duiden.

'Hij leefde te midden van de wilde dieren', Marcus 1,13

Er is een tekst die expliciet gaat over Jezus relatie met dieren. Volgens de synoptische evangeliën verblijft Jezus voorafgaand aan zijn openbare optreden veertig dagen in de woestijn. Alleen Marcus vermeldt daarbij: 'Hij leefde er te midden van de wilde dieren, en de engelen zorgden voor hem.' (Marcus 1,13) Het is maar een halve zin, maar wel een met een diepe betekenis.

Ten eerste is het goed te bedenken dat van de wilde dieren die Jezus daar getroffen kan hebben er in onze tijd niet veel meer over zijn. Toentertijd leefden er in de Palestijnse wildernis nog beren, wilde ezels, struisvogels en verschillende soorten antilopen, die er de afgelopen eeuw door menselijk toedoen verdwenen zijn.[380]

Ten tweede zouden de wilde dieren als bedreigend kunnen worden gezien, een bedreiging waarvoor de engelen Jezus beschermen, maar lijkt Jezus niets van de wilde dieren te vrezen te hebben. In het Oude Testament hebben rechtvaardigen als Job en Daniël niets te vrezen van wilde dieren. Zo kan ook Jezus gelden als een rechtvaardige.[381]

Ten derde roept dit vers het beeld op van de visioenen van Jesaja (Jesaja 11,6-9 en 65,25):

> Dan zal een wolf zich neerleggen naast een lam,
> een panter vlijt zich bij een bokje neer;
> kalf en leeuw zullen samen weiden
> en een kleine jongen zal ze hoeden.
> [...]
> Niemand doet kwaad, niemand sticht onheil
> op heel mijn heilige berg.
> Want kennis van de Eeuwige vervult de aarde. (Jesaja 11,6-9)

Het is een eschatologisch beeld van vrede in de hele schepping: roofdieren die zowel met hun prooi als met mensen in vrede leven. Jezus die leeft met de wilde dieren laat zien dat het koninkrijk van God, dat komende is en soms al aanwezig, betrekking heeft op de hele schepping. 'Marcus beeld van Jezus met de wilde dieren verschaft een christologische grond en een bijbels symbool voor de menselijke mogelijkheden om broederlijk met andere levende schepselen te leven, een mogelijkheid die gegeven is door God in de schepping en teruggegeven wordt in de messiaanse verlossing.'[382] Het is niet voor niets dat van zoveel woestijnvaders en moeders en van veel heiligen verteld wordt dat dieren niet bang voor hen waren en dat ze vriendschap sloten met gevaarlijke dieren.[383]

De dieren hebben een plaats in het koninkrijk van God. Daarvan getuigt impliciet ook het Onze Vader. De zinsnede 'op aarde zoals in de hemel' slaat terug op de voorgaande drie bedes, over Gods naam, Gods koninkrijk en Gods wil. Christenen wereldwijd bidden impliciet dat Gods koninkrijk komt voor heel de schepping, dat is immers de betekenis van 'hemel en aarde'.

2.4 Redding van de aarde

In de VS is een flinke groep christenen die een vernietiging van de aarde verwachten waaruit alleen een kleine groep gelovigen gered zullen worden. Het zijn fundamentalistische christenen die zich erop voorbereiden dat de visioenen uit het boek Openbaring letterlijk uit zullen komen, omdat ze geloven dat de aarde zal vergaan en er een nieuwe aarde zal komen waarin alleen de ware christenen een plaats hebben. Zij verwelkomen zelfs tekenen van verderf van de aarde, want die zien ze als voortekenen van de wederkomst van Christus die hen zal redden. Een seculiere vorm van dit apocalyptisch denken zijn rampenfilms en sommige vormen van Science Fiction. Ook in Nederland hebben veel evangelische en streng reformatorische christenen een destructief beeld van een eindtijd. Zij maken zich niet druk om de ecologische crisis en om sociale gerechtigheid, want 'waarom zou je je druk maken om een aarde die straks in vlammen opgaat?'[384] In die opvatting spelen het boek Openbaring, Marcus 13,31 – 'hemel en aarde zullen verdwijnen' – het tweede deel van het boek Joël en een tekst als 2 Petrus 3,10 een grote rol.[385] Daarom is het goed stil te staan bij teksten over 'de laatste dingen'. Gaan die inderdaad over de vernietiging van de aarde? Dat is de eerste vraag.

Een tweede vraag is hoe temporeel 'laatste dingen' opgevat moet worden. Gaat het over een tijd in de toekomst of eerder over een perspectief op het heden? Er valt veel voor te zeggen om de teksten in de Bijbel over redding, uitkomst, koninkrijk van God en een nieuwe aarde te lezen als betrekking hebbend op het heden, vergelijkbaar met hoe scheppingsteksten over een voortgaand proces gaan en niet – zeker niet primair of uitsluitend – over een allereerst begin. Tegelijk blijkt het heel lastig te zijn voor westerse mensen om uit het lineaire frame te komen omdat dat onze hele cultuur gevormd heeft.[386]

Veel liturgische teksten verwoorden de hoop of de verwachting dat Gods bedoeling met de wereld ooit gerealiseerd zal worden: het was ooit goed en zal weer goed worden, God bedoelde een paradijs en ooit zal er een rijk van vrede zijn en in de kerk dromen we daarvan. 'Eens als de bazuinen klinken', 'Ooit komt de grote zomer', 'Stil maar, wacht maar, alles wordt nieuw' zijn liederen over die toekomst. Als echter gerechtigheid, vrede, gelijkheid en al wat nastrevenswaardig is, alleen in de toekomst gezocht wordt, wordt het heden een soort tussentijd. Dan ligt het perspectief wel niet na de dood of na de eindtijd, maar net zo ver verwijderd van het goede in het gewone leven hier en nu.

Maatschappelijk betrokken christenen hebben bovendien de neiging te denken dat ze zelf het koninkrijk van God kunnen en moeten realiseren. Als het koninkrijk van God echter te veel gaat samenvallen met een ideale maatschappij in de toekomst, krijgt het trekken van een utopie met alle gevaren van dien. Zij lopen dezelfde risico's als fundamentalisten: wij-zij-denken, een scherpe scheiding tussen goed en kwaad en gebrek aan zelfkritiek.[387]

Het denken in een tijdlijn met schepping in het begin en verlossing die in het einde der tijden volledig zal zijn, botst bovendien met hedendaagse inzichten in de kosmos als immens, onaf en onderling verweven. Als de hedendaagse kosmologie serieus genomen wordt, kan het niet anders dan dat schepping en verlossing in een nog sterkere onderlinge samenhang gezien worden dan in de Bijbel al gebeurt. De kosmos en de aarde zijn immers voortdurend in verandering. Al hadden de bijbelschrijvers het beeld van de wereld als aardschijf op het water met een hemelkoepel erboven, en van flora, fauna en landschap als tamelijk onveranderlijk, ook in de Bijbel is schepping een voortgaand proces – zoals we gezien hebben – dat betrekking heeft op heel de werkelijkheid. Geldt voor verlossing hetzelfde?

Het Oude Testament bevat een veelheid aan profetische visioenen van de nabije of verre toekomst. Ook in het Nieuwe Testament zijn vele verschillende visies te vinden op de toekomst, op het koninkrijk van God, op redding. Ik zal een aantal teksten bespreken die in de discussies rond ecologie vaak een rol spelen: het zuchten van de schepping in barensweeën (Romeinen 8), teksten over verwoesting en over vrede (bij verschillende profeten) en het boek Openbaring. En ik zal daar een tekst aan toevoegen die in dit kader minder vaak genoemd wordt: de vrouw bij de bron (Johannes 4).

2.4.1 Redding en schepping en de dieren, resumé

Eerder in dit hoofdstuk hebben we gezien dat in Genesis 3-9 het verval van de mensheid en dat van de rest van de aarde met elkaar verweven zijn en dat voor redding hetzelfde geldt.

Bij Deuterojesaja (Jesaja 40-55) zijn schepping en verlossing geen fundamenteel verschillende categorieën. Gods handelen betreft zowel de kosmos als de mensen, natuur en geschiedenis vormen dus geen tegenstelling. Mensen staan bij de tweede Jesaja wel meer dan in het begin van Genesis centraal in Gods scheppend/verlossend handelen. Ten behoeve van armen en behoeftigen voorziet God in water in de woestijn (Jesaja 41,17-20). 'Niet als chaos schiep hij de aarde – maar om te bewonen heeft hij haar gevormd.' (Jesaja 45,18). In de scheppingspsalmen zingt de hele aarde door er te zijn Gods lof. Niet als ontkenning van het lijden in de wereld, maar hoopvol tegen het kwaad en leed in.
Sofia/Wijsheid is een vrouwelijk gezicht van God waarin schepping en verlossing van de hele aarde geïmpliceerd is, zoals bijvoorbeeld in Kolossenzen 1,15-20. Zoals de hele kosmos in en door Christus is, is ze ook voor Christus. Het laatste deel van deze hymne gaat vooral over verlossing:

> Hij is het hoofd van het lichaam, de kerk.
> Oorsprong is hij, eerstgeborene van de doden,
> om in alles de eerste te zijn:
> in hem heeft heel de volheid willen wonen
> en door hem en voor hem alles met zich willen verzoenen,
> alles op aarde en alles in de hemel,
> door vrede te brengen met zijn bloed aan het kruis.
> (Kolossenzen 1,18-20)

Die redding is er al en is er nog niet. Christus als de opgestane is de eerstgeborene, nu de rest van de schepping nog.

Als Jezus een genadejaar afkondigt (Lucas 4,18-19), zijn door de verwijzing naar het sabbatsjaar de dieren en de grond daarin impliciet betrokken. Het koninkrijk van God is niet alleen voor mensen bedoeld. Jezus verblijf bij de wilde dieren (Marcus 1,13) refereert aan een eschatologisch beeld van vrede in de hele schepping: roofdieren die zowel met hun prooi als met mensen in vrede leven. Het koninkrijk van God, dat komende is en soms al aanwezig – uw koninkrijk kome – heeft betrekking op de hele schepping, net als bij Jesaja:

> Niemand doet kwaad, niemand sticht onheil
> op heel mijn heilige berg.
> Want kennis van de Eeuwige vervult de aarde". (Jesaja 11,6-9)

2.4.2 *De schepping in barensweeën: Romeinen 8,19-23*

Paulus heeft grote invloed gehad op de christelijke theologie, vooral op de protestantse met zijn opvatting over rechtvaardiging door het geloof. Alleen mensen kunnen geloven, dus als het *sola fide* centraal staat, lijkt het of redding een zaak tussen God en mensen is. Dat bij Paulus wel degelijk de hele schepping meetelt, blijkt onder meer uit de al besproken Christushymne in Kolossenzen 1 en ook uit Romeinen 8.[388]

> Ik ben ervan overtuigd dat het lijden van deze tijd in geen verhouding staat tot de luister die ons in de toekomst zal worden geopenbaard. De schepping ziet er reikhalzend naar uit dat openbaar wordt wie Gods kinderen (letterlijk: zonen) zijn. Want de schepping is ten prooi aan zinloosheid, niet uit eigen wil, maar door hem die haar daaraan heeft onderworpen. Maar ze heeft hoop gekregen, omdat ook de schepping zelf zal worden bevrijd uit de slavernij van de vergankelijkheid en zal delen in de vrijheid en de luister die Gods kinderen geschonken wordt. Wij weten dat de hele schepping nog altijd als in barensweeën zucht en lijdt. En dat niet alleen, ook wijzelf, die als voorschot de Geest hebben ontvangen, ook wij zuchten in onszelf in afwachting van de openbaring dat we kinderen (letterlijk: zonen) van God zijn, de verlossing van ons sterfelijk bestaan. (Romeinen 8,18-23)[389]

In de eerste elf hoofdstukken van zijn brief aan de gemeente in Rome plaatst Paulus Christus – die rechtvaardiging en leven brengt – tegenover Adam – die zonde en dood gebracht heeft. Gelovigen participeren in Jezus opstanding en in het nieuwe leven. De hele schepping lijdt echter en verlangt naar verlossing.[390] Het zuchten is een teken van hoop.[391]

Verlossing mét het lichaam en de aarde

De betekenis van het woord *ktisis*, schepping, in deze passage is omstreden.[392] Volgens sommigen zou het hier alleen betrekking hebben op mensen, volgens anderen alleen op de niet-menselijke natuur.[393] Er is echter niets op tegen om *ktisis* op de hele schepping te laten slaan, inclusief mensen, net als in andere teksten. 'De schepping ziet er reikhalzend naar uit dat openbaar wordt wie Gods kinderen zijn'(19) omvat ook de gelovigen, zoals blijkt uit vers 23: 'ook wij'. De aangesprokenen hebben 'de Geest ontvangen om Gods kinderen te zijn' (13), maar dat is blijkbaar ook nog toekomst, want nu is er nog zuchten en zinloosheid en vergankelijkheid. Die vergankelijkheid hoeft niet uitsluitend gezien te worden als een gevolg van menselijke zonde, dat is wellicht te antropocentrisch gedacht. Het klopt ook niet met 'door hem die haar daaraan heeft onderworpen', waarbij eerder aan God gedacht moet worden dan aan de mens. Alle schepselen lijden op hun eigen manier aan de vergankelijkheid, want lijden zit nu eenmaal in de hele schepping. Volgens Paulus zijn alle schepselen wel tot vrijheid geboren. Gods Geest die vrijmaakt, is een voorschot, letterlijk: het eerste fruit, de eersteling van de oogst. Het zijn ontegenzeggelijk Gods kinderen die centraal staan, op het kindschap is het verlangen van de hele schepping gericht. De schepping participeert in die bevrijding.

De vertaling 'de verlossing van ons sterfelijk bestaan'(23) maakt van deze woorden een parallel met 'bevrijd uit de slavernij van de vergankelijkheid'(21). Letterlijk staat er: 'verlossing van ons lichaam (soma)'. Dat is vaak dualistisch opgevat: het lichaam, het aardse, tegenover het geestelijke, het goddelijke. Dan zouden mensen uit hun lichaam verlost moeten worden om kinderen van God te zijn. Het gaat hier echter over de hele schepping die verlost wordt uit zinloosheid, vergeefsheid, nietigheid, inhoudsloosheid (20: *mataiotes*) en vergankelijkheid, verderf, vernietiging, ondergang (21: *fthora*).[394] Dat kan geen verlossing uit het materiële zijn; de aarde zelf wordt verlost. Dus ook mensen worden niet verlost uit hun lichaam, maar in hun lichaam. Verlossing is leven in de Geest (15,16,23) en dat is geen onlichamelijke realiteit, maar vrijheid in het lichaam in harmonie met God en met de natuur.

Bij Paulus is hier geen sprake van dualisme, geest en materie of mens en natuur vormen geen tegenstelling.[395] De verhoopte bevrijding is inclusief, voortkomend uit de Geest die al aanwezig is.

Gods kinderen binnen de gemeenschap van de schepping

Het lot van de hele schepping is dus in Romeinen 8 verweven met dat van Gods kinderen. De vraag is: op welke manier? Degenen die 'schepping' in deze tekst alleen betrekking laten hebben op de niet-menselijke natuur, leggen vaak een link met de grond die vervloekt wordt in Genesis 3,17: door de zonde van de mens is de vergankelijkheid in de wereld gekomen, door de redding in Christus wordt met de mens de aarde verlost.[396] Paulus neemt in deze passage een thema op van de profeten: het lijden en de verlossing van de hele gemeenschap van de schepping.[397] 'De profeten kondigen een toekomstige verlossing aan die de mensen en de natuur samen doet herleven.'[398] De profeet Hosea biedt een sleutel tot interpretatie.

> De Eeuwige voert een geding tegen de inwoners van dit land, want ze kennen geen eerlijkheid meer en geen liefde, en met God zijn ze niet meer vertrouwd. Het is een en al meineed en bedrog, niets dan moord, diefstal en overspel; het ene bloedbad volgt op het andere. Daarom is het land in rouw gedompeld en bezwijken al zijn inwoners, mét de dieren van het veld en alles wat vliegt; zelfs de vissen in zee sterven uit. (Hosea 4,1-3)

Het gaat slecht met het land en de dieren als gevolg van menselijk handelen. De dieren die genoemd worden, zijn die dieren die volgens Genesis 1 onder het gezag van mensen vallen, dus waar mensen invloed op hebben.[399] In het huidige antropoceen hebben mensen grote invloed op het hele ecosysteem van de aarde. In dat kader kan een ecologische interpretatie van Hosea 4 en Romeinen 8 zijn: als mensen hun gedrag beteren, zal de aarde weer opbloeien. 'Zowel in situaties van zonde als van bevrijding is menselijk handelen ingebed in de natuur en werkt door in de hele levensgemeenschap.'[400] Schepselen hebben elkaar nodig. Het openbaar worden van de kinderen Gods is nodig omdat alleen mensen stem kunnen geven aan de behoefte aan leven en aan de dankbaarheid van de hele schepping.[401]

2.4.3 Vrede of verwoesting bij de profeten

Zoals uit bovenstaand citaat uit Hosea 4 al blijkt, komt ook bij profeten de hele aarde ter sprake. Dat hebben we ook in de scheppingsteksten van Deuterojesaja gezien. Daar bleken schepping en verlossing geen fundamenteel verschillende categorieën te zijn, net zomin als natuur en geschiedenis.[402] Voor veel heils- en onheilsprofetieën van het Oude Testament geldt dat ze niet alleen betrekking hebben op de menselijke samenleving. Het onheil dat geconstateerd of voorzegd wordt en het heil dat aangekondigd wordt, hebben met de hele werkelijkheid te maken. De vraag is op welke manier. Soms lijkt het er alleen om te gaan of de aarde bewoonbaar is voor mensen en wordt de natuur als vijand voorgesteld. Er is sprake van sprinkhanenplagen als onheil en verdrijving van wilde dieren als heil. Denken de profeten als ze deze beelden gebruiken dan toch negatief over de niet-menselijke natuur? Geldt de redding in de nabije of verdere toekomst bij de profeten wel voor de hele aarde en de hele aardse levensgemeenschap? Moet daarvoor de oude aarde vernietigd worden, zoals sommige fundamentalisten geloven?

Vrede met of verdrijving van de wilde dieren

> Op die dag sluit ik voor mijn kinderen een verbond met de dieren van het veld en met alles wat vliegt en kruipt. Ik maak een einde aan het geweld van boog en zwaard in hun land, zodat ze in rust en vrede kunnen leven. (Hosea 2,20)

Hosea beschrijft net als Jesaja een toestand van vrede tussen mensen en dieren.[403] Het motief vrede met de dieren van het veld komt voor in Job, samen met de belofte: 'de wilde dieren van de aarde hoef je niet te vrezen.' (Job 5,22-23) Bij een tijd van vrede, hoort hier ook vrede met de dieren.

Er is echter ook een andere traditie, waarin een vreedzame toekomst voorgesteld wordt als een land waaruit de wilde dieren verdreven zijn.[404] Ezechiël profeteert over David als goede herder en het volk als schapen:

> Ik zal een vredesverbond met ze sluiten, ik zal het land vrij van wilde dieren maken, zodat ze zelfs in de woestijn veilig kunnen wonen en in de bossen onbezorgd kunnen slapen. (Ezechiël 34,25)

Dit zijn geen visioenen die een blauwdruk geven voor ecologische gerechtigheid. Een wolf die zich neerlegt naast een lam en carnivoren die vegetariër worden, zijn niet realistisch.[405] De andere optie, het verdrijven van alle wilde dieren, is in onze contreien aardig gelukt, maar bleek toch niet zo heilzaam.

Mij lijkt dat wat in deze teksten over wilde dieren gezegd wordt vergelijkbaar is met hoe in het Oude Testament vijandige volken bezien worden. Voor beide zijn dezelfde twee mogelijkheden: ze worden overwonnen en/of verdreven of er wordt vrede met hen gesloten. Het gaat om de redding van het volk Israël van hun vijanden, of dat nu mensen of dieren zijn. Als vrede sluiten met mensen de voorkeur heeft boven oorlog voeren, zou dat voor dieren ook moeten gelden. Zo kunnen deze teksten een richting wijzen naar ecologische vrede in de zin van levensmogelijkheden voor alle levende wezens binnen de levensgemeenschap van de hele schepping. 'De profeten kondigen een toekomstige verlossing aan die de mensen en de natuur samen doet herleven.'[406]

> De woestijn zal zich verheugen, de dorre vlakte vrolijk zijn, de wildernis zal jubelen en bloeien [...] Dan worden blinden de ogen geopend, de oren van doven worden ontsloten. Verlamden zullen springen als herten, de mond van stommen zal jubelen: waterstromen zullen de woestijn splijten, beken de dorre vlakte doorsnijden. (Jesaja 35,1-7)

Sprinkhanen en Gods oordeel bij Joël

In het boek Joël is de overgang te zien van de klassieke profetie naar de apocalyptiek. Dat betekent dat beeldspraak belangrijker wordt. Het is onduidelijk of het een eenheid is en wanneer het ontstaan is. De meeste exegeten dateren het na de ballingschap en zien een scheiding tussen de eerste twee hoofdstukken en het laatste.[407]

In het eerste deel wordt tweemaal een ramp beschreven, gevolgd door een oproep tot klagen en een klaaglied. De eerste ramp lijkt een sprinkhanenplaag, de tweede de invasie van een leger. Het zou goed om dezelfde vijand kunnen gaan: een zwerm sprinkhanen als een leger of een leger als een sprinkhanenplaag. Gevolg is in ieder geval verwoesting van het land: 'Het veld is verwoest, de dorre grond treurt, want het koren is vernield, de wijn verdroogd, de olie verloren.' (1,10) Het motief van het land dat treurt, komt vaker voor in profetische literatuur.[408] De staat van het land is nauw verbonden met die van mensen. Als mensen kwaad doen en zich afwenden van God, verschraalt het land. Als mensen rechtvaardig zijn, bloeit het land.[409] Joël geeft niet aan waarin mensen gezondigd hebben, maar roept wel op tot bekering. De mensen kunnen als het ware een voorbeeld nemen aan het land dat rouwt.

Dan komt het antwoord van God (2,18-27). 'Dan zal de Eeuwige het opnemen voor zijn land en zich ontfermen over zijn volk.'(18) Eerst wordt het land aangesproken, dan de dieren, dan de mensen:

> Wees niet bang meer, akkers, barst uit in gejubel,
> want de Eeuwige doet grote daden!
> Wees niet bang meer, dieren van het veld,
> want een kleed van groen bedekt de woestijn,
> de bomen dragen volop vrucht,
> vijgenboom en wijnstok geven hun rijkdom.
> En jullie, kinderen van Sion, wees blij

en barst uit in gejubel om de Eeuwige, jullie God,
want hij geeft regen om je te verkwikken,
hij laat de regen overvloedig op je neerdalen,
vroege regen en late regen, elk op de juiste tijd.
De dorsvloeren liggen weer vol met graan,
de perskuipen lopen over van wijn en olie. (Joël 2,21-24)

Hoe belangrijk het land ook is bij Joël, de nadruk ligt wel op de opbrengst voor mensen. In die zin is het een antropocentrische visie.[410] Verrassend inclusief waar het mensen betreft, zijn de volgende verzen over Gods geest die uitgegoten zal worden over zonen en dochters, ouderen en jongeren, zelfs over slaven en slavinnen. (3,1-2)

In hoofdstuk 3 verschijnt een nieuwe beeldtaal, meer apocalyptisch van karakter.[411] 'De dag van de Eeuwige' wordt aangekondigd. Die dag zal gepaard gaan met zons- en maansverduistering, dovende sterren en aardbevingen, evenals bloed en vuur en zuilen van rook. (3,3-5 en 4,14-16) Het zijn beelden van oorlog of van natuurrampen als een vulkaanuitbarsting of een aardbeving.[412] Duisternis en licht, rook en vuur, zijn ook beelden van het verschijnen van God.[413] Op die dag zullen de volken en hun land aan een verschrikkelijk oordeel onderworpen worden: 'Egypte wordt een woestenij en Edom een kale woestijn, om hun misdaden tegen Juda'. (4,19) Maar Juda zal volop wijn, melk en water hebben. (4,18)
Is deze 'dag des Heren' op de een of andere manier gerelateerd aan de zevende dag, de sabbat, en de zondag? Vallen schepping en oordeel eigenlijk op één dag, net als Pasen en Pinksteren?[414] Dat idee biedt ruimte om 'de laatste dingen' niet als het einde van de geschiedenis te denken, maar als een perspectief op het heden. Duidelijk is in ieder geval dat het bij Joël niet gaat over een vernietiging van de aarde. Akkers worden kaalgevreten door sprinkhanen en voor dieren en mensen in Israël wordt het leven bijna onmogelijk, maar ze bloeien weer op als God verschijnt. Wat verwoest was, wordt hersteld. Alleen de landen die zich tegen Israël en zijn land misdragen hebben, worden tot een woestijn.[415]

Een nieuwe aarde bij Jesaja
Is ook bij Jesaja de nieuwe aarde het herstel van de aarde? 'Zie, ik schep een nieuwe hemel en een nieuwe aarde' (Jesaja 65,17) zijn de beginwoorden van de passage die eindigt met wolf en het lam die samen zullen weiden. (65,25)[416] De tussenliggende verzen roepen het beeld op van een stad, een nieuw Jeruzalem, waar mensen lang en gelukkig leven, waar

ze resultaat zien van hun werk en daar zelf van kunnen genieten, waar kinderen een goede toekomst hebben en mensen niet jong sterven:

> Ik herschep Jeruzalem in een jubelende stad en schenk haar bevolking vreugde [...] Geen zuigeling zal daar meer zijn die slechts enkele dagen leeft, geen grijsaard die zijn jaren niet voltooit [...] Zij zullen huizen bouwen en er zelf in wonen, wijngaarden planten en zelf van de opbrengst eten [...] mijn uitverkorenen zullen zelf genieten van het werk van hun handen [...] een volk dat door de Eeuwige is gezegend. [...] (65,18-23)

Het derde deel van het boek Jesaja, Tritojesaja, stamt van na de ballingschap en sluit qua thematiek nauw aan bij Deuterojesaja. Het volk dat teruggekeerd is uit de ballingschap heeft Jeruzalem in slechte staat aangetroffen en de wederopbouw valt tegen. Er is armoede en het leven is heel onzeker. Er is veel zuigelingensterfte, de meeste mensen worden niet oud en anderen profiteren van hun werk. Mogelijk schetst Jesaja de situatie te negatief met 'geween en geweeklaag'(19), mensen die zich 'vergeefs afmatten' en 'kinderen baren voor een verschrikkelijk lot' (23). Daartegenover komt het nieuwe des te scherper uit: 'Er zal alleen maar blijdschap zijn, en groot gejuich om wat ik schep' (19), 'een kind zal pas sterven als honderdjarige' (20), een leeuw en een rund eten beide stro' (25). Zo creëert Jesaja een groot contrast tussen hoe het is en hoe het zou moeten zijn in het Jeruzalem van zijn tijd.
Er is geen reden om hier iets anders te lezen dan verlangen naar een beter leven, kritiek op de huidige situatie en het vertrouwen dat er een nieuw begin mogelijk is. Parallellen in de huidige tijd zijn er genoeg met mensen die te jong sterven door armoede en met mensen die hard werken maar daar nauwelijks van kunnen leven omdat de opbrengst naar anderen gaat.

2.4.4 Een nieuwe aarde in Openbaring
In het boek Openbaring komen zowel het motief van Gods oordeel als dat van de nieuwe hemel en de nieuwe aarde terug. De profetie is in de tijd van het Nieuwe Testament overgegaan in de apocalyptiek. Waar Jesaja nog een herkenbare situatie beschreef en een tegenbeeld opriep dat misschien niet direct realistisch, maar wel begrijpelijk is, is het boek Openbaring vol beelden van engelen, duivels en vreemde dieren. De oermonsters uit het Oude Testament zijn verworden tot een beest en een draak die niets bewonderenswaardigs meer hebben, zoals bij Job en in Psalm 104, maar enkel het kwaad vertegenwoordigen:[417]

> Toen zag ik uit de zee een beest opkomen. Het had tien horens en zeven koppen; het had een kroon op elke horen, en er stonden godslasterlijke namen op zijn koppen. Het beest dat ik zag leek op een panter, met poten als van een beer en een bek als de muil van een leeuw. De draak droeg zijn kracht en heerschappij en gezag aan het beest over. (Openbaring 13,1-2)

Een tweede beest neemt de macht over (13,11) en dwingt alle mensen het eerste beest te aanbidden en laat een teken op hun hand of voorhoofd zetten. Uiteindelijk wordt het beest verslagen en overwint het lam, symbool voor Christus.

Waar de profeten nog over een nieuw Jeruzalem spreken als vreedzame, maar herkenbare stad, waar mensen huizen bouwen en werken, is de stad die in de laatste hoofdstukken uit de hemel op aarde neerdaalt onwaarschijnlijk rijk en schitterend, gemaakt van goud en edelstenen. In het nieuwe Jeruzalem dat Openbaring 21,1-22,5 schetst, komen ook elementen voor waar de Bijbel mee begint. De boom des levens, een rivier, een einde aan pijn en dood lijken te verwijzen naar Genesis 2 en 3.

> Hij liet me een rivier zien met water dat leven geeft. De rivier was helder als kristal en ontsprong aan de troon van God en het lam. In het midden van het plein van de stad en aan weerskanten van de rivier stond een levensboom, die twaalf vruchten gaf, elke maand zijn eigen vrucht. De bladeren van de boom brachten de volken genezing.' (Openbaring 22,1-2)

Is het nieuwe Jeruzalem het hervonden paradijs, *paradise regained*?[418]

Transformatie van de aarde

De Openbaring van Johannes stamt uit het einde van de eerste eeuw als de repressie door de Romeinse overheid van joden en christenen toeneemt. De geadresseerden zijn de stedelijke kerken van Asia, het huidige westen van Turkije. Het gebruik van beeldtaal die alleen voor ingewijden begrijpelijk is, heeft onder meer tot doel om niet direct de argwaan van het regiem op te roepen. De kosmische strijd tussen God en het lam enerzijds en de draak en het beest anderzijds is op meerdere manieren te interpreteren. De visioenen bevatten zoveel symboliek dat ze toegepast konden worden op allerlei conflicten: de strijd tegen de paus, tegen communisme, fascisme en kapitalisme.[419] En waarom zou het beest niet kunnen staan voor 'onze fossiele-brandstoffeneconomie die land en mensen verslindt'?[420]

Door fundamentalisten wordt Openbaring vaak gelezen als toekomstvoorspelling. De teksten 'Ik zag een nieuwe hemel en een nieuwe aarde. Want de eerste hemel en de eerste aarde zijn voorbij, en de zee is niet meer.' (21,1) en 'Alles maak ik nieuw!' (21,5) worden in stelling gebracht om zorg voor de aarde irrelevant te verklaren. Voor een ecologische interpretatie van Openbaring zijn echter ook argumenten aan te voeren.[421] Gods goede toekomst is aards, het gebeurt allemaal op aarde. Er is geen sprake van verwoesting van een oude hemel en aarde; 'God maakt niet allemaal nieuwe dingen, maar alle dingen nieuw'.[422] De scheiding tussen hemel en aarde wordt opgeheven. En de heilige stad is een stad met tuinen. Daar staat tegenover dat de zee en de nacht niet meer zijn (21,1.5). Er komen veel dieren voor in Openbaring. Het zijn niet de dieren die er in het Oude Testament vanzelfsprekend bij horen als collega levende wezens, medestanders of vijanden, maar het zijn vaak symbolen van goed of kwaad.[423] Anderzijds staan alle schepselen samen voor Gods troon voor een lofzegging die doet denken aan de psalmen:[424]

> Elk schepsel in de hemel, op aarde, onder de aarde en in de zee, alles en iedereen hoorde ik zeggen: 'Aan hem die op de troon zit en aan het lam komen de dank, de eer, de lof en de macht toe, tot in eeuwigheid.' (Openbaring 5,13)

De hemelse vrouw en de aarde

> Er verscheen in de hemel een indrukwekkend teken: een vrouw, bekleed met de zon, met de maan onder haar voeten en een krans van twaalf sterren op haar hoofd. Ze was zwanger en schreeuwde het uit in haar weeën en barensnood. (Openbaring 12,1-2)

Openbaring 12 geeft het meest dramatische beeld van de bevrijding van de wereld:[425] een hemelse vrouw die de Messias baart en bedreigd wordt door een draak. Later is ze vereenzelvigd met Maria, de moeder van Jezus, die afgebeeld wordt, staande op een maansikkel, sterren om haar hoofd en met onder haar voet de kop van een draak of slang. Zo werd ze de tweede Eva die de slang verslagen had. In Openbaring wordt de vrouw gered door de aarde, voorgesteld als een vrouwelijke figuur:

> Maar de aarde schoot haar te hulp: de aarde sperde haar mond open en dronk de rivier op die de draak had uitgespuwd. De draak was woedend op de vrouw en ging weg om strijd te leveren met de rest van haar nageslacht. (Openbaring 12,16-17)

Hier is weer het beeld van baren en geboortepijn, net als in Romeinen 8 en in scheppingsteksten in het Oude Testament. En net als in de evangeliën: 'overal zullen aardbevingen en hongersnoden zijn: dat is het begin van de weeën.' (Marcus 13,8 en Matteüs 24,8). Bij een nieuw begin past het beeld van baren als een beeld van een niet te stoppen proces gekenmerkt door kwetsbaarheid en hoop. Dit vrouwelijke perspectief van de Bijbel is te vaak ondergesneeuwd in een geloofstaal waarin het alleen gaat over verwekken en geboren worden, niet over baren. In de Mariaverering is het baren losgekoppeld van lichamelijkheid en seksualiteit, van aardsheid, in het beeld van een aseksuele Moeder Gods.[426]

Tegenbeeld van Romeinse propaganda

> Toen zag ik een grote witte troon en hem die daarop zat. De aarde en de hemel vluchtten van hem weg en verdwenen in het niets.
> Ik zag de doden, jong en oud, voor de troon staan. Er werden boeken geopend. Toen werd er nog een geopend: het boek van het leven. De doden werden op grond van wat in de boeken stond geoordeeld naar hun daden. (Openbaring 20,11-12)

De beeldtaal van Openbaring is in de oorspronkelijke context een wapen in het verzet tegen de Romeinse onderdrukking. Het beeld van de troon komt ook voor bij de profeten. Wie op de troon zit, heeft de macht, en Gods troon is een tegenbeeld tegen de wereldmachten. In de Romeinse propaganda was het Romeinse rijk een rijk zonder einde met Rome als eeuwige stad en de keizer als goddelijk redder van de wereld die onderwerping van alle volken afdwong.[427] Tegenover deze Romeinse aanspraken op eeuwigheid stelt het Nieuwe Testament het einde der tijden, met name in de geschriften van na het jaar 70, toen Jeruzalem veroverd en de tempel verwoest werd: 'de eschatologische focus van de evangeliën en andere nieuwtestamentische literatuur van na 70 [...] was bedoeld om mensen hoop te geven voor een andere toekomst.'[428]

De aarde en de hemel die verdwijnen in het niets zijn in deze uitleg dus de maatschappelijke ordening van het Romeinse rijk als een koloniale dictatuur. En al het geweld waar Openbaring vol mee staat – bijvoorbeeld: 'Levend werden ze in de vuurpoel met brandende zwavel gegooid. De rest werd gedood door het zwaard' (19,20-21) – is dan op te vatten als een verbeelding van Romeins geweld.[429]

Het beeld van Gods troon waarvoor de doden verschijnen om geoordeeld te worden is samengevoegd met het beeld uit Matteüs waar de mensenzoon plaats neemt op een troon om de bokken en de schapen te scheiden (Matteüs 25,31-46) en sinds de middeleeuwen geworden tot het dominante beeld van het laatste oordeel. Denk aan schilderingen als van Jeroen Bosch waarop een kleine groep uitverkorenen begeleid door engelen opstijgen naar het licht en de grote groep verdoemden afdalen in de duisternis om door duivels gekweld te worden. Dit angstwekkende beeld moest individuele mensen tot goed gedrag aanzetten. In Openbaring geeft het visioen van het oordeel juist hoop aan een gemeenschap in verdrukking. Zelfs degenen die door het beest gedood zijn, wordt alsnog recht gedaan.

Het eindvisioen is dat van een levensboom en een rivier die ontspringt aan de troon van God en het lam. De bladeren van de boom brengen de volken genezing. (Openbaring 22,1-2) De levensboom komt na Genesis nog voor in joodse apocalyptische geschriften als 4 Ezra waar sprake is van een tijd waarin het paradijs geopend zal zijn, de boom des levens geplant, waar fruit niet verrot en vreugde en genezing te vinden is.[430] In het begin van Openbaring wordt de boom ook genoemd: 'Wie overwint zal ik laten eten van de levensboom die in Gods paradijs staat.'(2,7) Vanaf de kerkvaders wordt de levensboom verbonden met het kruis. Dat beeld kan symbool zijn voor zowel de verwonding van de aarde als haar genezing.[431]

Openbaring kan gelezen worden als een waarschuwing tegen zelfvernietiging, als een intensivering van bevrijding, een vernieuwing van de aarde *de profundis*.[432]

2.4.5 *De vrouw bij de bron*

Het Johannesevangelie heeft naast het al besproken eerste hoofdstuk vele passages die uit ecologisch perspectief interessant zijn.[433] Goddelijke en aardse werkelijkheid raken elkaar in verhalen als van de bruiloft te Kana (Johannes 2), waar water wijn wordt, en in titels van Jezus als 'brood des levens' (Johannes 6,35).[434] Waar Paulus het 'nog niet' benadrukt, heeft Johannes een meer gerealiseerde eschatologie: wie Jezus kent heeft het eeuwig leven al.[435] 'Het eeuwig leven, dat is dat zij u kennen, de enige ware God, en hem die u gezonden hebt, Jezus Christus.'(17,3) Het eeuwige leven is dus niet leven na de dood. Nauw verwant is de tekst: 'ik ben gekomen om hen het leven te geven in al zijn volheid.'(10,10) Dat is niet de overvloed van veel consumeren, van consumentisme, maar de overvloed als in de wonderbare spijziging (6,12), een overvloed van eerlijk delen wat er is.[436]

In Jezus is een nieuwe werkelijkheid gekomen die trekken heeft van een nieuwe schepping. Er is geen reden om 'volheid van leven' te beperken tot mensen. De hele biodiversiteit kan erin gelezen worden. Ook bij Johannes is Jezus immers redder van de hele wereld.

Redder van de wereld

Het verhaal over het gesprek van Jezus met een Samaritaanse vrouw bij een bron (Johannes 4,5-42) wordt in de kerk vaak niet tot het einde toe gelezen, maar slechts tot en met vers 26. Daar maakt Jezus zich bekend als de messias, nadat de vrouw daarop gezinspeeld heeft en hem eerder al een profeet genoemd heeft. In vers 42 komt de climax pas: 'we weten dat hij werkelijk de redder van de wereld is.' 'De erkenning van Jezus als de redder van de wereld neemt de andere uitdrukkingen van Jezus' belang en functies op als hun overtreffende trap: een Jood – meer dan Jacob – een profeet – de messias – de redder van de wereld.'[437] Letterlijk staat er: 'redder van de kosmos' (in het Grieks: *soter tou kosmou*). Deze titel, die de Romeinse keizers voor zichzelf reserveerden, past Johannes toe op Jezus. Dit kan gelezen worden als tegenbeeld tegen het Romeinse imperium. Ook wordt de link gelegd met bet begin van het evangelie: degene door wie alles ontstaan is (1,2) is ook de redder van alles.

Een theologisch gesprek

Dit toenemend inzicht in wie Jezus is, ontstaat in een gesprek over water en voedsel. Jezus is op weg door Samaritaans gebied en rust uit bij de bron die vernoemd is naar de aartsvader Jacob.

> Toen kwam er een Samaritaanse vrouw water putten. Jezus zei tegen haar: 'Geef mij wat te drinken.' Zijn leerlingen waren namelijk naar de stad gegaan om eten te kopen. De vrouw antwoordde: 'Hoe kunt u, als Jood, mij om drinken vragen? Ik ben immers een Samaritaanse.' Joden gaan namelijk niet met Samaritanen om. Jezus zei tegen haar: 'Als u wist wat God wil geven, en wie het is die u om water vraagt, zou u hém erom vragen en dan zou hij u levend water geven.' (4,7-10)

Een Samaritaanse vrouw is een even onwaarschijnlijke gesprekspartner als een Samaritaanse man onwaarschijnlijk is als redder van een joods slachtoffer van een roofoverval. (Lucas 10,25-37) De Samaritaanse vrouw en de barmhartige Samaritaan horen bij een volk dat door joden veracht werd. Daar komt nog bij dat een man niet geacht werd met een vreemde vrouw te praten. Toch ontstaat er een diepgravend gesprek. En wel een theologisch gesprek in drie gespreksrondes: over water, over wat Jezus van haar leven weet, over waar en hoe God aanbeden moet worden.[438] Als de leerlingen terug zijn met eten, ontstaat er tussen hen en Jezus een vergelijkbaar gesprek over voedsel. Intussen is de vrouw naar de stad gegaan om haar stadgenoten over Jezus te vertellen. Door haar getuigenis komen velen van hen tot geloof. Later, als Jezus nog twee dagen in de stad blijft en ze hem gehoord hebben, groeit hun aantal nog. Dan noemen ze hem 'de redder van de wereld.'

Deze tekst heeft vaak geleid tot een dualistische en seksistische uitleg: de domme vrouw die maar blijft praten over drinkwater en Jezus die het heeft over water als symbool voor Gods Woord. De vrouw wordt bovendien vaak als prostituee beschouwd om wat Jezus weet van haar leven: 'u hebt vijf mannen gehad en degene die u nu hebt, is uw man niet.' (4,19) Dat ze 'rond het middaguur' (4,6) bij de bron is, zou er op duiden dat ze niet gezien wil worden, omdat er dan op het heetst van de dag verder niemand is.[439] Letterlijk staat er: het zesde uur. Nu kan het zesde uur het middaguur zijn, zoals in de Joodse telling, het kan ook zes uur 's avonds zijn, de Romeinse telling.[440] Mij lijkt dat niet zo relevant. Uit het verhaal blijkt niet dat het in de zomer speelt en het dus te warm zou zijn rond het middaguur. De enige andere keer dat Johannes het zesde uur noemt, is als Pilatus op de rechterstoel zit en zegt: 'Hier is hij, uw koning.' (19,14) Het zesde uur is bij Johannes misschien juist een moment van licht en inzicht. Als het het middaguur is, staat het tegenover het nachtelijk uur waarop Nicodemus, een van de Joodse leiders bij Jezus komt. (3,2)

Zoals vaker bij Johannes is er in het verhaal een ontwikkeling van niet-weten naar weten, van misverstand en ongeloof tot belijdenis en verspreiding van het geloof.[441] De vrouw is niet dommer dan de vele anderen die Jezus ook niet direct begrijpen. In het gesprek met haar komt Jezus tot een belangrijke uitspraak: 'God is Geest, dus wie hem aanbidt, moet dat doen in Geest en in waarheid.' (4,24) Daarmee is het mannelijke beeld van de Vader, aangevuld met het vrouwelijke van de Geest, de scheppende en inzicht gevende kracht van God.[442] Wat Jezus weet van haar leven, geldt in de rest van het verhaal als teken van zijn profetische gaven, niet als diskwalificatie van de vrouw. Integendeel: ze gaat het geloof verkondigen in de stad en wordt daar als betrouwbare getuige gezien, want velen komen tot geloof door haar woorden. Het woord getuigen (Grieks: *martureoo*) heeft Johannes eerder gebruikt voor Johannes de Doper (1,7). Ze is als getuige zelf bron geworden, want 'wie het water drinkt dat ik hem (haar) geef, zal nooit meer dorst krijgen. Het water dat ik geef zal in hem (haar) een bron worden waaruit water opwelt dat eeuwig leven geeft.' (4,14)

Water van het leven

Zowel de vrouw als Jezus spreken over water in meer dan één betekenis. Voor de vrouw staat het water ook symbool voor de moeiten van het bestaan. Elke dag water halen is een zware klus. Het zou fijn zijn als dat niet meer hoefde, maar zonder water kun je niet leven. Jezus beaamt dat water een levensnoodzaak is, maar verwijst bovendien naar de oorsprong van het water: 'Jezus zelf die het water geeft en Jezus zelf als het water van het leven, het geschenk van God.'[443] In het gesprek met de leerlingen over voedsel, komt de moeizaamheid van het bestaan terug.[444] Ze zijn terug uit de stad waar ze eten hebben gekocht en manen hem aan om iets te eten. Maar Jezus stuurt zijn leerlingen erop uit om een oogst binnen te halen waarvoor ze geen moeite hebben hoeven doen. (4,38). Later zal hij brood uitdelen aan een menigte, en van zichzelf zeggen: 'Ik ben het brood dat leven geeft.'

Water is, net als brood, een gelaagd symbool in het Johannesevangelie. Het is de kunst om de verschillende lagen met elkaar te blijven verbinden en niet uit elkaar te spelen. Jezus als levend water wil allerminst zeggen dat de dagelijkse moeite van vrouwen om aan drinkwater te komen, niet belangrijk is. Die Samaritaanse vrouw was bezig met een van haar dagelijkse taken. Dat gewone water staat niet tegenover water van eeuwig leven, maar beide liggen in elkaars verlengde.

Het is wereldwijd nog altijd vooral de taak van vrouwen om voor schoon water en gezond voedsel voor hun gezin te zorgen.[445] Door oorzaken als vervuiling, verdroging en/of privatisering van waterbedrijven wordt schoon drinkwater voor sommigen moeilijk bereikbaar. De kerken in Afrika ten zuiden van de Sahara zijn een actie begonnen om het Zambesibekken te behouden dat 30 miljoen mensen van drinkwater voorziet, dieren en planten nog niet meegerekend, maar dat door mijnbouw steeds meer vervuild raakt. Voortrekster is ecotheologe ds. Kuzipa Nalwamba: 'Vrouwen kunnen nieuwe energie en inzichten geven, en een nieuwe basis voor het benutten van watervoorraden in de regio in hun zoektocht naar waardigheid, vrede en rechtvaardige relaties tussen mensen en de rest van Gods schepping.'

Ds. Kuzipa Nalwamba met een fles vuil water[446]

2.5 Conclusies

Het is ondoenlijk om alles wat uit de Bijbel naar voren gekomen is onder een noemer te brengen. De Bijbel is immers een bibliotheek met boeken uit verschillende tijden en contexten, met verschillende doelen en voor verschillende doelgroepen, met diverse genres. De teksten zijn bovendien voortdurend overgeleverd en geactualiseerd. Er klinken verschillende stemmen in de teksten, sommige luider dan andere. De Bijbel is wel een samenhangende verzameling, maar geen homogeen geheel. Dat is een voordeel in een tijd dat grote verhalen verdacht geworden zijn.[447] Het zijn vele verhalen die steeds ontsnappen aan het grote verhaal dat ervan gemaakt is. Het doet geen recht aan de teksten om ze te homogeniseren. Wel kan de vraag gesteld worden naar de betekenis van de bijbelse teksten in de huidige ecologische crisis. Vanuit die context krijgen teksten opnieuw betekenis. De Afrikaanse vrouw bij de vervuilde bron geeft een nieuwe betekenis aan het verhaal over levend water in het Johannesevangelie. De ervaring van ontzag en kwetsbaarheid van een poolreiziger kan de rede van God tot Job heel actueel maken. Inzichten van biologen in het leven van planten en dieren helpen om het loflied van alle schepselen in de psalmen opnieuw te gaan horen als heilzaam.

De grote lijn in dit hoofdstuk was een zoektocht naar het wereldbeeld in de teksten. Daartoe heb ik met name twee vragen gesteld: wat is de verhouding tussen God, mens en wereld en wat is de relatie tussen menselijke en niet-menselijke schepping? Daarin zijn een paar lijnen aan te wijzen, die ook te maken hebben met het beeld van God.

2.5.1 *Wereldbeeld*

De niet-menselijke werkelijkheid speelt een grote rol in de Bijbel. Er komen allerlei dieren, planten en overige natuur voor in de teksten. Het is zeker geen geschiedenis van de mensheid of enkel geschiedenis van God met mensen. God staat centraal en verhoudt zich tot de hele werkelijkheid. Mensen zijn deel van de schepping, staan er niet boven of buiten, hebben vaak wel een eigen rol die overigens niet in elke tekst dezelfde is.

Het wereldbeeld in letterlijke zin, de kosmologie, met een platte aarde en water boven de hemelkoepel en onder de aardschijf, verschilt nogal van het onze. 'Hemel en aarde' is de bijbelse uitdrukking voor de hele werkelijkheid, niet voor een scheiding tussen geest en materie. Dat dit beeld van een platte aarde en een hemelkoepel het onze niet meer is, wil niet zeggen dat wat er in de Bijbel gezegd wordt over de relatie tussen God en de wereld achterhaald zou zijn. Ons beeld van de ontwikkeling van de kosmos en de aarde – uitdijend heelal en evolutietheorie – helpt in zekere zin om de Bijbel beter te lezen. Ook in de Bijbel blijkt er een sterk besef te zijn van de samenhang van alles wat bestaat. De geschiedenis is geen gesloten geheel, want scheppen gebeurt voortdurend en een goede toekomst dient zich ook steeds weer aan. Het is geen lineair model van oerbegin naar eindtijd, dat zijn hoogstens metaforen. De Bijbel maakt ook geen onderscheid tussen natuur en geschiedenis: Gods activiteit en aanwezigheid geldt zowel de menselijke als de niet-menselijke ontwikkelingen.[448] Het onderscheid dat sinds de moderne tijd gemaakt wordt tussen mensen en natuur waarbij God zich enkel verhoudt tot mensen met de natuur als decor, is zeker niet het beeld dat de Bijbel geeft. In de Bijbel lopen scheppen en redden in elkaar over. God schept en redt de hele aarde, waar mensen deel van zijn.

2.5.2 *De relatie tussen mensen en de natuur*

Vaak worden mensen en dieren samen genoemd, bijvoorbeeld als 'alle levende wezens', letterlijk 'alle vlees'. In de biologie van de Bijbel horen planten niet bij de levende wezens, maar bij de aarde. Maar ook mensen en dieren horen bij de aarde, want ze zijn gemaakt uit aarde. De meeste bijbelteksten stammen uit een nomadische of antieke agrarische setting waarin land en dieren vanzelfsprekend onderdeel zijn van het leven van mensen. Daardoor is er het besef dat menselijk le-

ven afhankelijk is van de aarde en van andere levende wezens. In onze context van mechanisatie en industrialisatie, ook in de landbouw, gaat dat besef gemakkelijk verloren en blijft het idee over dat de aarde en de dieren er zijn voor de mensen. In veel bijbeluitleg wordt de niet-menselijke natuur over het hoofd gezien of louter metaforisch geïnterpreteerd, als symbool voor menselijk leven. De niet-menselijke werkelijkheid heeft echter in de Bijbel een 'eigen plaats, functie en waarde ook los van de betekenis die ze voor de mens (kunnen) hebben'[449] en een eigen relatie met God.
Vandaar dat naast de dieren die voor mensen nuttig zijn, de tamme dieren, ook wilde dieren hun eigen plek hebben in het geheel. Ze kunnen een bedreiging zijn, voor mensen en voor andere dieren. Die bedreiging door wilde dieren is vergelijkbaar met de bedreiging door andere volken. Hoe ze benaderd worden, varieert: van uitroeiing via voorzichtigheid tot perspectief op vrede. Wilde dieren kunnen voorwerp zijn van Gods zorg of teken van Gods ontzagwekkendheid.

De rol van mensen ten opzichte van hun medeschepselen verschilt in de verschillende teksten. In sommige gaat het over heersen over (een deel van) de dieren en de aarde, dan wel bewerken en bewaren. Deze teksten kunnen echter niet beschouwd worden als legitimatie voor menselijke superioriteit. In andere teksten nemen mensen deel aan het koor van de hele schepping die Gods lof zingt of hebben mensen de rol van leerlingen. In de ene tekst staan mensen meer centraal dan in de andere. Steeds geldt dat mensen deel zijn van het grotere geheel van de schepping, dat zij net als al het andere gemaakt zijn door God en leven op Gods adem.

2.5.3 *Godsbeeld*

De Bijbel is theocentrisch: het gaat om God. De hele werkelijkheid – zonder onderscheid tussen materieel en geestelijk, menselijk en niet-menselijk – wordt met God verbonden. Waar het gaat over Gods relatie tot de hele werkelijkheid, worden opvallend vaak vrouwelijke beelden voor God gebruikt. Scheppen wordt voorgesteld als baren. Daarbij staat God niet tegenover of boven de aarde, maar is er nauw mee verbonden. God brengt voort door de aarde voort te laten brengen. De Geest en de Wijsheid, beide vrouwelijk in het Oude Testament, spelen een grote rol. Het Nieuwe Testament verbindt Christus met de hele schepping, onder meer door hem te identificeren met Vrouwe Wijsheid. Het beeld van het Woord voorgesteld als mannelijk autoritair spreken, heeft ten onrechte deze meer vrouwelijke beelden verdrongen.

2.5.4 Ecologisch perspectief

De Bijbel biedt dus inderdaad een ander wereldbeeld dan dat van de moderniteit, waarin de mens – met name de westerse mannelijke mens – de maat van alle dingen is en de menselijke geschiedenis geduid wordt als bevrijding uit de natuur. In de Bijbel is God de norm. Geschiedenis en natuur staan niet tegenover elkaar. God is nauw verbonden met de schepping waarvan mensen een belangrijk onderdeel zijn. God is voortdurend scheppend/bevrijdend aanwezig in de hele werkelijkheid.

Dit is geen achterhaald wereldbeeld. Het is een wereldbeeld dat in de huidige ecologische discussies zeer relevant is, omdat het inclusief is. Mensen worden niet boven de niet-menselijke natuur geplaatst. Ook niet eronder. We zijn schepselen voortgekomen uit de aarde, en net als dieren en planten kostbaar in Gods ogen. Dat in de bijbelse kosmologie de kosmos zoveel kleiner is dan volgens onze inzichten, doet daar niets aan af.

Vertaald naar een seculier perspectief: de Bijbel biedt een inclusief wereldbeeld zonder doemdenken, verhalen, beelden en een zinsverband zonder mensen boven de niet-menselijke natuur te plaatsen, maar ook zonder mensen te reduceren tot een schadelijke diersoort.

HOOFDSTUK 3

Nederlandstalige ecotheologie

We hebben gezien dat er in de Bijbel verschillende beelden geschetst worden van de relatie God-mensen-wereld. Die relaties worden niet dualistisch ingevuld. Er is juist een grote verwevenheid te vinden van mensen met hun medeschepselen en een grote verbondenheid van God met de aarde en de kosmos. Daar waar die verbondenheid het duidelijkst is, wordt God behalve in mannelijke termen opvallend vaak in vrouwelijke termen benoemd, namelijk als Geest en als Wijsheid.

Dit hoofdstuk gaat over hoe in het Nederlandse taalgebied over theologie en duurzaamheid gesproken wordt. De termen 'rentmeesterschap' en 'zorg voor de schepping' domineren. We hebben al geconstateerd dat die niet adequaat zijn in het licht van de ernst van de ecologische crisis en geen recht doen aan wat volgens de Bijbel onze plaats is als mensen in het grote geheel.[450] In dit hoofdstuk zal ik de term rentmeesterschap nader onderzoeken, want het is wel een term die motiveert tot duurzaamheid.

Naast enthousiasme voor duurzaamheid is er ook veel weerstand in de kerken in Nederland en Vlaanderen. Als er ecologische betrokkenheid is, is die vaak praktisch van aard en raakt niet het hart van kerk en theologie. In meer orthodoxe kringen is er behoefte de activiteiten te funderen in Bijbel en theologie, in het midden van de kerken en in de vrijzinnigheid vallen ze eerder onder de taken van de diaconie en van de kerkrentmeesters.[451] Het ecologisch perspectief van de Bijbel wordt er in veel bijbeluitleg, in liturgische teksten en preken onbewust uitgefilterd. Welke blokkade is hier? Een verklaring is te vinden in de ontwikkelingen in het westerse wereldbeeld die in hoofdstuk 1 al besproken zijn. Daarnaast zijn er specifiek Nederlandse ontwikkelingen aan te wijzen, zoals de invloed van Miskotte en Oosterhuis. Argwaan ten opzichte van de natuur en een sterk antropocentrisme laten weinig ruimte voor ecologische theologie en spiritualiteit.

De opkomst van ecotheologie in Nederland zal ik schetsen aan de hand van een document van de Hervormde Synode, de encycliek *Laudato Si'* en drie recente Nederlandse boeken.

3.1 Rentmeesterschap en zorg voor de schepping

Als het in protestantse kringen gaat over de verbinding tussen theologie en duurzaamheid, valt meestal het woord rentmeesterschap. Deze term wordt ten onrechte gepresenteerd als bijbels en krijgt daarmee een hogere status dan hij verdient. Onder katholieken hoor je eerder het woord schepping, dat onder protestanten ook gebruikt wordt, maar daar lijdt onder het vermeende conflict met de evolutietheorie.

Daarnaast zijn er nog vele andere woorden en woordcombinaties in omloop. Door de encycliek *Laudato Si'* is de aanduiding van de aarde als 'ons gemeenschappelijk huis' populairder geworden. Huis is een voor de hand liggende metafoor omdat het Griekse *oikos* (huis) het achterliggende woord is bij zowel ecologie als economie als oecumene. Soms wordt het begrip sacrament gebruikt. Woorden als gerechtigheid, solidariteit en genade krijgen een ecologische toepassing in bijvoorbeeld klimaatgerechtigheid, planetaire solidariteit en groene genade.[452] Begrippen als verbondenheid, zorg en 'het goede leven' worden ook betrokken op de niet-menselijke werkelijkheid. Schepping wordt gebruikt in 'zorg voor de schepping', 'de goede schepping' en 'recht doen aan God in de schepping', waarbij niet iedereen hetzelfde verstaat onder schepping.[453] Soms wordt de mens aangeduid als 'medeschepper'.

3.1.1 Beheerder van agrarisch onroerend goed

Rentmeesterschap is de dominante term in de protestantse ecotheologie vanaf de jaren zeventig van de twintigste eeuw. Achter die term gaan een aantal theologische vooronderstellingen schuil. Het uitgangspunt is: God heeft de aarde aan mensen gegeven om te gebruiken en te verzorgen. Daar wordt aan toegevoegd dat mensen mogen heersen over de aarde, maar wel als beeld van God, dat wil zeggen liefdevol. Zo klinkt een bepaalde interpretatie van Genesis 1,28 door, vaak in combinatie met Genesis 2 waar mensen de opdracht krijgen de tuin te bewerken en te bewaren en psalm 8 waarin gezegd wordt dat God het werk van zijn handen toevertrouwd heeft aan de mens.[454] Noach kan gelden als voorbeeld van zulk rentmeesterschap, God als eigenaar van de aarde is terug te vinden in psalm 24,1: ‘Van de Eeuwige is de aarde en alles wat daarop leeft, de wereld en wie haar bewonen’. Dit is in kort bestek de theologie achter het begrip rentmeesterschap.[455]

Het is een hardnekkig misverstand dat rentmeester een bijbels woord is. Ja, het komt in de Bijbel voor, een paar keer in de evangeliën.[456] Daar gaat het echter niet over het omgaan met de natuur of over de schepping, maar over het beheren van geld en goederen. Rentmeester is een economische functie.[457] Er is de gelijkenis van de onrechtvaardige rentmeester, de rentmeester van Herodes wordt ergens even genoemd en elders een rentmeester die arbeiders uitbetaalt. Rentmeesterschap om de plaats van mensen aan te geven in de relatie tussen God en de wereld is dus geen bijbelse term, maar een theologische. De vraag is vervolgens of het goede theologie is.

Rentmeesterschap impliceert dat wij de aarde beheren in naam van God. Het beeld van rentmeesterschap heeft het voordeel dat het mensen zowel verbindt met God als met de natuur. De manier waarop dat gebeurt, heeft echter grote nadelen. Rentmeester is ook in de hedendaagse context een economische term: een beheerder van agrarisch onroerend goed. Rentmeesters beheren namens een opdrachtgever een bezit. Ze staan aan de kant van de eigenaar en zijn zelf geen onderdeel van wat ze beheren. Rentmeester als metafoor schept dus grote afstand tussen mensen en wereld. Die afstand is juist een van de oorzaken van de huidige milieuproblemen. Als de rentmeester veel handelingsvrijheid heeft, raakt de opdrachtgever op de achtergrond. In een seculariserend wereldbeeld wordt de mens die de aarde beheert stilaan de eigenaar. Doordat rentmeester een economische term is, wordt bovendien de relatie tussen mensen en de rest van de aarde verengd tot een economische. In het huidig economisch bestel betekent dat: de natuur als hulpbron en handelswaar, onder controle en afhankelijk van mensen.[458] Al met al is de term rentmeesterschap noch vanuit bijbels en theologisch, noch vanuit ecologisch perspectief adequaat.

3.1.2 Verantwoordelijkheid

Toch zijn er redenen om de term rentmeesterschap niet helemaal in de ban te doen. Er gaat namelijk voor veel christenen een sterk appel van uit om verantwoordelijkheid te nemen in de ecologische crisis en zorgvuldiger met de natuur om te gaan.[459] Een rentmeester kan bovendien soms wel degelijk gerekend worden tot het bezit van de eigenaar. Dat gold in bijbelse tijden, waarin een rentmeester vaak een slaaf was, en het geldt nu soms ook waar niet alleen de niet-menselijke natuur, maar ook mensen gereduceerd worden tot hulpbronnen ten behoeve van meer rendement. Dus het is te verdedigen dat rentmeester een rol is binnen de schepping. Mensen op enige afstand plaatsen van de rest van de schepping kan als voordeel hebben dat de unieke verantwoordelijkheid van mensen benadrukt wordt. Dieren en planten kunnen immers de biosfeer niet vernietigen, mensen wel.

Rentmeesterschap is een vertaling van het Engelse *stewardship*.[460] Steward heeft een bredere betekenis dan rentmeester, het is niet alleen een economische term. Een steward is immers ook een mannelijke stewardess. In die bredere betekenis is rentmeesterschap bijna synoniem met 'zorg voor de schepping'.

Maar de voordelen van rentmeesterschap wegen niet op tegen de nadelen.

Waar komt 'rentmeesterschap' eigenlijk vandaan, als het niet uit de Bijbel is? *Stewardship* kwam in de late zeventiende eeuw in Engeland op als aanvulling en correctie op Francis Bacons opvatting dat mensen de natuur kunnen en moeten beheersen. De term *stewardship* legde de nadruk op de verantwoordelijkheid en zorgplicht die dat heersen met zich meebracht.[461] De term steward werd teruggevoerd op Calvijns uitleg van Genesis 2,15:[462]

> Mozes voegt erbij, dat Adam is aangesteld geweest tot bewaking van de hof, om aan te tonen dat wij, hetgeen de Heere ons ter hand stelt, met dat doel bezitten, dat wij tevreden met een vruchtbaar en matig gebruik, het overige zouden bewaren. Die een akker bezit, moet dus de jaarlijkse vrucht trekken, en toezien dat hij de grond door zorgeloosheid niet laat uitgeput worden, maar hij moet zich er op toeleggen, om hem aan de nakomelingen over te leveren, zoals hij hem heeft ontvangen, of nog beter bebouwd. Laat hij zo de vruchten eten, zonder toe te laten dat iets door weelderigheid afvalt, of door verwaarlozing bederft. Zal echter onder ons die spaarzaamheid en vlijt ten opzichte van de goederen, die God ons te genieten gaf, heersen, dan moet elk bedenken, dat hij over alles wat hij bezit, de rentmeester Gods is. Zo zal het gebeuren, dat hij zich niet lichtzinnig gedraagt, noch door misbruik bederft, hetgeen God wil dat bewaard wordt.[463]

Calvijns pleidooi voor matigheid en verantwoordelijkheid gaat over persoonlijk bezit, waartoe bijvoorbeeld een akker kan behoren. Mensen moeten daarbij bedenken dat dat bezit eigenlijk God toebehoort en zij het slechts beheren. Hiermee sluit Calvijn aan bij de opvatting van de kerkvaders met hun ascese en theocentrisch wereldbeeld.[464] Op de drempel van de moderne tijd heeft rentmeesterschap bij hem dus nog een andere betekenis dan in de huidige context.

In de middeleeuwen zag men de wereld als af en gold heersen over de aarde niet als opdracht, hoogstens als constatering. Alles bestond voor Gods glorie en mensen waren niet de hoogste schepselen, dat waren de engelen. Pas in de renaissance kwam het beeld op van een actieve menselijke dominantie die de wereld kon veranderen.[465]

Dat was niet direct het beeld dat de meerderheid van de bevolking had. Tot ver in de negentiende eeuw hadden de meeste mensen in Nederland niet het beeld van de natuur als iets waar ze over heersten. Ziektes, misoogsten en overstromingen maakten maar al te duidelijk hoe afhankelijk ze van de natuur waren.[466] Bovendien was de natuur nog geen seculier terrein, maar plaats van godsopenbaring, ook voor theologen. De natuur was ofwel een harmonie waar de mens deel van uitmaakte, ofwel de schepping was gebroken en de mens stond zondig tegenover God. In beide visies was niet veel ruimte voor de mens als heerser op aarde.[467]

Pas vanaf eind negentiende eeuw veranderde dat. Het idee van mensen als heersers over de schepping werd ingezet tegen het darwinisme om zo mensen buiten het evolutieproces te plaatsen. Het werd ook gebruikt om het idee te bestrijden dat christenen de voortgang van de natuurwetenschappen belemmerden. Later werd rentmeesterschap tevens een argument tegen Lynn White om te laten zien dat christenen zich wel degelijk verantwoordelijk voelden voor de natuur.[468]

3.1.3 Verraderlijk concept

Rentmeesterschap is in de huidige context een verraderlijk concept. Het past namelijk te goed in een economisch-technologisch paradigma waarin nieuwe verdienmodellen en voortschrijdende techniek de ecologische crisis op zullen lossen.[469] Het past ook te goed in een hiërarchisch beeld van God boven de mens boven de schepping. Dat het zo goed past in gangbare concepten, maakt het voor velen aantrekkelijk. Dat maakt het ook gevaarlijk, want het legitimeert een wereldbeeld dat medeoorzaak is van de ecologische crisis.

'Rentmeester' is echter zo ingeburgerd en motiveert tot milieuvriendelijk handelen dat het strategisch slimmer lijkt om het te nuanceren en er andere beelden naast te zetten, dan om er enkel kritiek op de geven. Het idee dat mensen een verantwoordelijkheid hebben ten aanzien van hun medeschepselen, maar niet hun eigenaar zijn, is het waard om vast te houden, evenals het idee dat mensen verantwoording af hebben te leggen aan God over hoe ze met hun medeschepselen omgaan. Die verantwoordelijkheid impliceert bovendien dat de niet-menselijke schepping waardevol is.

'Zorg voor de schepping' heeft het voordeel dat het geen economische term is. Het kan net zo antropocentrisch en bevoogdend werken als rentmeesterschap, maar kan ook betekenen: menselijke zorg voor de medeschepselen. Als rentmeesterschap en zorg voor de schepping ingebed worden in de bijbelse noties van de onderlinge verbondenheid van alle schepselen en de verbondenheid van de hele schepping met God, zijn het bruikbare termen.

In vrijzinnige theologie is het beeld van de mens als medeschepper of schepper naast God populair. Dit beeld is ecologisch minstens zo riskant als dat van de mens als rentmeester: 'Hij is zelf een schepper geworden, begiftigd met een grote intelligentie en creativiteit, en kan de natuur naar zijn hand zetten.'[470] Als deze menselijke creativiteit ontspoort of op haar grenzen stuit, zoals in de klimaatcrisis, is economische modernisering de remedie.[471] God is in deze visie scheppend aanwezig door kansen te bieden en daarmee een beroep te doen op humaniteit.[472] Ik concludeer dat hier de eigenlijke schepper de mens is, die zelf geen onderdeel lijkt van de schepping. Medeschepper kan een zinvolle term zijn, maar alleen samen met een sterk besef van onderlinge verbondenheid en wederzijdse afhankelijkheid van alle schepselen. Dan is ook niet alleen de mens medeschepper, maar alle levende en misschien zelfs niet-levende wezens.[473]

3.2 Protestantse weerstand

Naast een groeiende interesse in groene theologie en spiritualiteit is er ook grote weerstand. Met name in de protestantse kerken is een sterke tendens om geschiedenis tegenover natuur en bevrijding tegenover schepping te plaatsen.[474] Een positieve waardering van de natuur wordt soms met argwaan gegroet. Die houding komt voort uit het dominante westerse wereldbeeld, een scherpe scheiding tussen God en wereld en de receptie van de theologie van Barth en Miskotte.

3.2.1 De natuur in de protestantse traditie

In de protestantse traditie heeft de cultuur van de moderniteit een veel grotere en langdurigere invloed gehad dan in andere christelijke tradities. Een globaal overzicht geeft het volgende beeld.[475] Luther en Calvijn stonden op een omslagpunt. Luther paste met zijn natuurmystiek nog in het middeleeuwse wereldbeeld. Luthers theologie was wel woordtheologie, maar ook de natuur was voor hem belangrijk, omdat het eindige het oneindige kan bevatten. Voor Calvijn was de natuur 'het theater van Gods glorie'. Hij zag het wel als taak van de mens om de wereld te veranderen en daardoor werd zijn theologie vatbaar voor latere ideeën over overheersing van de natuur. Onder invloed van de renaissance was de mens steeds meer centraal komen te staan.

De scheiding van God en natuur voltrok zich gaandeweg onder invloed van de cultuur van de moderniteit. Wij kunnen het ons moeilijk anders voorstellen, want

> onderscheidingen – zoals enerzijds de wereld van de natuur, het lichaam en de materiële wereld en anderzijds de wereld van de menselijke geest, de rede, het verstand en het bewustzijn – zijn in de loop der eeuwen deel geworden van onze alledaagse intuïties. In het eerste domein gaat het om objectieve relaties en oorzakelijke verbanden; in het tweede om subjectiviteit, om betekenissen en om redenen.[476]

Een eeuw na de reformatoren verdeelde Descartes de wereld in (menselijke) geest en materie. De materie was afhankelijk van God als wetgever van de natuurwetten, voor mensen gold de morele wet. Deïsten bouwden voort op deze scheiding van geest en materie en zagen de natuur als een door God gemaakte machine. God staat dan helemaal aan het begin van alles en aan het einde bij de dood en de eindtijd, maar God is niet of nauwelijks betrokken bij de aarde in heden.

De piëtisten legden de nadruk op de werking van Gods geest in het menselijk hart. Tegelijk waren ze wel gevoelig voor de romantiek waarin de natuur een waarde op zich is. Veel protestantse theologen volgden een interpretatie van de filosofie van Kant: de rol van God in de natuur werd vervangen door die van de menselijke geest. In die lijn werd God exclusief verbonden aan ethiek en betekende schepping niet meer dan een menselijk gevoel van afhankelijkheid.

Op het overwegend negatieve beeld van de natuur in de protestantse theologie waren uitzonderingen. Albert Schweitzer beleed 'eerbied voor alle leven' en Paul Tillich sloot aan bij de natuurmystiek van Luther met zijn 'redding van de hele wereld'.

Karl Barth keerde zich tegen de nadruk op menselijke ervaring en tegen het idee dat je God uit de natuur zou kunnen leren kennen. Dat hij zich daarmee verzette tegen de *Blut und Boden*-ideologie van de nazi's, heeft bijgedragen aan de grote naoorlogse invloed van zijn theologie. Rudolf Bultmann verweet hem echter terecht dat hij de niet-menselijke natuur reduceerde tot de achtergrond van het God-menselijke drama. Op populair niveau werkte deze theologie vaak deïstisch uit: God had ooit de wereld geschapen en bemoeide zich daarna niet meer met de niet-menselijke wereld.

De reactie op de evolutietheorie was verschillend in de protestantse theologie. Voor de volgelingen van Kant was het een nieuwe theorie over de natuur die niets met geloof te maken had. Voor de volgelingen van Descartes impliceerde het darwinisme dat mensen bij de materiële, mechanische wereld hoorden. Dat idee was onaanvaardbaar. De fundamentalisten losten deze spanning op door de evolutietheorie af te wijzen als in strijd met de Bijbel. De theïstische evolutionisten verklaarden dat de schepping plaatsgevonden had in de fases van de evolutie. De laatsten waren vaak geïnteresseerd in natuurwetenschappen en ontdekten dat de natuur volgens de nieuwe fysica geen machine is, maar een levend geheel. Daaruit kwam het idee voort van evolutie als een proces waarin God werkzaam is, zoals onder meer de procestheologie van Whitehead verwoordt.[477]

De vooronderstellingen van de westerse ideologie die menselijke geschiedenis ziet als bevrijding uit de natuur, wat een van de wortels van de ecologische crisis is, hebben de protestantse theologie mede gevormd.[478]

Alle posities in de geschetste historische ontwikkeling zijn nog terug te vinden in het hedendaagse Nederlandse protestantisme. In bevindelijke kringen – erfgenamen van de piëtisten – is er grote nadruk op de werking van God in het menselijk hart samen met een openheid voor de schoonheid van de natuur. De deïstische neiging om Gods bemoeienis met de wereld in het verleden en in de toekomst, respectievelijk in de Bijbel en in de eindtijd, te plaatsen is sterk in de breedte van de protestantse kerken. 'Droom' en 'visioen' zijn populaire termen om eens en ooit te verbinden, waarbij het heden en het dagelijks leven een soort tussentijd worden. Voor veel protestanten hebben geloof en natuur niets met elkaar te maken. Geloof wordt vaak gereduceerd tot ethiek. Die kan zowel betrekking hebben op het individu – 'als je maar een goed mens bent' – als op de maatschappij. Het woord schepping roept vooral de vraag op hoe schepping en evolutie zich verhouden.

Een op het Nederlandse erf – vooral in de (midden)orthodoxie – invloedrijke theologie is die van Van den Brink en Van der Kooi. In hun *Christelijke Dogmatiek*, zetten zij de lijn voort van een onderscheid tussen schepping en onderhouding, een grote afstand tussen God en schepping en tussen mensen en de rest van de schepping.[479] In meer vrijzinnige kringen heerst een andere theologie waarin de afstand tussen God en mensen veel kleiner is, maar de niet-menselijke natuur meestal geen rol speelt. God is hier een God van en in mensen. Een kerkdienst wordt dan niet begonnen met de traditionele woorden 'Onze hulp is in de naam van de Heer, die hemel en aarde gemaakt heeft', maar bijvoorbeeld met 'Wij vieren God als het licht in mensen ontstoken'.[480] Tekenend voor een vrijzinnig antropocentrisme is hoe Rick Benjamins de scheppingstheologie van Catherine Keller interpreteert: 'mensen zijn opgekomen uit de diepte'. 'Schepselen' is voor hem gelijk aan 'mensen'.[481]

3.2.2 *Contrasttheologie*

Kune Biezeveld vertrok in haar theologie ook vanuit menselijke ervaring en komt dan uit op een herwaardering van 'natuur'. Ze had gemerkt dat met name vrouwen hun ervaringen niet herkenden in het Liedboek voor de kerken, dat in 1973 verschenen was. In veel liederen zag ze de theologie terug die ook haar gevormd had, een theologie waarin God ver boven de wereld staat, waarin natuur iets negatiefs is en menselijke ervaring verdacht. Ze ageerde tegen deze theologie die denkt in contrasten en vijandig staat ten opzichte van het vrouwelijke en van de natuur. Haar analyse was niet bedoeld als bijdrage aan ecotheologie, maar is daarvoor wel van belang.

Net als veel predikanten van haar generatie was ze sterk beïnvloed door de theologie van Kornelis Heiko Miskotte (1894-1976). In haar postuum verschenen boek *Als scherven spreken*[482] gaat ze met hem in gesprek. De protestantse theologie legt vanouds een grote nadruk op het Woord dat van buitenaf tot ons komt. Die nadruk op alleen het Woord wordt teruggevoerd op de profeten met hun kritiek op beelden en verering van de natuur. Dat is een nogal eenzijdig gebruik van de Bijbel. De scherven uit de titel staan voor alles wat er letterlijk en figuurlijk kapot geslagen is in de ijver van Israëls profeten tegen de verering van godenbeelden en vele eeuwen later tijdens de beeldenstorm van 1566. Is daarbij niet iets verloren gegaan wat we niet kunnen missen, vraagt ze zich af, namelijk de link tussen God en het dagelijks leven?

Miskotte dacht in contrasten, voortbouwend op Karl Barth en de reformatorische theologie.[483] Het bijbelse geloof staat bij hem in scherp contrast met dat van de omringende volken: het eerste is de heilzame en bevrijdende geschiedenis van God met mensen, het tweede houdt mensen gevangen in de cirkelgang van de natuur. Miskotte stelt de begrippen natuurlijk en heidens aan elkaar gelijk en plaatst geschiedenis tegenover natuur.[484]

> De wereld, 'hemel en aarde' veranderen niet meer, de 'geboorten' zijn volbracht. Het wezenlijk worden is mitsdien een aards, een menselijk gebeuren, dat verder gaat, terwijl de wereld als het ware een achtergrond wordt. (Miskotte)[485]

Toen Miskottes boek *Edda en Thora* in 1970 herdrukt werd, werd het enthousiast ontvangen door studenten theologie en zou het nog decennialang veel gelezen worden aan theologische opleidingen. Het boek paste in de manier waarop vanaf de jaren zestig de Tweede Wereldoorlog verwerkt werd: 'Hier lag een boek dat enerzijds de beweegredenen van de nationaalsocialisten peilde en anderzijds de eigenheid van het jodendom. En dan ook nog reeds voor de oorlog geschreven in het Nederlands. Bovendien liet dit boek zien hoezeer nationaalsocialistische ideeën op een verborgen manier onderdeel waren van geloof en theologie.'[486] Wie het oneens was met deze studenten en docenten laadde de verdenking op zich de dreiging van fascisme niet serieus te nemen, noch het jodendom, noch de Bijbel.

3.2.3 Heidendom, vruchtbaarheid en beeldverbod

Biezeveld laat zien dat deze theologie helemaal niet zo bijbels is als ze beweert. Dat doet ze door een aantal kernbegrippen ervan – heidendom, vruchtbaarheid en beeldverbod – te toetsen aan hedendaagse inzichten uit de bijbelwetenschappen. Ze komt tot de conclusie dat diegenen die zeggen de bijbeltekst zelf te willen laten spreken, zich vaak laten leiden door beeldvorming uit de negentiende eeuw. In de systematische theologie is een beeld blijven voortbestaan ten aanzien van de volken rondom Israël, dat door nieuwe wetenschappelijke ontdekkingen en inzichten allang achterhaald is.

'In de protestantse systematische theologie, gebaseerd als die is op de oudere bijbelwetenschappen, geldt de Kanaänitische religie als vruchtbaarheidsreligie *pur sang*; en dit is uiteraard niet positief bedoeld', schrijft ze.[487] Godinnenverering zou staan voor vruchtbaarheidsreligie waarin seksualiteit en voortplanting centraal stonden en tempelprostitutie een belangrijke cultusvorm was. Biezeveld laat zien dat deze vereenzelviging van vrouwen – en dus ook godinnen – met lichamelijkheid en vruchtbaarheid meer zegt over het vrouwbeeld van de onderzoekers dan over de betreffende religies.[488] In alle oude religies, ook in die van Israël, speelt vruchtbaarheid een grote rol, vruchtbaarheid van mensen, dieren en het land. In de Bijbel is natuur niet negatief. Alle joodse en christelijke feesten gaan terug op natuurfeesten. Pasen bijvoorbeeld was en is ook een lentefeest. Voor Miskotte waren dat heidense resten. Biezeveld pleit ervoor te erkennen dat wat in de seizoenen gebeurt ook alles te maken heeft met het menselijk leven en met God. God is ook in de natuur handelend aanwezig. Ze wil de beeldvorming terugdraaien waarin God tegenover de aardse werkelijkheid staat.[489]

In de protestantse theologie speelt het beeldverbod een belangrijke rol om te voorkomen dat God wordt vastgelegd in een aardse werkelijkheid. Een vooronderstelling hierbij is dat beelden God vastleggen en woorden niet. Biezeveld had in haar proefschrift echter al laten zien dat ook eenzijdig mannelijk taalgebruik God inperkt. [490] Om recht te doen aan God is een veelheid aan metaforen nodig. Ook voor de heidenen vielen hun goden trouwens niet samen met de beelden, laten godsdienstwetenschappers zien. Zij kenden ook transcendentie.[491] In het Oude Testament geldt het beeldenverbod bovendien niet voor beelden in het algemeen, maar voor cultusbeelden. De protestantse traditie heeft de tien geboden verkeerd gelezen, stelt Biezeveld, want zij heeft het verbod om beelden te maken losgekoppeld van het verbod andere goden te vereren en er twee aparte geboden van gemaakt.[492] Biezeveld stemt in met de joodse, rooms-katholieke en lutherse uitleg, namelijk dat het één gebod is: geen beelden maken om ze te vereren. Veel archeologische vondsten wijzen er overigens op dat in de tijd voor de ballingschap het bezit van godenbeelden in Israël eerder regel dan uitzondering was. Ook in de Bijbel zijn daar nog sporen van te vinden.

De deuteronomistische geschiedschrijving heeft na de ballingschap de geschiedenis van Israël drastisch herschreven.[493] De meeste protestantse theologie sluit aan bij de deuteronomistische theologie en zo worden belangrijke delen van de Bijbel buitenspel gezet. De priesterlijke theologie van de heerlijkheid Gods die aanwezig was in de tempel, de psalmen en de wijsheidsgeschriften als Job en Spreuken krijgen veel minder aandacht.

De al in de Bijbel aanwezige spanning tussen Gods aanwezigheid in de aardse werkelijkheid en Gods anders-zijn komt terug in discussies over liturgie en met name in die over de verhouding tussen woord en sacrament. Draait het in de eredienst allemaal om het Woord of is God ook ervaarbaar in aardse tekenen van water, brood en wijn? Werkt God niet net zo goed in het opbloeien van de natuur als in de bevrijding van mensen? Kune Biezeveld pleit voor erkenning van de menselijke ervaring, lichamelijkheid en de natuur als vindplaatsen van God.

3.2.4 Cyclische spiegel van menselijke ervaring

Biezeveld zocht achter de bijbeltekst naar de ontstaansgeschiedenis van de tekst en naar wat archeologische bronnen te vertellen hebben. Zo ver terug zoeken is voor een ecologische benadering niet eens nodig. De bijbelteksten in hun huidige vorm bieden genoeg tegenwicht aan een antropocentrisch, exploratief wereldbeeld, zoals in hoofdstuk 2 gebleken is.

Hoewel ze de natuur noemt als vindplaats van God, neemt ze het natuurbegrip van Miskotte grotendeels over: 'De natuur staat voor datgene waaraan mensen het ritme en de regelmaat ervaren; evenals voortplanting en verval.'[494] Ze identificeert natuur met 'de cyclus van de seizoenen,'[495] 'ontluikende bomen en bloemen,'[496] met dat waar mensen geen vat op hebben, 'de gang van de natuur,'[497] met begrensdheid en met het tragische[498]. Ook bij haar staat natuur dus tegenover geschiedenis. De natuur is ook bij haar cyclisch en beperkt; en de niet-menselijke wereld heeft geen eigen waarde. Het verschil met Miskotte is dat zij dit natuurbegrip verbindt met menselijke ervaringen die ze niet in tegenstelling ziet tot Gods bevrijdend handelen. Zo noemt ze schepping ook heilshandelen.[499]

Biezevelds theologie vormde een inspiratiebron voor een pioniersproject van de PKN 'Feest van Aarde en Hemel.' In 2009 werden drie vieringen ontwikkeld om de overgangen van de seizoenen te vieren. Doel was 'nieuwe vormen van spirituele overdracht' uit te proberen om 'bruggen te slaan tussen gelovigen, andersgelovigen en niet-gelovigen.'[500] De veranderingen in de natuur dienden in dit project als spiegel voor menselijke ervaringen: 'Ieder afzonderlijk seizoen heeft eigen kwaliteiten. De donkere wintermaanden brengen ons in verbinding met onze dromen en visioenen en hoop op vernieuwing. De herfst met zijn vallende bladeren brengt ons in contact met onze broosheid en vergankelijkheid, met de waarde daarvan en de zorg die dit nodig heeft. De stormen van de herfst luchten op. De zomerzon verbindt ons met vitaliteit. De lente verbindt ons ten slotte met geboorte, persoonlijke groei. Op deze manier aandacht schenken aan seizoenen helpt om ruimte te geven aan menselijke ervaringen.'[501]

3.3 Katholieke weerstand

De protestantse traditie legt, aldus Biezeveld, de nadruk op het profetische, het ethische en het historische met veel aandacht voor het woord en het horen. De katholieke grondhouding is eerder priesterlijk, esthetisch en mystiek met aandacht voor beelden en zien. Schepping staat niet tegenover evolutie, natuur wordt niet gewantrouwd, God is minder een tegenover en meer ervaarbaar in de materiële werkelijkheid. Sacramenten, als aardse tekenen van Gods aanwezigheid, zijn belangrijk. Dat betekent niet dat er in de katholieke kerk geen weerstand is tegen ecotheologie.

3.3.1 Nouvelle théologie *en katholieke sociale leer*

Ook de katholieke kerk is meegegaan met de moderniteit, zij het veel later dan de protestantse kerken. De theologie van Thomas van Aquino (dertiende eeuw) bleef lang de norm, zij het dat de interpretatie veranderde. In de eerste helft van de twintigste eeuw was het neothomisme een leer met een sterke scheiding tussen natuur en bovennatuur: God hoorde bij het bovennatuurlijke en niet bij de natuurlijke wereld, het aardse leven was slechts een voorbereidingstijd op het eigenlijke leven, brood veranderde in de eucharistie van substantie. In de jaren vijftig leerden mensen die tot het katholicisme overgingen: '*Ligt het eigenlijke leven van den mens hier op aarde?* Neen. Dit leven is maar een voorbereidingstijd. Het eigenlijke leven komt hierna en duurt eeuwig.'[502]

De *nouvelle théologie* wilde God en wereld dichter bij elkaar brengen. Zij deden dat met een nieuwe visie op sacramentaliteit.[503] Theologen als Henri de Lubac en Yves Congar 'benadrukten de sacramentele aanwezigheid van de bovennatuurlijke, goddelijke genade in de natuurlijke werkelijkheid. Zij waren ervan overtuigd dat theologie verbonden moest zijn met de ervaringen van mensen in het dagelijks leven.'[504] Het Tweede Vaticaans Concilie (1962-1965) nam veel van hun ideeën over. De kerk moest bij de tijd gebracht worden, het 'aggiornamento', een opdracht die in Nederland met grote voortvarendheid opgepakt zou worden.

Het milieu was nog geen thema op het concilie. De pastorale constitutie *Gaudium et Spes* benadrukte menselijke superioriteit over de rest van de natuur. Onderwerping van de aarde was positief als ze niet diende ter verrijking van individuen maar om op een eerlijke manier in de behoeften van alle mensen te voorzien.[505] Deze opvatting lag in de lijn van de katholieke sociale leer, eerdere Vaticaanse documenten en van de theologie van Augustinus en Thomas van Aquino.[506] *Rerum Novarum*, de eerste encycliek uit 1891, vroeg al aandacht voor zieken en zwakken en bepleitte een rechtvaardig loon en het gebruiken van het land op zo'n manier dat het in de behoefte van mensen kon voorzien.[507]

In de jaren zestig, gestimuleerd door het concilie en onder leiding van de bisschoppen, ging het grootste deel van katholiek Nederland enthousiast aan de slag met kerkelijke en maatschappelijke vernieuwing.[508] Te voortvarend in de ogen van het Vaticaan, dat al snel op de rem trapte en het concilie ging beschouwen als eindpunt van een ontwikkeling, waar veel Nederlandse katholieken het als beginpunt beschouwd hadden. Romeinse maatregelen als het verbieden van voorbehoedsmiddelen,[509] onwelkome bisschopsbenoemingen[510] en sancties tegen progressieve theologen,[511] zetten zoveel kwaad bloed dat bij veel katholieken de mening postvatte dat uit Rome weinig goeds kon komen. Dus toen achtereenvolgende pausen de katholieke sociale leer meer ecologisch in gingen kleuren, kwam dat in Nederland niet meer aan. Zo scheef Paulus VI al in 1971, zeventig jaar na *Rerum Novarum* dat mensen 'de natuur zo onbezonnen hebben geëxploiteerd dat het gevaar bestaat dat die wordt vernietigd en dat door zulk misbruik veroorzaakte schade op henzelf zal terugslaan' en Johannes Paulus II merkte in 1989 op in *Vrede met God de Schepper, vrede met de hele schepping*:

> In onze dagen is er een groeiend bewustzijn dat de wereldvrede bedreigd wordt [...] ook door gebrek aan passende eerbied voor de natuur [...] *Als u de vrede wilt bevorderen, bescherm dan de schepping.* Het streven naar vrede door alle mensen van goede wil zou beslist gemakkelijker worden als allen de onscheidbare relatie tussen God, de mensen en de gehele schepping zouden erkennen.[512]

Ook Benedictus XVI deed uitspraken in deze trant. De encycliek *Laudato Si'* stond dus in een Romeinse traditie, en werd misschien daardoor in Nederland al eerder door protestanten dan door katholieken onthaald.

3.3.2 *Snelle modernisering*

Het 'Pastoraal Concilie', gehouden in 1967 onder leiding van kardinaal Alfrink om de besluiten van Vaticanum II in Nederland te implementeren, werkte aan modernisering van kerk en theologie. Toonaangevend socioloog Walter Goddijn 'dacht in termen van uitgestelde modernisering.'[513] De Vlaams-Nederlandse theoloog Edward Schillebeeckx pleitte tevergeefs voor een benadering waarin geloof en theologie een eigen positie zouden hebben ten opzichte van de moderniteit.[514]

Ook de invloedrijke *De Nieuwe Katechismus* uit 1966 weerspiegelde de snelle wending naar de moderniteit en een sterk antropocentrisch wereldbeeld.[515] In het persbericht bij de presentatie stond:

> *De Nieuwe Katechismus* begint met de mens op zoek naar God. Hij eindigt met God die op zoek is naar de mens. Hij gaat uit van het menselijk leven en wijst daarin aan hoe de vraag naar God opkomt.[516]

Ook als het over schepping gaat, gaat het bijna uitsluitend over de mens.[517] Schepping is vooral schepping van de mens en schepping door menselijke arbeid:

> God hééft de wereld niet geschapen. Hij is de wereld aan het scheppen, en dat doet hij ook door ons. Het is immers niet waar dat een bos Gods werk is en een stad niet. De laatste is haast nog méér zijn werk, want Gods hoogste schepsel, de mens, heeft zich erin uitgedrukt. Wat de mens maakt is schepping van God.[518]

Opvallende verschillen met de protestantse ontwikkelingen in dezelfde periode zijn de snelle acceptatie van de evolutietheorie, een positieve waardering van natuurlijke theologie en menselijke ervaring als uitgangspunt.[519] Schepping is alles wat bestaat, inclusief menselijke cultuur. De niet-menselijke natuur was niet verdacht, zoals bij de volgelingen van Miskotte, maar ook niet belangrijk. Ze wordt genoemd in de kleine lettertjes van *De Nieuwe Katechismus* onder het kopje 'de wordende wereld'. Daar wordt gesteld dat mensen niet alleen samen met andere mensen bestaan, maar ook 'samen met de dingen, planten en dieren' en 'zelf een stukje van het heelal' zijn,[520] en 'Het leven dat door mij stroomt, komt van de dieren.'[521]

Geloof als een systeem van eeuwige kosmische waarheden, zoals dat voor Vaticanum II nog bestond, had snel plaatsgemaakt voor besef van historische ontwikkeling, aandacht voor het geleefde geloof en voor maatschappelijke relevantie. Deze blikverruiming was echter tevens een blikvernauwing: de wereld was gekrompen tot mensenwereld en voor de geschiedenis werd het heden normatief. Waar geloof en theologie – net als de filosofie – vóór de moderniteit betrekking hadden gehad op de mens, de maatschappij en de kosmos, verdween het perspectief van het grote geheel.[522] God werd een God van mensen. Dat de nieuwe theologie gepaard ging met een herbronning veranderde daar niets aan. De Bijbel werd hoofdzakelijk gelezen als geschiedenis van mensen.

Schillebeeckx werd de theoloog van moderne katholieken. Van zijn bestseller *Jezus, het verhaal van een levende,* gebaseerd op grondige historisch-kritische exegese van het Nieuwe Testament, maakte vooral het deel over de historische Jezus indruk. Jezus noemde hij 'paradigma van menselijkheid'.[523] Huub Oosterhuis dichtte in deze lijn: 'Hij ging van stad tot stad, hij sprak: "tot u ben Ik gezonden." Voor zieken en gewonden had hij een woord een onderdak.'[524] Schillebeeckx en Oosterhuis zijn minstens zo bepalend geweest voor geloof en theologie van een hele generatie katholieken als Barth en Miskotte voor protestanten van dezelfde generatie. In de polarisatie, die de katholieke kerk decennialang beheerste, waren zij degenen die het progressieve kamp van tekst voorzagen. Schillebeeckx ontwierp een theologie over onder meer Jezus, de kerk (ambt en sacramenten) en mens-zijn, Oosterhuis schreef talloze liederen. (Overigens is Oosterhuis ook beïnvloed door de – overwegend protestantse – Amsterdamse school in de exegese en worden zijn liederen ook in veel protestantse kerken gezongen.) Een kenmerkende en graag gezongen regel: 'Zijn woord wil deze wereld omgekeerd, dat lachen zullen zij die wenen, dat wonen zal wie hier geen woonplaats heeft, dat dorst en honger zijn geleden.'[525] Het gaat om bevrijding van mensen en ook bij hem is schepping vooral schepping van de mens en de Bijbel een boek over mensen: 'Die chaos schiep tot mensenland [...] Schrift die mensenoorsprong schrijft.'[526] Hij gebruikt soms prachtige natuurbeelden: 'Licht zal op het water stromen, bomen zullen bloeien waar wij wonen.'[527] Het is echter enkel beeldspraak, licht en water en bomen zijn niet zelf belangrijk. Ze staan in het kader van 'Zevenmaal opnieuw geboren [...] wordt een mens om mens te worden' en ze zijn slechts decor bij of verwijzingen naar mens-worden.

3.4 Ecologische bewustwording

Vanaf de jaren tachtig kwam in er in Nederland meer aandacht voor ecologie in de kerken.[528] Het 'Conciliair Proces voor vrede, gerechtigheid en heelheid van de schepping' stimuleerde tot veel praktisch initiatieven en tot kerkelijke publicaties. De universiteiten volgden in de jaren negentig.[529] Ik noem een aantal wetenschappelijke publicaties in min of meer chronologische volgorde, variërend van orthodox protestants tot feministisch interreligieus katholiek.[530]

Hendrik-Joost van Soest onderzocht hoe 'heersen over de aarde' uit Genesis 1 de afgelopen twee eeuwen in Nederland uitgelegd is.[531] Jan Boersema, bioloog en milieukundige, promoveerde in de theologie op een oudtestamentische studie als bijdrage aan het milieudebat.[532] Catharina Halkes, hoogleraar feminisme en christendom, analyseerde de beeldvorming rond vrouwen en natuur om vanuit een scheppingstheologie tot een ecologische theologie te komen.[533] Birgit Verstappen pakte later haar handschoen op met een proefschrift over ecofeministische theologie, waarin ze de kosmologische en de bevrijdingstheologische invalshoek probeerde te verzoenen.[534] Jacques Schenderling zoekt in zijn dissertatie naar een christelijke bijdrage in het debat rond de status van het dier.[535]

De Leuvense theologische faculteit nam begin deze eeuw het initiatief tot een bundel artikelen over scheppingstheologie vanuit ecologisch perspectief.[536] De Mexicaanse Marilu Rojas Salazar promoveerde in Leuven op de feministische theologische/thealogische methode van bevrijding vanuit Latijns-Amerikaans ecofeministisch perspectief.[537]

Martine Vonk promoveerde bij Jan Boersema op een onderzoek naar christelijke gemeenschappen met een kleine ecologische voetafdruk.[538] De Duitse Klaus Heinrich Neuhoff promoveerde in Tilburg op kosmische christologie vanuit de oosterse kerkvaders waarbij hij ook een aantal twintigste-eeuwse ecotheologen besprak.[539] Steven Christian van den Heuvel onderzocht de relevantie van Bonhoeffers christologie voor hedendaagse discussies rond milieuethiek.[540]

Daarnaast verschenen er themanummers van theologische tijdschriften, waren er lezingen en congressen. Zo schreef Johan Graafland over dierenrechten in bijbels perspectief. Ook niet-theologen leverden een bijdrage, zoals Tini Brugge over spiritualiteit en duurzaamheid.[541] Antropologe Lisette van der Well schreef in opdracht van ICCO en Kerk in Actie een notitie over theologische bronnen ter verdieping en inspiratie voor het klimaatwerk van beide organisaties, met name aan de hand van ecotheologen Ernst Conradie en Sallie McFague.[542]

De doorwerking binnen de verschillende kerken van deze publicaties was niet groot en ook aan de universiteiten en hogescholen is er nog weinig duurzame aandacht voor ecotheologie.

Wel publiceerde de synode van de Nederlands Hervormde Kerk (een van de voorgangers van de PKN) al in 1990 in het kader van het Conciliair Proces een gespreksdocument over de ecologische crisis.

De titel *De gaarde een woestijn?* is een omkering van de profetie uit Jesaja: 'Dan wordt de woestijn een gaarde' (Jesaja 32: 15, vertaling NBG 1951).

3.4.1 De gaarde een woestijn?

Het is een geschrift van zo'n dertig jaar oud, maar goed doordacht en nog verrassend fris. *De gaarde een woestijn? De milieucrisis en de verantwoordelijkheid van de kerk. Een verkenning ten behoeve van het gesprek in de gemeenten, aangeboden door de Generale Synode van de Nederlandse Hervormde Kerk* verscheen in 1990. Het overzicht van milieuproblemen, van overheidsbeleid en van de milieubeweging zou er nu anders uitzien. De theologische reflectie is niet eenkennig en snijdt nog steeds hout. Ik geef eerst de hoofdlijn weer en zal dan ingaan op de zeven theologische motieven die genoemd worden.

De synode constateerde: 'De milieucrisis treft ons in de diepste kern van ons geloof.'[544] Want: 'Onze milieuvervreemding is een teken van vervreemding van God. Onze zorgeloosheid met betrekking tot het stervende milieu is een vorm van liefdeloosheid tegenover God.'[545] Het document schetst de samenhang tussen deze crisis en het moderne westerse wereldbeeld en concludeert met een citaat uit een rapport van de Wereldraad van Kerken: 'Sinds het huwelijk tussen wetenschap en technologie in de Industriële revolutie heeft de westerse cultuur zich de heerschappij over de schepping aangematigd als haar door God verleende recht en plicht.'[546] De synode levert kritiek op het huidige economische stelsel, op de technologie en de onderliggende normen en waarden. Want de techniek schept zijn eigen doeleinden en komt vaak niet ten goede aan God en de naaste, de economie heeft de natuur gereduceerd tot gebruiksobject en men is vergeten dat *oikonomia* eigenlijk betekent 'zorg voor de gezamenlijke huishouding'. Voorzichtig, vragenderwijs, worden deze ontwikkelingen verbonden met zonde:

> Hoe eenzijdig is het, gezien de huidige milieucrisis, economische groei en technologische vooruitgang als 'structuren van de zonde' aan te duiden?[547]

Zeven bijbelse motieven

Vervolgens worden zeven bijbelse motivaties besproken, ofwel zeven motieven die 'in gemeenten leven [...] om bij de milieuproblematiek betrokken te zijn.'[548] Het zijn: verbond, schepping, rentmeesterschap, bevrijding, verzoening, sabbat en ethiek.

Het noachitische *verbond* wordt genoemd, waarvoor geldt: 'God heeft zich voor altijd verbonden met de mensen, met de dieren, met de planten, met de aarde. Dat is onze hoop.' Het verbond is in de regenboog teken van belofte en legt tegelijk de verplichting op om zorgvuldig om te gaan met al wat leeft. Kritiek van de synode op dit motief is dat de aandacht voor dit algemene verbond eenzijdig kan zijn. De meer specifieke bijbelse verbondssluitingen – met Abraham, op de Sinaï en het nieuwe verbond in Christus' bloed – mogen niet vergeten worden.[549]

Schepping is een motief met meer haken en ogen. Genesis 1 en 2 worden hierin samengevat dat: 'God uit de vloed en de duisternis van de aarde een prachtige woonstede heeft gemaakt voor al wat leeft' en ziet dat het zeer goed is. [550] Ons bestaan is niet gegrond op toevallige evolutionaire processen, maar gewild door God. De psalmen 148 en 104 worden genoemd als teken dat God en de schepping op elkaar betrokken blijven. De actuele betekenis van de scheppingsverhalen: 'de buitenmenselijke schepping is er niet alleen voor de mens, maar de mens is er ook voor de buitenmenselijke schepping en beide zijn er voor God. [...] Het begrip "heelheid van de schepping" duidt onderlinge afhankelijkheid aan van de mensheid en haar ecologische omgeving.'[551] Hoewel gesteld wordt dat schepping geen tegenpool is van evolutie en Genesis 1 en 2 niet historiserend gelezen worden, wordt de vraag naar de verhouding tussen evolutietheorie en christelijk geloof vermeden. Schepping wordt uitgelegd als geloofswoord dat binnen de kerken gebruikt wordt om de hele levende en niet-levende werkelijkheid aan te duiden als door God in het leven geroepen. Dit geloofswoord is blijkbaar niet hetzelfde als de bijbelse betekenis van schepping: 'Exegetisch kan het woord schepping op verschillende manieren worden opgevat, als verwijzend naar een eenmalige daad van God aan het begin van de geschiedenis, of eschatologisch, dat wil zeggen toekomstgericht.'[552] Mij lijkt het dat de eerste betekenis niet enkel geloofswoord is, maar ook de bijbelse betekenis is, zoals ik in het vorige hoofdstuk onderbouwd heb. Een eschatologische opvatting van schepping ligt in de lijn van de theologie van Moltmann. Op de gevaren van een eenzijdig lineair model heb ik eerder gewezen.[553]

De verhouding schepping-evolutie is geen expliciet thema. Er worden wel andere problemen rond het scheppingsmotief besproken, zoals de verhouding tussen schepping en verlossing: 'Komt de eindtijd overeen met de oertijd?' Via een concept als 'scheppingsordening' kunnen maatschappelijke opvattingen en instituties gelegitimeerd worden: 'al naar gelang men iets rekent tot de ordening van de oorspronkelijke schepping (arbeid, huwelijk, gezin, overheid), krijgt dit als "scheppingsordening" een onaantastbare waarde en beschouwt men de verlossing in Christus als een definitieve bevestiging van de oorspronkelijke ordeningen.'[554] Barth en de zijnen staan juist kritisch ten opzichte van de maatschappelijke orde en duiden de schepping helemaal vanuit de verlossing in Christus, maar bij hen draait alles om de mens en 'dreigt de natuur op de achtergrond te blijven.'[555] De procestheologie ziet de hele werkelijkheid van natuur en geschiedenis als één wordingsgeschiedenis waarin ook God in wording is. Dit biedt ecologisch perspectief en aandacht voor de dynamiek van de hele menselijke en niet-menselijke geschiedenis, maar begrippen als God, zonde en verlossing moeten radicaal herijkt worden, constateert het synodedocument, en vraagt dan: is dat niet een te hoge prijs?[556] Ik zal in het volgende hoofdstuk, in de bespreking van de theologie van Catherine Keller, op deze vraag terugkomen. Vanuit feministisch perspectief is het herijken van theologische kernbegrippen in ieder geval noodzakelijk, al dan niet op de manier van de procestheologie.

Rentmeesterschap als samenvatting van de taak van mensen op aarde is het derde motief. Het synodedocument plaatst dit motief in de context van de eerste scheppingsverhalen: heersen over de aarde was emanciperend voor mensen die zwak stonden tegenover de krachten van de natuur en heersen als beeld van God betekent zorgzaamheid.[557] Men is zich bewust zowel van de appellerende werking als van de gevaarlijke kanten van het begrip. Heersen kan immers worden opgevat als overheersen (zie Lynn White), weerspiegelt androcentrisme (d.w.z. de man centraal stellen; verwezen wordt naar Catharina Halkes), kan – indien gelijkgesteld aan *earth-keeping* uit het vocabulaire van de milieubeweging – de suggestie wekken dat de toekomst van de aarde in handen van mensen is. Bovendien neigt rentmeesterschap naar antropocentrisme in plaats van theocentrisme als het besef van verantwoordelijkheid ten opzichte van de Eigenaar ontbreekt.[558]

Ook het motief *bevrijding* brengt een groot risico van antropocentrisme met zich mee. In bevrijdingstheologie is veel meer aandacht voor rechtvaardige verdeling dan voor milieu. Het draait om de bevrijding van mensen. Al zijn er theologen die bevrijding ook betrekken op de natuur, zoals Dorothee Sölle: 'schepping is een project van bevrijding dat nog niet is voltooid, maar wacht op de bevrijdende deelname van mensen.'[559] Na 1990 zijn er meer bevrijdingstheologen met een ecologische invalshoek bijgekomen, zoals Ivone Gebara, die ik zal bespreken in hoofdstuk vier, en Leonardo Boff, geciteerd in *Laudato Si'*. Het risico blijft dat onrecht ten opzichte van mensen en onrecht ten opzichte van de niet-menselijke natuur tegen elkaar uitgespeeld worden.

Verzoening, het vijfde motief, gaat meestal over God en mensen. De kosmische christologie van Kolossenzen 1 is vooral in de oosters-orthodoxe kerken uitgewerkt, niet in de westerse, constateert het synodedocument. De hele schepping wordt opgenomen in de verzoening, is geen decor zoals vaak in het westen. Opmerkelijk is dat het document Christus wel verbindt met de motieven verbond en verlossing en niet met schepping.[560] Ook het motief wijsheid ontbreekt geheel.

De *sabbat* is het zesde motief. Sabbat als 'rusten in de zin van pauzeren, op adem komen, nieuwe krachten opdoen' wordt verbonden met vreugde en bevrijding, herstel en vernieuwing. [561] Het sabbatsjaar en het jubeljaar staan in ecologisch perspectief voor zorgvuldig omgaan met de aarde en rust en herverdeling voor mensen. Het document waarschuwt dat het om meer gaat dan om zondagsrust en dat het begrip sabbat ook niet vergeestelijkt moet worden zoals in *sabbatical*.

Het zevende en laatste motief is van een andere orde: *ethiek*. Uit de voorgaande bijbelse motieven worden enkele aanzetten tot ethiek gedestilleerd[562] met de aanbeveling ze aan te vullen vanuit het Franciscaans gedachtegoed en de 'ethiek van eerbied voor het leven' van Albert Schweitzer. De ethiek van Gerrit Maneschijn wordt genoemd: *Geplunderde aarde, getergde hemel. Ontwerp voor een christelijke ethiek.*[563]

Er is 'een ommekeer nodig', want 'de aarde zucht onder het geweld van de mens'. (58)

Onverwerkt en vergeten?

De Hervormde synode vroeg om reacties uit de gemeenten en beloofde op basis daarvan met een nieuwe publicatie te komen.[564] Die is er nooit gekomen. Is het document wel besproken in de gemeenten? Misschien was men te druk met het Samen-op-Wegproces, de fusie van protestantse kerken. In zijn pamflet *Messentrekkers bij de nachtwacht* schrijft Koos van Noppen: 'Ik vind het schrijnend om vast te stellen dat deze en vele andere publicaties zo onverwerkt aan de vergetelheid zijn prijsgegeven.'[565] Hij verzucht: 'Vaak voel ik me ongemakkelijk als in de *social talk* van christenen onderling onbekommerd wordt gesproken over de laatste (of eerstvolgende) verre vakantie of de zoveelste budget-stedentrip. Je wilt niet als zuurpruim of spelbreker te boek staan – maar als iemand loopt te vloeken in de kerk zeg je er toch ook iets van? Plukken we niet al te gretig de vruchten van de westerse industrie die de aarde als één groot wingewest misbruikt? Kunnen ook wij worden gerekend tot de *big spenders* die de Derde Wereld als vuilnisvat gebruiken?'[566] Hij waardeert de maatregelen die 'groene kerken' nemen – zonnepanelen op het dak, fairtrade koffie schenken en bankieren bij een duurzame bank – maar: 'met alle respect, het heeft ook iets van een "moderne aflaat". Want in welke gemeenten bepaalde de zorg voor de schepping het dagelijks leven van het overgrote deel van hun leden?'[567]

Ook in het beleid van de PKN is ecologische duurzaamheid nauwelijks terug te vinden, al was de klimaattop van Parijs in 2015 aanleiding voor een agendapunt 'klimaat en duurzaamheid' op een synodevergadering in dat jaar en is er toen een brief uitgegaan naar alle kerkenraden.[568] In het beleidsdocument 'Kerk 2025. Waar een Woord is, is een weg' staat in de agenda onder het kopje 'Rond de diaconale en maatschappelijke presentie' als laatste punt: 'Klimaat: misschien wel de grootste uitdaging waar de mensheid nu voor staat. Gegeven de verdergaande opwarming van de aarde zal de zorg om de schepping hoog in het vaandel geschreven moeten worden.'[569] Voor 'misschien wel de grootste uitdaging waar de mensheid nu voor staat' is de aandacht in het beleidsdocument nogal mager. In het beleidsplan van de dienstenorganisatie van de PKN en van Kerk in Actie is 'zorg om de schepping' nog marginaler. De organisatie 'Groene Kerken' is in het beleidsplan van Kerk in Actie ondergeschoven bij de problematiek van vluchtelingen en migranten, waar gesproken wordt over klimaatverandering als een van de oorzaken van vluchtelingenstromen.

Meer aandacht voor duurzaamheid is er bij de Raad van Kerken in Nederland, onder meer middels een aantal websites.[570] In 2009 verscheen een brochure over klimaatverandering[571] waarin 'kwetsbaarheid', 'verantwoordelijkheid' en 'moed' de kernwoorden zijn voor de eigen bijdrage die de kerken zouden kunnen leveren in de strijd tegen de opwarming van de aarde. Deze drie deugden worden gerelateerd aan theologische categorieën als zonde en schuld, schepping als afhankelijkheid en verbondenheid, verbond en leven in overvloed. Er wordt naar enkele bijbelteksten verwezen. Expliciet naar Genesis 9 (het verbond van God met mensen, dieren en de aarde) en het Johannesevangelie (leven in overvloed). Impliciet naar Genesis 1,26-28 en Genesis 2,15 (dienend heersen, zorg voor de schepping) en de profetische traditie.

De aandacht voor duurzaamheid bij Raad van Kerken is zeker mede te danken aan de inbreng van de katholieke en oosters-orthodoxe kerken. Op beleidsniveau is er in de Rooms-Katholieke Kerk een bisschop actief op dit terrein. Gerard de Korte heeft als bisschop-referent voor kerk en samenleving onder meer de encycliek *Laudato Si'* actief gepromoot. Ook de religieuzen, met name de Franciscanen en Clarissen, hebben op het terrein van zorg voor de schepping een traditie, en de mensen en middelen.

3.4.2 Laudato Si'

'Wees geprezen, mijn Heer, om onze zuster aarde, die ons voedt en leidt.' Met deze woorden uit het zonnelied van Franciscus van Assisi begint de encycliek *Laudato Si.' Over de zorg voor het gemeenschappelijke huis.*[572] Tot het in 2015 verscheen had ik niet gedacht dat ik nog eens een Vaticaans document met plezier en grotendeels instemming zou lezen. De paus citeert zijn naamgever om zijn zorg over milieuvervuiling, klimaatverandering en andere ecologische bedreigingen te uiten en een oplossing te zoeken in een gelovige manier van kijken naar het milieu. Hij doet dat op een manier die de invloed van de bevrijdingstheologie verraadt. Hij spreekt een voorkeursoptie uit voor de allerarmsten. Zij zijn degenen die het meest te lijden hebben onder milieuproblemen. De 'aarde die kreunt in barensweeën'[573] noemt hij de meest in de steek gelaten arme. Tegenover het kapitalisme met zijn geloof in economische groei, zijn wegwerpcultuur en consumentisme stelt hij een geloof in de onderlinge verbondenheid van alle schepselen en in Gods aanwezigheid in de natuur en in ieder ding. Hij verwijst naar de bedreigde culturen van oorspronkelijke volken. Fundamentele kritiek heeft hij op het technocratisch-economisch paradigma van onze cultuur, dat hij aanwijst als oorzaak van milieuproblemen. Zijn aandacht voor het dagelijks leven en zijn niet-dualistisch wereldbeeld lijken mede ontleend aan feministische theologie.[574]

Inhoud: ecologische bekering

In het eerste hoofdstuk noemt hij de bedreigingen voor 'ons gemeenschappelijk huis': vervuiling en klimaatverandering, uitputting van natuurlijke bronnen, gebrek aan schoon drinkwater, verlies van biodiversiteit, maatschappelijk verval in de vorm van onder meer ongezonde steden en ongelijkheid. Een ecologische en een maatschappelijke benadering gaan bij hem hand in hand 'om zowel naar de schreeuw van de aarde als naar de schreeuw van de armen te luisteren.'[575] Een antwoord op deze kreten zoekt hij niet in technologische en economische vooruitgang, noch in het ondergeschikt maken van de menselijke soort aan het mondiale ecosysteem, maar in een houding van soberheid en nederigheid.

In het tweede hoofdstuk onderzoekt hij de bijbelse bronnen voor de zorg voor de natuur en de armen. Aan de hand van de scheppingsverhalen van Genesis weerspreekt hij de opvatting dat mensen als beeld van God een absolute heerschappij zouden hebben over de andere schepselen. Alle levende wezens en ook alle dingen hebben een eigen waarde ten overstaan van God, leidt hij af uit de psalmen. De profeten laten zien dat de God die bevrijdt dezelfde is als de schepper. De mens noemt hij 'een persoonlijk wezen binnen de materiële schepping',[576] geen einddoel van schepping of evolutie, maar een schepsel met een opdracht, namelijk om alle schepselen terug te brengen bij hun schepper. Van Jezus zegt de paus: 'Hij stond ver af van de filosofieën die het lichaam, de materie en de dingen van deze wereld verachtten.' Op Jezus is het latere dualisme niet terug te voeren. In hem heeft God zelf zich juist ingevoegd in de geschapen kosmos.[577]

De diepere oorzaak van de ecologische crisis legt hij in hoofdstuk drie bij 'het technocratisch paradigma', het dominante idee dat mensen met behulp van techniek de hele werkelijkheid kunnen beheersen. Een kleine groep mensen eigent zich het recht toe andere mensen en de natuur aan zich te onderwerpen met maximalisatie van de winst als hoogste doel. Een ideologie waarin bevrediging van de eigen behoeften de norm is, leidt tot misstanden in arbeidssituaties en in de voedselproductie, zoals de concentratie van vruchtbaar land in de handen van weinigen.

Hoofdstuk vier presenteert een 'integrale ecologie', dat wil zeggen een visie op de interacties van natuurlijke systemen onderling en met maatschappelijke systemen. Alles staat immers met alles in relatie. Niet alleen het natuurlijk erfgoed, maar ook het historisch, artistiek en cultureel erfgoed wordt bedreigd. Economische globalisering, waarbij mensen vooral als consumenten beschouwd worden, bedreigt culturele verscheidenheid en met name de oorspronkelijke bevolking van bijvoorbeeld Latijns-Amerika. Het dagelijks leven in sommige wijken van grote steden is vol geweld en vervreemding, het platteland vaak verwaarloosd. Zorg voor de openbare ruimte, voor huisvesting en openbaar vervoer is nodig. Naast gerechtigheid ten opzichte van de armen is gerechtigheid tussen de generaties nodig, want de aarde is ook aan komende generaties gegeven.

Hoofdstuk vijf bevat richtlijnen voor politiek en wetenschap. Milieuconferenties hebben tot nog toe weinig successen geboekt, constateert de paus. Politiek zou transparanter moeten zijn, lokaler en gericht op de lange termijn. En vooral: niet onderworpen aan de economie. Ondernemingen die schermen met duurzame groei vertrouwt hij niet: een afleidingsmanoeuvre gericht op marketing en imago. Hij relativeert de empirische wetenschappen. Die kunnen de werkelijkheid nooit helemaal verklaren, ze kunnen veel hebben aan wat de godsdiensten vanuit hun bronnen inbrengen aan zorg voor de natuur en bescherming van de armen.

Het zesde en laatste hoofdstuk gaat over opvoeding en spiritualiteit. Een andere levensstijl is nodig, maar zal niet gemakkelijk zijn, want de markt dwingt ons tot zoveel mogelijk consumeren. Milieuopvoeding is meer dan informatie verschaffen ter bewustwording. Het gaat om helpen groeien in solidariteit, verantwoordelijkheid en zorg. Dat vraagt om het aanleren van deugden en de vorming van het geweten, aldus de encycliek. Gezin en kerk spelen daar een rol in. Wat nodig is, is een ecologische bekering. Die vraagt een grondhouding van dankbaarheid en belangeloosheid, het bewustzijn dat ieder schepsel iets van God weerspiegelt, soberheid en nederigheid, een houding van aandacht en liefde voor alles wat is, broederschap en zusterschap met onze medeschepselen. De laatste paragrafen, die gaan over de sacramenten, de Drie-eenheid, Maria en de laatste dingen, maken een wat plichtmatige indruk.

Als afsluiting functioneren twee gebeden, het eerste bedoeld om samen met mensen van andere religies te bidden, het tweede een christelijk gebed.

Kanttekeningen: gender en bevolkingsgroei

Bij alle positieve dingen die over deze encycliek te zeggen zijn, schuilen er ook een paar adders onder het gras. Er is geen aandacht voor gender.[578] Van Latijns-Amerikaanse feministisch theologen als Ivone Gebara had de paus kunnen leren dat het onder de armen de vrouwen zijn die het meeste lijden onder milieuproblemen.[579] En dat de kerk eeuwenlang weinig tegenwicht geboden heeft tegen uitbuiting van de aarde, komt mede door een theologie waarin het vrouwelijke en het aardse enerzijds tegenover het mannelijke en het goddelijke anderzijds geplaatst werden.[580] Ook slaat hij een belangrijke bijbeltekst over: Spreuken 8,[581] belangrijk in veel ecofeministische theologie, waarin de Wijsheid van God, voorgesteld als vrouw, al voor de schepping aanwezig is als eerstgeborene.[582]

Het document verwijst niet expliciet naar hedendaagse theologen, wel veel naar eerdere pauselijke schrijvens, stukken van bisschoppenconferenties en naar patriarch Bartholomeus.[583] Dat is eigen aan het genre van Vaticaans document: voortbouwen op eerdere kerkelijke uitspraken. Alleen een paar theologen van langer geleden worden met name genoemd: Romano Guardini (1885-1968) en Bonaventura (1221-

1274) bijvoorbeeld. Jammer dat Hildegard van Bingen (1098-1179) ontbreekt.[584] Zij is nog niet zo lang geleden uitgeroepen tot kerklerares en geldt dus officieel als autoriteit. In haar theologie was de schepping net zo belangrijk als bij Franciscus van Assisi.

Ernstiger is de opvatting van natuur die in de encycliek verondersteld wordt. Verbondenheid met de natuur lijkt zo mooi, maar natuur is een veelduidig en soms verraderlijk begrip.[585] Zoals de protestantse theologie het begrip scheppingsordening kent om wat cultureel bepaald is de schijn van vanzelfsprekendheid te geven, zo kent de RKK het begrip natuurwet. Regels over seksualiteit en voortplanting zouden tot de natuurlijke orde der dingen horen als een morele wet die in de natuur van de mens is geschreven Zo wordt in de encycliek een paar keer abortus genoemd als voorbeeld van technocratisch overheersen van de natuur. Bij dit thema blijft de paus binnen een traditionele moraal en heeft hij geen oog voor de relatie van abortus met armoede.

Ook stelt hij dat bevolkingsgroei geen oorzaak is van de ecologische crisis. Hij heeft een punt in zoverre het westen soms wat al te gemakkelijk naar de bevolkingstoename in de derde wereld wijst als oorzaak van veel problemen. Alsof de mensen in de derde wereld het meest vervuilen en alsof het niet juist westerse mensen waren die zich over de hele wereld verspreid hebben. Hij wijst terecht op de oneerlijke verdeling. Maar ook als de verdeling eerlijker zou zijn, blijft de toename van het aantal mensen een probleem. Die gaat net als een alsmaar groeiende economie ten koste van het milieu.[586]

Winst: aarde, armen en theologie

Laudato Si' maakt ecotheologische inzichten uit Latijns-Amerika toegankelijk voor een groot publiek: een niet-dualistisch wereldbeeld, waarin het lijden van de aarde en van de arme verbonden zijn, kritiek op de economische en technocratische overheersing van de wereld door een kleine groep mensen, globalisering als bedreiging van culturele verscheidenheid en van inheemse volken in het bijzonder. De encycliek bewijst dat klassieke theologische termen als schepping en incarnatie heel relevant zijn voor actuele (milieu)problemen. De cultuurkritiek van de paus en zijn nadruk op de onderlinge verbondenheid van alle schepselen zijn aanknopingspunten voor (eco)feministische theologen om op verder te bouwen met een genderanalyse. Het technocratisch paradigma is immers ook een patriarchaal paradigma.

3.4.3 Evolutie, ecologische crisis en de plaats van mensen in het grote geheel

Theologie gaat sinds de moderniteit niet meer over het grote geheel, hebben we eerder geconstateerd. 'Moderne' theologie gaat niet over de hele wereld in relatie tot God, maar enkel over mensen en God, terwijl de niet-menselijke wereld overgelaten wordt aan de natuurwetenschappen.[587] Een uitzondering vormen de hierboven genoemde publicaties.

De afgelopen jaren zijn er bovendien een aantal Nederlandse boeken verschenen die niet ecotheologisch te noemen zijn, maar wel vanuit een levensbeschouwelijke, kosmologische en ecologische invalshoek de plaats van mensen in het grote geheel onderzoeken. Ik bespreek er drie. In volgorde van verschijnen zijn dat: *Blijf de aarde trouw. Pleidooi voor een nietzscheaanse terrasofie* van Henk Manschot uit 2016, *En de aarde bracht voort. Christelijk geloof en evolutie* van Gijsbert van den Brink uit 2017 en *Thuis in de kosmos. Het Epos van de Evolutie en de vraag naar de zin van ons bestaan* van Taede A. Smedes uit 2018. Ik begin bij het meest filosofische, eindig bij het meest theologische boek: eerst Manschot, dan Smedes, ten slotte Van den Brink. Wat is hun wereldbeeld en hun mensbeeld, hun visie op de relatie tussen mensen en de niet-menselijke natuur, hun godsbeeld?

Mensen aarden

Henk Manschot is filosoof en humanist, zijn boek is geen theologie. Het is wel relevant voor de theologische discussie omdat het gaat over het mensbeeld van de moderniteit dat onhoudbaar is geworden in het licht van de ecologische crisis. De mens als heer en meester van de wereld en bezitter van de aarde is het gangbare mensbeeld van zowel het humanisme als van het moderne christendom. De ecologische crisis vraagt om een nieuw paradigma. Manschot zoekt dat in een 'nieuw humanisme' geënt op de *bovenmens* van Nietzsche[588] waarin niet de mens of de rede, maar de aarde centraal staat. Dat vraagt een cultuuromslag door 'het overwinnen van een mens-gecentreerd denken en het scheppen van een toekomst waarin concrete mensen zichzelf ontwerpen als verantwoordelijke bewoners die de planeet delen met al het andere leven op aarde.'[589]

Een humanisme zonder antropocentrisme, lijkt een contradictio in terminis. Volgens Manschot kan het.[590] Toen hem in 2004 gevraagd werd naar zijn visie als humanist op duurzame ontwikkeling schaamde hij zich dat hij geen antwoord had. (105-106) Hij begon zich af te vragen: 'Welke manieren van denken en doen, welke levenskunst moeten we gaan ontwikkelen om ons weer te kunnen inlijven in het grotere proces van het leven?'[591] Hij reisde Nietzsche achterna die in de bergen en aan zee zocht naar een betere gezondheid van lichaam en geest. Zo komt hij uit op een levenskunst die georiënteerd is op de aarde. De relatie van mensen tot het grotere geheel waarvan zij deel uitmaken moet weer een kernvraag zijn in de filosofie, stelt hij.[592] Dat was het nog wel bij de antieke filosofen, die drie kernthema's hadden: 'de relatie van de mens tot zichzelf, tot de andere mensen en tot de kosmos.'[593] Vanaf de renaissance echter werd niet meer de kosmos, maar de individuele mens het funderend principe.[594] Dat dat ook anders kan, blijkt uit antropologisch onderzoek. De moderne westerse cultuur is de enige die een radicale scheiding maakt tussen mensen en niet-mensen.[595] Niet-westerse culturen drukken hun omgang met de natuur in relationele termen uit. 'Dieren en planten, bossen en meren zijn voor hen partners met wie ze allerlei betrekkingen onderhouden, ook verwantschapsrelaties.'[596] De aarde is voor hen een levengevende entiteit en natuurkrachten worden in de cultuur uitgebeeld en gevierd. Daarbinnen zijn vele variaties. Voor Manschot is het belangrijk om aan te tonen dat 'de voorstellingen van de vooral op nut gestoelde relaties tussen levende mensen, dieren en planten, die wij als vanzelfsprekend beschouwen, eveneens een culturele constructie zijn, een constructie die, vergeleken met andere, in ecologisch opzicht veel schade teweeg heeft gebracht.'[597]

De westerse scheiding van natuur en cultuur is een obstakel om te zien wat er gaande is, stelt Manschot in navolging van Latour. Ecologische wetenschapskritiek is nodig, want ecologisering en modernisering kunnen niet samen gaan. Er moeten andere dan wetenschappelijke manieren van omgaan met de aarde ontwikkeld worden door menswetenschappen, politiek, kunst, filosofie, religie en ethiek. Wetenschappelijke informatie over de toestand van de aarde is niet genoeg om de band met de aarde te herstellen.[598]

Manschot richt zijn blik niet op de kosmos, maar op de aarde. De evolutietheorie veranderde ons besef van ruimte en tijd. We blijken als mensen laatkomers te zijn in het leven op aarde en bewoners van een klein planeetje in een immense ruimte. Ruimtevaarders vertelden hoe ze vanuit de ruimte de aarde zagen als een blauwe bol met de dampkring als een dunne sluier eromheen en zich realiseerden: dat is ons onmisbare en kwetsbare thuis.[599] Manschot zoomt nog verder in, naar het lokale. Mensen zouden weer 'inlanders' moeten worden, dat wil zeggen zich op ecologische gronden in moeten zetten voor hun lokale omgeving. Een visie, geïnspireerd door de beleving van inheemse volken, die haaks staat op de gevestigde waarden van globalisering en neoliberalisering.[600]

Zijn uitgangspunt is, met Nietzsche, niet de moderne mens, niet het individu ontdaan van lijf en lokale context, gedefinieerd door algemene begrippen als vrijheid, rede en autonomie,[601] maar 'de mens opgevat als de altijd concrete lijfelijke persoon, vrucht van een lange evolutie, die alleen al door voeding en het in cultuur brengen van zijn omgeving met vele draden verweven is met de plek waar hij leeft.'[602] Dat is een fundamenteel andere opvatting van menselijke waardigheid dan die van Kant en Hegel die zich beriepen op de erfenis van de klassieke oudheid om menselijke waardigheid te verbinden met vrijheid en rationaliteit en niet met aardse zaken als het verbouwen en bereiden van voedsel.[603] De mens die ont-aard is, moet weer aarden.

Het is de vraag of deze filosofie nog humanistisch is, of eerder posthumanistisch.[604] Wat deze visie humanistisch maakt, is het idee dat de mens zichzelf kan ontwerpen. Vanuit een aarde-gecentreerde postmoderne filosofie is het echter niet voor de hand liggend om mensen te beschouwen als heer en meester over zichzelf. Wordt een mens niet ontworpen door de evolutie, de geschiedenis, de plaats op aarde waar zij leeft en de positie die zij in de maatschappij heeft? En/of – vanuit christelijk perspectief – door God?

Het relativeren van het moderne westerse wereldbeeld, wat Manschot doet op basis van filosofen uit de oudheid, inlandse culturen en Nietzsche, is ook voor een ecologische theologie van groot belang. Christendom is minder verweven met de moderniteit dan humanisme en heeft de Bijbel en een groot deel van de kerkgeschiedenis om op terug te vallen. Filosofen als Manschot kunnen helpen om ook binnen christelijke theologie de vooronderstellingen van de moderniteit onder kritiek te stellen. Ook in de Bijbel worden mensen immers eerder getekend als 'lijfelijke personen, verweven met de plek waar ze leven', dan als rationele autonome individuen. De standaardmens van de Verlichting[605] is niet de mens als schepsel of als leerling van Jezus. Ecologische wetenschapskritiek is ook vanuit christelijk perspectief belangrijk.

De evolutie als zingevend verhaal

Godsdienstfilosoof en theoloog Taede Smedes sluit juist aan bij het mens- en wereldbeeld van Kant en Hegel.[606] Hij geeft zeer hoog op van de mens, die weliswaar een nietig onderdeel is van de kosmos en voortgekomen uit het ecosysteem van de aarde, maar als waarschijnlijk enige intelligente wezen in het heelal na kan denken. De mens is voor hem 'de spiegel van de kosmos zelf', want 'met de mens is het universum zich van zichzelf, van zijn eigen bestaan en geschiedenis, bewust geworden.'[607] Die combinatie van afhankelijkheid en intelligentie geeft mensen de verantwoordelijkheid voor het leven op aarde. De evolutietheorie is voor Smedes een nieuw zingevend verhaal nu 'het "grote verhaal" dat aan de Bijbel werd opgehangen en dat vertelde hoe God de wereld gemaakt had speciaal voor de mens' ongeloofwaardig is geworden.[608]

De aanleiding van dit essay is een vraag aan hem gesteld: wat is de zin van ons bestaan als uit de evolutietheorie blijkt dat ons bestaan toevallig is? Hij was al gefascineerd geraakt door de ontstaansgeschiedenis van de kosmos en van het leven op aarde door het volgen van een collegereeks *Het levend heelal.* In navolging van religieuze naturalisten spreekt hij van 'het Epos van de Evolutie', waarmee de evolutietheorie veel meer wordt dan een natuurwetenschappelijke theorie. De verwevenheid van de mens met het heelal – alles komt voort uit het uitdijend heelal, dus ook de mens is ontstaan uit sterrenstof – en het feit dat de mens de laatste is in de lijn van het ontstaan van leven op aarde, geven betekenis.[608a]

> We zijn tot in het diepst van onze vezels verknoopt met de natuur die ons heeft gebaard. Voor religieuze naturalisten geeft dat aanleiding voor gevoelens van eerbied, ontzag en verwondering en daarmee tegelijk tot nederigheid vanwege het besef van afhankelijkheid. [...]
> Je kunt jezelf leren om de stem waar te nemen van de lijdende natuur en haar schepselen.[609]

Mensen kunnen ecologische gevoeligheid ontwikkelen door te luisteren naar de natuur. Dit citaat zou kunnen dienen als uitleg van Job of Psalm 104. Smedes gaat echter niet in gesprek met de Bijbel en met pre- en postmoderne theologie. Als hij de vraag naar de waardigheid van de mens gaat beantwoorden, doet hij dat vanuit het mensbeeld van de Verlichting en de antieke filosofie. Hij constateert dat biologisch gezien mensen niet belangrijker zijn dan andere wezens en dat er alleen vanuit filosofie, theologie en ethiek iets te zeggen is over de waardigheid van mensen.[610] Denken, bewustzijn en kennis maken volgens hem de mens uniek.

Mensen zijn voor hem 'de chroniqueurs die de geschiedenis van het heelal en het leven analyseren, doorgronden en optekenen, en dat verleden in herinnering houden door die herinnering door te geven aan volgende generaties.[...] Dat is de zin van ons bestaan geworden.'[611]

Het 'epos van de evolutie' beschouwt hij als verbindend verhaal voor gelovigen en ongelovigen. Eerbied en verbondenheid geven 'een gevoel voor (horizontale) transcendentie',[612] het heilige manifesteert zich in de werkelijkheid.[613] Hierbij gaat het 'dus niet om iets goddelijks',[614] maar wie wil kan haar of zijn persoonlijke geloofsovertuiging eraan toevoegen. Hij noemt zichzelf 'een post-theïstisch denker' wiens betoog desalniettemin 'doordrenkt' is 'van theologie'.[615] Hij eindigt met zijn persoonlijke geloofsovertuiging: Jezus volgen in het stem geven aan de stemlozen, 'het spoor van God [...] ontwaren in het gelaat van de ander'.[616] Hij voelt zich aangetrokken tot het idee van rabbijn Jonathan Sachs dat God zich in de Bijbel steeds meer terugtrekt ten behoeve van de mens, die als taak krijgt om de wereld beter te maken, 'het bouwen van een huis voor God, voor een God die er niet meer is of er nog niet is.'[617] Zijn oproep: voel en betoon je verantwoordelijk voor het leven op aarde.[618]

Het essay van Smedes is inderdaad doordrenkt van theologie, en wel van een moderne theologie die weinig belang hecht aan bijbeluitleg of theologische traditie en 'god' ziet als een codewoord. Hij vindt het niet nodig om te toetsen of 'het grote verhaal dat aan de Bijbel werd opgehangen en dat vertelde hoe God de wereld gemaakt had speciaal voor de mens' terecht aan de Bijbel is opgehangen. Hij had zich af kunnen vragen of de Bijbel wel gaat over het 'hoe' van de schepping. Dat er zoveel scheppingsteksten zijn die op het punt van het hoe allerminst eensluidend zijn, is al een aanwijzing dat het over iets anders gaat. Bovendien had hij in de Bijbel kunnen lezen dat God ook een relatie heeft met de niet-menselijke werkelijkheid, niet alleen met mensen. Hij had na kunnen denken over de verhouding tussen God als de Andere en het heilige in de werkelijkheid.

Zijn beroep op Jezus komt wat in de lucht te hangen door gebrek aan inbedding in Bijbel en traditie. Voor zover hij zich op de Bijbel oriënteert, is dat enkel voor ethiek. De natuurwetenschappen vertellen hoe de werkelijkheid in elkaar zit, geloof is er voor de moraal, zo volgt hij Kant. Zelfs voor de moraal is God uiteindelijk niet meer nodig, geloof is gereduceerd tot een mogelijke persoonlijke inspiratiebron voor wie dat wil.

Geïnspireerd door de evolutietheorie brengt hij wel een correctie aan op het mensbeeld van de moderniteit – de mens is niet autonoom, maar afhankelijk – maar tegelijk handhaaft hij het beeld van mensen als kroon van de schepping, en wel in de gedaante van absoluut hoogtepunt van de evolutie. De mens als beeld van God uit Genesis 1 kan hij hierin inpassen. Dat is echter niet meer het bijbelse beeld, maar gereduceerd tot de 'god's eye point of view',[619] het overzicht over het geheel. Het verhaal van de evolutie wordt bij hem een 'groot verhaal' waaraan alles aangepast moet worden of voor moet wijken.[620] Het is een theologie aangepast aan de tijdsgeest, zonder al te lastige vragen. De aandacht voor het lijden van mensen en andere levende wezens, blijft een toevoeging, komt niet voort uit zijn uitgangspunt. Dé mens is de rationele mens die overzicht heeft over het geheel, het is niet de lijdende mens, laat staan de lijdende mensen in al hun verscheidenheid of de lijdende schepping in al zijn diversiteit in wie God zich laat kennen.

God en de aarde

Theoloog Gijsbert van den Brink vraagt net als Smedes naar de verhouding tussen evolutietheorie en geloof waarbij ecologie ter sprake komt. Dat God de wereld heeft gemaakt – niet alleen ten behoeve van mensen – is voor hem uitgangspunt. Zijn vraag is 'of de evolutietheorie zich laat verzoenen met een orthodoxe opvatting van het christelijk geloof, waarin de Bijbel gelezen wordt als gezaghebbende weergave van de concreet-historische weg die God met mensen gaat van schepping via val naar verlossing en voltooiing.'[621] Zijn antwoord: ja, met een paar aanpassingen. Acceptatie van de evolutietheorie hoeft niet tot vrijzinnigheid of atheïsme te leiden. En de plaats van mensen? Mensen hebben geen empirische eigenschappen die bij dieren ontbreken, maar zijn uniek op theologische gronden: als beeld Gods en geroepen om in liefde met God en elkaar te leven, met zorg voor de aarde.

Van den Brink maakt het zichzelf niet gemakkelijk. Het boek wekte grote woede bij een deel van zijn achterban.[622] Hij is er – nog vrij recent – van overtuigd geraakt dat de evolutietheorie de beste verklaring biedt voor het ontstaan van biodiversiteit en vraagt zich af: als de evolutietheorie waar is, wat betekent dat dan voor de gereformeerde dogmatiek? Hij gaat uit van wat geldt als de standaardversie van de evolutietheorie, namelijk de 'neodarwiniaanse synthese', ook aangeduid als 'moderne evolutionistische synthese'. Daarin onderscheidt hij drie lagen: de geologische tijdschaal (de ouderdom van het heelal en van de aarde), de gemeenschappelijke afstamming (alle leven gaat terug op een of enkele voorouders) en de natuurlijke selectie op basis van willekeurige mutaties.[623] Aanvankelijk ziet hij in die laatste laag het grootste probleem: hoe is die willekeur te rijmen met Gods voorzienigheid? Hij relativeert die willekeur door erop te wijzen dat de hedendaags versie van Darwins theorie geen monolithisch blok is en dat volgens sommige evolutiebiologen de evolutie een interne gerichtheid heeft. Zo kan natuurlijke selectie gezien worden als instrument dat God gebruikt om diversiteit tot stand te brengen, meent Van den Brink.[624] Gaandeweg blijken de geologische tijdschaal en het ontstaan van nieuwe levensvormen de grootste problemen op te leveren voor de gereformeerde theologie, met name voor de verbondstheologie en voor de vraag naar Gods goedheid. Lijden en dood waren er al voor de eerste mensen. Daarmee komt de opvatting van een historisch lijn die loopt van Adam via de zondeval naar de verlossing in Christus op losse schroeven te staan. Uitgebreid gaat Van den Brink in op de verschillende theorieën van creationisten, evolutionair theïsten en oorsprongsagnosten. Er zijn allerlei manieren om de scheppingsverhalen en de evolutietheorie te verzoenen. In Genesis 1 is het de aarde die planten en dieren voortbrengt, mensen zijn op dezelfde dag gemaakt als landdieren en komen als laatsten. Tot zover de overeenkomsten. Maar focussen op de overeenkomsten en de verschillen negeren is geen optie, zegt hij: 'we moeten geen wetenschappelijke onderzoeksresultaten in de Bijbel inlezen alsof ze daar al die tijd al verborgen lagen.'[625] Hij maakt onderscheid tussen de *scopus* en de boodschappen van de bijbelschrijvers en hun verouderd wereldbeeld.[626]

Het heeft even geduurd voor alle protestanten accepteerden dat de aarde om de zon draait en niet andersom, zo zal de evolutietheorie ook wel geaccepteerd worden, verwacht hij. Protestanten, vooral van orthodoxe en evangelicale snit, hebben veel meer moeite met het accepteren van de evolutietheorie dan lutheranen, katholieken of oosters-orthodoxen. Rooms-Katholieke theologen hebben wel constructieve theologie ontwikkeld rond evolutie en geloof. Hij verklaart het verzet van orthodox protestanten uit hun opvatting dat de Bijbel van kaft tot kaft de enige bron en norm van geloof is (*sola Scriptura* en *tota Scriptura*). En uit hun nadruk op en hun interpretatie van 'bepaalde algemeen-christelijke geloofsopvattingen': verbond, zonde en genade. [627]Verbond begint in de orthodox gereformeerde opvatting bij een historische Adam en Eva en de zondeval als historische gebeurtenis. Die notie probeert hij recht te doen en tegelijk vast te houden aan de evolutietheorie. Dat doet hij door een middenpositie in te nemen tussen een niet historische en een letterlijke uitleg van Genesis 2 en 3. Hij maakt Adam en Eva tot 'verbondshoofden' van de mensheid die tot bewustzijn aan het komen is en vanaf dan voor God aanspreekbaar is. Dat zou zo'n 45.000 jaar geleden gebeurd zijn.

De evolutietheorie werkt niet alleen door in de schriftuitleg van Van den Brink. Ook zijn visie op Gods goedheid, op antropologie, heilsgeschiedenis en openbaringsleer is erdoor verdiept, schrijft hij in het laatste hoofdstuk. Als de geschapen wereld van meet af aan niet perfect geweest is, concludeert hij, is het verlossend handelen van Christus 'niet eenvoudigweg recht zetten wat verkeerd is gegaan, niet alleen bevrijding uit de heerschappij van de zonde, maar ook vervolmaking van Gods scheppingswerk door lijden, pijn en dood uit de natuurlijke werkelijkheid uit te bannen.'[628] En de 'wonderbaarlijke complexiteit van de natuurlijke wereld' maakt hem duidelijk 'dat het ontzag inboezemende karakter van de natuurlijke werkelijkheid [...] ons helpt te zien dat het boek van de natuur is "geschreven" door de God die we nog veel beter leren kennen in de Bijbel.'[629] Natuurlijke selectie verrijkt het beeld van God als Schepper. Dat religie en moraliteit langs evolutionaire weg ontstaan zijn, geeft volgens Van den Brink een nieuw zicht op openbaring.

Hij vraagt zich af of er nog meer christelijke geloofsopvattingen aangepast moeten worden aan de evolutietheorie en noemt een aantal voorbeelden van zulke aanpassingen. Berkhof zag Jezus als een beslissende sprong vooruit in de menselijke geschiedenis, een nieuw soort mens.[630] Dat idee verwerpt Van den Brink. Vanuit de tweenaturenleer is Jezus waarlijk God en waarlijk mens, dus een gewone homo sapiens, afstammend van apen. Een ander voorbeeld dat hij noemt: 'de Geest als Gods levengevende aanwezigheid in de wereld sluit gemakkelijk aan bij het wetenschappelijke plaatje van een dynamische, steeds veranderende wereld.'[631] 'Procestheologie en aanverwante vormen van panentheïsme – volgens welke God de wereld als het ware van binnenuit naar de toekomst trekt in plaats van van buitenaf in de wereld te handelen – (zijn) voor veel denkers in het veld van wetenschap en religie aantrekkelijke opties gebleken.'[632] We moeten de evolutietheorie niet kerstenen, waarschuwt hij, want wereldbeelden komen en gaan en het gaat in het christelijk geloof om andere zaken. In zijn gereformeerde traditie gaat het om de menselijke zwakheid en zonde tegenover Gods glorie en genade.[633] De bezorgdheid van sommige christenen 'of de menselijke soort inderdaad het culminatiepunt van Gods scheppend handelen vormt' – denk aan de vraag waar het boek van Smedes een antwoord op is – pareert Van den Brink scherp met de opmerking dat dat in de Bijbel ook niet zo is, zie Job 38-41, Psalm 104 en Genesis 1.[634]

Het is jammer dat hij zo hecht aan een historische Adam en Eva. Met een kunstgreep kan hij volhouden dat hij in 'een historische Adam' gelooft, wat bij sollicitaties in orthodoxe kringen een sjibbolet schijnt te zijn.[635] Daar wordt zijn betoog niet overtuigender van, terwijl hij zoveel belangwekkends te zeggen heeft. Het is ook niet consequent. Hij zegt wetenschappelijke inzichten niet in te willen lezen in de Bijbel, maar hanteert een bijbelopvatting die voortkomt uit de wetenschapsopvatting van de Verlichting: alleen als het historische feiten zijn die historisch verifieerbaar zijn, dan is het waar. Het is dezelfde opvatting die opmerkelijk genoeg veel vrijzinnigen huldigen. Zij trekken alleen een tegengestelde conclusie: de Bijbel is niet waar, omdat het grootste deel niet historisch is in moderne zin.

Een belangrijke vraag die Van den Brink stelt, is in hoeverre christelijke geloofsopvattingen aangepast moeten worden aan de evolutietheorie. De kracht van zijn boek is dat hij christelijk geloof en evolutietheorie confronteert zonder de een helemaal aan de ander aan te passen. De evolutietheorie verandert sommige van zijn geloofsopvattingen, maar komt er niet voor in de plaats. Terecht stelt hij dat het in geloof om andere zaken gaat dan in de evolutietheorie. Daarom is het niet nodig beide op een noemer te brengen. Christelijk geloof is al door heel wat wereldbeelden heen gegaan zonder er in op te gaan en zonder er aan te ontkomen. Van den Brink heeft overigens weinig oog voor het feit dat elke theologie gekleurd is door een wereldbeeld. Alsof ook die nadruk op zonde en genade niet voortkomt uit de late middeleeuwen en verder vorm gekregen heeft in de Nadere Reformatie.

Vanuit scheuren in geloofsopvattingen en in wereldbeelden, kan creatieve theologie ontwikkeld worden.[638] Waar het schuurt – evolutietheorie en christelijk geloof, hedendaagse geloofsbeleving en de Bijbel – kan iets nieuws ontstaan. Daarbij kunnen de dogma's van de tweenaturenleer en de Drie-eenheid een belangrijke rol spelen, evenals klassieke bijbels-theologische noties als zonde, genade en verbond. Zelfs binnen een panentheïstische theologie, zoals we bijvoorbeeld bij een aantal ecofeministische theologen zullen zien.[639]

3.5 Kwesties

Het Nederlandstalig ecotheologische discours is enerzijds zeer beperkt van omvang, anderzijds zeer veelvormig zoals uit bovenstaand overzicht van publicaties blijkt. Op enkele plaatsen wordt geprobeerd tot een breed oecumenisch gesprek te komen.[640] Daar botsen soms theologische referentieskaders, waardoor het gesprek stokt. Een kernbegrip als schepping bijvoorbeeld heeft in een katholiek, een vrijzinnig of een orthodox-protestants kader een andere betekenis. Er is niet één lijn in de Nederlandse en Vlaamse ecotheologie, er is wel een aantal kwesties die steeds terugkomen. Ik orden ze en neem alvast stelling.

3.5.1 Natuur: heilig, vanzelfsprekend of gevaarlijk?

Het lastige, meerduidige, misschien overbodige woord natuur is een mijnenveld.[641] Natuur roept vaak sterke positieve of negatieve associaties en emoties op. Voor de een is het de plaats waar God of het heilige te vinden is, voor de ander is natuur ontzagwekkend, maar dient de afstand tussen God en de natuur goed bewaakt te worden, voor een derde riekt elke associatie van God met natuur naar gevaarlijk heidendom. Soms wordt aan de niet-menselijke natuur op zichzelf waarde toegekend, soms enkel als materiaal of hulpbron of als spiegel van of symbool voor menselijke ervaring. Voor de een hoort alles, ook mensen en hun cultuur, bij de natuur. Dan is de natuur bijna gelijk aan werkelijkheid. Voor de ander is de natuur de achtergrond van datgene waar het werkelijk om gaat: de (heils)geschiedenis van God en mensen. Bij sommigen gaat duurzaamheid alleen over de leefbaarheid van de aarde voor mensen, voor anderen is de onderwerping van de natuur een zorg.

Natuur kan functioneren als natuurwet waarmee bepaalde maatschappelijke ordeningen gesanctioneerd worden. Sommigen wijzen op het risico dat bevrijding van de natuur en bevrijding van mensen tegen elkaar uitgespeeld worden.

Mij lijkt dat voor de niet-menselijke natuur hetzelfde zou moeten gelden als voor mensen: waardevol, niet heilig op zichzelf, maar heilig als plaats van God. Vanuit bijbels perspectief kan gezegd worden dat de natuur niet heilig is, maar ook niet materie voor menselijk gebruik, dat (menselijke en niet-menselijke) natuur heilig is in de zin dat ze bij God hoort, bestaat voor Gods glorie en Gods glorie weerspiegelt, dat mensen niet de (niet-menselijke) natuur moeten vereren, maar samen met de natuur God moeten vereren.[642]

3.5.2 Schepping: niet-menselijke natuur of alles? Toen, nu of straks?

Schepping is eveneens een meerduidig woord. In katholieke theologie wordt ecologie meestal verbonden met scheppingstheologie, in protestantse theologie vaak niet. Soms is schepping alles voor zover het met God te maken heeft of alles in een bepaald licht, soms wordt alleen de niet-menselijke natuur schepping genoemd of wordt juist alleen over mensen gesproken als schepselen. Steeds speelt de vraag naar Gods verhouding tot de schepping: is God de kracht binnen de schepping en/of overstijgt God de schepping of staat God zelfs tegenover de schepping? Het is de vraag naar de verhouding van immanentie en transcendentie. Een andere vraag is of heel de schepping Gods beeld draagt of alleen de mens.

Schepping kan betrekking hebben op een oorsprong, al dan niet temporeel opgevat, op het heden, dus op de voortdurende relatie tussen God en alles wat bestaat, of op de toekomst, dus op hoe de wereld moet worden. Steeds ook speelt de verhouding schepping-evolutie. In protestantse kringen is dat een heikel thema, in katholieke kringen is er meer integratie. Hierbij spelen vragen naar een veranderd perspectief van tijd en ruimte, vragen naar toeval en doelgerichtheid, willekeur en voorzienigheid, de plaats van mensen en menselijk geloof in de evolutie, ontzag voor het wonder versus het beeld van een onverschillig heelal. De evolutietheorie kan functioneren als concurrent van scheppingsgeloof, als vanzelfsprekendheid op de achtergrond, als een bron van kennis over de werkelijkheid of als de hedendaagse bron van zingeving. Het is de vraag in hoeverre theologische opvattingen aangepast moeten worden aan de evolutietheorie. Onder deze vragen ligt de vraag naar de verhouding tussen theologie en natuurwetenschappen.[643] Voor de een zijn de natuurwetenschappen de norm, de ander stelt ze juist onder kritiek.

Mij lijkt het belangrijk om de scheppingsverhalen uit de Bijbel niet in te ruilen voor de evolutie als zingevend verhaal, zoals Smedes doet. Dat de aarde niet plat is en niet in zes dagen zijn huidige vorm gekregen heeft, wil niet zeggen dat scheppingsverhalen onzin zijn of dat we nu 'beter weten'. Het vertellen van betekenisgevende verhalen moet niet overgelaten worden aan de natuurwetenschappen, aan experts en aan de zekerheid van de moderniteit.[644] Het verhaal van de evolutie en daarop geïnspireerde kosmologische verhalen neigen al snel naar de 'totalitaire en onderdrukkende strategieën' van een groot verhaal, dat alle andere verhalen minderwaardig maakt.[645] Het christendom heeft een schat aan verhalen die het meer dan waard zijn om verder verteld te worden en de collectieve verbeelding te blijven voeden, vaak juist als noodzakelijk tegenwicht tegen het verhaal van de natuurwetenschappen en de moderniteit.

3.5.3 Aarde: ecosysteem, huis, toneel, lijdende, arme?

De aarde wordt vanuit verschillende perspectieven heel verschillend geduid. Ze kan vanuit bevrijdingstheologie gezien worden als meest in de steek gelaten arme, vanuit biologisch perspectief als overkoepelend ecosysteem of als biosfeer, vanuit kosmologie als miniem deel van het geheel. De aarde kan kwetsbaar thuis zijn in het verder onleefbare heelal, ons gemeenschappelijk huis of werkterrein voor de mens. De aarde kan als actief of passief voorgesteld worden, als voortbrengster, wreekster, roepende, lijdend onder het geweld van mensen of te bouwen huis voor God. Wat van de aarde gezegd wordt, wordt deels ook van de kosmos gezegd: de kosmos is het grote geheel, brengt alles voort of is achtergrond of werkterrein.

Mij lijkt belangrijk te erkennen dat we als mensen onderdeel zijn van de aarde. We hoeven niet de pretentie te hebben haar te overzien, laat staan te beheersen. Het is nuttig om verschillende metaforen te gebruiken, omdat beelden elkaar kunnen aanvullen. Wie de aarde enkel als werkterrein of decor ziet, doet haar tekort, want neemt de niet-menselijke werkelijkheid niet serieus genoeg. De aarde als gemeenschappelijk huis is een veel positiever beeld, het maakt mensen tot medebewoners in plaats van heersers. Christus als hoeksteen past erbij. Huis als metafoor heeft echter ook zijn valkuilen. Het kan bijvoorbeeld gebruikt worden om patriarchale familiewaarden te promoten.[646]

3.5.4 Mensen: centraal of decentraal, een of divers, verantwoordelijk?

De plaats van mensen in het grote geheel is bij alle in dit hoofdstuk besproken auteurs belangrijk, soms als vraag, soms als vooronderstelling. Mensen worden beschreven als verweven met de kosmos, beeld van God, vervreemd van de schepping en dus van God, toevallig ontstaan of gewild, laatkomer, nietig en afhankelijk, biologisch niet te onderscheiden van andere dieren, verantwoordelijk voor (het leven op) de aarde, persoon tegenover de materie, kosmopoliet of aardling. Op basis van filosofie, theologie en ethiek worden mensen onderscheiden van andere levende wezens, waarvan ze verschillen door verantwoordelijkheid, roeping of intelligentie. Mensen zijn hoogtepunt of einddoel van schepping of evolutie, tussenstadium of bescheiden onderdeel van een groter geheel. Voor de een staan mensen centraal, voor een ander de kosmos, de aarde, alle levende wezens en/of God/Christus. Mensen zijn uit het centrum verdreven door Copernicus, Darwin en Freud of ze hebben er nooit in gestaan. Bevolkingsgroei is wel of niet relevant.

Naast de plaats van 'de mens' zijn de verschillen tussen mensen belangrijk. 'De mens' kan als algemene categorie gehanteerd worden of er kan onderscheid gemaakt worden in mensbeeld, gender of maatschappelijke positie. 'De mens' is impliciet vaak de westerse witte man. Mensen worden gezien als moderne autonome individuen of als concrete lijfelijke personen verbonden met de plek waar zij leven. Mensen kunnen heersen en overheerst worden, bevoorrecht zijn of arm. Economie, technologie en ecologie kunnen op elkaar betrokken worden.

Menselijke verantwoordelijkheid wordt op verschillende manieren ingevuld. Die kan betrekking hebben op: de plek waar zij/hij leeft, het leven, de aarde, de lijdende natuur, de kosmos, God, andere mensen, armen en stemlozen, zichzelf. Bij de vraag naar het object en de reikwijdte van menselijke verantwoordelijkheid, speelt ook de vraag: kunnen mensen de aarde en zichzelf wel maken?

Bij de plaats van mensen hoort ook de vraag naar de mens Jezus. Christus als mens kan als nieuwe fase van de mensheid of als gewone mens gezien worden, afstammeling van aapachtigen.

Mij lijkt het in de context van de ecologische crisis en overeenkomstig het mensbeeld van de Bijbel in ieder geval belangrijk mensen altijd te zien als deel van het grotere geheel van de schepping, net als al het andere gemaakt door God en levend op Gods adem. Enige mate van antropocentrisme is onvermijdelijk in zoverre een mens de wereld alleen als mens kan zien, maar inlevingsvermogen in andere levensvormen en relativering van de eigen blik is wel nodig, evenals het besef van eigen beperkingen. Die noodzaak tot relativering van de eigen blik en positie geldt ook ten aanzien van medemensen, want ook mensen zijn onderling heel verschillend.

3.5.5 God: in of tegenover de wereld?

Als God niet dood is, is God verbonden met de wereld, maar hoe? Is God te vinden in de aardse werkelijkheid of daartegenover? Of is God niet tegenover, maar van een andere orde dan het aardse? Is het ontzagwekkende in de natuur te verbinden met God? Is geloof in God een mogelijke persoonlijke keuze binnen een algemeen geaccepteerd wereldbeeld of is geloof in God bepalend voor iemands wereldbeeld? Leidt acceptatie van de evolutietheorie tot atheïsme, stuwt Gods Geest de evolutie voort of moet je evolutietheorie en denken over God uit elkaar houden? Kun je de evolutietheorie nog op een andere manier theologisch verwerken dan tot een vorm van procestheologie? Is God primair schepper of verbondssluiter en hoe verhouden die twee zich?

Mijns inziens kan de evolutietheorie helpen om het bijbelse godsbeeld van Gods voortdurende werkzaamheid in de wereld – niet alleen in mensen – te herontdekken. Dat is ecologisch van groot belang. Dat wil niet zeggen dat de evolutietheorie de norm moet zijn voor theologie. De vraag blijft staan hoe Gods verbondenheid met de wereld het best gezien kan worden, zonder God met de wereld samen te laten vallen en zonder God buiten de wereld te plaatsen. Het is de spanning tussen immanentie en transcendentie.

Antropocentrisme vervangen door theocentrisme is niet de oplossing. Ecotheologie moet ook over godsbeeld gaan: wie is God en hoe verhoudt zij/hij zich tot de aarde? In het volgende hoofdstuk komen drie theologen aan het woord die de scheiding tussen God en de aarde bekritiseren en met heel verschillende oplossingen komen.

HOOFDSTUK 4

Inzichten uit ecofeministische theologie wereldwijd

Dit hoofdstuk gaat over ecofeminisme. Als ecologische theologie geen aandacht heeft voor gender,[647] loopt ze namelijk het gevaar wel op te komen voor de aarde, maar ten koste van vrouwen. En ook vaak ten koste van armen. En uiteindelijk ook van de aarde.

Een van de valkuilen van ecotheologie is dat antropocentrisme vervangen wordt door theocentrisme zonder dat er iets aan het traditionele godsbeeld verandert. Dan wordt benadrukt dat God en niet de mens heerst over de aarde. Het beeld van God blijft een beeld van mannelijke heerschappij: almachtige vader, koning, verlosser. Deze beelden kunnen werken als kritiek op menselijk heersen, ze hebben echter minstens zo vaak gefunctioneerd om het schema van overheersen en overheerst worden in stand te houden: mensen over de aarde, mannen over vrouwen, westerse over niet-westerse volken.

Een andere valkuil is dat over verantwoordelijkheid van mensen gesproken wordt ten opzichte van de natuur of hun medeschepselen zonder dat er iets aan het mensbeeld verandert. Op zijn minst dient de vraag gesteld te worden: over welke mensen gaat het? Ook over vrouwen, armen, niet-westerse volken? En: wat is een mens in het grote geheel en ten opzichte van het stukje aarde waarop zij leeft?

Een derde valkuil is dat ecotheologie gaat over de pracht van de zich ontvouwende kosmos zonder dat het aardse, lijfelijke in al zijn ambivalentie nog gewicht in de schaal legt. Dan blijven kwaad en lijden onderbelicht.

Ecofeminisme is nodig om ons voor deze valkuilen te behoeden. Dat veel ecotheologie uit de feministische hoek komt, is geen toeval. Het tegenover elkaar plaatsen van God en natuur, en mensen en natuur is niet sekseneutraal. Vrouwen zijn al sinds de oudheid vaak aan de kant van de natuur geplaatst.[648] Soms ten voordele van vrouwen, vaak ten nadele. Er zijn weliswaar vele vormen van ecofeminisme en niet elke vorm heeft genoeg aandacht voor de niet-westerse wereld en voor het lijden in de wereld, maar ecofeministische theologen houden zich wel altijd bezig met fundamentele vragen over godsbeeld, mensbeeld en wereldbeeld. Het zijn vooral ecofeministische theologen die fundamentele kritiek leveren op de ideologie van overheersing en met alternatieve concepten en invalshoeken komen.

Veel feministische ecotheologie was westers, katholiek en Angelsaksisch, met Mary Daly en Rosemary Radford Ruether als voorlopers en vele vrouwelijke religieuzen als navolgers.[649] De diversiteit van stemmen is echter steeds groter geworden. Ik kies voor enkele belangrijke ecofeministische auteurs uit verschillende kerken en werelddelen met een systematisch-theologische benadering: Ivone Gebara – katholiek en Latijns-Amerikaans, Sallie McFague en Catherine Keller – protestants en Noord-Amerikaans, Elizabeth Theokritoff – Europees en oosters-orthodox. [650] Ze hebben gemeen dat ze binnen het christelijk geloof willen blijven en klassieke christelijke thema's behandelen. Ik bespreek ze in chronologische volgorde, dat wil zeggen in de volgorde van hun belangrijkste ecotheologische werk.[651]

Ik begin met een korte weergave van de theologie van Sallie McFague omdat zij een van de grondleggers is van ecofeministische theologie. Met name haar inzicht dat taal over God altijd beeldtaal is en haar beeld van de wereld als Gods lichaam komen steeds terug. Zij muntte bovendien het begrip aarde-anderen voor de niet-menselijk natuur en stelde fundamentele vragen bij de rol van de markteconomie.

De kracht van Ivone Gebara is haar betrokkenheid bij het dagelijks leven van arme vrouwen in Latijns-Amerika, haar aandacht voor hoe kennis tot stand komt (epistemologie) en haar verrassend inclusieve mensbeeld. Inspiratie vindt ze in de Jezusbeweging, nauwelijks in de Bijbel als geheel en niet in de traditie. Tegen de patriarchale theologie en structuur van haar kerk in, ontwikkelt ze een mensbeeld, godsbeeld en wereldbeeld waarin verwantschap het kernbegrip is.

Catherine Keller gaat juist een intensieve dialoog aan met de Bijbel en de traditie. In combinatie met postmoderne filosofie en natuurkunde, ontwikkelt ze een vorm van ecofeministische procestheologie waarin de wereld voortkomt uit chaos en creativiteit. De rol van God in dat wordingsproces vergelijkt ze met de vreemde aantrekker uit de natuurkunde.

Elizabeth Theokritoff staat nadrukkelijk in de oosters-orthodoxe traditie. Die traditie is veel minder beïnvloed door de moderniteit dan het westerse christendom. De kerkvaders en de liturgie zijn haar belangrijkste bronnen om de aanwezigheid van God in elk schepsel te vieren. Ascese is voor haar de sleutel tot een ecologisch christelijk leven.

Bij elk van hen evalueer ik hun opvattingen ten behoeve van een Nederlandstalige ecotheologie.

4.1 Sallie McFague: de wereld als Gods lichaam

McFague heeft laten zien dat het onmogelijk is anders dan in beelden over God te spreken. Ook zeer gangbare termen als 'heer' of 'vader' zijn metaforen, geen beschrijvingen.[652] In haar boek *Modellen voor God, nieuwe theologie in een bedreigde wereld* zoekt ze naar een theologie die zeggingskracht heeft in een tijdperk van ecologische crisis en nucleaire dreiging, in een situatie dus waarin de wereld door de mens vernietigd dreigt te worden.[653]

Monarchale beelden van God als 'Heer', 'Koning' en 'Almachtige Vader' zijn in deze situatie riskant: 'De koning als dominerend vorst moedigt militarisme en destructie aan; de koning als welwillend patriarch passiviteit en vlucht voor verantwoordelijkheid. [...] In onze tijd is het monarchale model gevaarlijk: het stimuleert het gevoel om afstand van de wereld te nemen; het schenkt alleen aandacht aan de menselijke dimensie van de wereld; en het steunt houdingen van dominantie of passiviteit tegenover de wereld.'[654] Het beeld van God als almachtige vader maakt van mensen onmondige kinderen en bevestigt tegelijkertijd de macht van vaders over hun vrouw en kinderen en bevestigt in het algemeen de macht van sommige mannen over andere mensen en over de rest van de wereld.

Nieuwe modellen zijn nodig, stelt ze, en niet-hiërarchische inclusieve beelden. Die moeten om echt aan te spreken bovendien persoonlijk zijn. Ze wil God geen 'persoon' noemen, vanwege alle misverstanden die dat begrip oproept, maar wel 'persoonlijk'. Drie zulke beelden probeert ze uit: moeder, minnaar/minnares (*lover*) en vriend/vriendin (*friend*). Het model dat onder deze beelden ligt is dat van de wereld als Gods lichaam. Want, benadrukt McFague, in deze tijd kun je geen absolute scheiding meer aanbrengen tussen God en de wereld. Niet dat God samenvalt met de wereld. God overstijgt de wereld ook, zoals een mens haar lichaam overstijgt. McFague noemt God daarom radicaal transcendent én radicaal immanent. Ze verbindt schepping en incarnatie: God incarneert in de wereld, niet alleen in Jezus. De schepping als geheel is een teken van Gods tegenwoordigheid, Jezus is het eerste paradigma van Gods liefde.[655] Veel ecofeministische theologie bouwt voort op het beeld van de wereld als Gods lichaam.

4.1.1 Naastenliefde voor alle schepselen

In een volgend boek *Super, Natural Christians. How we should love nature.*[656] vraagt Sallie McFague zich af hoe we liefdevoller met de natuur om kunnen gaan.

> We leven om God eer te bewijzen door de wereld lief te hebben en alles wat daarin is.[657]
> Redding betekent leven in Gods aanwezigheid in navolging van Gods liefde voor de wereld.[658]

Caspar David Friedrich, *Der Wanderer über dem Nebelmeer*

Ze onderscheidt twee manieren van kijken: het arrogante oog en het liefhebbende oog. Het eerste kijkt met een heersersblik, vanaf een afstand, en bekijkt de werkelijkheid als ofwel nuttig ofwel vijandig. Met deze blik zijn we gewend naar de natuur te kijken. Het liefhebbende oog is de blik waarmee je naar vrienden kijkt: ze zijn anders en toch houd je van ze. Als we eens met die tweede blik naar de natuur zouden kijken? McFague introduceert het begrip 'aarde-anderen'. Ze wil het idee van naastenliefde uitbreiden naar alle levende wezens en zelfs naar de dode natuur. Een boom, een goudvis of een rivier is ook een naaste. Zo probeert ze ons anders te laten kijken naar de natuur. Niet van buitenaf, alsof we er zelf geen deel van uit zouden maken, maar vanuit een relatie.

Veel mensen hebben nauwelijks contact met de natuur, constateert ze, arme kinderen het minst. We zijn bovendien geneigd natuur in de stad niet als echte natuur te zien, want in een romantisch ideaal is natuur niet de boom voor ons huis, maar groots, ongerept en ver van de stad (zie afbeelding p. 185). Die scheiding tussen mensenwereld en natuur noemt ze een gevaarlijk dualisme. Want het is belangrijk dat ook stadsplanning ruimte maakt voor stukjes natuur. En in natuurreservaten in Afrika moet ook ruimte blijven voor de plaatselijke bevolking.

Door ervaring met natuur – niet groots, maar juist ook gewoon en dicht bij huis – en door kennis kunnen we de aarde-anderen als subject gaan ervaren in plaats van als object. Sinds wat 'de natuurwetenschappelijke revolutie in de zeventiende eeuw' is gaan heten, zijn we de natuur als ding gaan zien dat je kunt gebruiken.[659] McFague gebruikt de evolutietheorie om dat beeld bij te stellen: de aarde is een organisme, waarin alles met alles verbonden is. En elk deel daarvan heeft zijn eigen intrinsieke waarde, los van het nut voor de mens. Ze verwijst naar Genesis 1 waar het refrein is: 'En God zag dat het goed was'. Kennis van de natuur door ervaring, door wetenschap en door kunst kan helpen om oog te krijgen voor het subject-zijn van onze medeschepselen.

4.1.2 Een ecologische economie

Dan komt McFague tot de conclusie dat ze iets heel belangrijks over het hoofd gezien heeft: de grote rol van de economie.[660] Een paar jaar later publiceert ze *Life Abundant* over theologie en economie als aanvulling en correctie op haar vorige boek.[661] Leven in een liefdevolle relatie met de natuur, leven in volheid, hangt samen met hoe de aardse goederen verdeeld worden en dat is economie. Economie gaat immers over het verdelen van schaarse middelen. De economische theorie van het marktkapitalisme hult zich in een schijn van vanzelfsprekendheid, alsof het om een natuurwet gaat, stelt ze. Het is echter een ideologie die mensen tot individuen maakt die alsmaar meer willen en die gelooft in onbeperkte groei. Het wereldbeeld van het marktkapitalisme gaat uit van een aantal zeer aanvechtbare vooronderstellingen: de mens als door eigenbelang gedreven individu, de wereld als machine met vervangbare onderdelen, wat geld oplevert is goed, consumptie maakt gelukkig, het mechanisme van vraag en aanbod zorgt voor een optimale prijs en hoeveelheid. De vraag wie profiteert van een economisch systeem en of de aarde de last kan dragen maakt geen onderdeel uit van de neoklassieke economie. Het systeem gaat ten koste van de aarde en van de armen, het resulteert in een verdeling die noch rechtvaardig, noch duurzaam is.[662]

Een ander wereldbeeld vraagt een ander economisch model. Het marktkapitalisme ziet de wereld als een handelsmaatschappij, een verzameling individuele mensen die zich verenigen om de leden te laten profiteren door optimaal gebruik te maken van natuurlijke hulpbronnen. Denk aan hoe sommige politici spreken van 'de BV Nederland', waarin hoger onderwijs beoordeeld wordt op verdiencapaciteit, gemeenteloketten voor burgers omgedoopt zijn tot stadswinkels voor klanten en natuurgebieden nuttig zijn voor het investeringsklimaat en voor de toeristenindustrie.[663]

Het meer ecologische beeld van de wereld als organisme of gemeenschap, die overleeft door onderlinge verbondenheid en afhankelijkheid van haar vele – menselijke en niet-menselijke – leden, komt beter overeen met wie we zijn.[664] Een ecologische economie houdt rekening met deze verbondenheid en afhankelijkheid, met de draagkracht van de aarde en het welzijn van alle levende wezens.[665] Voor welvarende westerse mensen betekent dat zelfbeperking.

4.1.3 De drie-ene God in een tijd van klimaatverandering

Zelfbeperking is niet alleen een vereiste voor het welvarende deel van de mensheid in deze tijd, het is ook een kenmerk van God zelf. In een volgend boek, *Blessed are the Consumers* werkt ze een godsleer uit vanuit de *kenosis*, het oude idee dat door mens te worden God zichzelf ontledigd heeft.[666] Het kenotische model is een model van zelfopofferende liefde, van God die zichzelf geeft voor de wereld, en daarmee een tegenbeeld tegen een ideologie waarin consumeren centraal staat.

Het gangbare protestantse beeld van God en de wereld als twee entiteiten tegenover elkaar is ongeloofwaardig geworden, stelt ze. Het sacramentele model in de katholieke traditie biedt meer mogelijkheden om over God te spreken als nauw verbonden met de wereld, als transcendent en immanent, dan de protestantse traditie. Maar alle christelijke tradities hebben die mogelijkheid, omdat ze geloven dat in Jezus God zichtbaar wordt: 'de vraag wie God is, begint met wat Jezus deed in zijn leven, leren en dood.'[667] Nadenken over God vanuit de liefde van Jezus op het kruis geeft een ander beeld van goddelijke macht dan het monarchale beeld. Daarbij vindt ze de oosterse opvatting van de Drie-eenheid behulpzamer dan de westerse. Die laatste legt de nadruk op de afzonderlijke personen en is statischer. De oosterse visie focust op het proces van geven en ontvangen en op relaties. Het beeld daarbij is dat van een dans, *perichoresis*. In die beweging van God zelf is de wereld opgenomen: 'Dit is een sacramentele visie waarin de wereld een weerspiegeling is van het goddelijke in al zijn biljoenen afzonderlijke levensvormen en soorten.'[668]

Je zou verwachten, zegt ze, dat het geloof dat God belichaamd is, geleid zou hebben tot waardering voor lichamelijkheid en voor het aardse leven. Dat dat niet gebeurd is, is onder meer te verklaren doordat het aardse leven vaak ellendig was. Dan wil je je hoop wel stellen op een andere wereld. Protestanten zijn er bovendien altijd beducht voor geweest om iets in de wereld als goddelijk te zien.[669] De hoop op een andere wereld leidt echter ook af van het zoeken van gerechtigheid voor alle schepselen in deze wereld. De inzichten van 'nieuw materialisme' helpen om de traditionele scheiding tussen subject en object te overwinnen en om alle aspecten van de natuur als handelend te zien.[670] Postmoderne ideeën helpen bij het vinden van een ander godsbeeld en een andere opvatting van macht.

Ze herneemt het beeld van de wereld als Gods lichaam. Het beeld van God als vader geeft wel een idee van intimiteit en zorgzaamheid, maar maakt ons ook tot kleine kinderen die maar vertrouwen moeten hebben. De wereld als Gods lichaam maakt alle aspecten van de natuur, dus ook ons mensen, tot delen van dit lichaam, dus tot deelnemers. Kenotische liefde is een ander model van Gods macht: 'Christendom is een vorm van dit kenotische paradigma [...] schepping van de wereld als Gods lichaam [...] Jezus als het gezicht of het beeld van God in zijn zelfontledigende liefde [...] de Drie-eenheid als circulaire zelfontledigende liefde voor de ander.'[671]

4.2 Ivone Gebara: het dagelijks leven van arme vrouwen

Ivone Gebara is net als McFague een van de voorvrouwen van ecofeministische theologie. Ze wil net als McFague een theologie ontwikkelen die niet dualistisch en niet patriarchaal is en deelt met haar een aandacht voor lichamelijkheid, kritiek op de markteconomie en de opvatting van de wereld als lichaam van God.

Ze wil niet de traditionele theologie herschrijven, zegt ze, want dat zou arrogant en onmogelijk zijn, maar wat ze op zich neemt is veelomvattend en fundamenteel: 'Mijn taak zal zijn om op de mogelijkheid te wijzen van het interpreteren van sommige sleutelbegrippen binnen de christelijke traditie met het doel om het lichaam van de aarde, het menselijk lichaam en onze relatie met alle levende lichamen te reconstrueren.'[672] Als het begrip van God, Jezus en de mens niet verandert, blijft protest binnen het hiërarchische machtssysteem waartegen het protesteert, stelt ze.

4.2.1 Context Latijns-Amerika

Gebara's context is een andere dan die van McFague. Ze is een stadsmens, schrijft ze, en heeft weinig ervaring met en kennis van de natuur.[673] Ze is non – lid van een congregatie – en hoort bij de katholieke kerk in Latijns-Amerika, die nog altijd zeer hiërarchisch en patriarchaal is, waar priesters alles te vertellen hebben en vrouwelijke religieuzen hoogstens ingezet worden als hulpjes in de parochie. Waar een uitbundige volksvroomheid bestaat naast een vaak starre kerkelijke leer. In een cultuur getekend door *machismo*. Het is het continent waar in de jaren zeventig en tachtig de bevrijdingstheologie opkwam, die het opnam voor de armen, maar weinig aandacht had voor vrouwen en voor de aarde, die nog altijd streeft naar fundamentele maatschappelijke veranderingen, maar het onder de armen af moest leggen tegen evangelicale en Pinksterkerken.

Latijns-Amerika heeft te maken met een ecologische crisis die met name de armen treft. Ze worden verdreven van hun land door mijnbouw, houtkap, grootschalige veeteelt en bodemerosie. Ze hebben te lijden van lucht- en watervervuiling en van slechte gezondheidszorg. Milieuthema's komen voort uit de strijd om te voorzien in de basisbehoeften in een context van ecologische vernietiging. Bijna alle religieuze groeperingen, behalve de evangelicalen, kritiseren het neoliberale model van ontwikkeling als een nieuwe vorm van kolonialisatie. De meesten mengen elementen van verschillende religies: Indiaanse en christelijke praktijken met elementen van religies die de slaven meebrachten uit Afrika.[674]

Gebara's context is die van de sloppenwijk in São Paolo, Brazilië, waar ze al vele jaren woont en tegelijk die van de internationale theologische wetenschap. In haar manier van theologiseren probeert ze die werelden bij elkaar te brengen:

> Ik heb me steeds afgevraagd hoe mijn theologie zich verhoudt tot de levenservaringen van vrouwen uit de armere klasse, een vraag met een ondubbelzinnig subjectief antwoord. Het is net of de warmte van de omgeving waar ik woon en de geluiden en de stemmen van de buren die ik vroeg in de ochtend hoor, zich met mijn eigen leven hebben vermengd. [...] Bij mijn buurvrouwen en bij de vrouwen uit mijn wijk doe ik eerlijk gezegd niet aan theologie. Door me in te leven in hun situatie ben ik de theologische vraagstukken vanuit een ander daglicht gaan bekijken. Het is net of ze me door hun tranen, vreugde en vragen duidelijk maken dat we onze inzichten moeten bijsturen, net als de theorieën rond het goddelijk mysterie wat in wezen het mysterie van de mens is. Verschillende situaties raken me, maken me kwaad, ontroeren me en stemmen me tot nadenken.
>
> Ik geef jullie een voorbeeld. Onlangs liep ik door de hoofdstraat in mijn wijk. Het was zes uur 's ochtends en de zon scheen volop. 'Goeiemorgen, Ivone, maak je een wandelingetje?' Op sommige plaatsen is het trottoir opengebroken en ligt er een hoop vuiligheid. Hier en daar moet ik uitwijken en op de rijweg lopen, want 's morgens vroeg voor de vuilniskar komt, ligt er altijd een hoop vuilnis. Ik moet opletten dat ik niet in een van die gaten donder of over vuiligheid struikel. Plots duikt er een paard voor me op, wat verder een ezel en enkele loopse teven. Ik wandel verder en in de verte zie ik de vierjarige Luan die me op de hoek staat op te wachten. Ik moet een tiental minuten vrij maken om met de bal of met z'n autootjes te spelen, terwijl zijn grootmoeder hem vanuit haar snackbarretje aandachtig observeert met een brede glimlach om haar lippen. Een tiental minuutjes later zet ik mijn wandeling voort. Wat verderop kom ik de kokkin van de crèche tegen. Ze praat even met me over haar moeilijkheden. Nog wat verder zie ik Betty met haar verlamde zoon. Ze stopt even en vertelt me over zijn gezondheidstoestand en dat ze niet de middelen heeft om hem beter te verzorgen. Ik keer terug naar huis. De hemel is intussen diepblauw gekleurd. Ik leef mee met de vrouwen uit de wijk en ben dankbaar dat ik leef, ook al wordt dit moment van intimiteit

> met deze wereld abrupt verstoord door de ronkende motoren en dieseldampen van een overladen bus die voorbijrijdt. [...] Er zijn dagen dat je verhalen hoort over moorden, geboortes, mensen die plots ziek zijn geworden of baby'tjes die dood geboren worden. Er zijn regenachtige en bewolkte dagen. Er zijn dagen dat er geen water is en vrouwen de wanhoop nabij zijn. Er zijn dagen dat het erg stil is in de wijk omdat we opstaan zonder elektriciteit.
> Al die dingen raken me diep en laten me niet toe de patriarchale gedachte waarin ik ben opgevoed en gevormd te verspreiden.[675]

Gebara verzet zich tegen traditionele katholieke theologie waarin ze opgeleid is en tegen de hiërarchische patriarchale structuur van haar kerk. Ze zet zich in voor het lot van de onderdrukten en van de aarde, beide slachtoffer van het vernietigende gedrag van de mensheid. 'De aarde die gekocht en verkocht is en misbruikt ten bate van snel gewin en de accumulatie van rijkdom door een minderheid.'[676] Onder de men-

Straatveegster in Lima

selijke slachtoffers zijn vrouwen en mannen. In Latijns-Amerika zijn de inheemse volken die het dichtst bij de natuur leven onderworpen aan voortgaande uitroeiing, aldus Gebara, de zwarten met hun religieuze traditie van verbondenheid van alle menselijke en natuurkrachten het meest verarmd en buitengesloten, de vrouwen het meest beroofd van burgerrechten.[677]

De arme vrouwen zelf verbinden het afval in de straten en het gebrek aan schoon water en sanitair niet met de gezondheid van hun kinderen, merkt Gebara. Ze ervaren de straat als publieke ruimte die niet van hen is. De rijke wijken zijn veel schoner, constateert ze. Daar zijn het de armen, hoofdzakelijk vrouwen, die schoonmaken. Al zijn hun straten vuil, het zijn niet de armen die de meeste afval produceren. Zij bezitten niet de vervuilende industrieën en consumeren niet het meest. Zij zijn de arbeiders die de bomen omzagen, maar niet degenen die opdracht geven tot grootschalige kap van het regenwoud.[678]

Gebara's leven en leren

Ivone Gebara's theologie en leven zijn nauw verweven. Ze werd in 1944 geboren in een katholiek middenklasse gezin in São Paolo.[679] Haar ouders waren immigranten uit Libanon die haar zeer beschermd opvoedden. Als studente filosofie leerde ze in 1960 vrouwelijke religieuzen kennen die politiek zeer actief waren. Door hen geïnspireerd trad ze als tweeëntwintigjarige in bij de Zusters van Notre Dame. In die congregatie zocht en vond ze een vrijheid die ze met een echtgenoot en een gezin niet gehad zou hebben. Ze studeerde theologie in Leuven en werd in 1973 de eerste vrouwelijke hoogleraar voor theologie en filosofie aan het katholieke theologische instituut van Recife, Noordoost-Brazilië, dat onder leiding stond van Dom Helder Cámara en later door het Vaticaan gesloten zou worden. Het waren de jaren van dictatuur die tot 1985 duurden. Gebara was betrokken bij de bevrijdingstheologie en de groei van basisgemeenschappen in Latijns-Amerika.

Luisterend naar de verhalen van arbeiders, ontdekte ze echter dat ervaringen van vrouwen door de bevrijdingstheologen te weinig gehoord werden. Haar ogen gingen open toen een vrouw haar zei: je praat als een man en het gaat niet over ons. Vrouwelijke arbeiders hadden, naast de slechte arbeidsomstandigheden die ze met mannen gemeen hadden, immers ook te maken met bijvoorbeeld de vraag hoe ze op hun werk hun kinderen de borst konden geven en met allerlei vormen van seksueel geweld en onderschikking aan mannen. Alleen een economische analyse bleek niet voldoende om de onderdrukking te verklaren, ook culturele factoren speelden en spelen een grote rol. Ze verdiepte zich in feministische theologie en vanaf eind jaren tachtig begon Gebara te werken vanuit een feministische invalshoek, met de gebroken lichamen van vrouwen als uitgangspunt: 'Ik begon te zien wat ik voorheen nooit gezien had, dat het vrouwelijk lichaam, mijn eigen vrouwelijk lichaam, een ruimte is van sociale en culturele onderdrukking.'[680] Ze vroeg binnen de bevrijdingstheologie meer aandacht voor hun directe materiële en fysieke noden. Te weinig eten voor hun kinderen, gebrek aan schoon water, geweld en een slechte gezondheid, dat waren de dagelijkse zorgen van arme vrouwen. Via die zorgen ontdekte ze het belang van een ecologisch perspectief. 'Het is me duidelijk geworden hoe de uitsluiting van de armen verbonden is met de vernietiging van hun land.'[681] De link tussen beide is mondiale industriële exploitatie die samenhangt met racisme en militarisering en past in het patriarchale systeem waarin de natuur gescheiden is van de mens en afhankelijk van zijn wil, waarbij vrouwen geïdentificeerd worden met de natuur, constateert ze.

Ze kreeg problemen met het Vaticaan, omdat ze in een interview in 1993 had gepleit voor legalisering van voorbehoedsmiddelen en abortus. Ze had gezegd dat abortus voor arme vrouwen niet per se een zonde was, gegeven de overbevolking in de *favela's* en het zeer moeilijke bestaan van veel vrouwen. Als gevolg van die uitspraak kreeg ze in 1995 een spreek- en schrijfverbod van twee jaar opgelegd, een periode die ze moest besteden aan theologische herscholing in België. Van de nood maakte ze een deugd. Die jaren gebruikte ze om aan een proefschrift te werken, waarop ze summa cum laude promoveerde in Louvain la Neuve.[682]

Na haar verbanning keerde ze terug naar Brazilië om verder te gaan met het schrijven van artikelen en het geven van vele cursussen en workshops. Ze stond aan de basis van het Latijns-Amerikaanse ecofeministische collectief 'Con-spirando'. Haar veroordeling had een averechts effect. Ze werd er juist wereldwijd bekend door. In 1999 verscheen *Longing for Running Water* – verlangen naar stromend water – waarin verschillende van haar teksten over ecofeminisme en bevrijding in Engelse vertaling bijeengebracht werden. Het werd een standaardwerk voor ecofeministische theologie. Ze behandelt fundamentele theologische thema's als antropologie, godsleer, het kwaad en christologie. Daarbij blijft ze steeds dicht bij de situatie van arme vrouwen in Latijns-Amerika. Doel van het boek is om bij te dragen aan het herstel van de waardigheid van de aarde en aan de waardigheid van vrouwen en mannen die vervreemd zijn van het lichaam van de aarde en van hun eigen lichamen.[683]

4.2.2 Een andere manier van kennen

Het is nodig om de denkstructuren in de christelijke traditie bloot te leggen om verandering te bewerkstellingen, want de manier van kennen en welke kennis telt en welke niet, is verbonden met ethische oordelen en belangen. Daarom begint ze met kennistheorie, epistemologie.[684] 'Werken aan epistemologie, is werken aan het veranderen van de hiërarchische machtsstructuur zelf.'[685]

Een mannelijk monopolie op kennis

De heersende epistemologie is antropocentrisch, androcentrisch en eurocentrisch. 'Echte' kennis, wetenschappelijke kennis, refereert altijd naar kennis die verzameld en geordend is door mannen. Wat voor vrouwen, zwarten en indianen overblijft is ervaringskennis, kennis van een mindere soort. Hun gezichtspunten en levensgevoel worden vaak genegeerd, zowel in de media als in de sociale en historische wetenschappen. Theologie en filosofie vormen daar geen uitzondering op. Ideologische vooronderstellingen en seksistische neigingen bepalen wat als echte kennis geldt. Een mannelijke elite heeft het monopolie op kennis en macht, stelt ze.[686]

Kenmerkend voor de patriarchale epistemologie in met name de rooms-katholieke traditie zijn, volgens Gebara, essentialisme, monotheïsme, androcentrisme en Aristotelisme-Thomistisme. Essentialisme is het idee dat mensen en dingen een constituerende essentie hebben, een ideaal dat vaak in het verleden of de toekomst ligt en in de ups and downs van het leven gerealiseerd moet worden. 'Deze idealen worden vaak gezocht in de bijbelse traditie, als geopenbaarde data boven en onder de empirische realiteit.'[687] In het beeld van de ene God – monotheïsme – zijn de waarden te herkennen van de mannen van een bepaalde sociale status die het presenteren. [688] Het centrum van alle theologische kennis is gesitueerd in mannelijke ervaring. 'Geschiedenis wordt gezien als afhankelijk van een mannelijk opperwezen', alle grote sociale en politieke veranderingen, alle grote daden van gerechtigheid en genade worden aan mannen toegeschreven.[689]

De Aristotelisch-Thomistische epistemologie, gebaseerd op de ideeen van de klassieke filosoof Aristoteles en de middeleeuwse theoloog Thomas van Aquino, is dominant in de Rooms-Katholieke Kerk en maakt onderscheid tussen waarheden die je met de rede kunt begrijpen en geopenbaarde waarheden. Die laatsten zijn een gave van God voor de redding van de mensen, onveranderlijk en vastgelegd in 'dogma's'.[690] De kerk hield vast aan deze epistemologie parallel aan de rationalistische en mechanistische epistemologie van de moderne tijd. De bevrijdingstheologie bracht, volgens Gebara, enkele moderne elementen in, met name de mechanistische geschiedopvatting van Marx, maar ook in de bevrijdingstheologie bleef de afstand en discontinuïteit van Gods leven en menselijk leven bestaan.[691]

Een bredere ecofeministische blik

De elitaire, westerse, mannelijke blik geeft een veel te beperkt beeld van de werkelijkheid, merkt ze. 'Ecologische problemen dwingen' haar tot een 'meer inclusieve manier van denken zodat beetje bij beetje mensen de werkelijke connectie kunnen voelen tussen de problematiek van werk, werkloosheid, honger en vervuiling aan de ene kant en het patriarchale beeld van God aan de andere kant.'[692] De schijnbaar onaantastbare theologische waarheden zijn ook ooit door mensen ervaren en in de taal van hun cultuur uitgedrukt, stelt ze.[693] Die moeten we niet zomaar overnemen, maar vragen naar 'welke menselijke ervaring uitgedrukt wordt als we spreken over God, incarnatie, Drie-eenheid, opstanding of eucharistie.'[694] Weten is immers in de eerste plaats ervaring, het is 'de meest plausibele manier die we hebben gevonden om iets tegen een ander te zeggen over het mysterie dat we zijn en waarbinnen we bestaan.'[695] Het ontdekken van onze ervaring en die in relatie brengen tot de ervaring van onze voorouders, betekent dat we onszelf in de traditie plaatsen en strijden tegen de vervreemding die een autoritair systeem veroorzaakt.[696] Gebara zoekt een nieuw epistemologisch kader vanuit de ervaring van de Jezusbeweging toen en nu. 'Als je gaat kijken zoals Gebara hier voorstelt, kom je vanzelf bij bewegingen, collectieven, groepen uit in het verleden. Er is niet één profeet die optreedt, één evangelist die schrijft, maar een groep die uitdrukking zoekt voor ervaringen van onderdrukking, verzet en de verrassende aanwezigheid van een God die bevrijding wil.'[697]

'De centrale aanname van het ecofeministische epistemologie is de onderlinge afhankelijkheid van alle elementen die gerelateerd zijn aan de menselijke wereld. '[698] Denk alleen al aan ons lichaam: 'dierlijke, plantaardige en kosmische vormen van bewustzijn zijn deel van onze constitutie.'[699] We zijn deel van een groter lichaam. Dat betekent dat kennis niet ontstaat uit beheersing of verovering, maar veel meer uit gemeenschap die de scheiding van subject en object overstijgt.

Patriarchale epistemologie ziet weten als een causaal pad, een lineair proces waarbij het begin een speciale betekenis heeft. Gebara gebruikt voor haar epistemologie het beeld van de caleidoscoop: de beweging van het gekleurde glas levert steeds een ander beeld op en er is geen moment in verleden of toekomst dat een paradigma is voor alle tijden. Schoonheid is er ook in het voorbijgaande, vluchtige, toevallige. Rechtvaardigheid en tederheid horen bij het leven nu, hoeven niet uitgesteld te worden tot morgen. In ecofeministisch perspectief is er eenheid van materie en energie, geen scheiding van lichaam en geest.

Het inbrengen van een gender- en een ecologisch perspectief in de epistemologie is noodzakelijk om de wereld beter te begrijpen. Het betekent 'dat we de universalisering en overgeneralisatie van het mannelijke ten koste van het vrouwelijke vermijden.'[700] De officiële geschiedschrijving is tekortgeschoten in het begrijpen van vrouwen en onderdrukte volken.

> Het mannelijke kan niet langer synoniem zijn voor het menselijke en de ecologie van de aarde kan niet langer beschouwd worden als object van studie en onderwerping door de mensheid. Epistemologie openstellen voor gender- en ecologische vragen levert nieuwe referentiekaders op voor ons kennen, bredere dan die die zijn gevestigd door de patriarchale epistemologie.[701]

Dat impliceert voor de theologie dat 'een absolute godheid wiens beeld dat van zijn menselijke en historische mannelijke "dubbelganger" weerspiegelt' niet meer mogelijk is, noch 'een godheid naar mannelijk beeld die heerst over alle natuurlijke fenomenen en ze verandert naar zijn wil.'[702] Mensen van andere religies hebben ook recht van spreken, aldus Gebara.

Ecofeministische epistemologie benadrukt dat kennis altijd voortkomt uit lokale historische omstandigheden en zich vandaaruit kan openen naar een mondiaal perspectief. Tussen lokaal en mondiaal perspectief zit overigens altijd een zekere spanning. Behalve contextueel is deze epistemologie ook holistisch en wel in de zin dat ze beseft dat we deel zijn van een groter geheel en dat dat grotere geheel ook deel is van onszelf. Dit is anders dan de cartesiaanse kennisleer die weten beperkt tot bepaalde capaciteiten binnenin ons die reiken naar de zogenaamde objectieve werkelijkheid. Er zijn vele manieren van weten en we hebben vele cognitieve capaciteiten, volgens Gebara.[703] De ratio heeft een veel te dominante plaats gekregen, is losgemaakt van de totaliteit van ons bestaan waarvan hij afhangt en waarmee hij zich voedt, en is daardoor tot een kille gestalte geworden gebonden aan strikte regels die de creativiteit verstikken.[704]

De ecofeministische epistemologie die Gebara voorstaat probeert inclusief te zijn 'in het erkennen van diversiteit van ervaringen'[705] en 'spreekt van de wederkerige afhankelijkheid waarin we leven en bestaan'[706], is tegelijk niet-weten, en 'relativeert onze ambitie om de wereld te overheersen door de ontwikkeling van de wetenschappen'.[707] Achter het veelvoud aan religieuze ervaringen zit een zoektocht naar de betekenis van ons bestaan, stelt ze. Die zoektocht is een streven naar eenheid en gedragen wordt door een enkele adem: 'Een inclusieve epistemologie verwelkomt de grote veelvoud van alle religieuze ervaringen als verschillende expressies van een enkele adem, een enkel streven naar eenheid.'[708]

4.2.3 De menselijke persoon

Centraal in haar theologie staat haar antropologie.[709] Dat betekent niet dat haar wereldbeeld antropocentrisch is, want haar mensbeeld is kosmologisch: wie mensen zijn, wordt bepaald doordat we deel zijn van het 'Heilig Lichaam'. Met dit laatste begrip bouwt ze voort op het beeld van de wereld als Gods lichaam van McFague.

> De aarde kreunt onder een veelvoud van pijnen. Veelsoortig lijden wordt daarin uitgedrukt zonder dat wij in staat zijn het in zijn totaal te begrijpen of te verlichten zoals we zouden willen. Als mensen zijn we ons bewust van zorgen en pijn, net als van vreugden en geluk. Alles wat goed is en wat slecht is, is onderling verbonden, raakt onze menselijke staat en vormt onze perceptie van de wereld. Wij zijn degene die eraan lijden in ons vlees, terwijl we de pijn van anderen voelen en het lijden van de planeet.[710]

De waarde van ieder mens

Gebara start haar onderzoek naar de menselijke persoon weer bij de ervaring van arme vrouwen. Ze constateert dat het in Latijns-Amerika niet vanzelfsprekend is dat een mens een persoon is. Persoon-zijn wordt namelijk vaak geïdentificeerd met volledig burgerschap en dat is iets wat bereikt moet worden, waar vele groepen voor strijden.[711] Anderzijds hoorde Gebara van een groep arme vrouwen, degene die het meest uitgesloten zijn van volledig burgerschap, dat zij juist zichzelf als persoon beschouwden en niet de mannen met de meeste macht, de dictators en de generaals. De vrouwen namen hun verantwoordelijkheid voor hun gezin als hun man hen in de steek gelaten had en ontleenden daar hun waardigheid aan. Vanwege die waardigheid noemden ze zichzelf persoon.[712]

Gebara probeert vervolgens het ingewikkelde begrip persoon filosofisch te ontwarren met een historische analyse. Haar stelling is dat inzichten die aanvankelijk positief waren, geradicaliseerd werden en daardoor veranderden in negatieve waarde. Aanvankelijk was de christelijke notie van de autonomie van ieder persoon heel ongebruikelijk, want de gangbare opvatting was dat ons leven onderhevig is aan het noodlot dat we niet kunnen veranderen. De verdediging van de autonomie van de menselijke persoon was bedoeld om de waarde van ieder mens te onderstrepen in een omgeving waar dedain voor gehandicapten, vreemden, vrouwen en kinderen normaal was. Christenen zeiden zelfs dat God als persoon aanwezig en herkenbaar was in iedereen, met name in de kleinen, slaven, zieken, prostituees, publieke zondaars, degenen die normaliter niet als persoon gezien werden.[713] Maar:

> de notie van de vrije autonome persoon is geannexeerd door de heersende klasse, door neokolonialisme, door de vrije markt [...] om rivaliteit te bevorderen en arme volken te elimineren, met name zwarten en inheemse volken, met het doel om een machtselite te handhaven die profiteert van alle goede dingen van de aarde.[714]

Dat de christelijke traditie het persoon-zijn van mensen verbindt met het persoon-zijn van God – als Gods beeld en gelijkenis en in de incarnatie – maakt mensen tot het centrum van de hele schepping, tot de wezens die het dichtst bij God staan in de hiërarchie van de schepping. Het onderstreept de transcendente bestemming van menselijke personen en gaat ten koste van onze band met de aarde.[715] Deze leer zoals neergelegd in de Catechismus van de katholieke kerk getuigt van een hiërarchisch en dualistisch denken dat echter niet per se christelijk is, aldus Gebara.[716] Mij lijkt dat ook hier sprake zou kunnen zijn van een radicalisering van een oorspronkelijk positieve waarde die daardoor negatief wordt. Gebara trekt die conclusie niet. Zij wijst het beeld van God als persoon af.[717]

Verwantschap

Voor een nieuw persoonsbegrip neemt Gebara als uitgangspunt dat ze recht wil doen aan de verwevenheid van alles wat bestaat en aan de roep van vrouwen, armen en het ecosysteem om rechtvaardige relaties.[718] Verwantschap is het kernwoord, want verwantschap – of verbondenheid of relationaliteit – constitueert alles wat bestaat.[719] Verwantschap als kenmerkend voor persoon-zijn omvat voor Gebara dus veel meer dan de enkele mens die relaties met haar omgeving aangaat. Het is deel van de menselijke conditie en gaat verder dan ons bewustzijn. [720] We zijn bijvoorbeeld ook verwant met onze verre voorouders die leerden rechtop te lopen. Bewustwording was in het verleden in Latijns-Amerika een belangrijk doel van de bevrijdingsbewegingen. Het waren echter de leiders die de doelen bepaalden en het model was westers, rationeel, mannelijk en wit. Bewustzijn brengt niet noodzakelijkerwijs de gewenste veranderingen teweeg en is maar één vorm van menselijke presentie in de wereld. 'We zijn complexer dan ons bewustzijn, onvoorspelbaarder dan onze plannen, onbetrouwbaarder dan onze beslissingen en sterker beïnvloed door onze angsten en luiheid dan we ons realiseren.'[721]

Verwantschap gaat verder dan rationaliteit, want er zijn zoveel andere vormen van kennen. De nadruk op rationaliteit is samengegaan met een genderscheiding tussen rationele mannen en emotionele vrouwen en heeft ons het idee gegeven dat we op grond van onze rationele vermogens superieur zijn aan andere wezens. Die splitsing moeten we te boven komen.[722]

Verwantschap betekent ook dat we terug moeten naar onze materiele band met de aarde, de grond waarop we leven, en met onze lichamen, voorbij de klassieke christelijke tegenstelling tussen de aarde waarop we leven en de hemel waarvoor we bestemd zijn. Voor de ethische dimensie van verwantschap – respect voor alle soorten levende wezens – verwijst ze naar de wijsheidstraditie in het Oude Testament.[723]

Verwantschap of verbondenheid is ook een religieuze ervaring en heeft een kosmische dimensie. Religieuze taal – niet alleen de christelijke – gaat vaak over eenheid met het goddelijk of met het geheel. We moeten 'iets van ons antropocentrisme en imperialisme ten opzichte van de rest van het heelal' opgeven, want we zijn deel van 'het verhaal van het universum.'[724]

Openheid, evolutie en mysterie

Wij mensen zijn deel van een voortdurend evolutionair proces. Met die constatering is het idee van een oorspronkelijk goede mens die gecorrumpeerd is door de zonde of de maatschappij en te zijner tijd gered wordt door Gods genade onhoudbaar geworden, volgens Gebara.[725] In onze alledaagse ervaring hebben we te maken met lijden, dood en een onzekere toekomst. Daar 'de zekerheid van het geloof' tegenover stellen is dualistisch, een nagalm van de metafysica van Plato.[726] 'We kunnen christelijke openbaring niet reduceren tot een soort statische metafysica die veronderstelt dat we al weten wie mensen zijn en wie God is' want we zijn en blijven betrokken in een voortgaand proces.[727] De vraag naar de oorsprong van het kwaad en de vraag of mensen van nature goed of slecht zijn is volgens Gebara zinloos. We kunnen alleen proberen te ontsnappen aan de destructieve processen waarin we verwikkeld zijn. Het goddelijke milieu is zelf aangetast, 'ons Heilige Lichaam is gekwetst en dodelijk verwond.'[728] We kunnen niet meer spreken van een oorspronkelijk of uiteindelijk paradijs en moeten niet meegaan met het 'naïeve naturalisme van sommige milieuorganisaties en in bewegingen die proberen primitieve culturen te laten herleven.' 'Openheid en evolutie zijn twee processen waarin alles wat bestaat, inclusief mensen, betrokken zijn.'[729]

Er is geen oorspronkelijk perfectie, gepersonifieerd tot een almachtig Wezen als een gescheiden persoon die met mensen concurreert.[730] De weg naar perfectie is een geleidelijk, dialogisch proces in ruimte en tijd. Het begin van alles is een mysterie en dat besef maakt extase mogelijk, verwondering, verrassing en bewondering. We kunnen onszelf openen voor het loflied van het universum, aldus Gebara.[731]

> In die zin is de menselijke persoon een soort 'woord' dat in staat is andere woorden in zich te laten resoneren, alsof hij in zichzelf stemmen kan horen die hem tevoorschijn halen en stil kan blijven in de aanwezigheid van zijn eigen mysterie.[732]

4.2.4 God als onderlinge verbondenheid

Gebara verbindt de menselijk persoon zo sterk met al wat is en met een mysterie, dat in haar mensbeeld haar godsbeeld als het ware al inbegrepen is:

> God zoeken is onze eigen menselijkheid zoeken, in een poging over onszelf te spreken voorbij onze beperkingen en toevalligheden en om een soort wond te genezen die we altijd binnenin ons voelen. God zoeken is betekenis zoeken, een betekenis die uitgedrukt is in duizend verschillende manieren en er steeds om vraagt om opnieuw uitgedrukt te worden, want geen taal is in staat om deze betekenis volledig uit te drukken.[733]

Ze zou het woord God wel willen vermijden, maar kan dat niet door haar eigen achtergrond en haar Latijns-Amerikaanse context waar geloof in God vanzelfsprekend is.[734] Het christelijke godsbeeld noemt ze dualistisch omdat God daarin zowel puur geest als geïncarneerd is. Ze ziet God liever als verwantschap om een ervaring uit te drukken voorbij alle ervaringen, een mogelijkheid, een opening, het onverwachte en onbekende. In deze verbondenheid zijn we zowel schepselen als scheppers, want de kosmos is Gods lichaam. God niet als een op zichzelf bestaande essentie, maar als de relationaliteit:[735] 'Verwantschap is geen vertoog over de persoon of het bestaan van God, maar over wat we beschouwen als het mysterieuze Lichaam van het heelal waar we toe behoren.[736]

God zonder gezicht?

Gebara's spreken over God roept veel weerstand op. Niet alleen – zoals te verwachten viel – bij de kerkleiding en bij traditionele theologen, ook bij collega-bevrijdingstheologen en bij de vrouwen die haar referentiekader vormen. Die laatsten zeggen bijvoorbeeld: 'Hoe kan ik mijn kinderen vertellen over God? Ik kan ze niet vragen te bidden tot en te gehoorzamen aan een geheel zonder gezicht.'[737] Theologen waarschuwen voor pantheïsme. Sommige bevrijdingstheologen verwijten haar dat ze met haar 'ecofeministisch perspectief het beeld van de God van het Leven die opkomt voor de armen niet benadrukt'.[738] De voorkeuroptie voor de armen zou ontbreken en ecofeminisme zou te veel 'new-age' zijn. Gebara somt zelf deze kritiek op en gaat er uitgebreid op in.

De verwijten die haar in de hoek van de new-agebeweging plaatsen, kan Gebara gemakkelijk weerleggen. Haar ecofeminisme is niet romantisch, het gaat over geweld tegen de aarde en geweld tegen vrouwen. Waarom heeft de 'God van het leven' van de bevrijdingstheologie dat geweld zo zelden veroordeeld, vraagt ze retorisch.[739]

Het verwijt van pantheïsme is lastiger te weerleggen. Daarvoor verwijst ze naar McFague: ecofeminisme is niet pantheïstisch, maar pan*en*theïstisch – niet alles-is-God, maar alles-is-in-God – want het heelal is afhankelijk van God op een manier waarop God niet afhankelijk is van het heelal. God is niet noodzakelijk en totaal afhankelijk van het heelal, het heelal wel van God.[740] Transcendentie betekent voor haar niet dat God totaal anders is dan alles wat bestaat, 'het Zijn-zelf' volgens de katholieke leer. Transcendentie is dat de mogelijkheden van het heelal, van het leven en van mensen niet vastliggen.[741] De werkelijkheid wordt gekenmerkt door openheid. Het blijft voor mij de vraag of Gebara zo God en het al toch niet laat samenvallen.

Nog lastiger voor Gebara is de tegenwerping dat armen concrete beelden van God nodig hebben. Ecofeminisme ageert tegen de 'extreem paternalistische traditie die onbewust de afhankelijkheid van de armen gecultiveerd heeft.'[742] De kerken proberen oprecht om de armen te helpen, erkent ze, maar de symbolische wereld die de katholieke kerk aanbiedt aan de armen die zekerheid, identiteit en troost zoeken is nog zeer patriarchaal, dualistisch en hiërarchisch. Het economisch systeem maakt de armen arm, maar de religieuze wereld heeft vaak bijgedragen aan het in stand houden van die situatie.[743] Het beeld van een almachtige Vader – of een almachtige moeder Maria – geeft een gevoel van veiligheid, maar houdt mensen ook klein. Sekteleiders gebruiken het om mensen te manipuleren: alleen God weet en kan alles.[744]

De meeste mensen zien niet het verband tussen geloof en het wereld- en mensbeeld dat we vanzelfsprekend vinden, constateert ze. Als onze ervaring verandert, verandert de geloofstaal mee. Het oude godsbeeld van een superieur mannelijk wezen dat alles beheerst is nog sterk doordat we het feit van de onderlinge verwantschap en afhankelijkheid van alles en de betrekkelijkheid van menselijke autonomie nog niet verwerkt hebben.[745] God als een persoon blijven zien, brengt het gevaar met zich mee van het bevestigen van dat oude godsbeeld. In een analoge benadering van kennis zou je wel kunnen zeggen dat God is als een persoon en het woord God kunnen handhaven als indicator voor de overstijgende realiteit van de bron van alle leven.[746]

Bidden, zegt ze, is een menselijke behoefte om in contact te komen met de bron van leven, met het mysterie. En daar is niets mis mee. Wel verkeerd is de vorm die het vaak aangenomen heeft, van zelfvernedering tot zelfkastijding aan toe. Lofprijzing, bewondering van God en het smeken dat God bepaalde behoeftes vervult, rekent ze tot de dualistische en patriarchale tradities. Het is nodig om het oude godsbeeld los te laten en ook de oude vormen van gebed. Het alternatief voor het vraaggebed tot een almachtige vader is niet het vraaggebed tot een abstracte energiestroom. Er is ook een andere vorm van gebed:

> Gebed is een moment van dankbaarheid, van stille contemplatie van het eenvoudige feit van hier zijn, van deel zijn van dit immense web van relaties, van ademen binnen het ademen van de wereld [...] onze persoonlijk en collectieve voorbereiding om te handelen in solidariteit en respect, om gevoelens van tederheid en compassie op te wekken voor personen en voor alles wat leeft.[747]

Deze vorm van bidden ziet ze ook bij Jezus, zoals hij zich terugtrok in eenzaamheid en zich daarna weer in de strijd stortte voor de waardigheid van armen en gemarginaliseerden.

Met haar nadruk op dankbaarheid, contemplatie en compassie als kenmerken van gebed, geeft Gebara een belangrijke correctie op bepaalde traditionele gebedspraktijken. De vraag hoe je kunt bidden tot een God zonder gezicht beantwoordt ze daarmee echter niet. Tenzij ze bedoelt te zeggen dat bidden hetzelfde is als meditatie in de boeddhistische traditie. Dat Jezus God Vader noemde, laat ze buiten beschouwing. Mijns inziens zou echter de betekenis van het woord vader kunnen veranderen, omdat geloofstaal verandert met de ervaring. Zoals ze zelf schrijft: 'Zelfs als we dezelfde woorden blijven gebruiken, zouden ze niet meer dezelfde betekenis hebben.'[748] Als vader zou staan voor intimiteit en zorgzaamheid, zou het een beeld naast andere beelden kunnen zijn. [749] Voor Gebara, in de patriarchale kerkelijke en maatschappelijke context van Latijns-Amerika, is het handhaven van een woord als vader echter niet aan de orde.

De Drie-eenheid en het kwaad

Spreken over Gods afwezigheid of Gods zwijgen, zoals vaak gedaan is in de theologie van de twintigste eeuw, getuigt volgens Gebara van een te antropocentrisch godsbeeld, een projectie van menselijke individualiteit op God.[750] Lijden – het lijden van de aarde, de dieren en de kosmos, naast het lijden van de mensen – betekent niet dat God afwezig is. Ze zegt zelfs: 'God is alles en alles is God – inclusief lijden, vuil en destructie.'[751] Denken over God als het absoluut goede waar het kwaad buiten staat, biedt geen bevredigende uitleg ten overstaan van geweld en gebrek, stelt ze. 'De goedwillende God lijkt irrelevant voor de overlevingsstrijd en de geest van onbeperkt winstbejag.'[752] Ze maakt onderscheid tussen 'het creatieve en destructieve proces dat inherent is aan de evolutie van het leven zelf' en moreel kwaad, dat wil zeggen kwaad door de mens. De eerste vorm is onvermijdelijk, de tweede vorm komt volgens de traditie voort uit egoïsme, hebzucht en arrogantie. Omdat we onze eigen identiteit zo beperkt formuleren, hebben we systemen gecreëerd om onszelf tegen anderen te beschermen, systemen die gebaseerd zijn op hebzucht en op de veronderstelde superioriteit van degenen die zichzelf beschouwen als de besten of de sterksten. We hemelen het individu op en beschouwen de machtigste, rijkste, slimste individuen als een soort goden die ons moeten beschermen. Vanuit dit idee hebben we een godsbeeld ontwikkeld van God als een persoon die de leiding heeft over de geschiedenis. 'Deze God, die ook een "individu" is, is altijd sterk, rechtvaardig en goed – het tegendeel van onze kwetsbaarheid en gebreken.'[753]

Ecofeminisme betekent allerminst het heilig verklaren van de wereld van de natuur of de wereld van vrouwen. De menselijke, dierlijke en fysieke wereld zijn immers ambivalent.[754] God staat daar niet boven als een persoon die de geschiedenis beheerst tegenover onze kwetsbaarheid. Dit godsbeeld brengt ons op doodlopende wegen, stelt ze en verwijst naar de discussies van Job met zijn vrienden. Kwaad is een raadsel van de kosmos zelf.

Zo neemt ze positie in in het voortgaande debat over God en het kwaad. Ze gelooft niet in een oorspronkelijk goede werkelijkheid waar het kwaad binnengekomen is, maar ziet de werkelijkheid als ambivalent en aangezien God niet buiten de werkelijkheid staat, geldt dat ook voor God. Het kwaad blijft een raadsel.

Ons godsbeeld is ooit door mensen ontwikkeld, zegt ze, maar we kunnen het ook weer veranderen. Dat geldt ook voor het idee van drie personen in één God, als een volmaakte harmonie van Vader, Zoon en Geest. Ze verzet zich tegen een bepaald model van Drie-eenheid, tegen een statische opvatting van Drie-eenheid als een gemeenschap van drie afzonderlijke personen die op een perfecte manier met elkaar omgaan en waar mensen een voorbeeld aan zouden moeten nemen. Het meer dynamische model van Drie-eenheid als Gods zelfgave in Jezus door de Geest laat ze helaas buiten beschouwing.[755]

Ze vraagt zich af welke ervaring uitgedrukt wordt in deze 'geloofswaarheid'. Daarbij gaat het haar om meer dan de verhouding van Jezus tot God en de Geest, dus om meer dan christologie. Het idee van veelheid en eenheid in God voert ze terug op onze ervaring van veelheid en ons verlangen naar harmonie en gemeenschap met alles wat bestaat.[756] De eerste ervaring van ieder mens is het gescheiden worden van de twee-eenheid met de moeder om deel te kunnen worden van een gemeenschap. 'Alles is Drie-eenheid', dat wil zeggen 'deel van die vitale en intieme relatie tussen veelheid en eenheid.'[757] Het heelal is Drie-eenheid want het is 'een enkele veelvormige energieke ontvouwing van materie, geest, intelligentie en leven.'[758] De aarde brengt zeer gevarieerde vormen van leven voort in één proces. Menselijke relaties zijn ook drievuldig, want zelfs in eenzaamheid is het ik een veelvoud 'van personen, ervaringen, tradities en verhalen' en altijd verbonden met het grotere geheel, ondanks onze hedendaagse illusie van individuele almacht.[759] Het onvermijdelijke kosmische en het morele menselijke kwaad kunnen we niet bedwingen door een beeld te creëren van almachtige individuen en dat op God te projecteren.

> Dit kwaad met twee gezichten is deel van de Drie-eenheid die we zijn en van de menselijkheid en goddelijkheid die we ook zijn. (...) Wijzelf en het heelal zijn van dezelfde energie gemaakt – een energie die zowel positief als negatief geladen is. Deze energie creëert continue de aarde en het menselijk leven schept en herschept.[760]

Zo herformuleert ze in feite – zonder dat zelf zo te benoemen – de dogma's van Nicea-Constantinopel, namelijk van de Drie-eenheid van Vader-Zoon-Geest en van de twee naturen van Jezus, goddelijk en menselijk. Bovendien herdefinieert ze schepping en geeft ze het kwaad een plaats. 'Heb je naaste lief als jezelf' beschouwt ze als de weg terug naar een drievuldige balans tussen ik en jij, ik en wij, wij en de aarde, zodat al wat leeft kan opbloeien.[761]

4.2.5 Jezus als symbool en inspiratie

Al laat Gebara dus de christologische dogma's van tweenaturenleer en Drie-eenheid niet helemaal los, ze beschouwt ze tegelijk als versteend en niet meer bruikbaar om iets zinvols over Jezus te zeggen. Zij gaat uit van haar eigen weg met Jezus, van de evangeliën en van de Jezusbeweging om haar 'relatie met Jezus te formuleren in het licht van de uitdagingen van onze tijd.'[762]

Van gehoorzaamheid naar bevrijding

Eerst schetst ze haar eigen weg met Jezus.[763] Voor haar als kind en jongere was de vraag: wat zou Jezus gedaan hebben? Ze voelde zich vaak schuldig en ontdekte later dat de moraal die ze meegekregen had niet altijd overeenkwam met het evangelie. De nadruk op zijn gehoorzaamheid aan de vader legitimeerde een cultuur van gehoorzaamheid aan het systeem, terwijl Jezus vaak juist ongehoorzaam was aan het systeem. Als religieuze geconfronteerd met vervolging door haar strijd om een rechtvaardige maatschappij was Jezus het voorbeeld in zijn opkomen voor armen en onderdrukten. De bevrijdingstheologie toonde het belang van het lichaam, met name de lichamen van de armen. Incarnatie ging betekenen: Gods aanwezigheid in de lijdende en onderdrukte lichamen. Door haar kennismaking met feministische theologie werd haar argwaan tegen de traditionele christologie en de dogma's vergroot. Toch is ze zich nooit postchristelijk gaan noemen, wel postdogmatisch en post-patriarchaal. Het gaat haar niet meer om Jezus op zich, maar om de Jezusbeweging. Andere personen in de evangeliën zijn ook belangrijk. Jezus wijst juist van zich af naar de armen.[764] Redding wordt een proces in het dagelijks leven van mensen.[765] Jezus is nu voor haar:

> een man die extreem gevoelig was voor menselijk lijden, die was geïnspireerd door de profetische en wijsheidstraditie van de joodse cultuur [...], benadrukte dat mensen zouden gaan geloven in zichzelf en onderwees dat hun geloof in zichzelf een uitdrukking was van Gods kracht. Jezus' handelen was gericht op herstel van gezondheid en waardigheid' [...] Aan Jezus' humanistische perspectief, moeten we een ecologisch perspectief toevoegen.[766]

Vanuit het perspectief van het lichaam – zijn aandacht voor gezondheid, eten en drinken – en vanuit de praktische wijsheid van Jezus kan je het thema van ecologische redding introduceren, stelt ze, verwijzend naar McFague.

Levend symbool

Ze ziet niets in het herlezen van de dogma's van Nicea en Constantinopel, die ze beschouwt als framing door de machthebbers. Wie uitgaat van deze dogma's bevestigt enkel patriarchale christologieën die Jezus als heer voorstellen naar het beeld van de heren van deze wereld of bevestigt juist zijn zelfopoffering als voorbeeld voor vrouwen en armen, stelt ze. Ze wil terug naar het beeld dat de evangeliën tonen. Jezus is voor haar symbool. Jezus vertegenwoordigt dat wat we zoeken en is in die zin voorbeeld, stelt ze. Er zijn meer personen die symbolische kracht hebben, zoals Maria en Maria Magdalena.[767]

Ze wil de waarden waar Jezus voor staat in zijn woorden en daden – openheid voor dialoog, barmhartigheid, kritiek op onderdrukkende machten, aandacht voor het delen van brood en wijn, plezier in de bloemen op het veld – doen herleven op een niet-dogmatische manier. 'Hij is symbool van de kwetsbaarheid van de liefde [...], werd vermoord [...], en staat op in hen die van hem houden.'[768]

In de bevrijdingstheologie is orthopraxie, het juiste handelen, belangrijker dan orthodoxie, de juiste leer. Zo wordt het symbool Jezus veranderd door met name vrouwengroepen en groepen die actief zijn op het terrein van oecumene of ecologie. De gemeenschappen vinden inspiratie bij Jezus die zijn leerlingen leerde te letten op de vele gebeurtenissen in het dagelijks leven, op het lijden van gemarginaliseerde lichamen, op de gemeenschap van alles wat bestaat en op het mysterie van het leven zelf.[769]

4.2.6 Religie als persoonlijke ervaring en sociale institutie

Religie is er altijd, in de opvatting van Gebara, en heeft altijd een persoonlijke kant en een institutionele kant. In deze tijd is de markteconomie een soort metareligie, een gewelddadige individualistische religie die we desalniettemin praktiseren in dagelijkse strijd om te overleven. Alle geïnstitutionaliseerde religies ondersteunen dit systeem tot op zekere hoogte, al stemt het niet overeen met de waarden die ze verkondigen.[770]

Veel van onze waarden en symbolen zijn echter niet meer gegrond in geleefde ervaring. Op veel plaatsen zijn de 'leliën des velds' verdwenen, we vinden geen bronnen van levend water meer en herinneren ons niet meer hoe het is om brood te delen in een gemeenschap. In Latijns-Amerikaanse steden zijn mensen bang voor kinderen op straat en hun geweld, dus 'zijn als kinderen' is geen voorbeeld.[771] Hoe kan de waarheid ons vrij maken als we gedwongen zijn in leugens te leven? De moraal van de markt wordt geregeerd door 'bedrog, competitie, leugens, zwartmakerij en schaamteloze roof'.[772] Veel vormen van religie bieden instantredding, ze voeren het kwaad terug op occulte machten en bezetenheid, niet op onze collectieve historische verantwoordelijkheid.

In het dagelijks leven van arme vrouwen gaan argwaan en angst steeds meer de relaties met hun buren en in hun wijk bepalen. Soms zijn kerken en kapellen alternatieve gemeenschappen, maar veel moeders weten niet meer hoe ze met hun kinderen over God moeten praten bij gebrek aan een ondersteunende gemeenschap. Ook basisgemeenschappen worden direct of indirect gecontroleerd door priesters, zijn marginaal en hebben hun elan verloren. Veel christelijke groepen zijn tevreden met traditionele vormen.[773]

Gebara ziet de enorme groei van fundamentalistische, charismatische en Pinksterbewegingen als symptoom van een crisis: 'Nieuwe goden en demonen strijden in het publieke domein om de verdoemden van de uitverkorenen te scheiden, de onzuiveren van de zuiveren en de meesters van de slaven'.[774] Nieuwe groepen zonder formele theologie komen op en gaan in op de onmiddellijke noden die mensen voelen, ze doen wat de staat nalaat op sociaal gebied, maar de hiërarchische maatschappelijke structuren blijven onaangevochten. De werkloze mannen kleden zich 's zondags in pak en stropdas, genieten even van de vluchtige smaak van waardigheid en voelen zich kandidaten voor volledig burgerschap. Vrouwen blijven in hun ondergeschikte rollen. De vele Pinksterkerken op televisie 'nemen het geld van de mensen om wonderen te doen en de duivel uit te drijven: dat is geen religie, dat is markt, handel'.[775] Een andere ontwikkeling onder de armen is dat velen verschillende religies combineren, katholicisme en het Afro-Braziliaanse candomblé bijvoorbeeld.

Ecofeministische deconstructie heeft weinig supporters, constateert ze spijtig. Het zou goed zijn om de behoefte van de armen aan sociale identiteit, volledig burgerschap en erkenning te verwerken in het ecofeministische project. Ze pleit voor religieuze biodiversiteit, vergelijkbaar met de biodiversiteit van de aarde en de kosmos. Deze biodiversiteit wordt verstoord als een religie imperialistische universaliteit claimt, zoals 'de nieuwe godheid naar het beeld van de consumptiemarkt' doet.[776] Die verleidt ons met dromen en belooft ons een paradijs.

'Religie is een taal, een stijl van spreken over de wereld [...] het tapijt dat hoop weeft met woorden.'[777] Tapijten gaan niet eeuwig mee en moeten soms opnieuw geweven worden 'om een ethiek te bouwen gebaseerd op respect voor de activiteiten van onze lichamen,'[778] een begrip van universeel broederschap/zusterschap en een toewijding aan alle manifestaties van het ene en veelvormige Heilige Lichaam.'[779] Religies zijn onmisbaar, want:

> Religies hebben een onmiskenbare sociale rol om ons te helpen de gevoeligheden te ontwikkelen die we nodig hebben om de aarde en de menselijke gemeenschap lief te hebben in het licht van de onontbindbare gemeenschap van alle wezens.[780]

Ook binnen patriarchale religies ziet ze daar ruimte voor. Ze eindigt met een hartenkreet die tevens een verklaring van de titel is, instemmend met de woorden van Psalm 42: 'Zoals een hinde smacht naar stromend water.' 'Het is het lied van een balling die verlangt naar terugkeer naar haar land, haar God en haar geliefden.'[781] Een lied van hoop gemengd met pijn en verwarring.

> Vanwaar zal onze redding komen? [...] Wie zal ons redden van onbegrensde vooruitgang, van de afgoden van geld en macht?[...] Zelfs de groente die we eten werd vergiftigd terwijl ze groeide! [...]
> En toch blijven er bloemen ontluiken, komen er vogels en kinderen tevoorschijn... De zon schijnt weer vandaag en afgelopen nacht bescheen de maan de hemel met zijn zilveren licht... Opnieuw ruik ik de verleidelijke geuren uit de keuken en de hoop op tedere ontmoetingen vervult mijn lichaam. [...] Levend water zoeken is de voorafschaduwing van onze hoop...[782]

4.2.7 Ecofeministische bevrijdingstheologie in context

Gebara's theologie is niet zomaar over te zetten naar de Nederlandse context. Dat vraagt een vertaalslag, vergelijkbaar met het interpreteren van bijbelteksten die immers ook uit een andere context komen.

Verschil in context

De situatie van arme vrouwen in een Braziliaanse miljoenenstad is niet de onze. We zijn weliswaar met hen verbonden door dezelfde mondiale markteconomie, zijn waarden en systemen. Dat is ook onze dominante 'religie'. We zijn ook met hen verbonden als mensen binnen het grote geheel van het aardse ecosysteem. De verschillen zijn echter groot, vooral in welvaart – de winst van het economisch systeem komt vooral bij ons terecht, het verlies bij hen. Maar ook cultuur en geloofsopvattingen verschillen sterk. De bloederige Christusbeelden en intrieste Maria's in Latijns-Amerika staan ver van onze beleving. De vanzelfsprekendheid van christelijk geloof – in welke vorm dan ook – is onvergelijkbaar met onze context van secularisatie. Het machismo is anders dan de subtielere vormen van seksisme in onze contreien. Priesters en voorgangers hebben bij ons over het algemeen geen grote macht, soms wel formele macht, maar niet een groot gezag. De katholieke handboekentheologie waar Gebara mee te maken heeft is in de lage landen vanaf de jaren zestig naar de achtergrond verdrongen door de theologie van onder meer Schillebeeckx waarin hedendaagse ervaring wel belangrijk is en christologie primair benaderd wordt vanuit de historische Jezus.[783]

Als Gebara's opvattingen uit de context gehaald worden, gaan ze iets anders betekenen. Dat zij God niet als een persoon wil zien, lijkt dan bijvoorbeeld op ons ietsisme. Haar idee van God als verbondenheid en mysterie is echter geen ietsisme. De nadruk van Gebara en andere bevrijdingstheologen op een voorkeursoptie voor de armen wordt soms overgenomen zonder werkelijke interesse in de verschillende situaties van armen in de wereld. Dan wordt er generaliserend over de armen gesproken, alsof alle armen hetzelfde zijn, en worden ze tot collectedoel of thema van gratuite politieke correctheid. 'De armen worden schoon gemaakt en gehomogeniseerd als heilige martelaren en slachtoffers [...] die lijden in gelovige en solidaire anticipatie op Gods nieuwe schepping.'[784] Ze komen zelden zelf aan het woord tenzij om alsjeblieft of dankjewel te zeggen. Geuren, geluiden en verschillen zijn weggepoetst.

Gebara's bijdrage in onze context

Rekening houdend met het verschil in context, kunnen we nu op een rij zetten wat Gebara bij kan dragen aan een ecotheologie voor de Nederlandse en Vlaamse situatie. Ik geef een paar voorzetten.

Gebara levert fundamentele kritiek op hoe kennis die als betrouwbaar geldt doorgaans tot stand komt. Ze wijst de patriarchale epistemologie af die hiërarchisch en dualistisch is, waarin de mens en met name de man centraal staat en waarin kennen samengaat met overheersen en denken in essenties en zogenaamde eeuwige waarheden. Die epistemologie is bovendien lineair en hecht veel belang aan het kennen van een oorsprong. Een meer inclusieve kenleer is nodig om de eenzijdig westerse mannelijke blik te verbreden, ten behoeve van vrouwen, armen en de aarde. Het inbrengen van een gender- en een ecologisch perspectief in de epistemologie is noodzakelijk om de wereld beter te begrijpen. In een ecofeministische epistemologie ontstaat kennis uit verbondenheid en erkenning van diversiteit van ervaringen.[785] Niet het zoeken naar een oorsprong geeft betekenis, maar het deel zijn van een groot geheel. Dat betekent dat het beeld van God als mannelijke heerser die met zijn wil alles aanstuurt drastische herziening behoeft, evenals het mensbeeld en wereldbeeld waar dat godsbeeld uit voortgekomen is.

Haar kritiek op de gangbare epistemologie is overtuigend, de theologische consequenties die ze eruit trekt minder. Leidt het afwijzen van een patriarchale epistemologie en een daardoor getekende theologie automatisch tot afwijzing van monotheïsme, tot interreligiositeit en procesdenken? Op grond van haar premisses, zijn er ook ander mogelijkheden dan een radicale breuk met alle klassieke theologie en filosofie.

Haar theologie komt voort uit een welomschreven context. Ze schroomt ook niet om haar eigen ervaringen in te brengen en haar eigen identiteiten te expliciteren. Ze is een stadsmens, vrouw, katholiek theologe en filosofe, hoort qua afkomst en opleiding niet bij de wijk waar ze woont. Ze geeft er zich rekenschap van al dat soort factoren haar theologie mede bepalen. Van Gebara en andere feministische theoretici leren we dat elke theoloog zich rekenschap zou moeten geven van haar persoonlijke maatschappelijke context. Het zou ook voor Nederlandstalige ecotheologie goed zijn om de eigen context te thematiseren, zoals ik ook geprobeerd heb.[786]

Opvallend is het dat Gebara in haar kosmologische theologie de antropologie een centrale plaats geeft. Haar benadering werpt een verrassend licht op theologische discussies over de plaats van mensen in het grote geheel van de schepping. Ze gaat namelijk uit van menselijk ervaring, maar maakt die tegelijk zo breed dat de mens niet meer centraal staat. In haar antropologie worden de kosmos, de evolutie en God meegenomen. Dit resulteert in een wezenlijk ander mensbeeld dan dat van de Verlichting. Relationaliteit (of verbondenheid of verwantschap) is het sleutelwoord. Menselijke waardigheid concurreert niet met God of met de aarde, maar is daarin ingebed en andersom.

In dat andersom zit wel een probleem. Valt God bij haar niet te veel samen met de wereld, met de schepping die tegelijk schepper is, met het relationele web van de kosmos? Ze zegt van niet en wijst mysterie en hoop aan als plaatsen van transcendentie. God is de betekenis van het bestaan, belichaamd in de kosmos. Een beeld van God als persoon wijst ze af op grond van een definitie van persoon als individu. Als echter verwantschap kenmerkend is voor persoon-zijn, zoals ze over menselijke personen zegt, lijkt het me nog steeds mogelijk persoonlijke beelden voor God te gebruiken. Blijft de uitdaging om dat op een inclusieve, niet dualistische, niet patriarchale manier te doen. Juist het concept van de Drie-eenheid biedt daarvoor mogelijkheden, zoals McFague laat zien, mits niet ontologisch opgevat als gemeenschap van drie individuen. [787] Ook Gebara geeft mijns inziens een opening om over God te blijven spreken als Drie-ene en wel in hoe ze Drie-eenheid beschrijft als uitdrukking van de ervaring van de spanning tussen veelheid en eenheid, in de werkelijkheid en in God.

Gebara zegt de traditie niet te willen afschaffen, want ze maakt er zelf deel van uit. Tegelijk is ze zeer negatief over 'dogma's' en alles wat gepresenteerd is als eeuwige waarheid. Ze gebruikt het begrip dogma voor elke kerkelijke leerstelling en is weinig concreet als het over traditie gaat, op enkele verwijzingen naar de katholieke catechismus en de dogma's van Nicea-Constantinopel na. Al met al 'vraagt de lezer zich verbaasd af of Gebara iets positiefs en heilzaams vindt in de christelijke traditie'.[788] Traditie lijkt bij haar gelijk te zijn aan wat gestold is tot de handboekentheologie waarin ze opgeleid is. Traditie is echter oneindig veel breder en rijker dan dat en anderen laten zien dat ze niet afgeschreven hoeft te worden als vernieuwende bron voor ecofeministische theologie.

Met het begrip openbaring heeft Gebara ook niet veel op. Openbaring staat voor haar voor de patriarchale leer en kerkstructuur die door kerkleiders gepresenteerd wordt als van buiten komende eeuwige waarheden. De vraag is of ze openbaring en ervaring niet te veel tegenover elkaar zet, doordat ze openbaring zo statisch opvat.

Behartigenswaardig is wat ze schrijft over Jezus. Ze wil laten zien dat het in de evangeliën niet alleen om Jezus gaat, maar om de hele Jezusbeweging. Dat wil zeggen dat de andere personen in de evangelieverhalen ook van groot belang zijn en dat de beweging doorgaat tot op heden.[789] Bijbelteksten zijn ontstaan en worden doorgegeven in gemeenschappen. Een tweede belangrijk punt is dat Jezus veel aandacht had voor lichamelijkheid en het dagelijks leven: voor lijden, voor de behoefte aan eten en drinken. Zijn handelen was gericht op herstel van gezondheid en waardigheid. Het is goed om voor een ecologische christologie deze punten vast te houden. Gebara ziet niets in het herlezen van de christologische dogma's. Ik denk echter dat de tweenaturenleer – Jezus als God en mens – zeer actueel is als het aardse, lichamelijke van Jezus niet in tegenstelling gezien wordt tot de kosmische Christus van bijvoorbeeld Kolossenzen 1.[790]

Een laatste punt dat ik uit de theologie van Gebara mee wil nemen, is haar nadruk op orthopraxie. Ik vermoed dat daar waar in christelijke gemeenschappen gewerkt wordt aan rechtvaardiger verhoudingen tussen mensen onderling en tussen mensen en de aarde, nieuwe beelden van God en van Jezus kunnen ontstaan.

Onze context is niet die van een arme wijk in Latijns-Amerika en onze kerken zijn anders dan die in Brazilië. Toch heeft Gebara ons veel te zeggen. Ook bij ons is de vraag wiens ervaring en welk soort ervaringen meetellen, ook wij gebruiken hoofdzakelijk mannelijke hiërarchische beelden in ons spreken over God, ook bij ons is er gender- en andere vormen van ongelijkheid. Wij als westerse mensen hebben juist vanuit onze bevoorrechte positie een eenzijdige blik op de wereld en op God en moeten steeds weer wakker geschud worden door ervaringen uit andere delen van de wereld, door de stemmen van de arme vrouwen en de aarde om te weten dat we niet het middelpunt van de kosmos zijn.

4.3. Catherine Keller: chaos en creativiteit

Catherine Keller (1953) is hoogleraar aan de Drew University (Madison, New Jersey) in de VS. Ze verzet zich net als Gebara en andere ecofeministische theologen tegen de onderdrukking van vrouwen en van de aarde en distantieert zich van een scheiding tussen mensenwereld en natuur en tussen God en wereld. Ook bij haar ligt de motivatie om met ecofeministische theologie bezig te zijn in een verlangen naar gerechtigheid: sociale gerechtigheid, gendergerechtigheid en ecologische gerechtigheid. Ze sluit aan bij de kritiek van Gebara op de patriarchale dualistisch epistemologie in de theologie, waarin God een mannelijk almachtig heerser is, waarin geschiedenis lineair verloopt en betekenis gezocht wordt in een eerste oorzaak. Gebara 'overwint het androcentrisme en het antropocentrisme dat veel bevrijdingstheologie kenmerkt', aldus Keller. Ze stemt in met Gebara's 'belichaamd panentheïsme van God in de wereld en de wereld in God'. Want 'elke theologie van de almacht van God, of die nu van links of van rechts komt, zal altijd neigen naar een theologie van machismo.'[791]

Keller is breder georiënteerd dan veel Noord-Amerikaanse theologen en gaat met uiteenlopende denkers uit heden en verleden in gesprek. Ze heeft in Heidelberg in Duitsland gestudeerd en kent de Duitse theologische traditie, maar ook de postmoderne Franse filosofie. Haar denken is vooral gevormd door feministische theologie, procestheologie en postmoderne filosofie. Tegelijk is ze een heel klassiek theologe in de zin dat Bijbel, dogmengeschiedenis en theologische inzichten uit het verleden haar materiaal zijn.

4.3.1 Theologie als recycling

Ze onderzoekt net als Gebara hoe onrecht verankerd is in onze manieren van denken. Keller gaat echter heel anders om met Bijbel, dogma's en traditionele theologie. Die onderzoekt ze nauwkeurig om ze te ontrafelen en te herprogrammeren, want in en naast het 'dominologisch discours' zijn er altijd tegenstromen geweest. Ze leest Augustinus, Calvijn en Barth niet als tijdloze autoriteiten, maar om ze te begrijpen in hun context. Wat waren hun motieven, waar waren ze bang voor, wat probeerden ze veilig te stellen? Ze ontleent belangrijke inzichten aan deze theologen en trekt ook vaak op grond van hun premissen andere conclusies. Daarnaast gaat ze te rade bij vele minder bekende bronnen uit de brede christelijke traditie en soms daarbuiten, zoals de christelijke mysticus Nicolaas van Cusa, de joodse geleerde Nachmanides en de romans *Finnegans Wake* en *Moby Dick*. Ze ziet het als haar taak om Bijbel en traditie voortdurend te 'recyclen'.[792]

Keller is protestant en Noord-Amerikaans en haar context is dus anders dan die van Gebara.

Ze gaat in discussie met vele vooral protestantse theologen en leest de Bijbel heel precies. Ze neemt stelling tegen de opvattingen van evangelicale en fundamentalistische christenen, die in de VS grote politieke invloed hebben en voor wie creationisme en eindtijdscenario's speerpunten zijn.[793] Keller ontwikkelt in haar ecotheologische werk *Face of the Deep* een (scheppings)theologie die nieuwe interpretaties geeft voor de verhouding tussen God, wereld en mensen.[794] Postmoderne filosofie speelt daarin een sleutelrol.

Oerknal en oergeboorte

Een grote afstand tussen God en wereld is kenmerkend voor veel protestantse theologie. Het beeld van een mannelijk God die geen materie nodig heeft, maar met zijn spreken schept uit het niets is diep ingesleten, stelt Keller. In tegenstelling tot de katholieke en de oosters-orthodoxe traditie kent de protestantse theologie over het algemeen geen sacramentele waarde toe aan de aardse werkelijkheid. Ik geef een voorbeeld uit een recent Nederlandstalig handboek. Van den Brink en Van der Kooi schetsen in *Christelijke Dogmatiek* een 'scheppingsleer' waarin de schepping voortkomt uit een wilsdaad van God, volledig afhankelijk is van God, tijdelijk is, niet goddelijk is en betrouwbaar is dankzij de natuurwetten. God is dan eeuwig, transcendent en als vanzelfsprekend 'hij' en 'Vader'.[795] Ze erkennen wel dat het maken van zo'n groot verschil tussen God en wereld riskant is: 'Dat brengt uiteraard een enorm ecologisch risico met zich mee, want wij mensen kunnen er daardoor gemakkelijk toe komen de aarde uit te buiten.'[796]

Catherine Keller zoekt in haar boek *Face of the Deep: A Theology of Becoming* naar een denken over God en de wereld dat meer recht doet aan diversiteit, lichamelijkheid, gendergerechtigheid en ecologie. Zo komt ze tot een alternatief voor de schepping uit het niets, de *creatio ex nihilo*, namelijk de *creatio de profundis*, schepping uit de diepte. Het is de diepte waar Genesis 1,2 van spreekt. De 'face of the deep', het aangezicht van de diepte is de letterlijke vertaling van het Hebreeuwse *penee tehom*. Het is uit die diepte dat voortdurend alles ontstaat:

> *Toen in het begin Elohim hemel en aarde schiep, was de aarde tohu wabohu, duisternis lag op het aangezicht van de tehom en de ruach elohin vibreerde op het aangezicht van de wateren...*
>
> De onderstroom heeft de golf gegrepen. Het zout wast de wond. We beginnen opnieuw of helemaal niet.
> Wat als *begin* – dit begin, elk begin, Het Begin – niet in het verleden ligt, als een oorsprong, maar zich eerder opent? 'Beginnen' komt van het oud-Teutoonse woord *be-ginnan*, open snijden, openen, verwant met het oud-Engelse *ginan*, wat betekent: gapen, zoals een mond of een afgrond. Wij gapen terug. Wij maken schitterende machines om ons te vergapen. Die leggen een heelal vast dat zich eindeloos lijkt te openen. Zijn ex-

> pansiesnelheid lijkt nu inderdaad verbluffend toe te nemen – alsof het de aanvankelijke vloedgolf van materialisatie, de Big Bang, de oerknal, opnieuw afspeelt. Of toepasselijker dan Big Bang: de Big Birth, de oergeboorte. Een vreemde 'donkere energie' drijft het heelal eindeloos uit. In een centrifugale expansie die paradoxaal genoeg zonder centrum is, glijden betoverend grote branden van stervende sterren langs, tegelijk met kraamkamers van nevels die sterrenfoetussen uitbroeden. De sterrenstelsels zijn vervlochten als een bloedsomloop: de niet-lineaire geometrie van chaos figureert overal. Sterrenkundigen die zich ooit richtten op 'lichten als edelstenen die zich in eeuwig terugkerende patronen bewogen', moeten de mogelijkheid onder ogen zien dat melkwegstelsels en hun schepselen 'nauwelijks meer zijn dan schuimspatten op een stormachtige zee van donkere materie'. Duisternis over de diepte.[797]

Met deze evocatieve tekst begint *Face of the Deep*. Keller laat zien hoe Genesis 1,2 – over de aarde die woest en leeg is, duisternis die over de oervloed ligt en de Geest van God die over het water beweegt – van groot belang is voor de verhouding van God tot de aarde, de materie en het vrouwelijke. In hoofdstuk twee kwam haar uitleg van dit vers al aan de orde.[798] Het is veelzeggend dat het in de uitleg van Genesis 1 vaak overgeslagen wordt of gedemoniseerd.

Constructieve theopoëtica

Keller bedrijft 'constructieve' theologie. Dat is niet helemaal hetzelfde als systematische theologie of dogmatiek. Wie het vak dogmatiek noemt, neemt dogma's en de leerstellingen uit het verleden als uitgangspunt. Bij 'systematische theologie' ligt de nadruk meer op het systematiseren van theologische inzichten. Keller stelt vragen bij dogma's en leerstellingen: hoe zijn ze ontstaan, wat zat er achter? Ze zoekt niet naar een sluitend systeem, probeert niet een logisch en overzichtelijk geheel te maken van geloofsopvattingen. Daarvoor heeft ze te veel geleerd van de postmoderne filosofie en van de mystiek. Constructie wil zeggen dat het een voortdurend bouwen is, maar nooit een afgerond bouwwerk zal zijn. Constructief hangt ook samen met deconstructief. Theologie is bij Keller een voortdurend proces van deconstrueren en weer construeren: demonteren om goed te kijken hoe het in elkaar zit, waar het uit bestaat om dan van oude en nieuwe onderdelen iets nieuws samen te stellen. Daarin verschilt ze van Gebara en veel andere feministische theologen die klassieke theologie beschouwen als hopeloos patriarchaal. Ze verschilt ook van de meer traditionele theologen die bepaalde bronnen, teksten en tradities als gezaghebbend uitgangspunt nemen. Ook haar filosofische oriëntatie is anders dan die van Gebara. Terwijl Gebara een fenomenologische blik heeft, gericht op wat zich aandient in de ervaring, heeft Keller haar filosofische basis in een postmoderne filosofie die ook ervaring deconstrueert.

Toegepast op de leerstelling van de *creatio ex nihilo*, de schepping uit het niets, betekent een constructieve methode dat Keller onderzoekt hoe dat idee ontstaan is, wat de belangen erachter waren, welke discussies er geweest zijn en welke andere opvattingen er ook bestonden. Dan gaat ze opnieuw bouwen. Met een zorgvuldige exegese van Bijbelteksten, elementen uit de hele geschiedenis van de theologie en filosofische inzichten komt ze tot een andere theorie: alles wat is, is in wording in relaties. God is verweven met de onderlinge relaties van alle schepselen, maar valt daar niet mee samen. Dit is niet totaal nieuw, want ook theologie, volgens Keller, kan geen schepping uit het niets zijn.

Theologie is bij Keller geen puur rationele activiteit. Om recht te doen aan waar het in de theologie over gaat, God, heeft ze niet genoeg aan rationalistisch lineair proza. Over God kan immers alleen in metaforen gesproken worden. Ook het pre-rationele, het symbolische en het verhalende zijn daarom nodig voor theologie. 'Theopoëtica' heet deze theologie op het raakvlak van poëzie. Het is geen theologie die gemakkelijk samen te vatten is zonder het meeste kenmerkende – het vloeiende, beeldende, evocatieve karakter – onrecht aan te doen. Vorm en inhoud zijn niet te scheiden.

Feministisch, postmodern en procesmatig

Het feminisme waar Keller deel van uitmaakt is niet het klassieke feminisme van gelijkheid dat er van uitgaat dat ongelijkheid opgeheven moet worden door verschil op te heffen. Het is ook niet het radicale feminisme dat het vrouwelijke boven het mannelijke wil stellen, door bijvoorbeeld een vadergod te vervangen door een moedergod. Als de onderliggende denkstructuren hetzelfde blijven, verander je eigenlijk niets, zou Keller met Gebara zeggen. Het postmoderne feminisme gaat juist uit van verschillen, maar van veel meer verschillen dan twee tegenpolen. Bijvoorbeeld als het gaat om gender en seksualiteit. Je hoeft niet óf man óf vrouw te zijn, homo óf hetero.[799] Er zijn vele verschillen zonder rangorde, de overgangen zijn vloeiend. Zo deconstrueert ze de tegenstellingen man-vrouw, kosmos-chaos en subject-object.[800]

Keller ontleent veel inzichten aan postmoderne filosofen. De postmoderne filosofie is een reactie op de moderniteit en op de denkers sinds de Verlichting.[801] Deze filosofen hebben kritiek op het concept van het onafhankelijke individu,[802] op het denken in dualismen en op een gerichtheid op het geestelijke ten koste van het materiële. En ze laten zien dat wat als waarheid geldt een constructie is, een combinatie van taal en macht. Het mensbeeld van de Verlichting omvat niet alle mensen. De westerse gezonde heteroseksuele man is de norm en wie daar niet onder valt, is in meer of mindere mate 'de ander', afwijkend van de normale mens. Een postmoderne benadering zal nooit proberen een universele theorie te ontwikkelen, want dat is onmogelijk. Maar altijd proberen te zien wie en wat er door een bepaalde opvatting tot 'de ander' wordt. Er is altijd iets dat verzwegen of onzichtbaar gemaakt wordt.

Ook een tekst heeft geen vaststaande betekenis, de betekenis hangt af van de context, van de andere teksten en situaties die meeklinken. Ook bij een tekst kun je zoeken naar wat er juist niet gezegd wordt. Een andere context kan andere betekenissen naar boven halen. Andere vragen maken andere bewegingen in een tekst zichtbaar. In elke tekst zitten tegenstrijdigheden en losse eindjes. Die kun je aangrijpen om een tekst te deconstrueren en er daardoor dieper op in te gaan. Dan opent zich een nieuwe betekenis. Dat is hoe Keller met bijbelteksten omgaat. Het is de methode van Derrida en van Deleuze, de postmoderne filosofen door wie zij het meest geïnspireerd is. Ze gaat niet in alles mee met het postmodernisme. Ze heeft er kritiek op waar het elke werkelijkheid buiten de taal ontkent. Deleuze gaat ervan uit dat betekenis altijd geproduceerd wordt, volgens Keller kan betekenis ook ontdekt worden.

De procestheologie is een derde belangrijke factor in haar denken. Keller studeerde bij John Cobb en vond bij hem een manier van denken die nadruk legde op worden en niet op zijn, op onderlinge relaties en onderlinge beïnvloeding. In de procestheologie bestaat het handelen van God eruit dat God alles wat bestaat uitdaagt en verleidt om zich binnen hun omstandigheden zo goed mogelijk te ontwikkelen. God schept door evolutie en is zelf is ook dynamische en relationeel.

De procestheologie baseert zich op de kosmologie van filosoof en wiskundige Alfred North Whitehead. Procesdenkers zien – onder invloed van evolutionaire biologie, kwantumtheorie en vormen van religieuze ervaring – de natuur als een continu creatief proces, zowel op kosmisch als op aards niveau, waarvan mensen een integraal onderdeel zijn. Alle levende wezen, dus ook planten en dieren en soms ook voorouders of geesten, worden beschouwd als subjecten die deel zijn van een gemeenschap. Verwantschap (of verbondenheid) is een kernbegrip: elk levend wezen is deel van het web van het leven en van het geheel van de kosmos. De kosmos heeft zich ontwikkeld tot steeds hogere vormen van creativiteit in het reageren op de omgeving. Cobb paste deze principes toe op de christelijke theologie. God of het goddelijke omarmt het geheel en is erin aanwezig als verleiding tot verdere ontplooiing, zowel van de individuele wezens als van het geheel, zonder daarbij natuurlijke oorzaken te verstoren. Zo deelt God in de vreugde en het lijden van alles wat bestaat. Evolutie kent een zekere tragiek in het sterven ten behoeve van nieuw leven. Dat is voor procestheologen geen zonde. Zonde is geweld tegen de schepping dat niet noodzakelijk is. Doel van de ontplooiing van de kosmos is volheid van leven en in dat proces zijn mensen en andere levende wezens medescheppers. Redding is geen ingrijpen van buitenaf, maar transformatie. Spiritualiteit is niet exclusief menselijk vanuit procestheologisch perspectief, want elk levend wezen heeft een eigen relatie met het goddelijke en stemt af op de goddelijke omhelzing. Mensen nemen deel aan dit non-verbale bewustzijn van verbondenheid. Christus is degene die het meest optimaal beantwoordde aan verleiding.[803]

4.3.2 De fictie van het afgescheiden zelf

In haar eerste boek *From a Broken Web* levert ze kritiek op het westerse idee van het autonome subject.[804] Mensen zijn verweven met elkaar, met God en met de aarde, maar veel van die relaties zijn verstoord. In het moderne westen heerst het idee dat je om iemand te zijn, om een zelf te zijn, jezelf te zijn, onafhankelijk moet zijn ten opzichte van anderen, een individu tegenover de wereld en tegenover God. Ze noemt dat de fictie van het afgescheiden zelf. Het is een beeld dat voor mannen en vrouwen anders werkt. Het is voor mannen gemakkelijker dan voor vrouwen om hun afhankelijkheid van anderen te ontkennen, maar beiden hebben een vervormd zelfbeeld. Typerend is het verhaal van de Odyssee: Odysseus is de held die erop uittrekt, Penelope de vrouw die thuis op hem wacht, een kleed wevend dat ze steeds zelf weer uithaalt. Hij het prototype van het mannelijke ego, autonoom ten opzichte van de rest van de wereld, zij het andere uiterste: het prototype van vrouwelijke afhankelijkheid die zelf bijna oplost in haar omgeving.

Aan de hand van mythen probeert Keller de patriarchale structuren te ontrafelen die het mannelijke en het vrouwelijke zelf vormen. Er zijn veel mythes waarbij een mannelijke held een vrouwelijk monster verslaat. Een mythe die ook in de Bijbel doorwerkt is de Babylonisch-Assyrische scheppingsmythe van de held Tiamat.[805] In zulke mythes wordt het vrouwelijke geïdentificeerd met een chaotische oerkracht, met het ongevormde, een oceanische verbondenheid die een bedreiging vormt voor de autonome mannelijkheid. De psychoanalyse duidt deze mythes in de termen van vadermoord of moedermoord. Zich radicaal losmaken van de vader en zeker van de moeder is dan nodig om zelf iemand te worden. Ze verwijt Freud dat hij geen onderscheid maakte tussen ongedifferentieerd narcisme en de vloeibare vaak als vrouwelijk gelabelde ervaring van verbondenheid.

Ook in de theologie, met name in die van na de reformatie, is het belang van gescheidenheid benadrukt: God tegenover de wereld, de mens tegenover God. Keller waardeert juist het besef van verwantschap positief. Daarvoor vindt ze steun bij de procesfilosofie van Whitehead. Alles is een proces, er zijn geen afgebakende identiteiten, alles is voortdurend in wording en bestaat in relaties. Zo construeert ze een begrip van het zelf als bestaand in een web van verbindingen, een verbonden zelf dat het afgescheiden mannelijke en het oplosbare vrouwelijke zelf overstijgt.

4.3.3 Tegen-apocalyps

Ze schreef twee boeken over het apocalyptisch denken, waarvan zij zegt dat het diep in onze cultuur zit.[806] Het komt voort uit een interpretatie van de Bijbel waarin er een absoluut begin en een absoluut einde is van de geschiedenis. Dat maakt de geschiedenis tot een gesloten lineair geheel. Veel conservatieve christenen richten zich op de wederkomst van Christus aan het einde der tijden. Zij bereiden zich erop voor dat de visioenen uit het boek Openbaring letterlijk uit zullen komen, omdat ze geloven dat de aarde zal vergaan en er een nieuwe aarde zal komen waarin alleen de ware christenen een plaats hebben. Zij verwelkomen soms zelfs tekenen van verderf van de aarde, want des te sneller zal het voorbij zijn.

Progressieve christenen hopen vaak op het koninkrijk van God als iets dat in de toekomst werkelijkheid zal worden. Zij hebben de neiging te denken dat ze zelf het koninkrijk van God kunnen en moeten realiseren. Die hoop en dat streven kunnen echter ontaarden in utopisch denken als het besef verloren gaat dat het koninkrijk ook al hier en nu aanwezig is. Dan gaat het lijken op de opvattingen van fundamentalistische christenen, met alle gevaren van wij-zij-denken, van een scherpe scheiding tussen goed en kwaad en van gebrek aan zelfkritiek. Als gerechtigheid, vrede, gelijkheid en al wat nastrevenswaardig is, alleen in de toekomst gezocht wordt, dan ligt het perspectief wel niet na de dood of na de eindtijd, maar net zo ver verwijderd van het goede in het gewone leven hier en nu. Keller pleit er daarom voor minder lineair te denken en oog te hebben voor wat zich voortdurend aan nieuwe mogelijkheden voordoet. Vandaar de titel 'Apocalyps nu en dan' (*Apocalypse Now and Then*). Ze ziet de geschiedenis als een voortgaand proces met een open einde. Er zijn steeds openingen die een nieuw begin kunnen zijn. Daarmee onderscheidt ze zich tevens van defaitisten, die geen toekomst zien. Wat Keller wil is 'het verzet tegen destructie volhouden, zonder een triomf te verwachten'.[807] Dat noemt ze tegen-apocalyptiek en zo leest ze ook de Openbaring van Johannes. Die is gelezen als een lineaire tekst, terwijl het juist een verzameling visioenen is. Ze leest het als beelden van een einde waarin steeds een opening is voor een nieuw begin. Dan gaat het niet meer om een eindtijd, maar om de werking van de Geest. Er is eigenlijk geen verschil meer tussen schepping en eschaton: op de uiterste rand van de chaos ontstaat steeds iets nieuws. [808]

4.3.4 Schepping uit de diepte

Face of the Deep is een belangrijk werk voor ecotheologie. In dit boek over de schepping bouwt Keller de inzichten van haar vorige boeken verder uit. Aan de hand van één bijbelvers stelt het vele fundamentele vragen over de verhouding tussen God en de wereld. Ik zal geen poging doen haar hele gedachtegang te volgen. Een aantal van haar inzichten zijn in hoofdstuk twee al aan de orde geweest.[809] Ze laat zien dat het beeld van een schepping uit het niets door een mannelijke scheppergod niet uit de Bijbel afgeleid kan worden. Het vaak genegeerde of gedemoniseerde tweede vers van Genesis beschrijft in haar opinie juist de plaats van de schepping: uit de baarmoederlijke chaos wordt het universum geboren.

In dit hoofdstuk concentreer ik me op haar scheppingstheologie, haar godsbeeld en haar wereldbeeld. En op haar methode, die met de inhoud nauw verweven is.

Deconstructie van schepping uit het niets

Ze begint ermee zich af te vragen hoe het toch kan dat de chaos en de diepte verdwenen zijn uit de scheppingstheologie, dan wel gesublimeerd of gedemoniseerd. *Tehomofobie* noemt ze de angst voor de diepte, die uitleggers door de eeuwen heen ertoe bracht om chaos en kosmos tot een tegenstelling te maken, waarbij de chaos synoniem werd met het niets of het kwaad. De creatio ex nihilo, schepping uit het niets, werd bedacht om Gods almacht veilig te stellen en daarmee de almacht van het mannelijk woord en van machtige mannen over de wereld.[810] Deze ideologie van beheersing, waarin God/Hij geen ander duldt, gaat volgens Keller niet alleen ten koste van alles en iedereen die als 'ander' is gaan gelden, maar ook ten koste van de diepgang in de theologie. Toch keerde de buitengesloten chaos steeds weer terug in de verbeelding, vaak negatief geduid en verbonden met water en het vrouwelijke, zoals in de fascinatie voor zeemeerminnen en sirenen. Volgens Keller was het zeker niet toevallig dat ten tijde van de eerste feministische golf zulke verhalen populair waren.[811] Tegenstanders van de suffragettes vonden daarin munitie. Bij Augustinus in de vierde eeuw is het water van de oervloed ambivalent. Enerzijds ziet hij de *tehom* als het product van menselijke zonde dat – met een wonderlijk beeld – voortkomt uit de baarmoeder van Adam. Zonder die vloed van zout water zou de schepping prachtig gebleven zijn.[812] Anderzijds schetst Augustinus het beeld van God als een oceaan en de kosmos als een spons die helemaal doordrongen is van God.[813] In de traditie zijn er steeds theologen geweest die het andere en de Ander niet uitsloten, die God ook in de duisternis zagen. Ze noemt als voorbeeld Gregorius van Nyssa (4e eeuw) en Charles Wesley (methodist, 18e eeuw).[814] Naast tehomofobie is er altijd *Tehomofilie* geweest, liefde voor de diepte. Haar eigen denken noemt Keller *tehomische* theologie.

Voor een minder negatieve waardering van het ongeordende gebruikt ze de filosofie van Gilles Deleuze. Want volgens Deleuze is de diepte

> niet een ongedifferentieerde chaos, maar een chaos van waaruit differentie een wereld ontvouwt. De multidimensionale oppervlaktes van hemel-en-aarde – hun water, aarde en atmosfeer, hun vele soorten en samenlevingen – verspreiden op deze manier de diepte.[815]

Een nieuwe lezing van de Bijbel ondersteunt deze visie. Als chaos en kosmos geen tegenstellingen meer hoeven zijn, kan de theologie meer diepgang krijgen en wordt de diepte zichtbaar als de plaats van de schepping. De diepte is de plaats, niet de schepper zelf. God schept in samenwerking met de schepselen. Niet alleen mensen zijn medeschepper met God, medewerking aan het scheppen komt ook van de aarde en de zee die voortbrengen. Het beeld van het universum als het lichaam van God sluit aan bij McFague en maakt God en de wereld onscheidbaar, ondeelbaar, maar niet identiek.

God de Veel-Ene schept

God als de Veel-Ene is niet de Ene tegenover het vele, zoals in de klassieke theologie, maar de scheppende macht door de wereld heen. In haar uitleg van de godsnaam Elohim volgt Keller middeleeuwse joodse denkers als Nachmanides: het gaat om de hemelse machten of de engelen of de vergadering der goden, een soort comité. Ook hedendaagse exegeten zijn er overigens van overtuigd dat er volgens Genesis 1 'naast die ene God ook nog andere goden bestonden.'[816] God handelt niet alleen, maar in overleg. Nachmanides concludeert hieruit dat mensen naar Gods beeld dus ook niet moeten denken dat ze alles alleen kunnen beslissen, als God zelf dat zelfs niet doet. Voor Keller is God een *pluri-singulariteit*, een veel-ene. God staat niet als de Ene tegenover de veelheid van de wereld, maar is de scheppende macht door de wereld heen. Elohim schept doordat schepselen zichzelf en elkaar scheppen. God en de schepping zijn niet hetzelfde, maar wel heel nauw met elkaar verweven. De *tehom*, de diepte, is de matrix van mogelijkheden waaruit alles in onderlinge relatie voortkomt en God is de creatieve instantie daarbinnen. 'Schepping betekent niet een flits in de leegte, maar een beslissing binnen een veelheid van mogelijkheden.'[817]

God als Veel-Ene breekt het dogma van de Drie-eenheid open: er zijn meer manieren om God in veelvoud te denken dan als drie-ene.[818] Ze verwijst naar de Kabbala. De tien *sefirot* uit die joodse mystieke stroming tonen God als mannelijk/vrouwelijk (*bi-gendered*) veelvoud.

Sommigen menen dat Keller zegt dat God enkel een woord is voor het totaal van de onderlinge relaties van de schepselen. Of zelfs heel antropocentrisch: God is een woord voor de verbondenheid van mensen. Dat is niet wat Keller – in ieder geval niet in *Face of the Deep* – zegt. God staat bij haar niet boven of buiten de wereld, maar je kunt God niet missen. Want zegt ze: 'als we de *theos* uit de theologie wissen, wat blijft dan over? Alleen een logos, een regime van seculiere *monologoi* waaruit mysterie, profetie en de liefde die sterker is dan de dood zijn verdwenen? Een elitair post-theïsme, dat sociale en symbolische strijd uit alle theologie verbant?'[819] Parafraserend: als je God weglaat uit de godgeleerdheid – het klassieke Nederlandse woord voor theologie – houd je een seculiere geleerdheid over die wel acceptabel is voor de grachtengordel, maar die geen ruimte meer laat voor strijd voor rechtvaardige verhoudingen, noch voor mysterie, profetie en de liefde die sterker is dan de dood. Dan rest een vorm van kennis, een logica, waarin heel veel wat moeilijk te definiëren maar wel heel belangrijk is, weggelaten wordt.[820] Kellers godsbeeld is 'apofatisch panentheïsme', dat wil zeggen God is mysterie en God is in alles en alles is in God. Niet alleen God, ook onze wereld is een mysterie.

Orde door zelforganisatie uit chaos

De *tohu wabohu* van Genesis 1 is volgens Keller niet hetzelfde als de diepte, de *tehom*, maar is materialisatie, ongevormde materie, de *chora* van Plato,[821] het niet-iets (*nihil-aliquid*) van Augustinus, tussen zijn en niet-zijn in. Er zit een ritme in *tohu wabohu*, een herhaling die nooit precies hetzelfde is. Met deze constatering sluit ze aan bij zowel de postmoderne filosofie als bij de chaostheorie.[822] Ze zoekt naar een ander begrip van orde dan als vervanging van chaos, omdat ze af wil van een enkel negatieve opvatting van chaos die zo kwalijk heeft uitgewerkt voor de beeldvorming rond vrouwen en natuur.[823] Als 'Gods schepping' nu ontdaan wordt van 'almacht, lineariteit en zelfs van Zijn mannelijk grammaticaal geslacht, wat blijft er dan over van het werk van ordenen?'[824] De taal van de natuurwetenschappen geeft handvatten om orde anders te construeren. De chaostheorie uit de natuurkunde geeft namelijk een ander beeld van orde: vanuit fluctuatie. De fluctuaties kunnen zo sterk worden dat er een omslagpunt komt waarin het systeem desintegreert in chaos of een nieuw, hoger niveau van orde bereikt.
Volgens deze theorie komt orde spontaan voort uit chaos door zelforganisatie.

> Ik doe een beroep op de metafoor 'zelforganisatie' als een getranscodeerd theologisch equivalent van de 'orde' van de schepping. Zo'n orde handhaaft zichzelf *binnen* instabiliteit.[825]

Complexe systemen zijn afhankelijk van de chaos waar ze uit voortkomen en waar ze aan bijdragen. Het zijn vruchtbare instanties voor de wording van structuren. De orde van Genesis 1 is dan geen vervanging van de chaos, zoals de klassieke theologie wil.[826] Orde en chaos zijn geen tegenstellingen, maar hebben elkaar nodig. Sterk vereenvoudigd komt dit neer op: zonder ordening bestaat er niets, zonder chaos, verandert er niets.

Inherent aan deze theorie is dat alles voortdurend in verandering is. Evolutie hoort bij het worden van de aarde, want de ontwikkeling van steeds meer soorten is de 'natuurlijke expressie van een heelal dat niet in evenwicht is [...] verschillen en potenties drijven de vorming van complexiteit aan.'[827] Ze duidt dit proces theologisch: 'In de theologie noemen we dit niet-lineaire had-er-ook-niet-kunnen-zijn "genade".'[828]

God als 'vreemde aantrekker'

De orde van de schepping voorgesteld als zelforganisatie gaat niet samen met het beeld van God als een heerser van buitenaf. Orde binnen de chaos, zelforganisatie, maakt een bovennatuurlijke Schepper als oorsprong van het heelal overbodig. Calvijn – met zijn concept van de wereld als theater van Gods glorie – verzette zich tegen het idee van de wereld die zichzelf zou scheppen omdat hij vreesde dat God als schepper dan overbodig zou worden omdat de mens zichzelf als schepper zou gaan beschouwen. Keller begrijpt zijn vrees.[829] Ik denk ook dat wat Calvijn in het begin van de moderniteit voorzag, werkelijkheid is geworden: *homo deus*, de mens die zichzelf beschouwt als god. [830] Keller ziet dit als menselijke arrogantie die uitgaat van een onjuist en onwenselijk godsbeeld. Zelforganisatie vraagt om een ander discours over het goddelijke en over de mens: 'Het zoekt noch de Schepper, noch de mens buiten het ecosociale web van alle leven.'[831]

Daarmee is God bij Keller zeker niet overbodig geworden. De rol van God is volgens haar vergelijkbaar met de 'vreemde aantrekker', de *strange attractor* uit de chaostheorie. Een gewone aantrekker is bijvoorbeeld de zon die de planeten in hun baan houdt. Complexe systemen hebben een zogenaamde vreemde aantrekker. Bij een vreemde aantrekker is geen sprake van vaste banen, zoals van planeten om de zon, maar van een labyrintisch pad. Het beginpunt is belangrijk. Bij sommige beginpunten zal het stelsel zich naar oneindig bewegen, maar blijft wel gevangen door de aantrekker. Voorbeeld van een vreemde aantrekker:

Cliffordaantrekker

Vreemde attractie lijkt op wat Whitehead Goddelijke Eros noemde, God die verleidt tot verwerkelijking: 'De actie van God is zijn relatie – door voelen en dus gevoeld worden, nodigt het goddelijke het worden van de ander uit; door het voelen van het worden van de ander, wordt het goddelijke zelf.'[832] Ze ziet een oscillatie, een trilling, tussen goddelijke aantrekkingskracht en goddelijke ontvankelijkheid, met andere woorden: tussen uitnodiging en sabbat.[833]

> De vreemde attractor van de chaostheorie kan dienen als nog een gestalte van de natuurwet, logos of Thora, dat genese toelaat op de rand van chaos. Het beschrijft een labyrintisch maar beperkt pad – want een pad is altijd een spoor van beslissingen – binnen de altijd incomplete oneindigheid.'[834]

Theologie kan zich hierbij thuis voelen, volgens Keller. De 'gevoelige afhankelijkheid van initiële condities' resoneert met het beeld van de Geest die op en neer gaat in de turbulentie. Elohim, Schepper, Woord of Wijsheid blijven mooie namen voor God.[835] De klassieke belijdenis van 'God, almachtige Vader, maker van hemel en aarde' klinkt nog door, maar wel anders.

Het dynamische model van ritme en herhaling maar steeds anders, van wankel of verstoord evenwicht, past ook bij de bijbelse exodustraditie, stelt ze. Uittocht, bevrijding, op weg zijn, terugkeer uit ballingschap, nieuw begin is een herhaald thema in de Bijbel. Uittocht steeds weer en steeds weer anders is noch lineair noch cyclisch. Geen lineaire beweging naar een thuis zijn in de toekomst van koninkrijk of hemel. Geen eeuwige terugkeer van steeds hetzelfde dat de wereld gevangen houdt. Maar het volk van God is thuis in het nomadische.

Vreemde manieren van Liefde, Hadewijch

Keller lijkt met dit beeld van de vreemde aantrekker een heel abstract en onpersoonlijk beeld te schetsen, bijna kil. Zelf stelt ze dan ook de vraag of het ook beeld kan zijn van Gods liefde. Een voorlopig antwoord vindt ze bij de dertiende-eeuwse Brabantse mystica Hadewijch die spreekt over vreemde manieren. Bij haar is God *minne*, liefde, een vrouwelijk woord. Maar geen liefde die veiligheid geeft:

> Ach, langs verlaten donkere wegen
> laat de minne ons ronddolen,
> in vele bestormingen zonder zegepraal,

waar ze zich tegenover ons wreed en meedogenloos toont.
En sommigen geeft ze zonder dat het hen moeite kost
haar grote vreugde in overvloed.
Dit zijn voor ons wel vreemde manieren,
maar het is een genoegen voor hen die haar vrije macht kennen.[836]

Hadewijch had als veel mystici geen gemakkelijk leven, maar op de donkere wegen, in de *tohu wabohu*, vond ze wel Gods liefde en daardoor vreugde, niet een onpersoonlijk lot of een onverschillige natuur.[837]

Duisternis als oneindig licht, Nicolaas van Cusa

De mysticus waar Keller veel aan ontleent, is Nicolaas van Cusa, die schreef: 'die ik vereer als ontoegankelijk licht is geen licht wiens tegenovergestelde duisternis is, maar licht waarin duisternis oneindig licht is.'[838] Ze haalt hem aan als tegenwicht tegen de verering van het licht in de westerse beschaving. Dat is niet onschuldig, stelt ze, want het maakt het voor mensen met een donkere huid moeilijker. Mensen met een donkere huidskleur worden tot 'de ander' gemaakt door de suprematie van het licht. 'Vroegwesterse moderniteit encodeerde systematisch onwetendheid, inferioriteit en kwaad als duisternis.' De Verlichting schermde met het hogere licht van de Rede. De vleeskleur van 'witte' mensen werd neutraal, onlichamelijk, puur licht in tegenstelling tot de zwarte ander.[839] Negatieve theologie, mystieke openbaring en profetisch iconoclasme zijn tegenstromen. Licht staat ook in Genesis niet tegenover duisternis. Het licht wordt van de duisternis gescheiden (Genesis 1,4) en is dus een mogelijkheid binnen de duisternis.

Negatieve theologie 'formuleert geloof waarmee onzekerheid onder ogen gezien kan worden, niet een kennis om die te elimineren.'[840] Negatieve theologie heeft een sociaal-bevrijdende potentie, want het is een taal zonder overheersing. De duisternis van onze onwetendheid is bij Cusa geen fout of zonde. De duisternis ontkennen is juist zonde, want dan zou God niet als de oneindige God geëerd worden, maar als schepsel. Niet kunnen kennen geldt bij Cusa niet alleen God. Niet door een naam, maar alleen door verschillende namen te geven ontstaat betekenis, stelt Cusa. Met *coincidentia oppositorum*, het samenvallen van tegenovergestelden, geeft hij een alternatief voor 'dichotome kennisregimes die God van de wereld scheiden, de Ene van het vele en het rationele licht van de onkenbare duisternis.'[841] Hij denkt panentheïstisch: alles is in God en God is in alles door middel van *complicatio* en *explicatio* (invouwing en ontvouwing) van God en het heelal in elkaar. Verschil is er dus in God en alles is radicaal verbonden. Het oneindige van God is iconoclastisch, het slaat alle beelden stuk, want God is zoveel groter dan we kunnen noemen. Contextuele en bevrijdingstheologieën zouden veel baat hebben bij negatieve theologie, volgens Keller, om niet te vervallen in identiteitspolitiek. Een duisternis waaraan het licht niet onttrokken is, is een derde ruimte tussen licht en duisternis waarin het hele spectrum van kleuren zichtbaar wordt.[842]

Niet alleen menselijke creativiteit

Over de plaats van mensen in het grote geheel, zegt Keller in dit boek niet veel. Mensen komen ter sprake als onderdeel van de hele schepping en wat voor de hele schepping geldt, geldt uiteraard ook voor mensen. Diepte is er niet alleen in de eindeloosheid van het universum, maar ook in ieder mens. Elk menselijk leed, elke liefde is evengoed veelvormig en vloeibaar en van een peilloze diepte, nooit te doorgronden.[843] Ze maakt aannemelijk dat Augustinus *Belijdenissen* niet in twee delen uiteenvalt – een deel over zijn eigen geschiedenis en een deel over de kosmos – maar dat het hem maar om één ding gaat, namelijk om Gods wijsheid, die hij zowel in de chaos van zijn eigen innerlijk als in de kosmos zoekt.[844]

Ze haalt de zeventiende-eeuwse mysticus Silesius aan: 'In een druppel – zeg: hoe kan dat? – vloeit de hele oceaan van God in mij.' Hierin leest ze de *kenosis*:[845] God ontledigt zich in die ene druppel van mijn bestaan. Er is een onderlinge afhankelijkheid van God en mens, maar ook van God en de hele kosmos. 'Niet alleen menselijke creativiteit, hebben we benadrukt vanuit het beginpunt van onze primitieve tekst: de aarde en de zee "brengen voort" in antwoord op een permissieve uitnodiging.'[846]

Ze keert zich tegen het op God projecteren van menselijke overheersing. Dat verwijt ze Karl Barth. Wat de moderne mens zich toegeëigend had, legt hij weer bij God neer, is haar analyse: God is de absolute eigenaar en oorsprong van alles. 'In de poging om de Moderne Mens op zijn plaats te zetten, lijkt Barth onze moderne claims op zekerheid en bezit overgebracht te hebben op God.'[847] Alleen in Christus is God bij Barth deel van de wereld, immanent. Zo'n beeld van Gods liefde, noemt ze 'intimiteit van overheersing'. De analogie is volgens haar die van een jaloerse man die zijn vrouw naar een blijf-van-mijn-lijfhuis drijft. We zouden een beter beeld moeten kiezen voor God dan menselijke heerschappij, bepleit Keller. Te vaak wordt Gods almacht in de plaats gesteld van menselijke verantwoordelijkheid.[848]

Het beeld van geboortelijkheid (nataliteit) vindt ze passend om het thuis zijn van mensen in de wereld uit te drukken. [849] Ze haalt Arthur

Peacock aan, theoloog en natuurkundige, die vindt vrouwelijke beelden van God beter passen bij het universum als een matrix van de geboorte van nieuwe vormen van leven: 'God schept een wereld die in principe anders is dan híjzelf, maar hij schept hem in zichzelf.'[850]

Als het lichaam van Christus zich opent

Panenthëisme beschouwt schepping als incarnatie, dat wil zeggen dat God materie wordt in alles wat is. [851] Het al in het goddelijke en het goddelijke in het al.[852] Als dat zo is, wat is volgens Keller dan nog het eigene en de rol van Christus? 'Christus is gebruikt om de goddelijke incarnatie te beperken tot eenmaligheid', stelt ze.[853] Dat begon al vroeg in de kerkgeschiedenis. De discussie over de schepping kwam op in het kader van de christologische discussie van de kerkvaders over de goddelijke natuur van Christus, die uitmondde in de dogma's van de Drie-eenheid en de tweenaturenleer. Met andere woorden: het *ex nihilo* is opgekomen in de strijd tegen 'ketterij', waarbij schepping alleen nog van belang was als de 'arena van verlossing – als het eschatologische theater van patristische christologie.'[854] Het begin van het Johannesevangelie, als een midrasj op Genesis, vervangt de *tehom*, de diepte, door de logos, het Woord, als de enige eeuwige ander van God, constateert Keller. Het Woord dat vlees werd in Jezus, volgens Johannes. Een hoe en een waarom ontbreken nog en daarover ging het in de vroege kerk, stelt Keller. De gnostici redeneerden dat als er iets ongeschapen naast God zou bestaan, dat af zou doen aan Gods goddelijkheid. Materie werd bij hen iets negatiefs, gemaakt door een mindere god. Ireneüs poneerde in de tweede eeuw de schepping uit het niets om de goedheid en de heelheid van de schepping te verdedigen tegen de gnostici met hun tweede god en kwade materie. Zijn motief zou je ecologisch kunnen noemen, maar tegelijk spreekt er een dualisme uit dat de materie degradeert. God handelt bij hem door Logos en Sofia, maar het beeld is dat van een 'eenzijdige, lineaire, mannelijke overheersing.'[855]

Incarnatie is discarnatie geworden, zegt Keller, door 'de uitvinding van de God-mens, een exclusief object voor verering in plaats van een inclusieve mogelijkheid tot actualisatie.'[856] Met andere woorden: doordat Jezus tot een eenmalige God-mens gemaakt is, is hij object van verering geworden in plaats van voorbeeld van Gods aanwezig komen in de wereld. Toch is de boodschap dat God aanwezig is in het materiële, het lijfelijke, ook altijd overgeleverd. Bijvoorbeeld in het geloof dat redding in de bijbelse traditie lichamelijke opstanding belooft. En in de liturgie rond Kerstmis die vol zit met geboortebeelden, waarin de goddelijke en de menselijke natuur van Christus samenkomen.[857]

Na de deconstructie van de incarnatie in Jezus Christus, komt ze tot een constructie vanuit de retorische vraag: 'Wat als het lichaam van Christus zich opent? Tot in zijn eigen tehomische onbepaaldheid?'[858] Zelfs in het verharde hart van de orthodoxie is panentheïsme te vinden, de intuïtie van een complexe vermenging van Schepper en schepsel, aldus Keller. 'Deze God-in-alles en alles-in-God suggereert een goddelijkheid die niet te reduceren is tot unitarische enkelvoudigheid of een op zichzelf staande Drie-eenheid.'[859] Een tehomische theologie zou de incarnatie afleiden van de wijdte van de schepping. 'Christus zou de stroom representeren van een woord dat altijd al gematerialiseerd was, meer en minder en zonder einde, een stroom die de blokkades wegneemt voor de hoop op een incarnatie waaraan alle vlees deelneemt. [...] Hij vindt plaats in het gedeelde ruimtetijdelijke lichaam van alle schepselen.'[860] Incarnatie is een voortdurend proces.

In *Intercarnations* heeft Keller een aantal artikelen gebundeld waarin ze haar ideeën over incarnatie verder uitwerkt.[861] Het zijn echo's van de leer van de incarnatie, en gaat over het goddelijke dat lichamelijk geworden is in allerlei soorten lichamen op allerlei manieren verwoord binnen diverse religies.

Laat ik de vraag 'Wat als het lichaam van Christus zich opent?' eens stellen bij mijn eigen praktijk als predikant. Als ik in een avondmaalsdienst de woorden 'lichaam van Christus' gebruik, krijgen die woorden dan dankzij Kellers theologie meer diepgang? Dat zou kunnen, mits de woorden verbonden blijven met leven, leren, lijden en sterven van Jezus van Nazareth. Als het lichaam van Christus zich echter te ver opent, zou het wel eens zo wijd en onbepaald kunnen worden dat er geen onderscheid meer is tussen schepping en incarnatie, dat het over bijna alles gaat en dus over niets, dat het geen diepgang krijgt, maar oplost.

4.3.5 Postmoderne theologie in context

Kellers theologie is niet bijzonder door haar godsbeeld. Dat verschilt niet wezenlijk van veel andere ecofeministische theologen. Zoals Benjamins het samenvat: 'God is de naam voor onze verwevenheid met al het leven, in wie alles is vervat, die wij niet doorzien en waarover we alleen niet-wetend kunnen spreken.'[862] Gebara zegt ongeveer hetzelfde. Wat Keller bijzonder maakt is haar methode, met name de manier waarop ze de inzichten van postmoderne filosofen inzet om Bijbel en traditie te begrijpen en opnieuw betekenis te geven. Ze weet de hiërarchische dualismen van God-wereld, man-vrouw enzovoort af te breken met het postmoderne concept differentie, vele verschillen zonder rangorde.

Postmodern is ook haar manier van omgaan met betekenis, intertekstualiteit en geschiedenis. Allerlei teksten, in een brede betekenis van het woord, interfereren met elkaar, waarbij betekenis ontstaat, maar nooit vastligt. Ze heeft oog voor de machtsfactor in elke tekst en betekenisvorming.

Eindeloze speculatie?

Levert Kellers denken bruikbare theologie op of is alles mogelijk als betekenis zo vloeibaar is? Sommigen wijzen haar theologie af als 'eindeloze speculatie'.[863] Ik weet niet precies wat er met deze tegenwerping bedoeld wordt. Keller presenteert niet een nieuwe dogmatiek – dat lijkt me alleen maar positief – maar neemt wel degelijk stelling. Al geeft ze ook haar eigen opvatting steeds weer voor een betere. Toch kent Kellers creatieve openheid wel degelijk grenzen. Het gaat haar om rechtvaardigheid met name op het gebied van gender en ecologie. Strijd hoort voor haar bij theologie, 'sociale en symbolische strijd', dat wil zeggen zowel op maatschappelijk als op theoretisch vlak.[864] In het grootste deel van haar werk voert ze die strijd binnen de christelijke theologie.

Kellers verzet zich sterk tegen het idee van de *creatio ex nihilo*, schepping uit het niets, waarmee een beeld van God als mannelijke heerser onderbouwd zou zijn. Volgens Kathryn Tanner was die leerstelling juist bedoeld om een hiërarchische en dwingende relatie van God tot de wereld tegen te gaan. Zij analyseert de ingewikkelde filosofisch-theologische debatten uit de eerste eeuwen anders dan Keller en komt tot de conclusie dat juist Gods volkomen transcendentie een zeer nauwe relatie van God met de wereld mogelijk maakt.[865] Deze overtuiging zullen we ook zien bij Elizabeth Theokritoff.

Een verwant bezwaar tegen haar theologie – en tegen andere procestechnologie – is dat zo'n benadering het nodig maakt om gangbare geloofswoorden en theologische begrippen opnieuw te formuleren.[866] Procestheologie heeft het grote ecologische voordeel dat de hele werkelijkheid gezien wordt als een wordingsproces waarin God betrokken is, procestheologie doet recht aan de dynamiek van de menselijke en niet-menselijke geschiedenis, erkennen zowel het synodedocument *De gaarde een woestijn?* als Van den Brink. Vervolgens vragen ze zich bezorgd af of procestheologie daarvoor nodig is, omdat herijking van woorden als God, zonde, verlossing een hoge prijs zou zijn.[867] Los van de vraag naar de procestheologie, is het echter intussen wel duidelijk geworden dat er veel mis is met de gangbare manier van spreken over God en wereld of natuur en geschiedenis. Beelden voor God en de wereld die stollen tot vaste begrippen verabsoluteren inzichten uit een bepaalde situatie tot eeuwige waarheden en naturaliseren zo patriarchale en antropocentrische opvattingen.[868] Om recht te doen aan God, mensen en de aarde is een ander wereldbeeld nodig. In het vervolg zullen we zien dat daarvoor meer mogelijkheden zijn dan procestheologie.[869]

Een andere punt van kritiek op Keller kan zijn dat er geen ruimte is voor hoop in een niet-lineaire opvatting van geschiedenis. Sommige vormen van procestheologie gaan wel uit van een lineaire ontwikkeling van de geschiedenis, bijvoorbeeld van oerknal via het ontstaan van steeds hogere en diversere vormen van leven tot iets als een optimale ontplooiing van de wereld.[870] God is daarin 'het "creatieve doel" of de "verleiding" die de wereld overhaalt tot hogere niveaus van zelfactualisatie.'[871] Keller pleit echter voor het open houden van de geschiedenis. Er is voor haar geen vaste uitkomst noch een opgaande lijn in de geschiedenis naar een nieuwe aarde, koninkrijk van God, uiteindelijke verlossing of optimale zelfactualisatie. Ontneemt ze ons daarmee niet de hoop? Leven in onzekerheid is veel gevraagd. Anderzijds geeft het perspectief van een geschiedenis zonder vaste uitkomst ruimte voor wat niet past in het lineaire concept van een heilsgeschiedenis, ruimte voor verrassing, onverwachte genade. Het doet meer recht aan de gecompliceerde werkelijkheid waarin we leven. Zo'n visie past bovendien beter bij het niet-lineaire perspectief van de Bijbel, waarin verlossing steeds weer gebeurt. Hoop is niet gebonden aan de zekerheid van een happy end.[872]

Keller 'recyclet' Bijbel en traditie, hebben we al geconstateerd. Ze heeft een veel minder negatieve houding ten opzichte van traditionele geloofswaarheden dan bijvoorbeeld Gebara. Ze werkt wel vanuit een zekere ideologische argwaan,[873] maar gebruikt veel brokstukken die ze overhoudt na haar deconstructie opnieuw. Keller neemt inzichten uit het verleden zeer serieus juist door ze heel kritisch te benaderen en ruimte te maken voor nieuwe betekenissen. Ze ontrafelt de mechanismes van onderdrukking en uitsluiting om ze te herprogrammeren. Haar manier van werken schept ruimte om onbruikbaar geworden beelden achter ons te laten, zonder radicaal te hoeven breken met alle klassieke theologie.

Kellers bijdrage in onze context

De methode Keller is een manier om creatief en strijdbaar na te blijven denken over de relatie tussen God en de wereld, vanuit Bijbel en traditie en vele andere bronnen. Kellers theologie is niet gemakkelijk; 'vanwege de breedte van bronnen zullen relatief weinig lezers de expertise hebben om de hele redenering te volgen.'[874] Ook mij zal vast het een en ander ontgaan zijn en in dit subhoofdstuk heb ik bewust en onbewust veel laten liggen. Het is verleidelijk haar inzichten te systematiseren tot een verzameling concepten, tot een paar nieuwe gods-, mens- en wereldbeelden. Dat zou echter de beweging eruit halen en geen recht doen aan haar wijze van theologiseren. Veel vruchtbaarder lijkt het me daarom om haar methode te gebruiken om op een creatieve manier verder te denken over de grote vragen van God en de wereld. 'Keller construeert (zowel op de pagina's als in de verbeelding van de lezer) een nieuwe plaats om te gaan denken over de diepste vragen van het leven en het bestaan.'[875] Dat is niet gemakkelijk, maar nooit saai, want 'Hoe meer we tegenstellingen en contradicties onderkennen en er niet bang voor zijn, hoe meer de waarheid in duisternis gaat schijnen.'[876]

Dat is tevens een mooi motto voor een gesprek over duurzaamheid waarin de gesprekspartners veel van elkaar verschillen, bijvoorbeeld doordat ze uit uiteenlopende theologische tradities komen. Keller laat zien hoe het mogelijk is om denkers met wie je het in eerste instantie helemaal niet eens bent te begrijpen in hun eigen context, te waarderen en met hen in gesprek te gaan zonder je eigen theologische inzet op te geven.

4.4 Elizabeth Theokritoff: de gave van Gods eigen leven

Catherine Keller en vele andere ecotheologen en feministisch theologen putten graag uit de traditie van de Oosters Orthodoxe kerken. [877] Daar is namelijk een manier van denken te vinden over God en de wereld en de plaats van mensen daarbinnen die niet of minder beïnvloed is door het moderne wereldbeeld. God en de aarde zijn er nauwer verbonden, de natuur wordt positief gewaardeerd. Daarom is het zinvol de orthodoxe theologie – in dit deel van hoofdstuk vier gebruik ik kortheidshalve 'orthodox' of 'oosters' voor 'oosters orthodox' – nauwkeuriger te bekijken.

Dat zal ik doen aan de hand van Elizabeth Theokritoff. Zij is een Grieks-orthodox theoloog, verbonden aan het 'Institute for Orthodox Christian Studies' in Cambridge. Daarnaast werkt ze als theologisch vertaler uit het nieuw-Grieks. Ze promoveerde op liturgische theologie en specialiseerde zich in scheppingstheologie en theologische ecologie sinds een docentschap in 1988 en 1989 aan een oecumenisch instituut in Zwitserland voor 'Gerechtigheid, vrede en heelheid van de schepping.'[878]

Of ze tot de ecofeministische theologen gerekend kan worden, weet ik niet. Ze maakt gender niet tot een thema, de ervaringen van vrouwen klinken wel mee in haar werk.[879] Ze staat nadrukkelijk binnen haar traditie en uit in het openbaar nauwelijks kritiek op het patriarchale karakter ervan. Waar het beeld wordt bepaald door mannen in het zwart met een kruis op de borst en door mannen rond een altaar in rijkelijk versierde liturgische gewaden is zij een invloedrijke vrouwelijke stem. Ze was co-editor van de *Cambridge Companion to Orthodox Christian Theology* en schreef *Living in God's Creation. Orthodox Perspectives on Ecology*, dat verscheen in een serie over de grondslagen van oosters-orthodoxe theologie.[880] Met haar talloze colleges, lezingen en workshops over orthodoxie en ecologie bereikt ze veel mensen.[881]

4.4.1 Context Oosterse Orthodoxie

De huidige orthodoxe kerken komen voort uit de kerken van het Oost-Romeinse rijk, waar Constantinopel (het huidige Istanbul), Alexandrië, Antiochië en Jeruzalem toe behoorden. [882] Uit missionaire activiteiten en migratie ontstonden de kerken in Rusland en andere Oost-Europese landen en later in de rest van de wereld.[883] De oosterse kerken en de westerse kerk, de kerk van Rome, gingen officieel uiteen in de elfde eeuw. Verschillen en conflicten waren er voor die tijd ook al. In de kerken van het Oost-Romeinse rijk was Grieks de voertaal en niet Latijn, wat vaak voor spraakverwarring zorgde. Andere theologen gingen als autoriteit gelden. Politiek en historisch groeiden zij uiteen en dat had invloed op de organisatie van de kerk. In het oosten waren tot de val van het Oost-Romeinse rijk in 1453 kerk en staat een, al werd dat christelijke rijk wel steeds kleiner door de Arabische veroveringen en de islamisering van veroverde gebieden. Mede door de val van het Romeinse rijk kreeg in het westen de paus steeds meer macht. In het oosten ontstond geen centraal kerkelijk gezag, al had en heeft de patriarch van Constantinopel wel een speciale positie als oecumenisch patriarch.

Het geloof werd doordacht in een intellectuele dialoog met de Griekse filosofische traditie. Dat gebeurde onder meer in zeven oecumenische concilies (325-787), waarvan de besluiten grotendeels door het grootste deel van de kerken in oost en west onderschreven werden. De christologie was het hoofdthema van deze kerkvergaderingen. De daaruit voortgekomen dogma's van God als Drie-eenheid (Vader-Zoon-Geest) en de twee naturen van Christus (goddelijk en menselijk) worden in moderne theologie vaak versmaad als machtspolitiek, miskenning van het bijbelse denken of achterhaalde metafysica. In hun context waren deze dogma's echter doordachte antwoorden op de vraag hoe het geleefde geloof vanuit de bijbelse bronnen in eigentijdse bewoordingen geformuleerd kon worden. Sommige kerken haakten al in een vroeg stadium af. De kerken van Antiochië en Alexandrië konden niet meegaan met de tweenaturenleer (Chalcedon, 451) en zo ontstond een schisma binnen de oosterse kerken.

Met de val van Constantinopel halverwege de vijftiende eeuw trad een periode van stagnatie in die duurde tot het einde van de Ottomaanse bezetting in de negentiende en begin twintigste eeuw. De focus lag op overleven in een omgeving waar christenen tweederangs burgers waren.[884] Pas daarna konden weer theologische opleidingen opgezet worden. Dat gebeurde vaak naar westers model en met veel westerse invloed. De theologische herleving begon in Rusland met de ontwikkeling van 'sofiologie', over God als Wijsheid.[885] Een ander belangrijk accent in hedendaagse orthodoxe theologie is een herbronning door het herinterpreteren van de gezaghebbende theologen en monniken uit het verleden, de 'vaders', zoals de zogenoemde oosterse kerkvaders, en de woestijnvaders en moeders.[886] De kloosters hebben altijd grote invloed gehad op kerk en theologie. Zij hadden de erfenis van de vaders en moeders bewaard en leverden geleerden, geestelijk (bege)leiders en missionarissen. De berg Athos, het schiereiland vol (mannen)kloosters, was halverwege de twintigste eeuw op sterven na dood, maar is nu een centrum voor spiritualiteit met zo'n zestienhonderd vaak hoogopgeleide monniken.[887] Kloosterspiritualiteit droeg bij aan 'de orthodoxe visie op theologie als een levende ontmoeting met God.'[888]

Een verschil tussen de oosterse en de westerse kerken is dat de eersten niet door de Verlichting heen gegaan zijn zoals de laatsten, met nadelen die in sommige opzichten juist voordelen zullen blijken. Niet het individu staat centraal, maar de kerk met haar oude liturgische teksten en rituelen, gesteund door een theologie die statisch lijkt in haar herhaling van de teksten van de vaders, maar die die teksten wel steeds opnieuw actualiseert. De wereld is niet het decor, laat staan het eigendom van mensen, maar de hele kosmos is heilig. Geschiedenis wordt minder lineair opgevat: schepping, incarnatie en voltooiing zijn geen momenten op een tijdlijn, God is zo steeds aanwezig. In het hart van de theologie staat de vereniging van het goddelijke en het menselijke, het hemelse en het aardse in de persoon van Jezus Christus en in de eucharistie.[889] Deze vereniging ontsluit een weg naar vergoddelijking (deïficatie of *theosis*) voor alle mensen en zelfs voor alles wat bestaat. Transformatie is een kernbegrip. Naast de *katafatische* of positieve theologie, de kennis van God, staat de *apofatische* of negatieve theologie, het besef dat God nooit volledig te kennen is met het verstand, noch in taal te vatten. De tegenstelling tussen kennen en niet-kennen wordt overstegen in de mystieke ervaring.

De oosterse kerken verkeerden in zekere zin in een postkoloniale situatie na de val van het Ottomaanse rijk en – later, voor Rusland – van de Sovjet-Unie. Enerzijds waren ze afhankelijk van westerse modellen voor herleving van hun kerken en theologie, anderzijds zochten ze een eigen stem en benadrukten ze hun eigenheid ten opzichte van het westen. Dat is geen situatie waarin er veel ruimte is voor het kritisch evalueren van de eigen traditie. Sommige theologen plaatsen het oosterse diametraal tegenover het westerse denken, bijvoorbeeld in mensbeeld en opvatting over de Drie-eenheid. Anderen wijzen op overeenkomsten in bijvoorbeeld het belang van sacramenten tussen orthodoxen en katholieken. En in de wereldraad van kerken was er uitwisseling en samenwerking met protestanten.[890] In ieder geval is er een gezamenlijke grond in de Bijbel, in de vroege kerk met de oecumenische concilies en in de sacramenten. Juist omdat oosterse theologie zich anders ontwikkeld heeft dan de westerse, werpt ze een nieuw licht op controverses die in het westen spelen rond de rol van Bijbel en traditie, kerkopvatting en geloof, immanentie en transcendentie, christologie et cetera. 'Orthodoxe theologie past eigenlijk niet in de westerse concepten. Het overstijgt onze verschillen.'[891] De orthodoxe inbreng in oecumenische contacten heeft andere kerken herinnerd aan de gezamenlijke erfenis van de vroege kerk, bijgedragen aan vernieuwing van liturgie en liturgische theologie en geholpen om de vroeg christelijke spiritualiteit te herontdekken.[892]

Orthodoxe ecotheologie

Bartholomeus I, sinds 1991 de 270e oecumenische patriarch van de Oosters-Orthodoxe kerken, bijgenaamd de groene patriarch, is ook in het westen een graag gezien spreker.[893] De Grieks-orthodoxe kerk waartoe hij behoort heeft veel aandacht voor ecologie. Al in 1845 nam ze een encycliek aan tegen het afbranden en verwoesten van bossen. Patriarch Bartholomeus organiseerde verschillende campagnes om aandacht te vragen voor milieuproblemen in Europese wateren, zoals de Egeïsche Zee, de Zwarte Zee en de Donau.[894]

De oosterse theologie kan op het eerste gezicht dualistisch en wereldmijdend lijken en helemaal niet ecologisch met zijn nadruk op eeuwigheid, liturgie en ascese. Het gaat echter steeds om het eeuwige ín de wereld, niet erna of erbuiten. Waar in het westen de nadruk ligt op geschiedenis, op een tijdslijn van schepping, via verbond en incarnatie naar verlossing en voltooiing – de heilsgeschiedenis – denkt het oosten metahistorisch: het eeuwige en het spirituele zijn steeds in de wereld aanwezig.[895] God is aanwezig in de hele natuur, 'iedere plaats en ieder moment is een heilige plaats en tijd; elk kan dienen als een raam op de eeuwigheid'.[896] De hele wereld is een icoon: een ingang tot een nieuwe realiteit.[897] De hele wereld is sacrament van God.[898]

> Was God niet aanwezig in de drukte van een grote stad, in de schoonheid van een bos of in het zand van een woestijn, dan zou God ook niet in de hemel aanwezig zijn. [...] God is aanwezig 'in alle dingen' (Kolossenzen 3,11). Met andere woorden, er is een onzichtbare dimensie in alle zichtbare dingen, een 'meer' in alle materie. De hele schepping is een tastbaar mysterie, een immense 'incarnatie' van kosmische proporties.[899]

Volgens het orthodoxe christendom is de wereld tegelijk goed en mooi (niets staat los van God) én gevallen en zondig (door menselijk falen) én verlost (want alles heeft de vruchten van de verlossing in Christus ontvangen). Als een van deze drie aspecten van de werkelijkheid vergeten wordt, ontspoort de theologie.[900] De hele schepping is geladen met goddelijke energie, volgens de vaak geciteerde Gregorius Palamas in de veertiende eeuw. Hij onderscheidde goddelijke essentie en goddelijke energie en ontwikkelde een vorm van panentheïsme.[901]

In de liturgie wordt Gods aanwezigheid in de hele schepping verkondigd en de verbondenheid van alles wat bestaat gevierd. Het is dus geen vlucht in een hemelse werkelijkheid, maar het instemmen met de liturgie van de hele kosmos.[902]

Ascese, soberheid en vasten zijn manieren om zorgvuldig met de schepping om te gaan. Ascese wordt vaak gezien als lichaamsvijandig, in ecologisch perspectief is het echter een levenswijze die het mogelijk maakt om vrij te zijn van de machten die de wereld misbruiken, vrij van consumentisme bijvoorbeeld.[903] De orthodoxe werkelijkheid is overigens vaak minder mooi dan de theorie. Er zijn ecokloosters, maar de berg Athos bijvoorbeeld munt niet uit in milieuvriendelijkheid met sterke vermindering van de biodiversiteit, veel asfalt en stromen afval.

4.4.2 Leven in Gods schepping

> Als je een echt christelijk leven wilt leiden, moet je de aarde bewonen op een manier die aandacht heeft voor de hele schepping – de mensheid in het bijzonder, maar ook het geheel van de niet-menselijke schepping, spiritueel en materieel, zonder welke de mensheid ondenkbaar is. [904]

Zo wordt in het voorwoord van *Living in God's Creation* de these van het boek samengevat. In dit boek presenteert Theokritoff een christelijke ecologie vanuit de orthodoxe traditie. Ze ziet de ecologische crisis als een culturele en spirituele crisis, die een heroriëntatie in denken en handelen vraagt. Scheppingstheologie vanuit oosters perspectief biedt niet alleen een diagnose, maar ook zo'n nieuwe oriëntatie.[905]

> Milieubewustzijn begint met ons geloof in de meest wereldse details van het alledaagse leven. Het begint met de bewustwording dat niets niet-geïnspireerd is of God onwaardig alleen maar omdat het lichamelijk is. De huisvrouw die een kruisteken maakt over het brood alvorens het aan te snijden, of de grootmoeder die het vee bewierookt tijdens haar avondgebeden, tonen een bewustzijn van Gods aanwezigheid in zijn schepping die we zouden moeten hervinden.[906]

Van beheersing naar verantwoordelijkheid

De aantasting van de natuur in de afgelopen eeuwen is volgens Theokritoff het gevolg van een cultuur van beheersing, die ze een gevaarlijke illusie noemt, 'zowel vanuit praktisch als vanuit theologisch perspectief problematisch.'[907] Milieuproblemen kunnen niet opgelost worden met technologie, want onze pogingen om de natuur te controleren hebben gevolgen die om nog meer controle vragen en zo het probleem verergeren. Het moderne wereldbeeld mist het inzicht in het hele beeld – namelijk dat van de schepping – en ziet de natuur als een verzameling hulpbronnen en mogelijkheden. 'Helaas wordt ons vermogen om invloed uit te oefenen op de wereld als geheel niet geëvenaard door ons vermogen om te denken in termen van de wereld als geheel.'[908]

Dit wereldbeeld kon volgens Theokritoff alleen ontstaan in een samenleving waarin het christendom al op zijn retour was: nog christelijk genoeg om de wereld niet te zien als vol van goden, onchristelijk genoeg om de wereld los te kunnen zien van God als schepper en van Christus die in de schepping geboren is. Niet het christelijk wereldbeeld is een belangrijke oorzaak van de ecologische crisis, stelt ze in reactie op Lynn

White, maar juist de teloorgang ervan.[909] De reformatie beschouwt ze als een fase in die teloorgang van het christendom. Ze is zo negatief over de reformatie, omdat die met haar vele kerkgenootschappen zorgde voor een steeds verdere fragmentatie van de christelijke traditie en de nadruk legde op de individuele mens als plaats van Gods activiteit, zodat het grote geheel buiten beeld raakte.[910]

De christelijke ecologie die zij formuleert heeft zowel betrekking op de oecumene – in de betekenis van bewoonde aarde of menselijke gemeenschap – als op het ecosysteem, als op de relatie van het geheel tot God als zijn Schepper.[911] De leidende vragen zijn:

> - Hoe kunnen de traditie en de leer van de orthodoxe kerk een raamwerk verschaffen voor de noodzakelijke veranderingen?
> - Hoe vormt dat ons – als we het toestaan – tot mensen die in staat zijn de vicieuze cirkel te doorbreken?[912]

Bij velen roepen de ecologische problemen verlamming of ontkenning op, constateert ze. Daarom neemt ze de opvatting van Maximus Confessor (580-662) als uitgangspunt voor haar theologie. Zijn visie op de mens als verbindend figuur in de schepping biedt een uitweg uit de impasse: 'Het is noodzakelijk om te accepteren dat mensen de oorzaak zijn van de slechte toestand van de wereld; en dat we eveneens Gods uitverkoren werktuigen zijn waardoor alle dingen tot vervulling in Christus gebracht moeten worden.'[913] Ze wil de cultuur van beheersing of controle vervangen door een cultuur van verantwoordelijkheid.[914]

God in alles

Theokritoff begint niet bij de Bijbel, maar bij de kerkvaders. Een orthodoxe reflex waarin de Bijbel altijd gelezen wordt via de manier waarop teksten begrepen en gebruikt zijn. 'Een idee kan in de Schrift te vinden zijn, maar nauwelijks een rol gespeeld hebben in het vormen van de christelijke wereldbeeld.'[915] Het mens- en wereldbeeld van de vaders is voor haar een spiritueel kompas.

Het beeld van het christelijk geloof als louter geïnteresseerd in het geestelijke en afkerig van het materiële klopt niet voor de vroege kerk, stelt ze, en haar eerste argument is de verrijzenis van Christus. Geloof in de opstanding van het lichaam stond lijnrecht tegenover zowel het Platonische idee van de verlossing van de geest uit het lichaam als het idee van reïncarnatie uit het verre oosten, waarin de bevrijding van de ziel uit de cyclus van wedergeboortes het doel is. Volgens de vaders wordt de mens verlost met lichaam en ziel.[916] De hele schepping heeft een waarde die eeuwig is en het christendom verkondigt zelfs dat God deel geworden is van zijn eigen schepping:

> God het Woord is deel van de wereld geworden die door hem geschapen is; en dit is de cruciale gebeurtenis die het de schepping mogelijk maakt om niet alleen een middel tot fysiek leven te zijn, maak ook de gave van zijn eigen leven aan ons.[917]

De vaders redeneren niet vanuit de natuur naar God, maar kijken met een theologische blik naar de natuur, aldus Theokritoff.[918] God is aanwezig in de schepping, in de menselijke natuur en in de eucharistie, op een verschillend niveau herhaalt zich hetzelfde patroon. [919] Niets bestaat buiten God en God is tegelijk onderscheiden van al het geschapene omdat God het zijn zelf is. God is dus transcendent én immanent. Mensen zijn beeld van God, maar alle andere schepselen eveneens in de zin dat ze beelden zijn van de *logoi*, de goddelijke woorden of energieën in alles. 'De logoi van de dingen kunnen gedacht worden als voorbeelden in de goddelijke wil voor geschapen dingen, blauwdrukken in overeenstemming waarmee het feitelijke schepsel te zijner tijd ontstaat.'[920] Alles wat bestaat neemt deel aan God door te bestaan. Volgens Izaäk de Syriër hebben we twee spirituele ogen. Met het ene zien we de glorie van Gods eigen natuur, met het andere zien we aspecten van zijn glorie verborgen in de schepselen.[921] Maximus noemde dit laatste het 'boek van de natuur.'[922]

Nu is bepaald niet alles in de natuur liefde en wijsheid. Zonde is de afwezigheid van goddelijke presentie, zegt Maximus.[923] God is alles, maar niet alles is God. Het doel van de schepping, de verlossing, is dat God alles in allen zal zijn. In deze vergoddelijking van het universum heeft de mens een belangrijke rol.[924] Menselijk handelen moet in overeenstemming zijn met het doel van de schepping. Als wij elementen van de natuur willen verbeteren zullen we dat moeten doen overeenkomstig de logos die erin aanwezig is, dus in dialoog, 'dia-logos.'[925] Gregorius Palamas formuleerde in de veertiende eeuw expliciet het onderscheid tussen het wezen van God en zijn ongeschapen energieën. Hij benadrukte zo dat God gescheiden is van de schepping en tegelijk het vitale principe van alles wat bestaat. Theokritoff benadrukt dat de oosters-orthodoxe voorstelling van de relatie tussen God en de schepping verschilt van die van de procestheologie, maar ook van de deïsten (God als de grote klokkenmaker die alles in gang zet)[926] en van het theïstische idee dat God van buitenaf in zou grijpen. Kort samengevat: 'materie is doordrenkt met geest; alle dingen resoneren met het scheppende Woord van God dat tegelijk alles overstijgt.'[927]

Mensen als koningen en priesters

In de Bijbel hebben alle schepselen een relatie met God, ook buiten de mens om, zoals we in hoofdstuk 2 gezien hebben. De vaders echter beklemtonen de rol van mensen als middelaars tussen God en hun medeschepselen. Dat wil niet zeggen dat de vaders antropocentrisch zijn, volgens Theokritoff, want bij hen staat niet de mens, maar God in het centrum. Elk ander centrum zou een afgod zijn, of dat nu de mens, de aarde of de materie is. Ze wijst dus ook een ecocentrische theologie af. Doel is dat God alles in allen wordt. Mensen zijn niet het doel, maar middelpunt.[928] Volgens Gregorius van Nyssa is in de mens een spirituele en een materiële natuur verenigd. Daardoor zijn mensen als microkosmos in staat om alles in relatie tot God te brengen. Ze hebben een sleutelpositie binnen de schepping.[929] Mensen zijn zelfs koning in de schepping, volgens de vaders maar wel koning in een constitutionele monarchie waarvoor God de grondwet schrijft. Mensen mogen van de wereld genieten en de wereld gebruiken – daar is de wereld zelfs voor bedoeld – maar altijd volgens Gods regels en ter ere van God.[930] Als mensen de aarde misbruiken, gaan ze niet alleen in tegen Gods geboden, ze houden op werkelijk mens te zijn omdat ze niet meer beantwoorden aan wat mens-zijn bepaalt: geschapen zijn naar Gods beeld en gelijkenis.[931] Zonder liefde lijkt het beeld niet meer.

Heerschappij hoort bij mensen als vrije en redelijke wezens, volgens de vaders. Die opvatting is vanuit ecologisch perspectief problematisch, erkent ze.[932] Rede, aldus Theokritoff, is het vermogen om niet de instincten te volgen, maar onszelf in te houden, dus echt iets heel anders dan de zogenaamde keuzevrijheid van de consument die omgeven is door 'musthaves'.[933] Ze haast zich om toe te voegen dat de vaders in een heel andere wereld leefden dan wij. Controle over de natuur was puur overleven door landbouw te beoefenen en kleding en huizen te maken. Dat de schepping er voor de mens is, zoals de vaders vaak zeggen, moet in dat kader worden gezien.[934] De verantwoordelijkheid die gepaard gaat met dat heersen van de mens is niet in de eerste plaats regeren, maar lof zeggen.[935]

Misbruik van de schepping

De vaders hebben nagedacht over wat er mis gaat in de manier waarop mensen de wereld gebruiken. Ze spreken niet van een zondeval of een gevallen wereld, maar van 'de wereld van de val'. Dat onderscheid is belangrijk, want wie de wereld beschouwt als gevallen, kan gemakkelijk op het idee komen dat de wereld niet de moeite waard is en een belemmering voor het spirituele leven. Of juist dat het in cultuur brengen van de aarde noodzakelijk is en een christelijke deugd. Die laatste opvatting is de legitimatie geweest van exploitatie en kolonialisme.[936] De vaders bedoelen met 'de wereld van de val' dat de wereld aangetast is door de breuk in de relatie tussen God en mensen, terwijl er geen breuk is in de relatie tussen God en de wereld.[937]

Deze visie van de vaders zien we terug in de uitleg van Genesis 3 door Johannes Damascenus (676-749). Hij benadrukt dat de mensen toestemming hadden om van alle bomen te eten.[938] Eten van de bomen, zegt hij, is hetzelfde als God leren kennen door zijn schepping en daartoe is de mens gemaakt.[939] Die ene boom, waar ze niet van mochten eten, de boom van de kennis van goed en kwaad, staat bij hem voor fysiek, hedonistisch eten waarbij God uit het oog verloren wordt. Door te eten van die boom is de mens ten val gekomen. Theokritoff actualiseert zijn uitleg: door de val is de mens gereduceerd tot roofdier, tot consument.[940]

De vervloeking van de akker in Genesis 3,17 is geen vervloeking van de hele aarde, maar van de aarde terwijl ze door de mens bewerkt wordt. Zoals in het Byzantijnse rijk de burgers het recht hadden in opstand te komen tegen de keizer als deze een tiran werd, zo werd de aarde vijandig voor de mens toen de mens God niet meer gehoorzaamde.[941]

> De val zoals de vaders die interpreteren blijkt een sleutel tot het begrijpen van het menselijk misbruik van de geschapen wereld. In de visie van de Vaders op de schepping heeft alles zijn oorsprong in God; alles is geschapen om hem te weerspiegelen, om ons met hem te verbinden en uiteindelijk door hem gevuld te worden door middel van ons handelen. De wereld van de val echter is er een waarin deze voortdurende verwijzing naar God is uitgewist. De schepping is er om mijn verlangens te bevredigen.[...] De oorspronkelijk noodlottige keuze van de mens is verergerd in de loop der tijden en generaties, en uiteindelijk verhard tot een wereldbeeld.[942]

De vaders zagen begeerte als een persoonlijk moreel falen, want ze kenden het nog niet in zijn huidige geïnstitutionaliseerde vorm, waarbij alle goederen van de wereld gezien worden als gebruiksartikelen en koopwaar.

Ascese als het juiste gebruik van de dingen

De theologie van de vaders ziet Theokritoff in praktijk gebracht bij asceten en heiligen en in de orthodoxe liturgie. Hier vinden we handelingsperspectieven voor het dagelijks leven om de wereld te gaan ervaren als op God gericht. Ze 'stellen ons in staat via de schepping met God in contact te komen en de schepping tot volle eenheid met God te brengen.'[943]

Het is een wijdverbreide misvatting dat ascese een negatieve houding zou zijn ten opzichte van de wereld, het lichaam en de natuur. Het tegendeel is waar, volgens Theokritoff, ascese getuigt juist van respect voor de wereld en leidt tot een rechtvaardig gebruik van de dingen. Als de vaders ageren tegen de natuur bedoelen ze de menselijke natuur die gecorrumpeerd is door bezitsdrang. Een negatieve waardering van 'de wereld' gaat over zoiets als wereldsheid; 'het vlees' staat niet voor het lichamelijke, maar voor een bepaalde levenshouding.

Ascese betekent afstand nemen van mensen en dingen, te beginnen met wat het dichtstbij is, ons eigen lichaam. Ascese is gerichtheid op God in een levenslange oefening van lichaam en ziel. Het leidt tot een vrijheid om de wereld lief te hebben zonder bezitsdrang. Vasten is een manier om terug te keren naar de paradijselijke staat.[944] Zorg voor de ziel betekent zorg voor zichzelf, inclusief het lichaam en de materiële schepping waartoe het behoort.[945] Zoals respectievelijk Serafim van Sarov (1754-1833) en Amma (moeder) Theodora (vierde of vijfde eeuw) het zeiden:

> Het doel van ascese [...] is om het lichaam tot vriend en helper te maken, bereid en in staat om deugdzame daden te verrichten.
> Leg het lichaam discipline op en je zult zien dat het lichaam er is voor hem die het gemaakt heeft.[946]

Het lichaam is ons raakvlak met de materiële wereld.[947] Als de vaders en moeders het hebben over verachting van het lichaam, bedoelen ze onthechting. Asceten gaan met een zorgvuldigheid met de dingen om die je in onze materialistische maatschappij zelden ziet. Materialistische mensen hechten waarde aan zaken in relatie tot hun eigen verlangens, verzaking maakt het mogelijk de dingen op zichzelf te waarderen, als onderdelen van Gods schepping. Ascetisme is geen individuele zaak van zelfverloochening, maar heeft te maken met hoe we de gaven gebruiken die bestemd zijn voor het welzijn van iedereen. Serafim zegt: 'vasten betekent niet alleen het vlees (d.w.z. de begeerte) overwinnen, maar ook het stuk brood nemen dat je zelf zou willen eten en het in plaats daarvan geven aan iemand die honger heeft.'[948] Bidden, vasten en zorg voor de armen horen bij elkaar. Doel van ascese is innerlijke vrijheid: 'De fysieke discipline geldt alleen als echte christelijke ascese als het ons in staat stelt weelde te verachten, woede opzij te zetten en als het ons bevrijdt van opschepperij en jaloezie.'[949]

Het juiste gebruik van materiële zaken wortelt in de overtuiging dat de geschapen wereld een gave van God is. Niet in de zin van een geschenk dat – eenmaal gegeven – door de ontvanger naar eigen goeddunken gebruikt mag worden, het blijft Gods bezit. Daarmee is elk individueel bezit gemeenschappelijk bezit. Als alle dingen herkend worden als gaven van God en tekens van Gods liefde, zullen ze niet verspild worden. 'Alle spullen, alle bezit van het klooster beschouwt hij als ging het om heilig vaatwerk van het altaar', staat er in de kloosterregel van Benedictus.[950] Zelfbeperking bij de vaders betekent niet dat voedsel, seksuele relaties of andere zaken niet goed zouden zijn, want de schepping is goed.

Ecologisch ascetisme is noodzakelijk als zelfbeperking gericht op God en omwille van andere schepselen, want zij zijn objecten en instrumenten van Gods liefde en niet van onze begeerten. Op een praktisch niveau is het niet genoeg om te weten dat minder vliegen, minder auto rijden, minder vlees eten en minder fossiele brandstoffen gebruiken nodig is,

> het is eveneens noodzakelijk om de leugen tegen te spreken dat zichzelf verwennen de sleutel is tot een vervuld en gelukkig leven.[951]

De wereld als icoon

De levensverhalen van heiligen en hun beeltenis op iconen vertellen ons veel over de plaats van mensen in de schepping. 'De heilige is een persoon in wie de oorspronkelijke schoonheid van de schepping hersteld is.'[952] Heiligen zijn als Adam voor de val, die de dieren namen geeft.[953] Er zijn veel verhalen over wilde dieren die naar een heilige toekomen en hem gehoorzamen. Dieren helpen en beschermen de heilige en deze beschermt hen.[954] Anderzijds zijn er ook veel verhalen over heiligen die een wild dier dat mensen bedreigt, verdrijven of zelfs doden.

Dieren erkennen autoriteit van mensen voor zover het beeld van God in die mensen hersteld is, met andere woorden: in de mate waarin die mensen toegegroeid zijn naar Christus als het beeld van God bij uitstek.[955] Voor sceptische moderne mensen geeft Theokritoff een hedendaags voorbeeld van een glimp van het paradijs, de natuur die eer betuigt aan een bijzonder mens:

Serafim van Sarov ontmoet een beer

> Het volgende verhaal wordt verteld over de vrome vrouw van een priester in Alaska, Olga Michael, die pas een paar jaar geleden stierf en van wie gezegd wordt dat ze nu al wonderen gedaan heeft. De nacht van *matushka*[956] Olga's dood, in november, waaide er een sterke constante zuidenwind die de sneeuw en het ijs op de rivier deed smelten – dit maakte het voor buren mogelijk om per boot te komen, wat normaliter onmogelijk was in die tijd van het jaar. De dag van haar begrafenis leek het lente; er vloog zelfs een zwerm vogels met de processie mee, hoewel in die tijd van het jaar alle vogels al lang naar het zuiden vertrokken waren. De vogels cirkelden over de hoofden en vergezelden de kist tot de plaats van het graf. Door de onverwachte dooi was het gemakkelijk om in de grond, die gewoonlijk bevroren was, te graven. Die nacht bevroor de grond weer, ijs bedekte de rivier, de winter keerde terug.[957]

Als de schepping er is voor de mens, dan is dat niet voor ons comfort, waarschuwt Theokritoff, maar om in onze basisbehoeften te voorzien. Bovendien is de schepping ons gegeven 'als patroon voor onze eigen relatie met zijn Schepper', een patroon van co-existentie en onderlinge afhankelijkheid.[958] We groeien geestelijk door Gods schoonheid en wijsheid die in de schepping weerspiegeld wordt te zien en te imiteren.

De term dierenrechten is niet van toepassing, aldus Theokritoff. Het gaat om vrijwillig gegeven compassie in Gods beeld die zich uitstrekt naar alles wat God gemaakt heeft. Dieren hebben niet zozeer rechten als wel een rechtmatige plaats in de geschapen orde. 'De integriteit en unieke kwaliteit van andere schepselen, levend of levenloos, moet gerespecteerd worden: het is juist door deze unieke kwaliteit dat we een glimp opvangen van de goddelijke wijsheid, onzichtbaar in hen aanwezig.'[959]

Bij heiligen is de hele perceptie van de geschapen wereld veranderd. 'Zoals de getransfigureerde Christus niet zelf verandert, maar alleen zijn leerlingen toestaat hem korte tijd te zien zoals hij is, zo is het met de schepping die God prijst: dat wordt alleen ervaarbaar voor mensen die oren hebben om te horen.'[960] Het is de realiteit van een wereld die geschapen is om God te prijzen eenvoudigweg door te zijn, en om ons tot hem te leiden.[961]

Wat een heiligenleven doet met woorden, doet een icoon visueel en praktisch: een vergoddelijkte mens afbeelden en de getransformeerde wereld om haar/hem heen. Een icoon is een venster op God en laat zien dat materie geen barrière is tussen God en ons, maar een passend medium om zijn glorie op ons over te dragen. De basis hiervoor is dat God in zijn schepping is binnengegaan en dat het beeld Gods in de mens is hersteld in Christus.[962] In de visuele wereld van iconen speelt licht een belangrijke rol: alles is van binnenuit verlicht met Gods licht. De niet-menselijke natuur wordt echter zelden afgebeeld. Is dat geen antropocentrische visie? Ja en nee, zegt Theokritoff. De mens is weliswaar 'het middelpunt door wie alle dingen voorbij de grenzen van hun schepsel-zijn geleid worden', maar ook de natuur is op die manier geroepen tot vergoddelijking.[963] Alle elementen van deze wereld dragen al de stempel van het goddelijk Woord, dus 'de geschapen wereld is reeds een icoon.'[964]

De icoon geeft een visie op de wereld die heel anders is dan bijvoorbeeld de wereld als een strijdperk van zelfzuchtige genen. 'Het is de wereld waarin de potenties vervuld zijn.'[965] 'Het grootste contrast is niet dat tussen vorm geven aan onze leefomgeving of hem bewaren in ongerepte staat. Aan ons is de keuze of we wel of niet zijn potentieel omarmen zoals de heiligen dat gedaan hebben, zodat zowel de door mensen gemaakte als de natuurlijke elementen een sacrament worden van goddelijke aanwezigheid.'[966]

Liturgie en sacramenteel leven

De viering van de liturgie is het hart van de orthodoxie en liturgische teksten zijn een gezaghebbende bron van theologie. Theokritoff haalt het oude motto aan: *lex orandi est lex credendi* (de wet van het bidden is de wet van het geloven), dat wil zeggen dat gebed tot geloof leidt en liturgie vooraf gaat aan theologie.[967] De orthodoxe liturgie kent veel vaste teksten. In de dagelijkse getijdendiensten klinkt de lof voor, met en namens de hele schepping. Elke avond beginnen de vespers met Psalm 104 over de diversiteit en onderlinge verbondenheid van de schepselen en hun afhankelijkheid van de Schepper.[968] Elke ochtend eindigen de metten met Psalm 148, de lofzang van hemel en aarde.[969] De dankzegging in de liturgie maakt mensen tot deel van de kosmische hymne van lofprijzing van alle schepselen. Mensen zijn uniek in hun vermogen die lofzegging te verwoorden en tegelijk de enige schepselen die kunnen weigeren eraan mee te doen.[970] Als het gaat over theologie en ecologie, wordt vaak de nadruk gelegd op het belang van verwondering. Verwondering kan mensen zeker tot God leiden, het kan ook een substituut worden voor God, stelt Theokritoff.[971] 'Het dagelijks gebed van de Kerk bevestigt onze natuurlijke verwondering over de geschapen wereld en transformeert die tot lofprijzing van de Schepper.'[972]

Het kerkelijk jaar verbindt schepping en redding als delen van hetzelfde plan. Theokritoff haalt vele liturgische teksten aan, waaronder veel bijbelteksten, om te laten zien dat er een patroon is van 'mensen en andere schepselen die zij aan zij antwoorden op Christus.'[972a] Zo klinkt in de vespers op Goede Vrijdag: 'De hele schepping was veranderd door angst, toen ze u zag, o Christus, hangend aan het kruis. De zon was verduisterd en de fundamenten van de aarde door elkaar geschud; alle dingen leden met de schepper van alles.'[973] In deze tekst wordt duidelijk hoe het lijden van de wereld samen kan gaan met een liefdevolle God, aldus Theokritoff. Ook in de opstanding antwoordt de schepping als geheel. Ze verwijst naar Christus als eerstgeborene van de schepping. Redding is er voor mensen en andere schepselen.[974] De oorspronkelijke schoonheid van de schepping wordt hersteld met de komst van Christus.[975] Dat geldt voor het geheel en voor afzonderlijke elementen van de schepping: het water wordt gezuiverd door zijn doop in de Jordaan, de boom van de (zonde)val wordt het verlossend hout van het kruis. 'Een boom in Eden bracht dood aan de mensheid, maar een ander op Golgotha verleende eeuwig leven aan de wereld.'[976] Mensen misbruikten de boom als martelwerktuig voor de kruisiging, maar Gods gebruik van de boom onthult hem als de boom van het leven. 'De natuurlijke functies van de boom – voedsel en beschutting geven, water zuiveren, de bodem verrijken en stabiliseren – worden zo geopenbaard als voorzien van een spirituele tegenhanger, met een kosmische reikwijdte.'[977] De christelijke visie is dat de aarde wordt geheiligd, niet heilig is op zichzelf, los van God. Alles is van goddelijke energie vervult, maar wij als mensen hebben door onze zonde – dat wil zeggen onze vervreemding van God – ernstige littekens aangebracht op de aarde. 'De instorting van het ecosysteem dat we vandaag zien, kan daarom niet beschouwd worden als een verzameling materiële problemen die benaderd kunnen worden met technologische oplossingen, of zelfs met veranderingen in uiterlijk gedrag: het brengt ook een spirituele boodschap.'[978]

> Liturgie geeft geen blauwdruk voor wat we moeten doen of laten om te voorkomen dat het land rouwt.[979] Het geeft ons wel een krachtig en diepgaand inzicht in het soort wereld waarin we leven en die we dagelijks gebruiken. Alles in de natuur prijst God, spreekt van hem, en trekt ons naar hem zoals de ster de wijzen aantrok. En als we kijken naar de natuurlijke processen in de wereld, wat water uitwerkt in het milieu of de groei van bomen, zien we meer dan wonderen van fysische en chemische processen waar ons leven ook van afhangt: we ontwaren de patronen van Gods reddend werk. Het wordt moeilijk om zo'n wereld verspillend of gedachteloos te gebruiken.[980]

Dit herstel van de oorspronkelijke schoonheid van de schepping komt het best tot uitdrukking in de sacramenten en het meest in de eucharistie.[981] In elke doop wordt het water geheiligd.[982] Het gebed bij de doop legt de verbinding van het dagelijks water met het water van de oervloed, de Rode Zee en de Jordaan.[983] Water, brood en wijn zijn niet enkel symbool in de zin van verwijzing. Brood en wijn komen tot hun eigenlijke bestemming als ze teruggegeven worden aan God. Eucharistie betekent dankzegging – *efcharistó* is het gewone woord voor bedankt in het hedendaagse Grieks. Dit offeren van dank heiligt de hele geschapen wereld.[984] Mensen offeren hun gaven en drukken zo in een tastbare vorm hun dankbaarheid uit. 'Daar krijgen we Gods gave van zichzelf in een tastbare vorm voor terug.'[985] Hedendaagse orthodoxe theologen spreken over de priesterlijke rol van mensen in de schepping 'om de unieke verantwoordelijkheid te onderstrepen van mensen om de materiële schepping waarvan ze deel zijn tot zijn vervulling in Christus te brengen.'[986] In het offeren aan God krijgen de dingen hun ware betekenis. Een sacramenteel ethos is een tegengif tegen een levenswijze die de natuur verwoest.[987] Alles wat we doen kunnen we tot een offer aan God maken als we de sacramentele dimensie van het gewone zien: 'onder het oppervlak ligt een mysterie van verbondenheid met de schepper.'[988]

Het brood van de eucharistie is gemaakt door mensen uit natuurlijke grondstoffen als graan en water. Het maken van brood is echter niet een puur menselijke activiteit.

> Onze transformatie van de natuur [...] is slechts het topje van de ijsberg van transformaties die voortdurend plaatshebben in de natuur. Het eucharistische brood, dat een menselijk offer is, is totaal afhankelijk van de activiteit van gisten, de fysische en chemische processen die voeding geven aan de bodem, en de aanhoudende arbeid van micro-organismen die humus produceren, om maar een paar essentiële bijdragen te noemen. Op een puur materieel niveau is de eucharistie een kosmische viering op een ontzagwekkende schaal.[989]

We hoeven de wereld niet te verbeteren zodat zij Gods instrument kan zijn. De wereld is al Gods instrument en wij zouden in de wereld moeten werken zoals God dat doet.[990] Dan kan door Gods 'woorden' (logoi) in alle geschapen dingen te ontcijferen en zo zijn wijsheid te ontdekken.[991] Contemplatie is daar deel van, maar is niet genoeg. 'Als God alleen kan worden geëerd in een paar vredige enclaves van contemplatie, zal de wereld van ons dagelijks werk snel opgevuld worden met altaars voor rivaliserende goden zoals rijkdom, macht en gemak.'[992]

De eucharistie verenigt mensen niet alleen met de materiële werkelijkheid, maar ook met andere mensen, met name met de armen. De gemeenschap is immers lichaam van Christus, niet alleen het brood. De eucharistie herinnert ons eraan dat alles wat we hebben gave van God is, gegeven voor het welzijn van allen.[993] Eucharistie heeft ook te maken met omgaan met de tijd. Terwijl de getijden horen bij specifieke tijden van de dag, is er voor de eucharistie geen vaste tijd.[994] De 'goddelijke liturgie' helpt 'om te ontsnappen aan de heerschappij van de tijd; zij opent de weg om op elk moment de uitwerking van Gods koninkrijk te ervaren. Dat is geen tijd die gekocht kan worden, geen tijd die geld is en bespaard kan worden, het is bevrijde tijd, een eschatologische tijd, 'een werkelijke tegenwoordigheid die gegrond is in de toekomst'.[995] Het sacramentele tijdsbesef is enerzijds 'de dynamische werkelijkheid die alles om ons heen een nieuwe waarde geeft' en maakt ons anderzijds 'bewust dat deze bevrijding van de tijd nog werk in wording is'.[996] Het is geen terugkijken naar een paradijs in een ver verleden of in de toekomst, maar het is de transfiguratie van alle dingen, waaraan we mee kunnen werken door Gods wil te doen.[997]

> Als we deel nemen aan het mysterie van de kerk en dan de geschapen wereld misbruiken in ons dagelijks leven, leven we in een contradictie. Het sacramentele leven van de kerk, culminerend in de eucharistie, is de hoogste openbaring van de aard van de schepping zelf. De eucharistie is een moment van waarheid waarin we de wereld zien in Christus.[998]

4.4.3 Vieren, vasten en Sofia in onze context

In het voorgaande heb ik Theokritoff besproken als vertegenwoordiger van haar traditie, wat ik bij Gebara en Keller niet gedaan heb. Deels komt dat doordat ik de katholieke en de protestantse traditie waar de laatsten bij horen van binnenuit ken in tegenstelling tot de oosters-orthodoxe. Deels komt dat doordat Theokritoff zichzelf in de eerste plaats presenteert als vertegenwoordiger van haar traditie, terwijl Gebara en Keller veel kritischer in hun traditie staan. Nu bestaat dé orthodoxe theologie natuurlijk net zomin als dé katholieke of dé protestantse. Theokritoff neemt ook stelling tegen bepaalde opvattingen binnen haar traditie, bijvoorbeeld als ze de sofiologie, de wijsheidstheologie uit het Rusland van de negentiende eeuw, afwijst. Van de theoloog Vladimir Soloviev (1853-1900) zegt ze dat hij 'probeerde de eenheid van alle dingen uit te drukken in termen van Sofia, of de gepersonifieerde goddelijke wijsheid', maar dat 'zijn speculaties over deze mysterieuze figuur hem buiten de kaders van orthodoxe theologie brachten.'[999] Dat Vrouwe Wijsheid een belangrijke bijbelse figuur is, telt voor haar blijkbaar niet zo. Theokritoff is van de stroming die vooral terug wil grijpen op de kerkvaders voor herbronning.[1000]

Godsbeeld, wereldbeeld, mensbeeld

Via die vaders en enkele moeders komt ze uit op een theologie die in vele opzichten dichter bij de Bijbel staat en ecologischer is dan de moderne westerse theologie. De bijbelse notie lofzang van de hele schepping waar mensen in deelnemen is in het oosten beter bewaard gebleven dan in het westen. Wie zich niet af laat schrikken door de voor onze context wellicht ongebruikelijk vrome taal, vindt bij Theokritoff een godsbeeld dat God niet buiten de wereld plaatst, niet hiërarchisch is, maar God ook niet definieert vanuit de evolutietheorie als kracht in de zich ontvouwende kosmos. Niets in de wereld staat los van God en tegelijk is God totaal anders dan alles in de wereld, God is dus volledig immanent en volledig transcendent. Deze positie komt dicht bij de klassieke katholieke theologie van Thomas van Aquino, waarin God ook het zijn zelf is dat alle zijnden hun bestaan geeft.

De schepping is bij Theokritoff alles wat niet God zelf is, met de woorden van de geloofsbelijdenis van Nicea-Constantinopel: 'hemel en aarde', 'al wat zichtbaar en onzichtbaar is'. Dus niet alleen de levende en levenloze natuur hoort bij Theokritoff bij de schepping, ook mensen en alles wat mensen maken, en zelfs de onzichtbare dingen, die in bijbelse en liturgische taal de 'machten en krachten' genoemd worden.

De opvatting van de kerkvaders dat de schepping er is voor de mens vraagt veel uitleg en nuancering om niet in een hedendaagse antropocentristische mal te vallen. God staat centraal, benadrukt Theokritoff, en de mens is er ook voor de schepping, namelijk om alles tot Christus te brengen.

Dat doel van de schepping moet niet te lineair opgevat worden. Het gaat in de orthodoxe traditie niet om het begin en het einde van de tijd, maar om de eeuwigheid hier en nu, ervaarbaar in de liturgie, in heiligenlevens en iconen. Er is sprake van een patroon dat steeds terugkeert van God die zichzelf geeft: schepping, incarnatie, eucharistie. Christus is bij Theokritoff in de eerste plaats de kosmische Christus, geboren in de schepping, in wie de oorspronkelijke schoonheid van de schepping hersteld wordt, aanwezig in de eucharistie. Historisch en symbolisch zijn geen tegenstellingen, zoals vaak in het westen, waar voor behoudende christenen 'waar' betekent 'waar gebeurd' en voor moderne christenen 'waardevol'. De orthodoxe theologie heeft geen last van de cartesiaanse en kantiaanse scheidingen van geest en materie, mensen en natuur. Het brood en de wijn van de eucharistie zijn voor Theokritoff deel van het patroon dat op een verschillende schaal overal zichtbaar is van Gods aanwezigheid in de wereld.

In haar opvatting van schepping en tijd verschilt Theokritoff niet zo veel van Keller. De kracht van haar godsbeeld ten opzichte van dat van de in dit hoofdstuk eerder besproken theologen is, dat bij haar God niet alleen volledig verbonden is met de wereld maar ook volledig anders is dan de wereld. En dat op een manier die niet nadelig is voor vrouwen en niet-westerse volken, omdat het niet hiërarchisch is en niet per se mannelijk – al spreekt zij zelf over God in mannelijke termen.

Vieren en vasten in onze context

Wie niet gelooft dat de markt en de techniek de ecologische crisis wel op zullen lossen, moet wel tot de conclusie komen dat soberheid en consuminderen bij een ecologische levensstijl horen. Maar soberheid staat niet hoog aangeschreven in onze cultuur. 'Genieten van genoeg' is een bekende slogan die de negatieve associaties bij consuminderen probeert om te buigen. Theokritoff laat zien dat in de vroege kerk en in de oosters-orthodoxe traditie ascese een positieve vorm van zelfbeperking is. Als tegenwicht tegen consumentisme heeft deze traditie niet alleen een individuele maar ook een maatschappelijke component. Ascese, het beteugelen van de begeerten door onder meer vasten en bidden, leidt tot vrijheid om de wereld lief te hebben zonder bezitsdrang. Het relativeert bezit doordat de wereld gezien wordt als bezit van God en gave aan iedereen. De dingen worden dus alleen op de juiste manier gebruikt als dat gebruik bijdraagt aan ieders welzijn.

Het is een oefening van lichaam en ziel die verschilt van de in de hedendaagse cultuur gangbare oefeningen van lichaam en ziel als sport, diëten, zenmeditatie en yoga. Die gaan ook gepaard met vormen van 'afzien', maar zijn gericht op lichaamskracht, een slank lichaam en het eigen geestelijk welzijn. Het zijn vormen van 'aandacht voor jezelf' en jezelf verwennen. Kern van ascese daarentegen is gerichtheid op God. Dat geeft meer vrijheid dan hedonisme en maakt het mogelijk de dingen op zichzelf te waarderen, als onderdelen van Gods schepping. Ascese is gefundeerd in Gods zelfgave. Zelfbeperking is zelfs een kenmerk van God zelf, zoals McFague laat zien.[1001]

Om zelfbeperking in dat grotere perspectief te kunnen zien is de liturgie onmisbaar. De oude woorden en het vieren zijn het zingevend en feestelijk kader, waarvan gebed de basis is. Misschien dat de actie 'nieuwe levensstijl', die in de jaren negentig de opvolger was van het conciliair proces, weinig effect gehad heeft omdat de inbedding in de eredienst ontbrak. Vasten kan niet zonder bidden en vieren.

De link tussen ascetisme en gebed wordt ook gelegd door Sarah Coakley, een Anglicaans theologe en priester. In *The New Ascetism* reageert zij op kerkelijke seksschandalen en kerkelijke discussies over homoseksualiteit van de afgelopen jaren.[1002] Dat doet ze met een theologische verkenning van het begrip verlangen. Hoewel ecologie voor haar geen thema is, zijn haar inzichten op dit terrein wel heel goed toepasbaar. Zij ziet ascese als een uitweg uit de patstelling tussen voor en tegenstanders van seksuele vrijheid, tussen libertinisme en repressie. De libertaire moraal, die stelt dat alles mag als het maar met wederzijdse instemming gebeurt, is voor haar te minimaal. Verlangen, begeerte, is niet voldoende als leidraad voor gedrag. Verlangen moet uitgezuiverd worden en dat kan door te beseffen dat elk verlangen geworteld is in het verlangen naar God. God verlangt naar ons en daaruit komt ons verlangen voort, aldus Coakley. Daarom moeten we onze verlangens afstemmen op God om ze in lijn te brengen met Gods verlangen. Daarvoor geeft ze een model ontleend aan de mystiek: als eerste niveau uitzuivering aan de hand van concrete gedragsregels, als tweede verlichting door de leefregel van dienstbaarheid, gemeenschap en gebed (naar de kloosterregel van Benedictus) en als derde niveau eenwording door contemplatie in het alledaagse bestaan. Het hoogste niveau, dat van de eenwording, het opgenomen worden in het leven van de Drie-eenheid, komt niet na maar tegelijk met de andere twee niveaus.

Materiële begeerten zijn mijns inziens vergelijkbaar met seksuele begeerten. Ze ongegeneerd uitleven wordt in de huidige cultuur aangemoedigd, terwijl beteugeling ervan hard nodig is. De traditie van ascese is daarvoor van groot belang. Ascese helpt om noch hebberig noch onverschillig met spullen om te gaan. In ascese is verandering van leefstijl ingebed in een leefregel van gemeenschap en dienstbaarheid, en een praktijk van contemplatie. Die contemplatie leidt niet weg van, maar verbindt juist met de plek op aarde waar je leeft. In het westerse christendom is deze traditie bewaard gebleven bij monniken met hun gelofte van armoede ingekaderd in een praktijk van vieren en bidden. Ook de gereformeerde zuinigheid van vroeger was verbonden met gebed. Ik hoef maar te denken aan mijn grootouders met hun degelijke meubels die heel lang meegingen. Het vieren was in die traditie echter niet sterk ontwikkeld.

Sofia/Wijsheid

De sofiologie mag voor Theokritoff een *fremdkörper* zijn in de orthodoxe traditie, in onze context kan het beeld van God als Wijsheid heel behulpzaam zijn om inzichten uit het oosterse christendom te integreren. Juist omdat het voor ons geen vreemd beeld is omdat het een heel bijbels beeld is. Het idee van logoi als woorden van God in de hele werkelijkheid, kunnen we terugzien in de aanwezigheid van Gods wijsheid in de hele schepping.

Wijsheid maakt een panentheïstisch beeld van God mogelijk zonder het risico van de procestheologie dat God samenvalt met de werkelijkheid of erin oplost. Er blijft een helder onderscheid bestaan tussen God en de schepping dat niet negatief is voor vrouwen. God wordt ook niet verbannen naar de toekomst als visioen van een betere wereld, zoals in sommige vormen van feministische en bevrijdingstheologie. Celia Deane-Drummond verwijst in haar pleidooi voor het herwaarderen van de wijsheidstraditie naar Sergii Bulgakov (1871-1944): 'zijn sofiologische visie op God biedt een manier om het idee van het vrouwelijke in een transcendente visie op God te brengen in plaats van God te reduceren tot menselijke visioenen van een idealistische niet-patriarchale samenleving.'[1003]

4.5 Een driegesprek

Gebara, Keller en Theokritoff ontwikkelen hun theologie in verschillende werelddelen en christelijke tradities. Ze blijken ook zeer verschillend in methode en in de mate van loyaliteit ten opzichte van hun kerkelijke achtergrond. Waar Gebara zeer kritisch is over de Rooms-Katholieke Kerk en ervaringen van arme vrouwen centraal stelt, gaat Keller uit van postmoderne filosofie en recyclet bewust de christelijke traditie, en grijpt Theokritoff juist terug op de bronnen van haar traditie om te laten zien hoe actueel die zijn.

Ze hebben ook veel gemeen. Alle drie nemen ze afstand van het wereldbeeld van de moderniteit waarin de mens centraal staat die met zijn ratio de wereld kan begrijpen en naar zijn hand kan zetten. God is bij alle drie zowel nauw met de wereld verbonden als een mysterie.

Stel dat ze met elkaar in gesprek zouden gaan, wat zouden ze dan zeggen?

Gebara zou de anderen kunnen vragen naar hun betrokkenheid bij situaties van armoede. Keller zou dan kunnen zeggen dat ze opkomt voor iedereen en alles wat tot 'de ander' gemaakt wordt en buitengesloten in heersende denkmodellen en economische systemen. Theokritoff zou betogen dat de vaders in woord en daad solidair waren met de armen en daarin nog altijd een voorbeeld. Gebara zou Theokritoff kunnen verwijten dat ze veel te kritiekloos met de traditie omgaat, die al met al toch heel patriarchaal is. Theokritoff zou kunnen antwoorden dat in de orthodoxe traditie het lichamelijke en het aardse positief gewaardeerd worden, dat God centraal staat die in alles aanwezig is en dat dat geen patriarchaal beeld is. Dat bovendien alle mensen – vrouwen en mannen – als priesters gezien worden die de taak hebben om de hele schepping met God te verenigen en dat de rol van priesters in de liturgie daarvan afgeleid is. Gebara zou niet overtuigd zijn en tegenwerpen dat de feitelijke macht van geestelijk leiders in de Oosters-Orthodoxe kerken minstens zo groot is als in de Rooms-Katholieke kerk en evangelicale kerken.

Theokritoff en Gebara zouden allebei tegen Keller kunnen zeggen dat ze wel heel selectief en creatief met de traditie omgaat, dat je op die manier alle kanten uit kunt. Keller zou kunnen antwoorden dat in feite alle theologen dat doen, ook Theokritoff, dat zijzelf dat alleen veel openlijker en explicieter doet. Ze zou zeggen dat ze net als Gebara wil laten zien hoe onrecht verankerd is in onze manier van denken, maar dat het niet helpt om de hele traditie te verwerpen, want dan komen de onderdrukkende ideeën wel in seculiere vorm terug.

Theokritoff zou tegen de andere twee kunnen zeggen dat ze theologie niet afhankelijk moet maken van natuurwetenschappelijke theorieën, maar als uitgangspunt moeten nemen dat in de hele schepping Gods glorie te zien is. Als het christelijk geloof ingepast moet worden in een natuurwetenschappelijk wereldbeeld raak je die transcendentie kwijt. Gebara zou kunnen zeggen dat de evolutietheorie de verwantschap van alles wat bestaat duidelijk maakt en daarom behulpzaam is voor inclusieve theologie en dat ze juist kritisch is op veel natuurwetenschappelijk denken voor zover dat andere vormen van kennis degradeert. Daar zou Keller mee in kunnen stemmen, met de kanttekening dat hedendaagse natuurwetenschappelijke theorieën juist heel mooi resoneren met inzichten van bijvoorbeeld kerkvaders. Ze zou tegen Gebara zeggen dat Theokritoff gelijk heeft en dat er in de vroege kerk en bij mystici altijd een onderstroom is geweest van kennis die geen lineair proces is en niet enkel gebaseerd op ervaringen van mannen.

Ze zouden nog een tijd door kunnen praten en het over veel niet eens worden – het belang van andere dan christelijke tradities, dogma's en leerstellingen, kerk en liturgie, christologie en politiek. En ze zouden elkaar vinden op een aantal fundamentele punten – een vorm van panentheïsme, een visie op mensen als deel van de schepping met een zekere verantwoordelijkheid voor het geheel, een geheel dat uiteindelijk onkenbaar blijft. Ze zouden het erover eens zijn dat het niet een oerbegin en/of een einde van de geschiedenis is dat het bestaan zin geeft, maar Gods aanwezigheid of werkzaamheid. (Al zou Gebara liever een ander woord gebruiken dan 'God'.)

HOOFDSTUK 5

Oogst

Met dit boek wil ik twee dingen bereiken: de theologie groener maken en de milieubeweging laten zien dat theologie een wezenlijke bijdrage kan leveren aan ecologische duurzaamheid. Ik heb vragen gesteld bij het wereldbeeld dat de uitbuiting van de aarde mogelijk gemaakt heeft en gezocht naar de taak van de (systematische) theologie – in ecologische vragen en in het algemeen. Ik heb in de Bijbel gezocht naar een andere visie op de relatie God-mens-natuur, ik heb de Nederlandstalige literatuur rond ecotheologische thema's besproken en heb geleerd van drie vooraanstaande ecofeministische theologen.

5.1 Resumé

Ecologische theologie of groene theologie is geen subdiscipline van theologie, maar de herontdekking van de reikwijdte van theologie. Ze corrigeert de verenging van de theologie tot een wetenschap die over God en de mensenwereld gaat of over het geloof van mensen. Theologie moet het nadenken over de aarde en de hele kosmos niet overlaten aan de natuurwetenschappen. Ze kan in gesprek met andere disciplines uit haar eigen brede traditie putten voor een zinvolle bijdrage aan ecologische discussies.

De Bijbel – zie hoofdstuk 2 – biedt een belangrijk tegenwicht tegen de verenging van de theologie in de moderniteit en biedt een wereldbeeld dat in de huidige ecologische discussies zeer relevant is, omdat het inclusief is. Het gaat niet alleen over mensen. God staat erin centraal en is betrokken op de hele werkelijkheid. God schept en redt de hele aarde, waar mensen een belangrijk onderdeel van zijn. Het concept heilsgeschiedenis als lineair model brengt een te grote scheiding aan tussen schepping en redding. De rol van mensen in het grote geheel heeft meerdere aspecten: behoedzaam gebruiken voor het eigen levensonderhoud (heersen, bewerken en bewaren), deelnemen aan het koor van de hele schepping, die Gods lof zingt, en leerling zijn. Het thema schepping komt steeds terug in de hele Bijbel, in verschillende variaties, vaak verbonden met de traditie van Vrouwe Wijsheid. Ook Christus wordt met de hele schepping verbonden. Het beeld van het Woord voorgesteld als mannelijk autoritair spreken, heeft ten onrechte de meer inclusieve beelden van Wijsheid en Geest verdrongen.

In het Nederlands taalgebied – zie hoofdstuk 3 – is het gesprek over theologie en ecologie nog zeer beperkt. Een sterk antropocentrisme en een weerstand tegen een positieve waardering van de natuur zijn daar debet aan. Op een aanverwant terrein komt de relatie tussen God en de hele werkelijkheid wel ter sprake, namelijk in discussies rond de vermeende tegenstelling tussen scheppingsgeloof en evolutietheorie. De encycliek *Laudato Si'* krijgt, ook in protestantse kringen, meer respons dan het synodedocument *De gaarde een woestijn?* indertijd kreeg. Over schepping wordt op heel verschillende manieren gesproken, wat vaak spraakverwarring geeft. De waardering van de natuur en de verhouding God-wereld zijn belangrijke kwesties. Er is een grote beduchtheid dat het verkleinen van de afstand tussen God en wereld, God te veel met de wereld zou laten samenvallen.

De drie besproken ecofeministische theologen – zie hoofdstuk 4 – verzetten zich tegen een absolute scheiding van God en de wereld die zo negatief uitgewerkt heeft voor de aarde en voor vrouwen. Gebara, Keller en Theokritoff komen elk tot een vorm van panentheïsme en zien onderlinge verbondenheid/verwantschap als belangrijk kenmerk van de hele werkelijkheid. Dat doen ze in de context van hun traditie en lokale omstandigheden. Van Ivone Gebara kunnen we leren dat zonder een gender en een ecologisch perspectief ons kennen beperkt blijft tot een westerse mannelijke blik. Bij Gebara staat vanuit het perspectief van arme vrouwen menselijke waardigheid centraal. Menselijke waardigheid die niet concurreert met God of met de aarde, maar daarin is ingebed. In de Jezusbeweging wordt dit zichtbaar.

Catherine Keller biedt een heel creatieve manier van theologiseren waarin postmoderne vragen, inzichten uit de natuurkunde en verschillende stemmen uit de christelijke traditie een wisselwerking aangaan. Theologie hoeft zich niet te distantiëren van natuurwetenschappelijke inzichten noch zich eraan te onderwerpen. Ze laat zien dat de werkelijkheid altijd in beweging is, een beweging die niet ofwel lineair ofwel cyclisch is. Het alternatief voor een God-menselijke bevrijdende geschiedenis van oerbegin naar eindtijd is niet gevangen zijn in de eindeloze herhaling van de natuur, maar een voortdurende ontvouwing van mogelijkheden in de hele kosmos.

Elizabeth Theokritoff maakt duidelijk dat traditionele theologie heel relevant kan zijn. Zij neemt haar beginpunt niet in hedendaagse ervaring van mensen of in filosofie of natuurwetenschappelijke opvattingen, maar in de kerkvaders, met name degenen die in de oosters-orthodoxe traditie gezaghebbend zijn. Dat levert een beeld op van God zowel onscheidbaar met de wereld verbonden, als volkomen anders dan de wereld. Mensen zijn een bijzonder onderdeel van het grote geheel, met als opdracht het deelnemen aan de lofzang van de schepping in de liturgie en het beoefenen van ascese als positieve zelfbeperking.

In Nederland blijft duurzaamheid in de kerken te vaak beperkt tot diaconaat en kerkbeheer, heb ik in de inleiding geconstateerd. Een populaire maatregel is het CO_2-neutraal maken van het gebouw, bijvoorbeeld met zonnepanelen. Stel dat het ecofeministisch panel daarop zou reageren, wat zouden ze dan adviseren? Gebara zou kunnen vragen: wie hebben die zonnepanelen eigenlijk gemaakt, hoe zijn hun leefomstandigheden? En houden jullie er ook rekening mee dat nieuwe technologie vaak alleen betaalbaar is voor de meer welgestelden en dat de minima opgezadeld worden met een hogere energierekening, terwijl de grootste vervuilers buiten schot blijven? Keller zou daaraan toe kunnen voegen: Ja, jullie moeten echt meer doen dan verduurzamen van gebouwen, anders blijf je in het frame zitten van machtige mannen die met technische middelen de wereldproblemen op gaan lossen en we weten wat daarvan terecht gekomen is. Theokritoff: Precies, het gaat om je hele houding ten opzichte van God en de schepping. Concrete maatregelen moeten daarin ingebed zijn. Jullie zouden je liturgie moeten herbronnen en je minder als consumenten moeten gedragen.

5.2 Christologie en antropologie

Groene theologie is *theo*logie, gaat dus over God. Als *christelijke* theologie gaat theologie ook over Christus. In het nadenken over de verhouding tussen God en de wereld is christologie onmisbaar. Als God zichtbaar is in Jezus, zoals alle christenen geloven, ligt bij Jezus een belangrijke verbinding tussen God en de wereld. In de hedendaagse westerse context is dat meestal beperkt tot een verbinding tussen God en de mensenwereld. Discussies gaan dan bijvoorbeeld over hoe uniek de mens Jezus is: is God alleen in Jezus (volledig) zichtbaar of ook in (sommige) andere mensen? Feministen hebben gevraagd naar de relatie van mens-zijn en man-zijn in Jezus. In ecologische theologie is die vraag verbreed tot de relatie van God in Jezus met de hele werkelijkheid: is God primair geïncarneerd als mens of 'vlees' geworden, dat wil zeggen lichamelijk wezen, schepsel onder de schepselen? De vertaling 'Het Woord is mens geworden' (Johannes 1,14 NBV) voor 'de Logos is vlees geworden'[1004] versmalt de betekenis. Nog sterker geldt dat voor 'Gods Zoon is een mens geworden' (BGT). De wijsheidstraditie is in deze vertalingen onzichtbaar geworden en alle nadruk is komen te liggen op het man-zijn van Jezus, door het woord Zoon. Voor een christologie die bijbels is en die vrouwen en de aarde insluit, is Vrouwe Wijsheid juist heel belangrijk.

5.2.1 De Wijsheid van God

De Christushymne uit Kolossenzen 1 – Christus als eerstgeborene van de schepping in wie alles geschapen is – speelde een belangrijke rol in de ontwikkeling van een ecologische christologie. Christus als Logos, dus als Woord/Wijsheid, is aanwezig in alle dingen en alle dingen zijn in hem.[1005] Deze notie van panentheïsme – God is in alles, maar valt niet samen met alles – heeft doorgewerkt in het dogma van de tweenaturenleer: [1006] Jezus Christus heeft een goddelijke en een menselijke natuur, die te onderscheiden, maar niet te scheiden zijn. In het dogma van Nicea-Constantinopel worden dus schepper en schepping, God en materialiteit verbonden als onderscheiden, maar niet te scheiden. Dat is belangrijk voor ecologische theologie omdat zo niet alleen de mensen, maar de hele wereld in Christus met God verbonden wordt.

Ik concludeer dat het dogma van de twee naturen van Christus een sleutel is voor een ecologische theologie in het hart van kerk en geloof, omdat het schijnbare tegenstellingen bijeenhoudt. Zonder deze sleutel kan de christologie op verschillende manieren ontsporen. Een christologie die de nadruk legt op de kosmische Christus, loopt het gevaar Christus te beschrijven als heerser en zo opnieuw een grote afstand te scheppen tussen God en de aarde en vormen van overheersing te legitimeren. Dat gebeurt soms in evangelicale en orthodox protestantse theologie en kan samengaan met een apocalyptisch wereldbeeld. Een ander risico van een kosmische christologie is dat Christus juist gaat samenvallen met de kosmos.[1007] Dat risico dreigt in sommige vormen van procestheologie, waar nauwelijks verschil meer is tussen het lichaam van Christus en het evoluerende heelal.[1008] Een christologie die vertrekt bij het aardse leven van Jezus lijkt Christus dichter bij de aarde te brengen, maar loopt het risico hem te schetsen als de (of een) ideale mens en daarmee mensen los te maken uit de context van de hele schepping.[1009] Een ecologische christologie die focust op hoe Jezus omging met de natuur, kan van Jezus een model voor rentmeesterschap maken en daarmee de afstand tussen mensen en de rest van de schepping sanctioneren.

De verbinding die de Bijbel legt tussen Christus en Vrouwe Wijsheid is belangrijk om de menselijke en de goddelijke, de aardse en de kosmische kant van Jezus bij elkaar te houden. In de Wijsheid worden schijnbare tegenstellingen bijeengehouden. Het Woord is het kind van Maria, dat tweeduizend jaar geleden leefde in het huidige Israël/Palestina, is de redder van de wereld. Jezus als incarnatie van Gods wijsheid en als wijsheidsleraar is belangrijk voor een inclusieve ecologische theologie omdat de hele werkelijkheid, materieel en niet-materieel, menselijke en niet-menselijk, met God verbonden wordt, omdat ook Christus met de hele werkelijkheid verbonden wordt zonder erin op te gaan en omdat het Jezus zowel mannelijk als vrouwelijk maakt. De wijsheid van God in de schepping maakt menselijke kennis belangrijk en stelt tegelijk tegenover de dominante kennis – bijvoorbeeld kennis als westers mannelijk monopolie – de wijsheid van het kruis. Schepping en opstanding horen bij elkaar, met als beeld de tuin van Genesis 2 en de tuin van Johannes 21. Zonde en lijden – evenals verzoening – hebben niet alleen op mensen betrekking, maar op de hele schepping.[1010] Ook het koninkrijk van God heeft betrekking op de hele schepping.

5.2.2 Mensen als leerlingen

Mensen worden in een wijsheidschristologie in de eerste plaats gedefinieerd als leerlingen. Leerlingen van Jezus, deel van de Jezusbeweging, en leerlingen van Gods wijsheid in de hele schepping. Dat is een heel ander beeld dan rentmeesterschap. Het kan samengaan met het beeld van mensen die zorgdragen voor de schepping en zelfs medeschepper zijn, maar altijd als deel van de schepping, niet als erboven of erbuiten staand. Het deelnemen aan de lofzang van de hele schepping in woord en daad past ook goed bij het leerling zijn.

Oosters-orthodoxe theologie overstijgt het dualisme dat eigen is aan veel westerse theologie zonder de transcendentie van God op te geven. Goddelijk en menselijk, hemels en aards, komen samen in de persoon van Jezus Christus, in de liturgie en met name in de eucharistie, en in de vergoddelijking (deïficatie of theosis) als mogelijkheid voor alle mensen en zelfs voor al wat bestaat.[1011] Deze niet-lineaire opvatting reduceert de incarnatie niet tot eenmaligheid.[1012]

5.3 De vruchten van de aarde in Boxtel

Lokale historische omstandigheden verschillen en theologie staat daar nooit los van. In dit boek heb ik gezocht naar een groene theologie in de context van de lage landen. Kerkdiensten hebben daar een rol in gespeeld als een van de plaatsen waar theologie getoetst en verder ontwikkeld wordt. Ik geef een voorbeeld.

Op 4 november 2018 ben ik voorgegaan in een kerkdienst in Boxtel. Het was een oogstdienst, want de woensdag erna was het officieel dankdag voor gewas en arbeid. Ze hadden mij gevraagd als gastpredikant omdat ze wisten dat ik onderzoek deed naar groene theologie. Boxtel, waar vroeger De Kleine Aarde gevestigd was, heeft duurzaamheid hoog in het vaandel staan en een aantal mensen van de protestantse gemeente is betrokken bij Boxtel als *transition town*, een wereldwijde beweging van lokale initiatieven om de overgang te maken naar een duurzame samenleving.[1013] De mensen van Transitie Boxtel hebben zich onder meer succesvol verzet tegen plannen om in Boxtel naar schaliegas te boren, geven informatie over het verkleinen van de mondiale voetafdruk door minder vlees eten en energietransitie, hebben een repaircafé opgezet en buurtmoestuinen gestimuleerd.[1014] Hoe breng je dat in de kerk? Niet door te zeggen: we weten al wat me moeten doen en zoeken nu in ons geloof inspiratie daarvoor. Vanuit de rijke bronnen van het christelijk geloof is er iets nieuws te vertellen.

5.3.1 Voorbereiden

Om te beginnen had ik gevraagd of een paar mensen de dienst mee voor wilden bereiden, zodat ik aan kon sluiten bij wat er leeft in Boxtel en om het draagvlak te verbreden. De opkomst bij de voorbereidingsbijeenkomst, de maandag voor de dienst, was onverwacht groot. Naast gemeenteleden waren er ook een aantal katholieken. Een paar mensen hadden op verzoek van degene die het georganiseerd had, groente en fruit meegebracht uit hun moestuin of afkomstig van wildplukken. Dat lag in het midden. Ik had zelf sterappeltjes meegenomen, want die ruiken zo lekker. Bovendien roepen ze vaak de vraag op waarom ze tegenwoordig zo moeilijk te krijgen zijn en vormen zo aanleiding voor gesprek over de voedselproductie. Nadat ik iets verteld had over mijn onderzoek, las ik een stukje voor uit de evangelielezing voor dankdag, Marcus 4,26-34, met als kernzin: 'De aarde brengt uit zichzelf vrucht voort'(4,28). Ik vroeg de aanwezigen hoe ze de relatie zagen tussen voedsel, God, de aarde en onszelf. (En gaf ze even tijd om voor zichzelf een antwoord op te schrijven.)

Iemand legde de link met de bede uit het Onze Vader 'geef ons heden ons dagelijks brood', een ander met de wonderbare spijziging,[1015] want voedsel is een geschenk en je moet het delen zodat iedereen genoeg heeft. Iemand verbond de schoonheid van de schepping met God en noemde verwondering over alles wat leeft. Er kwamen verhalen boven over de oogstdankfeesten van vroeger. Ouderen herinnerden zich hoe vol de kerk vroeger zat bij de dankdag voor het gewas. Iemand vertelde hoe ze elk jaar met Palmpasen met haar vader over zijn akker gelopen was om palmtakjes in de grond te steken in de hoop op een goede oogst. En er werden Mariabeelden over het land gedragen, vulden anderen aan. Sommigen maakten zich grote zorgen over de milieu-impact van onze hedendaagse manier van consumeren en wezen op het belang van schone landbouw, een eerlijke prijs voor boeren, bewuster kopen, eten van het seizoen en iets doen tegen de economische macht van de supermarkten. De sterappeltjes lagen in het midden als getuigen van een verdwijnende diversiteit nu supermarkten het hele jaar door een constante aanvoer willen hebben van dezelfde rassen, een aanbod dat per seizoen zo weinig mogelijk verschilt. Het ging ook over het genot van lekker eten en hoe je lekker kunt koken met granen en peulvruchten en groenten van het seizoen. Iemand vertelde dat ze zo graag in de moestuin werkte omdat dat zo ontspannend was, hoe ze genoot van mooie frambozen en van met haar handen in de aarde zitten. Dat ze na het werk in de tuin meer open stond voor God, dat ze anders bad, niet vragend maar aanbiddend.

Ik las vervolgens een gedeelte voor uit Genesis 1 met als kernzinnen: 'de aarde bracht jong groen voort' en 'de aarde moet allerlei levende wezens voortbrengen' (Genesis 1,12.24). Zonder aarde geen voeding, geen leven en geen sterven, zei iemand, en: God heeft ons de aarde geschonken en die dient zorgvuldig te worden beheerd. Een ander constateerde dat veel mensen bang waren voor de natuur, geen bramen of tamme kastanjes wilden eten als ze niet uit de winkel kwamen. Ik vertelde over het Noachitische verbond als een verbond met de hele aarde en dat de spijswetten door sommige joden geactualiseerd worden tot eco-kasjroet.[1016] Wie wilde kon in een klein groepje nadenken over ecologische spijswetten. Waar moet je dan rekening mee houden? Dat boeren een eerlijke prijs krijgen voor hun producten, dat er zo min mogelijk energie gebruikt hoeft te worden voor het verbouwen en vervoeren, dat er geen voedsel weggegooid wordt, dat de grond niet uitgeput en vervuild wordt, dat vlees de aarde sterk belast omdat er voor elke kilo vlees een veelvoud aan veevoer nodig is en heel veel water, en vee een bron is van broeikasgassen. Ze komen met zeven richtlijnen om eens serieus over na te denken:

1. voer een vis- en vleesloze vrijdag in: vegetarische vrijdag
2. eet vlees met mate (of helemaal niet)
3. eet groente en fruit van het seizoen, liefst uit eigen land
4. eet gevarieerd en onbewerkt, zodat je proeft hoe het moet smaken
5. eet meer peulvruchten
6. leer kinderen waar eten vandaan komt
7. als je portemonnee het toelaat: koop fairtrade en biologisch

Anderen zochten liederen uit of maakten een gebed. Het resultaat zouden we in de dienst gaan gebruiken.

5.3.2 Bidden, leren, vieren en delen

Die zondag zit de kerk veel voller dan normaal. Voorin de kerk staan groenten en fruit uitgestald die verschillende mensen meegebracht hebben uit hun moestuin. Op de liturgische tafel hebben we druiven en vijgen uit de kerktuin neergezet, die we in de dienst zullen delen.[1017] Er is een rijke vijgenoogst. Is dat wel een goed teken of het gevolg van de te warme en droge zomer? We beginnen met het lied 'God die leven hebt gegeven in der aarde schoot', in het kyriegebed refereer ik aan de schreeuw van de aarde en de schreeuw van de armen.[1018] Het glorialied is een van de scheppingspsalmen.[1019] De eerste lezing is Genesis 1,11-25 – het deel over de planten en de dieren, dat in de uitleg vaak overgeslagen wordt in de haast om van chaos naar mensenland te komen.[1020] Onze cultuur is zo antropocentrisch geworden, dat we de niet menselijke werkelijkheid zijn gaan zien als materiaal, als achtergrond, als hulpbronnen voor menselijk bestaan. Kennis van die niet-menselijke werkelijkheid hebben we uitbesteed aan de natuurwetenschappen, en voor de geesteswetenschappen blijft zingeving en moraal over. Dat is een funeste scheiding omdat het zo lijkt alsof natuurwetenschappen waardevrij zijn en geesteswetenschappen, waaronder de theologie, niet over de hele werkelijkheid gaan. Alsof theologie geen kennis van de wereld oplevert. Theologie zou weer moeten gaan over de hele werkelijkheid. Filosofie ook. Natuurwetenschappen zouden veel kritischer bevraagd moeten worden op hun vooronderstellingen.[1021] Dat zeg ik niet in die woorden, in de preek zeg ik: 'De aarde bracht voort en God zag dat het goed was. "De aarde brengt uit zichzelf vrucht voort." Hier liggen vruchten van de grond waarop wij leven. Ons stukje aarde heeft ze voortgebracht en God ziet dat het goed is.[...] We zijn vergeten hoe afhankelijk we zijn van de planten en de dieren. We zijn de verwondering kwijt voor alles wat groeit op de aarde, voor al de dieren die het water, het land en de lucht bevolken. Als het wemelt van de levende wezens dan is het goed. De aarde is niet alleen van ons mensen. De Bijbel is daar duidelijk in: de aarde is van God en wij mogen de vruchten van de aarde gebruiken, maar die moeten we delen met alle andere levende wezens.' En ik vertel dat het idee dat mensen de aarde kunnen en moeten beheersen wel ingegeven is door de Bijbel. Als in Genesis 1 de mens ten tonele verschijnt, op dezelfde dag als de landdieren, krijgen mensen de opdracht om te heersen over de aarde. In de context waarin het verhaal ontstond, kan het gelezen worden als een aanmoediging om het land te gaan bewerken en vee te gaan houden. Eeuwenlang is het gelezen als een constatering, zoals de zon en de maan de tijd en de seizoenen bepalen, zo is de mens de dominante soort op aarde. Maar in de moderne tijd hebben deze verzen de overheersing gelegitimeerd van mensen over de aarde. Er is een wisselwerking ontstaan tussen toenemende technische mogelijkheden, economische expansie, kolonialisme en een beeld van God als een machtige vader. De almachtige mens is zelf schepper geworden en heerst over de aarde en over medemensen die minder machtig zijn. Toen God uit onze cultuur verdween als factor om serieus rekening mee te houden, werd het heersen van mensen, sommige mensen, absoluut. Ik zeg: 'Wij hebben de aarde onderworpen, maar niet alleen ons stukje grond om te eten te hebben, we hebben de hele aarde onderworpen om veel meer te hebben dan we nodig hebben. En zonder respect voor al die andere levende wezens. [...] De afgelopen vijftig jaar hebben wij ervoor gezorgd dat er het aantal dieren afgenomen is met 60%.' Ik vertel wat er bij de voorbereiding van de dienst gezegd is over verwondering en verbind dat met het groeien van het mosterdzaadje, het onderwerp van de evangelielezing. Ik noem verbondenheid met de aarde tegenover niet meer weten waar ons voedsel vandaan komt. En ik eindig met de spijswetten die door de voorbereiders opgesteld zijn. Om te voorkomen dat ze dwingend en moralistisch overkomen, om de toehoorders niet in de rol van consumenten aan te spreken en politieke en economische structuren niet ongenoemd te laten, zeg ik erbij: 'Dit zijn persoonlijke keuzes die je kunt maken. In christelijke termen kun je het een vorm van vasten noemen, vrijwillige zelfbeperking omwille van God en de schepping. Het zijn ingewikkelde zaken, niet alleen een kwestie van persoonlijke keuzes, ook van politieke keuzes, van gezamenlijk zaken anders organiseren. Dat begint met anders tegen de wereld aankijken. God heeft ons de aarde niet gegeven om er mee te doen wat we willen, God heeft ons een plek gegeven om te leven te midden van onze medeschepselen. God houdt van alle levende wezens en van de hele aarde, laten wij als beeld van God dat ook doen. Om zo steeds meer beeld van God te worden. Als we dat doen kunnen we vrucht dragen, net als de aarde.'

Na het lied 'Wat zijn de goede vruchten' en de collecte gaat de schaal met vijgen en druiven rond.[1022] Ik zie sommige mensen heel voorzichtig proeven, er hangt een vrolijke sfeer. Dankgebed en voorbeden waren gemaakt door de voorbereiders: 'God van alle leven, wij danken u voor het leven, voor de grond onder onze voeten, voor onze lieve moeder aarde. Wij vragen u dat alle levende wezens veilig en in vrede met elkaar mogen leven. Wij danken u voor ons voedsel, in ons land en in onze omgeving is er voedsel in overvloed. Wij vragen u, leer ons meer te delen, leer ons zo te eten dat we de aarde niet overvragen en dat er genoeg is voor iedereen. Goede God, wij zijn maar stofjes in het universum, toch mogen we stralen, ieder van ons. Laat ons op de plaats waar we leven belangrijk zijn. Maak ons dienstbaar aan elkaar, zodat we vrede brengen, leer ons leven van de verwondering over heel onze aarde.'

Na het slotlied over 'de aarde met haar wel en wee, de steile bergen, koele meren, het vaste land, de onzekere zee' die allemaal van God getuigen,[1023] en na de zegen, is er een verrassing van de kinderen. De leiding van de kindernevendienst had hen gevraagd groente mee te brengen naar de kerk. Voor de lezingen zijn ze naar voren gekomen met een bloemkool, een prei en nog-zo-wat. In de ruimte naast de kerk hebben ze er soep van gemaakt en gepraat over de thema's die in de dienst ook aan de orde zijn geweest. Het was een mooi gesprek, zegt de leiding, zo tijdens het snijden van de groente. En er is meer dan genoeg soep voor iedereen. Iemand vertelt me later: we hebben afgesproken dat we ieder jaar zo'n oogstdienst gaan houden.

5.3.3 Kennen

De kennis die in onze cultuur hoog gewaardeerd wordt, is zeer eenzijdige kennis, gericht op beheersing, uitgaand van een scheiding tussen mensen en de rest van de werkelijkheid.[1024] Ecofeministische theologie gaat uit van verbondenheid als bron van kennis, of nog beter: verwantschap. Iedereen en alles bestaat in een web van relaties, ik ben volkomen afhankelijk van planten voor voedsel; ook zonder dieren zouden er geen mensen kunnen bestaan. Compassie is een noodzakelijke voorwaarde voor kennis. Zonder besef van verbondenheid en dus van compassie – meelijden – begrijp ik niets van de wereld, ben ik vervreemd van de aarde, weet ik niet waar mijn voedsel vandaan komt en wie ik zelf ben.[1025] Het is noodzakelijk om andere kennis dan die van de dominantste mensen te gaan waarderen, de kennis van inheemse volken, arme vrouwen, de kennis die voortkomt uit geloof in God, plaatselijke kennis die zich niet laat generaliseren, pre- en postmoderne kennis.

De oogstdienst in Boxtel is een voorbeeld van het samenkomen van verschillende soorten kennis. Het is blij zijn met de vruchten van de aarde ter plaatse, verbinding ervaren met de grond waarop je leeft, met de mensen en dieren om je heen en met God die in dat alles aanwezig is. Vanuit het vieren van die verbondenheid is het mogelijk gigantisch problemen als de opwarming van de aarde en het massale sterven van dieren en planten onder ogen te zien, zonder wanhopig te worden. Christelijk geloof is geen route naar een toekomst die we nu al kunnen schetsen, maar is steeds inspelen op wat er gebeurt, meewerken – of tegenwerken – zonder alles te kunnen overzien, zonder blauwdruk, is iets van alle zintuigen, ons hele lijf op de plek waar we zijn, verbonden met al wat is.

Geraadpleegde literatuur

Bij de eerste verwijzing in het notenapparaat wordt de volledige titel vermeld. Daarna volgt een literatuurverwijzing aan de hand van de vermelding van de auteur en het jaartal, bijvoorbeeld: Jansen (2015), of van de titel bij een boek dat door redacteuren is samengesteld, bijvoorbeeld: *Earth, Wind, & Fire.*

10 palabras clave en teología feminista (red. Mercedes Navarro, Pilar de Miguel), Estrella, Navarra: Editorial verbo divino 2004

Alledaags en buitengewoon. Spiritualiteit in vrouwendomeinen (red. Angela Berlis, Anne-Marie Korte), Vught: Skandalon 2012

Anbeek, Christa, *Aan de heidenen overgeleverd. Hoe theologie de 21e eeuw kan overleven,* Utrecht: Ten Have 2013

Armstrong, Karen, *Mythen. Een beknopte geschiedenis* (oorspr. *A short history of Myth,* 2005), Amsterdam: de Bezige Bij 2008

Baker-Fletcher, Karen, *Sisters of Dust, Sisters of Spirit. Womanist Wordings on God,* Minneapolis: Fortress Press 2009

Barad, Karen, 'Posthumanist Performativity. Toward an Understanding of How Matter Comes to Matter', *Journal of Women in Culture and Society* 2003, vol. 28, no. 3

Basten, dr. Floor en dr. Kerstin van Tiggelen, *Handboek buitenpromoveren. Hét oriëntatiepunt voor promoveren naast of na een carrière,* Dronten: Accent Grave vof 2013

Bauckham, Richard, *Living with Other Creatures. Green Exegesis and Theology,* Waco, Texas: Baylor University Press 2011

Bauer, Walter, *Wörterbuch zum Neuen Testament*

Beek, Dr. A. van de, *Schepping. De wereld als voorspel voor de eeuwigheid.* Callenbach, Baarn 1996

Beek, Dr. A. van de, *Een lichtkring om het kruis. Scheppingsleer in christologisch perspectief.* 2014

Beentjes, Panc, *Belichting van het bijbelboek Wijsheid van Salomo,* Boxtel: KBS, 1987

Beentjes, Panc, *De wijsheid van Jezus Sirach. Een vergeten joods geschrift,* Budel: Damon 2006

Benjamins, Rick, *Catherine Keller's constructieve theologie,* Vught: Skandalon 2017

Bennet, Jane, *Vibrant matter. A political ecology of things,* Durham, North Carolina: Duke University Press 2010

Berkhof, H., *Christelijk geloof. Een inleiding tot de geloofsleer,* Nijkerk: Callenbach 1990

Bernstein, Ellen, 'Scheppingstheologie: een joods perspectief' in *Groene Bijbel,* 2017/2018

Berry, Thomas, *The Great Work. Our Way into the Future,* New York: Random House 1999

Betcher, Sharon V., 'Sabbath-Jubilee Cycle', in: *Encyclopedia of Religion and Nature,* p. 1442-1444

Bibel in gerechter Sprache, Gütersloh: Gütersloher Verlagshaus 2007

Biezeveld, Kune, *Als scherven spreken. Over God en het leven van alledag,* Zoetermeer: Meinema 2008

Biezeveld, Kune, *Spreken over God als Vader. Hoe kan het anders?* Baarn: Ten Have 1997

Bieuwenga, Sjaak, *Duurzaam leven tot Gods eer. Een onderzoek naar de relevantie van de scheppingsleer op het gebied van duurzaamheid.* Scriptie Theologische Universiteit Apeldoorn, 31-3-2017

Blowers, Andrew e.a., 'Is sustainable development sustainable?' *Journal of Integrative Environmental Sciences* 9.1 (2012): 1-8.

Boersema, Jan J., 'Leerhuis Job', zonder jaartal (niet gepubliceerd)

Boersema, Jan, *Thora en Stoa over mens en natuur. Een bijdrage aan het milieudebat over duurzaamheid en kwaliteit,* Baarn: Callenbach 1997

Boff, Leonardo, *Cry of the Earth, Cry of the Poor* New York: *Maryknoll,* 1997 (oorspr. *Ecologia: Grito da Terra, Grito dos Pobres.* Sao Paolo 1995) 1997

Borgman, Erik, Thijs Caspers, 'In dienst van een zoekend geloof. Edward Schillebeeckx en de na-conciliaire periode in Nederland', *Tijdschrift voor Theologie* 54[e] jaargang, nr 4, winter 2014, p. 484-497

Borgman, Erik, '"Vlees met de ziel, met het bloed er nog in, mag u niet eten" (Genesis 9,4): Het belang van ritueel slachten als uiting van respect', in: *Bij de beesten af! Over dierenrecht en onrecht* (red. Bastiaan Rijpkema, Machteld Zee), Amsterdam: Prometheus 2013, 47-61.

Borgman, Erik, *Want de plaats waarop je staat is heilige grond. God als onderzoeksprogramma,* Amsterdam: Boom 2008

Boersma, Hans, *Nouvelle Théologie and Sacramental Ontology. A Return to Mystery,* Oxford: Oxford University Press, 2009

Bos, René ten, *Dwalen in het antropoceen,* Amsterdam: Boom 2017

Boureux, Christophe, *Dieu est aussi jardinier. La création, une écologie accomplie,* Parijs: Les Éditions du Cerf 2014

Bowe, Barbara, 'Soundings in the New Testament Understanding of Creation', in: *Earth, Wind & Fire* (2004), p. 57-67

Braidotti, Rosi, *Beelden van de leegte. Vrouwen in de hedendaagse filosofie,* Kampen: Kok 1990 (oorspr. *Patterns of dissonance. A Study of Women and Contemporary Philosophie,* 1991)

Brink, Gijsbert van den, *Als een schoon boec. Achtergrond en relevantie van artikel 2 van de Nederlandse Geloofsbelijdenis,* oratie 2007 (www.openaccess.leidenuniv.nl/handle/1887/12625)

Brink, Gijsbert van den, *En de aarde bracht voort. Christelijk geloof en evolutie,* Utrecht: Boekencentrum 2017

Brink, Gijsbert van der en Cees van der Kooi, *Christelijke Dogmatiek. Een inleiding,* Zoetermeer: Boekencentrum 2012

Brinkman, Martien 'De verrukkelijke en verschrikkelijke natuur' www.hetgoedeleven.com/2017/02/14/de-verrukkelijke-en-de-verschrikkelijke-natuur geraadpleegd 30 oktober 2018

Brouns-Wewerinke, D., 'Woorden die het houden: duurzaamheid in het Nieuwe Testament', *Speling* 2016/1, p. 82-88

Burrus, Virginia, *Ancient Christian Ecopoetics Cosmologies, Saints, Things,* Philadelphia: Penn Press 2018

Bustamente, Pedro, *El imperio de la ficción. Capitalismo y sacrificios hollywoodenses,* Ediciones libertarias 2015

Byrne, Brendan, 'Creation Groaning; An Earth Bible Reading of Romans 8.18-22' in: *Readings from the Perspective of Earth* (*The Earth Bible Volume 1,* red. Norman C. Habel), Sheffield 2000

Calvijn, Johannes, *Het boek Genesis. De eerste drie hoofdstukken,* Middelburg: Stichting De Gihonbron 2004, p. 42

The Cambridge Companion to Feminist Theology (red. Susan Frank Parsons), Cambridge University Press 2002
The Cambridge Companion to Orthodox Christian Theology (red. Mary B. Cunningham, Elizabeth Theokritoff) Cambridge: Cambridge University Press 2009
The Cambridge Dictionary of Christian Theology (red. McFarland e.a.), Cambridge University Press 2011
Cantalamessa, Raneiro, 'Bidden voor of met de schepping? Homilie tijdens de Vespers op de Wereldgebedsdag voor de Schepping 2016', www.rkdocumenten.nl/rkdocs/index.php?mi=600&doc=6433&highlight=met+met+schepping, geraadpleegd 30 oktober 2018
Castiñeiras, Manuel, *El tapiz de la creación*, Girona: Catedral de Girona 2016
Christie, Douglas E., *The Blue Sapphire of the Mind. Notes for a Contemplative Ecology.* Oxford University Press 2013
Chryssavgis, John, 'Christianity (6b1) – Christian Orthodoxy' in: *The Encyclopedia of Religion and Nature* (red. Bron Taylor), Londen: Continuum 2005, p.333-337
Chryssavgis, John 'The Earth as Sacrament. Insights from Orthodox Christian Theology and Spirituality' in: *Oxford Handbook of Religion and Ecology*
Clines, Jeremy Mark Sebastian, *Earthing common worship. An ecotheological critique of the Common Worship texts of the Church of England.* (Diss.), University of Birmingham 2011.
Coackley, Sarah, *Powers and Submissions. Spirituality, Philosophy and Gender*, Malden etc.: Blackwell Publishing 2002
Coakley, Sarah, *God, sexuality and the self. An Essay 'On the Trinity'*, Cambridge: Cambridge University Press 2013
Coakley, Sarah, *The New Ascetism, Sexuality, gender and the quest for God*, London: Bloomsbury 2015
Common Goods. Economy, Ecology, and Political Theology (red. Johnson-DeBaufre, Melanie e.a.), New York: Fordnam Press 2015
Conradie, Ernst M., 'The Earth in God's Economy: Reflections on the Narrative of God's Work', *Scriptura* (2008), p. 13-36
Cook, Joan E., 'Everyone Called by My Name. Second Jesaiah's Use of the Creation Theme', in: *Earth, Wind, & Fire. Biblical and Theological Perspectives on Creation.* (red. Carol J. Dempsey, Mary Margaret Pazdan), Collegeville, Minnesota: Liturgical Press 2004
Cunningham, Mary and Elizabeth Theokritoff, 'Who are the Orthodox Christians? A historical introduction' in: *The Cambridge Companion to Orthodox Christian Theology*
Daly, Mary, *Voorbij God de Vader. Op weg naar een feministische bevrijdingsfilosofie*, Amersfoort: De Horstink 1990 (oorspr. *Beyond God the Father. Towards a philosophy of women's liberation.* 1973)
Daly, Mary, *Gyn/ecology. A Metaethics of Radical Feminism*, Boston: Beacon Press 1978
Deane-Drummond, Celia, 'Creation', in: *The Cambridge Companion to Feminist Theology*, 2002
Deane-Drummond, Celia, *Eco-Theology*, London: Darton, Longman and Todd 2008
Deane-Drummond, Celia, 'Sophia. The Feminine Face of God as a Metaphor for an Ecotheology', *Feminist Theology* 1995
DeHart, Paulf(S)l/s: The Instance of Pattern, or Kathryn Tanner's Trinitarism in: Rosemary P. Carbine and Hilda P. Koster (red.) *The Gift of Theology. The Contribution of Kathryn Tanner*, Minneapolis: Fortress Press 2015
Depoortere, Frederiek, 'Om het gesprek verder te zetten. Bedenkingen over chris-

tologie, soteriologie, pneumatologie en eschatologie', *Tijdschrift voor theologie*, jrg 53, nr 3, herfst 2013

DeWitt, Calvin B., 'The Scientist and the Shepherd: The Emergence of Evangelical Environmentalism', in: *The Oxford Handbook of Religion and Ecology*

Diamond, Jared, *Zwaarden, paarden en ziektekiemen. De ongelijkheid in de wereld verklaard*, Utrecht: Spectrum 2009 (oorspronkelijke titel: *Guns, Germs, and Steel: The Fates of Human Societies*, 1998)

Dictionary of Deities and Demons (DDD) (red. Karel van Toorn e.a.), Leiden: Bril 1995

Dohmen, Joep, 'Vrijheid in praktijk', *De Groene* 25 mei 2007

Doorn, Michiel, *Thomas Berry. Profeet voor de Aarde. Een introductie in het werk en gedachtegoed van Thomas Berry*, 2009

Doornik, Dr. N.G.M. van, *De kleine triptiek. Handboek van de katholieke leer en het katholieke leven*, Utrecht/Antwerpen: Het Spectrum 1951

Dorp, Jaap van, 'Het monster en de draak. Behemot en Leviatan in Job 40-41 in de Bijbel in Gewone Taal', *Met Andere Woorden*, jrg. 33 nr. 4, p. 10-19

Dunn, Patrick, 'Wat te doen voor het einde? Profetische handelingen en radicale theologie', *Tijdschrift voor Theologie*, 55-1

Earth, Wind, & Fire. Biblical and Theological Perspectives on Creation. (red. Carol J. Dempsey e.a.), Collegeville, Minnesota: Liturgical Press 2004

Eaton, Heather, 'Ecofeminism and Globalization' in: *Feminist Theology*, May 2000, Issue 24, p. 41-55

Eaton, Heather, *Introducing Ecofeminist Theologies*, Londen/New York: Bloomsbury Publishing PLC 2005

Egmond, Klaas van, *Een vorm van beschaving*, Zeist: Christofoor 2010

Elvey, Anne, 'Matter, Freedom and the Future: Reframing Feminist Theologies through an Ecological Materialist Lens', *Feminist Theology* 2015, Vol. 23(2), 186-204

Encyclopedia of Religion and Nature (red. Bron Taylor), Londen: Continuum 2005

Erbele Küster, Dorotea, '"U vergat de God die u gebaard heeft" (Deut 32:18). Schepping als geboorte en andere voorstellingen van schepping in het Oude Testament' in: *Wanneer de schepping kreunt in barensweeën. Hedendaagse reflecties over schepping.* (red. Anneleen Decoene e.a.), Antwerpen: Halewijn 2008

Evangelische Liedbundel. Zoetermeer: Boekencentrum 1999

Evolutie, cultuur en religie. Perspectieven vanuit biologie en theologie (red. Oomen, Palmyre, Taede Smedes), Kampen: Klement 2010

Engels, Friedrich, *De oorsprong van het gezin, van de particuliere eigendom en van de staat* (1884)

Engels, Friedrich, *De rol van de arbeid in de overgang van aap naar mens.* (1876)

Erp, Stephan van, 'Geordende openbaring of geopenbaarde orde? Kanttekeningen bij Christelijke dogmatiek', *Tijdschrift voor Theologie*, jrg. 53, nr. 3, herfst 2013

Fontaine, Carole R., 'Spreuken' in: *Met eigen ogen. Commentaar op de bijbel vanuit het perspectief van vrouwen* (red. Carol A. Newsom, Sharon H. Ringe, oorspr. *The women's bible commentary*, 1992), Zoetermeer: Meinema 1995, p. 197-206

Gebara, Ivone, 'Ecofeminisme en ecotheologie. De visie van Ivone Gebara' (vertaling van Ecofeminismo e Ecotheologia: perspectiva de Ivone Gebara), sept 2006

Gebara, Ivone, *Longing for Running Water. Ecofeminism and Liberation*, Minneapolis: Fortress Press 1999

Gebara, Ivone, *Omdat de Schepper even moest niezen. Postpatriarchale overwegingen in uren van twijfel*, Den Haag: CMC 2006

Gebara, Ivone 'Womens Suffering, Climate Injustice, God, and Pope Francis's Theology: Some Insights from Brasil', in: *Planetary Solidarity p. 67-81*
Generale Synode van de Nederlandse Hervormde Kerk, *De gaarde een woestijn? De milieucrisis en de verantwoordelijkheid van de kerk. Een verkenning ten behoeve van het gesprek in de gemeenten, aangeboden door de Generale Synode van de Nederlandse Hervormde Kerk.* 's-Gravenhage: Boekencentrum 1990
Gesenius, Wilhelm, *Hebräisches und Aramäisches Handwörterbuch über das Alte Testament*, Berlin: Springer-Verlag 1962
Gezangen voor liturgie, Baarn: Gooi en Sticht 1996
The Gift of Theology. The Contribution of Kathryn Tanner (red. Rosemary P. Carbine, Hilda P. Koster,) Minneapolis: Fortress Press, 2015
González, Michelle A., 'Review of *Longing for Running Water: Ecofeminism and Liberation* by Ivone Gebara (Minneapolis: Fortress Press, 1999)', *Journal of Hispanic/ Latino Theology*, 10:3 (Feb. 2003), p. 78-80
Graafland, Johan, 'Dierenrechten in bijbels perspectief', *TussenRuimte* 2016/2
Graafland, Johan, *En God schiep. Over dieren en rentmeesterschap*, Heerenveen: Royal Jongbloed 2015
Graafland, Johan, 'Mens verantwoordelijk voor lijden van dieren', *Reformatorisch Dagblad* 26 september 2015
The Green Bible. A Priceless Message that doesn't cost the Earth, London: Collins 2008
Greer, Germaine, 'Ecological Feminism', *Resurgence & Ecologist*, May/June 2014
Grey, Mary, '"Vader in uw handen." Een ecologie van christologische overgave en christen-feministische respons.' lezing t.g.v. 25 jaar feminisme en christendom, Nijmegen 2008
Groene Bijbel. Nieuwe Bijbelvertaling, Heerenveen: Royal Jongbloed, 2016/2017
Haardt, Maaike de, *'... een innig fluistren.' Over hoop, verlangen en verandering.* (afscheidsrede), Nijmegen: Radboud Universiteit 2018
Haardt, Maaike de, 'Grond onder de voeten' *Tijdschrift voor genderstudies* 2002, nr. 4
Hadewijch, *Visioenen*, Amsterdam: Prometheus/Bert Bakker 1996
Hadewijch, *Liederen* (vertaald en toegelicht door Veerle Fraeters en Frank Willaert), Groningen: Historische Uitgeverij 2009
Hadewijch, *Liefdesliederen* (vertaling Jan Kuijper), Amsterdam: Atheneum- Polak & Van Gennip 2010
Haenchen, Ernst, *John 1* (oorspr. *Das Johannesevangelium. Ein kommentar*, 1980), Philadelphia: Fortress Press 1984
Halkes, Catharina, *...en alles zal worden herschapen. Gedachten over de heelwording van de schepping in het spanningsveld tussen natuur en cultuur*, Baarn: Ten Have 1989
Hallonsten, Gösta, 'Ex oriente lux? Recent developments in Eastern Orthodox Theology', *Svensk teologisk kvartalskrift* 89.1 (2013).
Harari, Yuval Noah, *Homo Deus. Een kleine geschiedenis van de toekomst*, Amsterdam: Thomas Rap 2017
Hart, John, 'Catholicism' in: *The Oxford Handboek of Religion and Ecology* (2006)
Hellenius, Dick, *Ademgaten. Denken over dieren*, Amsterdam: Van Oorschot 2009
Herijgers, Lieve, 'Broederlijk Delen. Kiezen voor duurzaam leven is kiezen voor "het goede leven,"' *Tijdschrift voor Geestelijk Leven* jrg. 72, 2016 nr. 6 *De aarde die ons draagt en leidt. Oriëntatie op een duurzaam leven.*
Heuvel, Steven Christian van den, *Bonhoeffer's Christocentric Theology and Fundamental Debates in Environmental Ethics*, Eugene, Oregon: Pickwick Publications 2017

Hilkert, Mary Catherine, 'Creation in the Image of God and Wisdom Christology', in: *Earth, Wind, & Fire. Biblical and Theological Perspectives on Creation.* (red. Carol J. Dempsey e.a.), Collegeville, Minnesota: Liturgical Press 2004, p. 147-163
Hoekstra, Trinus, 'We zijn wat we eten!', *Kerk & Israël Onderweg,* jrg. 15, nr 4, juni 2014
Hof, Eleonora, 'De kwestie: feminisering van de kerk', *Soteria* 2017-2
Hof, Eleonora Dorothea, *Reimagening Mission in the Postcolonial Condition. A Theology of Vulnerability and Vocation at the Margins,* Utrecht: Boekencentrum Academic 2016
Hogenhuis, Christiaan, *De ceder en de saxofoon,* Budel: Damon 2011
Hogenhuis, Christiaan, *Leven alsof het niet óp kan. Uitrusting voor een spirituele reis langs welvaart, kwaliteit en duurzaamheid,* Damon, Budel, 2006
Holman, Kiki, 'De term duurzame groei spreekt zichzelf tegen', *Trouw,* 10 april 2018
Horrel, David G., *The Bible and the Environment. Towards a Critical Ecological Biblical Theology,* London: Euinox 2010
Houtman, C., *Wereld en tegenwereld. Mens en milieu in de bijbel/Mens en milieu en de Bijbel,* Baarn: Ten Have 1982.
Hausoul, Raymond R., *De nieuwe hemel en de nieuwe aarde. Een interdisciplinaire vergelijking tussen Karl Rahner, Jürgen Moltman en Gregory Beale,* Utrecht: Kok/ Boekencentrum Academic 2018
Hulbert, Steve en Jeanne Sletton, 'Poetics Post-Structuralism, and Process', *Newsmagazine of the Center for Process Studies,* Vol. 29, nr. 1, summer 2006
IABR – 2014 – Urban by Nature (red. George Brugmans en Jolanda Strien), Rotterdam: IABR 2014
Immink, Gerrit, *Het heilige gebeurt. Praktijk, theologie en traditie van de protestantse eredienst* Boekencentrum 2011
Jong, Matthijs de, 'De proloog van Johannes in de *Bijbel in Gewone Taal*', *Met Andere Woorden* 2012-4
Johnson, Elisabeth A., *She Who Is. The Mystery of God in Feminist Theological Discourse,* New York: Crossroad 1992
Johnson, Elizabeth A., *Women, Earth, and Creator Spirit (Madeleva Lecture in Spirituality)* (May 1, 1993) Paulist Press, New York
Johnson, Elisabeth A, 'Women Earth and Creator Spirit', lecture 1993
Johnson, Elisabeth A., *Quest for the Living God. Mapping Frontiers in the Theology of God,* New York: Continuum 2007
Johnson, Elisabeth A., *Ask the Beasts. Darwin and the God of Love,* London: Bloomsbury Publishing 2015
Jones, Serene, *Trauma and Grace. Theology in a Ruptured World,* Louisville, Kentucky: Westminster John Knox Press 2009
Juffermans, Jan e.a., *Mijn hemel! Wat gebeurt er op Aarde?* e-book op www.voetafdruk.eu geraadpleegd 19 november 2018
Juffermans, Jan, *Nut & noodzaak van de Mondiale Voetafdruk. Over de mondiale gebruiksruimte, duurzaamheid en mensenrechten,* Rotterdam: Lemniscaat 2006
Kamp, Merel, 'Niet hergebruiken, maar dóórgebruiken', *Trouw* 26 oktober 2017
Karras, Valerie A., 'Eschatology' in: *The Cambridge Companion to Feminist Theology,* Cambridge: Cambridge University Press, 2002
Walter Kasper, *Einführung in den Glauben,* Mainz: Grünewald 1973
Keller, Catherine, *The Face of the Deep. A Theology of Becoming,* London: Routledge 2003
Keller, Catherine, 'Dark Vibrations. Ecofeminism and the Democracy of Creation' (lezing 6 april 2005), www.users.drew.edu/ckeller/Dark-Vibe.pdf, geraadpleegd 25 februari 2018

Keller, Catherine, *On the mystery. Discerning Divinity in Process,* Minneapolis: Fortress Press 2008
Keller, Catherine, 'Returning God. The Gift of Feminist Theology' in: *Feminism, sexuality, and the return of religion,* 2011
Keller, Catherine, *Cloud of the Impossibe. Negative Theology and the Planetary Entanglment* Columbia University Press 2014
Keller, Catherine, *Intercarnations. Exercises in Theological Possibility,* Minneapolis: Fortress Press 2017
'Kerk 2025. Waar een Woord is, is een weg' www.protestantsekerk.nl/kerk2025/kerk2025 geraadpleegd 28 november 2018
Planetary Solidarity. Global Women's Voices on Christian Doctrine and Climate Justice (red. Grace Ji-Sun Kim, Hilda Koster), Minneapolis: Fortress Press 2017
Klein, Naomi, *De shockdoctrine. De opkomst van het rampenkapitalisme,* Breda: De Geus 2007 (oorspr. *The Shock Doctrine,* 2007)
Klein, Naomi, *No Time. Verander nu voor het klimaat alles verandert,* Breda: De Geus 2014 (oorspr. *This Changes Everything. Capitalism vs. The Climate,* 2014)
Kooi, Akke van der, 'College Dominicanenklooster Zwolle, 14 april 2018 Kathryn Tanner – De toekomst van de christelijke traditie. Achtergronden, motieven, hoofdlijnen van haar constructieve en publieke theologie', niet gepubliceerd
Kooi, Akke van der, 'De lege plek. Een systematische bijdrage aan de bezinning op het spreken over God in de feministische theologie', in: *Proeven van Vrouwenstudies theologie* deel V, Zoetermeer: Meinema 1999
Kooi, C. van der, *Hinkelen binnen de lijnen. Enkele krijtstrepen voor een christologie,* Kampen: Kok 1999
Koolhof, Thijs, *Een goed rentmeester fietst. Katholicisme, protestantisme & de fiets.* Bachelorscriptie sociale geografie, Nijmegen 2011
Korpel, Marjo en Johannes de Moor, *Adam, Eva en de duivel. Kanaänitische mythen en de Bijbel,* Vught: Skandalon 2016
Korte, Anne-Marie, 'Reflections of Interdisciplinarity. Feminist Systematic Theology in the Netherlands', paper Groningen 2011
Koster, Hilda P., 'Creation as Gift. Tanner's Theology of God's Ongoing Gift-Giving as an Ecological Theology' in: *The Gift of Theology. The Contribution of Kathryn Tanner*(red. Rosemary P. Carbine, Hilda P. Koster), Minneapolis: Fortress Press 2015
LaCugna, Catherine Mowry, *God for us. The Trinity and Christian Life,* New York: HarperCollins Publishers 1991
Laffey, Alice L., 'The Priestly Creation Narrative: Goodness and Interdependence' in: *Earth, Wind and Fire. Biblical and Theological Perspectives on Creation,* Collegeville, Minnesota: Liturgical Press 2004, p. 24-35
Latour, Brumo, *Wij zijn nooit modern geweest. Pleidooi voor een symmetrische antropologie* (oorspr. *Nous n'avons jamais été modernes,* 1991), Amsterdam: Boom 2016
Latour, Bruno *Oog in oog met Gaia. Acht lezingen over het Nieuwe Klimaatregime* (oorspr. *Face à Gaïa. Huit conférences sur le nouveau régime climatique,* 2015), Amsterdam: Octavo 2017
Leene, Almatine, *Triniteit, antropologie en ecclesiologie. Een kritisch onderzoek naar de implicaties van de godsleer voor de positie van vrouwen en mannen in de kerk,* Amsterdam: Buijten & Schipperheijn 2013
Leeuwenhoek, Karin *Ecologische theologie* www.lucepedia.nl/dossier/ecologische-theologie geraadpleegd 28 november 2018
Leezenberg, Michiel, Gerard De Vries, *Wetenschapsfilosofie voor geesteswetenschappen (herziene editie)* Amsterdam: Amsterdam University Press 2012

Lemaire, Ton, *Onder dieren. Voor een diervriendelijke wereld.* Amsterdam: Ambo/ Anthos 2017

Liberaal christendom. Ervaren, doen, denken, (red. Rick Benjamins e.a.), Vught: Skandalon 2016

Liedboek voor de Kerken. 's Gravenhage: Boekencentrum 1973

Liedboek. Zingen en bidden in huis en kerk. Zoetermeer: BV Liedboek 2013

Living Planet Report – 2018. Aiming Higher (red. Grooten, M., R.E.A. Almond), Gland, Switzerland: WWF 2018 (zie www.WWF.org)

Lorentzen, Lois Ann en Salvador Leavitt-Alcantara, 'Religion and Environmental Struggles in Latin America', in: *The Oxford Handbook of Religion and Ecology*, (red. Roger S. Gottlieb), Oxford University Press 2006, p. 510-534

Makrides, Vasilios N., 'Christianity (6b2) – Greek Orthodox' in: *The Encyclopedia of Religion and Nature* (red. Bron Taylor), Londen: Continuum 2005, p.338-341

Mancuso, Stefano en Allessandra Viola, *Briljant groen. De intelligentie van planten* (oorspr. *Verde brillante. Sensibilità e intelligenza del mondo vegetale*, 2013), Amsterdam: Cossee 2017

Manschot, Henk, *Blijf de aarde trouw. Pleidooi voor een nietzscheaanse terrasofie*, Nijmegen: Van Tilt 2016

McFague, Sallie, *The Body of God. An ecological theology*, London: SCM Press 1993

McFague, Sallie, *Modellen voor God. Nieuwe theologie in een bedreigde wereld.* Zoetermeer: De Horstink 1994 (oorspr. *Models of God. Theology for an ecological nuclear age*, 1987)

McFague, Sallie, *Super, Natural Christians. How we should love nature*, Minneapolis: Fortress Press 1997

McFague, Sallie, *Live Abundant. Rethinking Theology and Economy for a Planet in Peril*, Mineapolis: Fortress Press 2000

McFague, Sallie, *A New Climate for Theology. God, the World and Global Warming*, Minneapolis: Augsburg Fortress 2008

McFague, Sallie, *Blessed Are the Consumers. Climate Change and the Practice of Restraint*, Minneapolis: Fortress Press 2013

McFarland, Ian A. e.a. (red.) *The Cambridge Dictionary of Christian Theology.* Cambridge University Press, 2011

McGinn, Sheila E. 'All Creation Groans in Labor. Pauls Theology of Creation in Romans 8: 18-23' in: *Earth, Wind, & Fire* (2004), p. 114-124

McManus, Kathleen, 'Reconciling the Cross in the Theologies of Edward Schillebeeckx and Ivone Gebara', *Theological Studies* 66 (2005)

Meek, Hans, *Ecologica. Waarom verkleining van de menselijke impact op de biosfeer moeilijk maar onvermijdelijk is*, Delft: Eburon 2017

Messelink, Embert, 'De veldleeuwerik kwam niet meer' in Koers 2-11-2016

Met eigen ogen. Commentaar op de bijbel vanuit het perspectief van vrouwen (red. Carol A. Newson, Sharon H. Ringe), Zoetermeer: Meinema 1995 (oorspr. *The Women's Bible Commentary*, 1992)

Miller-McLemore, Bonnie J., 'Embodied Knowing, Embodied Theology. What Happened to the Body?' *Pastoral Psychology* (2013) 62: 743-758

Met eigen ogen. Commentaar op de bijbel vanuit het perspectief van vrouwen (red. Carol A. Newsom, Sharon H. Ringe, oorsp. *The women's bible commentary*, 1992), Zoetermeer: Meinema 1995

Mills, Sara, *Discourse* Londen/New York, 1997

Moltmann, Jürgen, *Gott in der Schöpfung. Ökologische Schöpfungslehre.* Gütersloh: Gütersloher Verlagshaus 1985

Moltmann, Jürgen, *'Sein Name ist Gerechtigkeit'. Neue Beiträge zur christlichen Gotteslehre.* Gütersloh: Gütersloher Verlagshaus 2008
Montfoort, Trees van, *Contextuele theologie in de Haagse Vruchtenbuurt. Paper voor het kerkelijk examen op 29 februari 1996 aan de theologische faculteit van de rijksuniversiteit Leiden. www.VanMontfoortCommunicatie.nl/Contextuele-theologie*
Montfoort, Trees van '"De strijd gaat door." Feministisch theologe Elisabeth Schüssler Fiorenza.' *Volzin* jrg. 9, 17 september 2010
Montfoort, Trees van, '*Laudato Si'* en ecofeminisme', *ZijSpiegel* februari 2016, nr 5
Montfoort, Trees van, 'Ecofeministische theologie in theorie en praktijk', *Tijdschrift voor Geestelijk Leven* jrg. 72, 2016 nr. 6, themanummer *De aarde die ons draagt en leidt. Oriëntatie op een duurzaam leven.*
Montfoort, Trees van, 'Geboeid door Kune Biezeveld. Ook in de natuur is God te vinden', *Soteria* 2017-2, p. 49-54
Montfoort, Trees van, 'Geloof aarden', *Wijs*, sept 2017, p. 4-5
Morton, Timothy, *Duistere ecologie*, Amsterdam: Boom 2018
Morton, Timothy, *Ecologisch wezen*, Utrecht: Ten Have 2018
Munteanu, Daniel, 'Elizabeth Theokritoff Living in God's Creation. Rezension.' *International Journal of Orthodox Theology* 1:2 (2010)
De Naardense Bijbel. De volledige tekst van de Hebreeuwse Bijbel en het Nieuwe Testament (vert. door Pieter Oussoren), Vught: Skandalon 2004
Nash, James A., 'The Bible vs. Biodiversity. The Case against Moral Argument from Scripture', *Journal for the Study of Religion, Nature and Culture* 3, nr. 2, p. 213-237
Neuhoff, Klaus Heinrich, *'Gott alles in allem' (1Kor 15,28). Theosis, Anakephalaiosis und Apokatastasis nach Maximos dem Bekenner in ihrer Bedeutung für die Kosmische Christologie* (dissertatie), Tilburg 2014
A New Dictionary of Christian Theology (red. Alan Richardson & John Bowden), London: SCM Press, 1983
The New Jerome Biblical Commentary (red. Raymond E. Brown e.a.), London: Chapman 1989
De Nieuwe Katechismus. Geloofsverkondiging voor volwassenen. In opdracht van de bisschoppen van Nederland. Hilversum-Antwerpen etc. 1966
Noble, Ivana, 'Embodied in the Landscape: How Places We Inhabit Shape Our Theology', *Communio Viatorum* 2017
Nogueira-Godsey, Elaine, 'A History of Resistance. Ivone Gebara's Transformative Feminist Liberation Theology', *Journal for the Study of Religion*, Vol. 26, No. 2, 2013
'Noli Me Tangere' in Interdisciplinary Perspective. Textual, Iconographic and Contemporary Interpretations, (red. R. Bieringer e.a.), Leuven etc.: Peeters 2016
Nutt, Aurica, 'Eine theologische Praxis des Recycling. Ökologie, Gott und Geschlecht bei Catherine Keller' in: *Feministische Theologie Politische Theologie. Entwicklungen und Perspektiven.* (red. Stefanie Schläfer-Bossert, Elisabeth Hartlieb), Sulzbach, Taunus: Ulrike Helmer Verlag 2012
O'Collins, Gerald, *Jesus Our Redeemer. A Christian Approach to Salvation*, Oxford: Oxford University Press 2007
O'Connor, Kathleen M., 'Wild, Raging Creativity. Job in the Whirlwind', in: *Earth, Wind & Fire* (2004)
Oecumenisch Leesrooster 2013-2022, Amersfoort: Raad van Kerken 2013
Oomen, Palmyre, 'De verzelfstandiging van de natuurwetenschap. Theologische en natuurwetenschappelijke achtergronden', *Tijdschrift voor Geestelijk Leven*, jrg. 72 nr. 4, juli-augustus 2016, *Geloof en wetenschap. Vijanden-vreemden-tochtgenoten.*

Oomen, Palmyre, 'Schepping', *Tijdschrift voor Geestelijk Leven*, jrg. 72 nr. 4, juli-augustus 2016, *Geloof en wetenschap. Vijanden-vreemden-tochtgenoten.*

Oomen, Palmyre, 'Theologische perspectieven op de natuurwetenschap', in: *Geloof en wetenschap. Vijanden-vreemden-tochtgenoten. Tijdschrift voor Geestelijk Leven*, jrg. 72 nr. 4, juli-augustus 2016

De oogst van Milieu (red. J.J. Boersema), Amsterdam: Boom 2003

Oost, Heinze en Angela Markenhof, *Een onderzoek voorbereiden*, Amersfoort: ThiemeMeulenhof 2010

Oosterhuis, Huub, *Alles voor allen. Een nieuwe catechismus*, Utrecht: Kok 2016

Opas, Minna, 'Mutually Exclusive Relationships: Corporeality and Differentiation of Persons in Yine (Piro) Social Cosmos', *Tipití: Journal of the Society for the Anthropology of Lowland*

South America, Volume 3, 12-1-2005

Opas, Minna, *Different but the Same. Negotiation of Personhoods and Christianities in Western Amazonia*, Turku (Finland), 2008

Ostaijen, Mark van, 'De BV Nederland is een misplaatste metafoor' www.binnenlandsbestuur.nl/bestuur-en-organisatie/opinie/columns/de-bv-nederland-is-een-misplaatste-metafoor.9558534.lynkx geraadpleegd 29 november 2017

Os, Henk van, 'Caspar Friedrich en zijn tijdgenoten' in: *Caspar Friedrich & het Duitse romantische landschap*, Amsterdam/Zwolle: Hermitage/Waanders 2008

The Oxford Handbook of Feminist Theology (red. Sheila Briggs, Mary McClintock Fulkerson), Oxford: Oxford University Press 2012

The Oxford Handbook of Religion and Ecology, (red. Roger S. Gottlieb), Oxford: Oxford University Press 2006

Parsons, Susan Frank, 'Feminist theology as dogmatic theology', in: *The Cambridge Companion to Feminist Theology*, Cambridge: Cambridge University Press 2002

Papanokolaou, Aristotle, 'Orthodox Theology' in: *The Cambridge Dictionary of Christian Theology* (red. McFarland e.a.), Cambridge University Press 2011, p.358-360

Piketty, Thomas, *Kapitaal in de 21ᵉ eeuw*, Amsterdam/Antwerpen: De Bezige Bij 2016 (oorspronkelijke titel: *Le capital au XXIᵉ siècle*, 2015)

Pineda-Madrid, Nancy, '¡Somos Criaturas de Dios!' in: *Planetary Solidarity, Global Women's Voices on Christian Doctrine and Climate Justice*, (red. Grace Ji-Sun Kim, Hilda Koster), Minneapolis: Fortress Press 2017

Porcelijn, Babette, *Verborgen impact. Alles voor een ecopositief leven*, Amsterdam: Q. 2017

Primavesi, Anne, *Cultivating Unity within the Biodiversity of God*, Salem, Oregin: Polebridge Press 2011

Randstadbundel. Gebeden en gezangen ten dienste van de liturgieviering, vierde aangevulde editie. (1973)

Raworth, Kate, *Donuteconomie. In zeven stappen naar een economie voor de 21e eeuw* (oorspr. *Doughnut economics. Seven ways to think like a 21st-century economist*, 2017), Amsterdam: Nieuw Amsterdam 2017

De Regel van Sint-Benedictus, vertaald door Vincent Hunink, Amsterdam: Athenaeum-Polak & Van Gennep 2000

Reid, Barbara E., 'Sabbath, the Crown of Creation', in: *Earth, Wind, & Fire* (2004), p. 67-77

Ress, Mary Judith, *Ecofeminism from Latin America (Women from the Margins)*, Maryknoll New York: Orbis Books 2006

Ribla. Revista de interpretation Biblica Latinoamericana, no. 21, Quito, Ecuador 1996 (themanummer over ecologie), zie www.caiweb.org

Robb, Carol S., 'Resources for Eco-Theology. Projects of Retrieval within Christian Traditions', *Journal for the Study of Religion, Nature and Culture*, Vol 6, No 1 (2012)
Rojas Salazar, Marilu 'La 'Ecosofía. Una propuesta Ecofeminista liberadora desde América Latina', http://donesesglesia.cat/documentos/ecosofia.pdf, geraadpleegd 24 januari 2015
Rolston, Holmes III, 'Science and Religion in the Face of the Environmental Crisis', in: *The Oxford Handbook of Religion and Ecology*
Rooda, Clary, *Eco-kashrut and Jewish Tradition. How the Food on our Table can Atone for us*, (afstudeerscriptie Levisson Institute, oktober 2013)
Rossing, Barbara R., 'Reimaging eschatology. Toward Healing and Hope for a World at the Eschatos', in: *Planetary Solidarity* (2017), p. 325-340
Ruether, Rosemary Radford, *Sexism and God-Talk. Toward a feminist Theology*, Boston: Beacon Press 1983
Ruether, Rosemary Radford, *Gaia and God. An ecofeminist theology of earth healing*, London: SCM Press 1993
Ruether, Rosemary Radford, 'Religious Ecofeminism. Healing the Ecological Crisis', in *The Oxford Handbook of Religion and Ecology* (2006)
Ruether, Rosemary Radford, 'Ecology and Theology. Ecojustice at the Center of the Church's Mission', *Interpretation* 65.4 (2011), p. 354-363.
Ruiten, Jacques van, *Zwervende teksten van Qumran tot Qur'an*, (oratie), Groningen 11 juni 2013
Santmire, Paul H., John B. Cobb jr., 'The World of Nature According to the Protestant Tradition' in: *The Oxford Handbook of Religion and Ecology* (2006)
Sarot, Marcel, 'Zo zult Gij het kwaad uit uw midden wegdoen! Een contekstueel-theologische lezing van Johannes 7,53-8,11 met het oog op de omgang van hedendaagse kerkelijke leiders met seksueel misbruik', in: *De volgeling die voorgaat. Leiderschap in het licht van Franciscus van Assisi*, (red. Krijn Pansters), Nijmegen: Valkhof Pers 2014
Sassen, Saskia, *Expulsions. Brutality and Complexity in the Global Economy.* Harvard University Press, 2014
Schaab, Gloria L., *The Creative Suffering of the Triune God. An Evolutionary Theology*, Oxford: Oxford University Press 2011
Schaik, Karel van, Kai Michel, *Het oerboek van de mens. De evolutie en de Bijbel*, Amsterdam: Balans, 2016
Schenderling , Jacques, *Mens en dier in theologisch perspectief. Een bijdrage aan het debat over de morele status van het dier.* Zoetermeer: Boekencentrum 1999
Schillebeeckx, Edward, *Jezus, het verhaal van een levende.* Bloemendaal: Nelissen, 1975
Schoonen, Willem, 'De christelijke leer bepaalt nog altijd de verhouding tussen mens en natuur', *Trouw*, 24 maart 2018
Schoonen, Willem, 'Waardeloze natuur, bestaat die?' in: *Trouw*, 17 maart 2018
Schravesande, Hans, 'Een dialoog over en met dieren' www.kerkenmilieu.nl/een-dialoog-en-met-dieren/ geraadpleegd 6 februari 2018, eerder verschenen in *Kerk & Israël Onderweg*
Schreiter, Robert J., *Bouwen aan een eigen theologie. Geloofsverstaan binnen de plaatselijke culturele context*, Baarn: Nelissen 1984
Schüssler Fiorenza, Elisabeth, *Ter herinnering aan haar. Een feministisch theologische reconstructie van de oorsprongen van het christendom* (oorspr. *In Memory of Her. A Feminist Theological Reconstruction of Christian Origins*, 1984), Hilversum: Gooi en Sticht 1987

Schüssler Fiorenza, Elisabeth, *Jezus, Kind van Mirjam, Profeet van Sofia* (oorspr. *Jesus: Miriam's Child, Sophia's Prophet. Critical Issues in Feminist Christology*, 1994), Kampen: Kok 1997

Schüssler Fiorenza, Elisabeth, *Changing Horizons. Explorations in feminist Interpretation*, Minneapolis: Fortress Press 2013

Shiva, Vandana, *Staying Alive. Women, Ecology and Development*, London: Zed Books 1989

Shiva, Vandana, *De armoedige levensvisie van het rijke westen. Milieu- en Derde-Wereldproblemen: het resultaat van geestelijke monocultuur*, Baarn: Ten Have 1997

Sideris, Lisa H., 'Religion, Environmentalism, and the Meaning of Ecology', in: *The Oxford Handbook of Religion and Ecology*

Sloot, Thecla, '*Een korte inleiding*', in: Ivone Gebara, *Omdat de Schepper even moest niezen. Postpatriarchale overwegingen in uren van twijfel*, Den Haag: CMC 2006

Smedes, Taede S., *Thuis in de kosmos. Het epos van de evolutie en de vraag naar de zin van ons bestaan*, Amsterdam: Amsterdam University Press 2018

Smit, Joop, *Het verhaal van Johannes. Sleutelfiguren uit zijn evangelie*, Heeswijk: Berne Media 2015

Soest, Hendrik-Joost van, *"Welk is het voortreffelijkste schepsel op aarde?" De interpretatie van een omstreden bijbelse voorstelling in het 19e en 20e-eeuwse Nederland*. Delft: Eburon 1996

Sölle, Dorothee en Louise Schottroff, *De hemel aarden. Een ecofeministische benadering van de Bijbel*. Ten Have, Baarn, 1996 (oorspr.: *Den Himmel erden. Eine ökofeministische Annäherung an die Bibel*. DTV, München 1996)

Sotitiu, Eleni 'Eastern Orthodox Monasticism' in: *The Encyclopedia of Religion and Nature* (2005), p.334-335

Steen, Bart van der e.a., *Butler, Negri en Žižek. Een inleiding op de hedendaagse linkse filosofie*. Budel: Damon 2013

Sturgeon, Noel, *Ecofeminst Natures. Race, Gender, feminist Theology and Policital action*, New York/London: Routledge 2002

Stichele, Carolien van der, 'De weergave van het Tetragrammaton in de Nieuwe Bijbelvertaling', in: *Proeven van vrouwenstudies theologie* (red. Kune Biezeveld e.a.), Zoetermeer: Meinema 2000

Talstra, Eep, 'Singers and Syntax. On the Balance of Grammar and Poetry in Psalm 8', in: *Give Ear to My Words. Psalms and other Poetry in and around the Hebrew Bible. Essays in honour of Professor N.A. van Uchelen* (red. J.W. Dyk), Amsterdam/Kampen: 1996

Tanner, Kathryn, 'Social Theory concerning the "New Social Movements" and the Practice of Feminist Theology', in: *Horizons in Feminist Theology. Identity, Tradition and Norms* (red. Rebecca S. Chopp and Sheila Greeve Davaney), Minneapolis: Fortress Press 1997

Taylor, Sarah McFarland, *Green Sisters*, Cambridge: Harvard University Press 2009

Theokritoff, Elizabeth, '4 Creator and creation', in: *The Cambridge Companion to Orthodox Christian Theology* (2008)

Theokritoff, Elizabeth, *Living in God's Creation. Orthodox Perspectives on Ecology*, New York: St Vladimir's Seminary Press 2009

Theokritoff 'Working salvation in the midst of the earth' college/lezing 2018 www.youtube.com/watch?v=JNnclcJgC38 (deel 1) en www.youtube.com/watch?v=BQmRCdowbW8 (deel 2) geraadpleegd 12 oktober 2018

Theologisches Handwörterbuch zum Alten Testament (THAT) (red. Ernst Jenni, Claus Westermann), München: Chr. Kaiserverlag 1978

Tucker, Mary Evelyn, 'Religion and Ecology. Survey of the Field' in: *The Oxford Handbook of Religion and Ecology* (2006)
Upton, Bridget Gilfillian, 'Feminist theology as biblical hermeneutics' in: *The Cambridge Companion to Feminist Theology*, Cambridge: Cambridge University Press 2002
Verstappen, Birgit, *Ekklesia van leven. Een aanzet tot een discussie tussen theologische kosmologie en bevrijdingstheologie*, Zoetermeer: Boekencentrum 2000
Verstappen, Birgit, 'Aandachtig leven. Richtingwijzers voor een geaarde spiritualiteit.' in: *Eenvoudig verbonden. Bijdragen aan Franciscaanse milieuspiritualiteit.* (red. Chris Elzinga e.a.) Nijmegen: Valkhof Pers 2007
Versteegen, Trees, *Geleefde genade. Een bijdrage aan de theologie van genade vanuit ervaringen van katholieke vrouwen.* Gorinchem: Narratio 2013
Verzameld liedboek. Liturgische gezangen op teksten van Huub Oosterhuis, Kampen/Antwerpen: Kok/Halewijn 2004
Vicini, Andrea, 'New Insights in Environmental and Sustainable Ethics', *Asian Horizons*, Vol. 6, No. 2. June 2012, p. 309-328
Marco Visscher, 'De nieuwe groene helden', *The Optimist* 27-9-2014
Voltaire 'Discours sur la nature de l'homme' in: 'Discours en vers sur l' homme' in: *Mėlanges*, Parijs, Gallimart 1961, p. 232-233 (eerste editie 1740)
Vonk, Martine, *Sustainability and Quality of Life. A study on the religious worldviews, values and environmental impact of Amish, Hutterite, Franciscan and Benedictine communities*, Amsterdam: Buijten en Schipperheijn 2011
Vreekamp, Henk, *Het jaar van Vivaldi. Hemel en aarde in onze seizoenen*, Utrecht: Kok 2016
Vriezen, Dr. Th. C., dr. A.S. van der Woude, *De literatuur van Oud-Israël*, Katwijk: Servire 1976
Waal, Frans de, *Zijn we slim genoeg om te weten hoe slim dieren zijn?* Amsterdam: Atlas Contact 2017
Waggoner, P. E., J. H. Ausubel, 'A framework for sustainability science: a renovated IPAT identity', *Proc National Academy of Science*, 99.12 (2002):7860-5
Wanneer de schepping kreunt in barensweeën. Hedendaagse reflecties over schepping (red. Anneleen Decoene e.a.), Antwerpen: Halewijn 2008
Wel, Lisette van der, *Maat, Moed en Mystiek. Christelijke bronnen voor een zorgzame omgang met de aarde*, Utrecht: ICCO/Kerk in Actie 2013
Wessels, Coen, 'Zijn wij hier wel voor? Over Miskottes Edda en Thora als hedendaagse bron van wantrouwen tegen de natuur', tekst van een workshop gehouden op de conferentie *Over God in het leven van alledag* Heerenveen, 9 oktober 2010
White, Lynn, 'The Historical Roots of our Ecologic Crisis', *Science* 55, p. 1203-1207, 1967
Wilbrink, dr. Hans, *Ootmoed, Leven en werk van Hildegard van Bingen.* Berne Media/Uitg. Abdij van Berne, 2013
Williams, Delores S., *Sisters in the Wilderness. The Challenge of Womanist God-Talk.* Maryknol, New York: Orbis Books 1993
Wohlleben, Peter, *Het verborgen leven van bomen. Wat ze voelen, hoe ze communiceren – ontdekkingen uit een onbekende wereld.* (oorspr. *Das geheime Leben der Bäume*, 2015) Amsterdam: Bruna 2016
Wolde, Ellen van, *Verhalen over het begin. Genesis 1-11 en andere scheppingsverhalen*. Baarn: Ten Have 1995
Wolde, Ellen van, *Terug naar het begin. Rede uitgesproken bij de aanvaarding van het ambt van hoogleraar Exegese van het Oude Testament en Bronteksten van het*

Jodendom aan de Faculteit der Theologie en Faculteit der Religiewetenschappen van de Radboud Universiteit Nijmegen op vrijdag 9 oktober 2009, Nijmegen: 2009
Wolde, Ellen van, 'Bijbelse scheppingsverhalen' in: *Evolutie, cultuur en religie*, Kampen: Klement, 2010
Ziel, Tjirk van der, 'Ecotheologie in vogelvlucht', in: *Groene Bijbel*, p. 1242
Zuster aarde, Amstelveen: Luyten 1987
Zorgdrager, Heleen, *Gewoon goddelijk. Theosis als oecumenisch zoekontwerp voor een inclusief denken over verlossing.* (oratie) PThU, 2014

Noten

1 Toevoeging Daniël A: 57-59 (NBV).
2 Helen Waddell, *Beasts and Saints*, London: Constable and Company Ltd. 1934/1970, p. 71-72.
3 Naar een legendarische verspreking van wijlen kardinaal De Jong, die wilde zeggen 'godgewijde maagden'.
4 Aanvankelijk was het netwerk Theologie en Duurzaamheid gelieerd aan de stichting Oikos. De stichting Oikos is ontbonden per 1 september 2018. De groep is vanaf 2019 verder gegaan als projectgroep van de beraadgroep Samenlevingsvragen van de Raad van Kerken in Nederland onder de naam werkgroep Kerk, Theologie en Duurzaamheid.
5 Een uitleg van de term antropoceen staat in 1.1.2 de groeiende impact van mensen op de aarde.
6 In Vlaanderen is Ecokerk een onderdeel van het Netwerk Rechtvaardigheid en Vrede, zie www.netrv.be/ecokerk, in Nederland bestaat de organisatie Groene kerken, zie www.groenekerken.nl; zie www.groengeloven.com en www.groengelovig.nl.
7 De definitie van duurzaamheid of duurzame ontwikkeling zoals de Brundtland Commissie van de World Commission on Environment and Development (WCED) die in 1987 gaf is zo breed dat alle diaconale activiteiten eronder vallen. Zie ook Christiaan Hogenhuis, 'Diaconaat en duurzaamheid' in: Hub Crijns e.a. *Diaconaal doen doordacht. Handboek diaconiewetenschap*, Utrecht: Kok 2018.
8 Erik Borgman, *Want de plaats waarop je staat is heilige grond. God als onderzoeksprogramma*, Amsterdam: Boom, 2008, p. 54e.v.
9 *Groene Bijbel. Nieuwe Bijbelvertaling*, Heerenveen: Royal Jongbloed 2016/2017.
10 *Encycliek Laudato Si' van paus Franciscus. Over de zorg voor het gemeenschappelijke huis* in de serie Kerkelijke Documentatie, 2015/nummer 2, te downloaden van www.rkkerk.nl/wp-content/uploads/2017/06/Encycliek-van-paus-Franciscus-Laudato-Si.pdf.
11 Lynn White Jr., 'The Historical Roots of Our Ecologic Crisis' *Science* 155: 3767 (10 March 1967), 1203–1207.
12 Voor een beknopt overzicht van de ontwikkeling van ecotheologie zie: Tjirk van der Ziel, 'Ecotheologie in vogelvlucht', in: *Groene Bijbel*, p. 1242; voor een uitgebreide inleiding in ecotheologie zie Deane-Drummond, Celia, *Eco-Theology*, London: Darton, Longman and Todd 2008 (een breed overzicht van christelijke ecotheologie, geschreven voor studenten en om in verschillende kerken uitgangspunt voor discussie en actie te zijn).
13 Paul H. Santmire, John B. Cobb jr., 'The World of Nature According to the Protestant Tradition' in: *The Oxford Handbook of Religion and Ecology* (red. Roger S. Gottlieb), Oxford: Oxford University Press 2006, p. 133,; zie ook 3.2. protestantse weerstand.
14 www.vrouwensynode.nl/verslag-8-maart-2014/ geraadpleegd 4 oktober 2018.
15 Zie bijvoorbeeld: frt.vu.nl/nl/onderzoek/instituten-en-centra/Amsterdam-Centre-for-Religion-and-Sustainable-Development/index.aspx geraadpleegd 11 december 2018.
16 Toen nog onder de naam netwerk Theologie en Duurzaamheid, zie noot 4. Een verslag van de studiemiddag 'Hoe groen is het hart van de kerk?' is te vinden op: www.stichtingoikos.nl/2018/01/17/hoegroen-is-het-hart-van-de-kerk/ geraadpleegd 18 december 2018.
17 Veel organisaties zijn te vinden via de portal kerkenmilieu.nl/.
18 Ton Lemaire, bijvoorbeeld, zet het antropocentrisme van monotheïstische religies af tegen de leer van mededogen voor alle levende wezens van het boeddhisme (*Onder dieren. Voor een diervriendelijke wereld.* Amsterdam: Ambo/Anthos 2017, p. 29) alsof het boeddhisme geen antropocentrisme kent en het christendom geen mededogen.

19 Respectievelijk normatieve, descriptieve en metaethiek.
20 Zie Hans Meek, *Ecologica. Waarom verkleining van de menselijke impact op de biosfeer moeilijk maar onvermijdelijk is,* Delft: Eburon 2017; *WWF Living Planet Report – 2018. Aiming Higher* (red. Grooten, M., R.E.A. Almond), Gland, Switzerland: WWF 2018 (zie www.WWF.org) en Andrew Blowers e.a. 'Is sustainable development sustainable?' *Journal of Integrative Environmental Sciences* 9.1 (2012): 1-8,
21 www.klimaatscenarios.nl/op_weg_naar_knmi21/Zeespiegel_Sybren_Drijfhout_Workshop_KNMI21_28sept2017.pdf geraadpleegd 31 januari 2018.
22 Lisa Doeland e.a., *Onszelf voorbij. Kijken naar wat we liever niet zien*, Amsterdam: De Arbeiderspers 2018.
23 *WWF Living Planet Report – 2018*, p. 10; de term antropoceen werd mede geïntroduceerd door de Nederlandse meteoroloog en Nobelprijswinnaar Paul Crutzen, zie ook: Dirk Sijmons, 'Wakker worden in het antropoceen' in: *IABR – 2014 – Urban by Nature* (red. George Brugmans en Jolanda Strien), Rotterdam: IABR 2014.
24 *Living Planet Report – 2018*, p. 9.
25 Jared Diamond, *Zwaarden, paarden en ziektekiemen. De ongelijkheid in de wereld verklaard,* Utrecht: Spectrum 2009 (oorspronkelijke titel: *Guns, Germs, and Steel: The Fates of Human Societies*, 1998); Karel van Schaik en Kai Michel, *Het oerboek van de mens. De evolutie en de Bijbel,* Amsterdam: Balans, 2016.
26 Friedrich Engels *De rol van de arbeid in de overgang van aap naar mens.* (1876) en *De oorsprong van het gezin, van de particuliere eigendom en van de staat* (1884).
27 Meek (2017) p. 73-77.
28 *WWF Living Planet Report – 2018*, p. 22.
29 Zie ook René ten Bos *Dwalen in het antropoceen,* Amsterdam: Boom 2017.
30 Thomas Piketty, *Kapitaal in de 21e eeuw*, Amsterdam/Antwerpen: De Bezige Bij 2016 (oorspronkelijke titel: *Capital in the Twenty-First Century*, 2014).
31 Jan Juffermans, *Nut & noodzaak van de Mondiale Voetafdruk. Over de mondiale gebruiksruimte, duurzaamheid en mensenrechten,* Rotterdam: Lemniscaat 2006; Meek (2016) p. 111 e.v.; www.voetafdruk.eu.
32 Volgens de rekenmethode van footprintnetwork.org; voor details van de verschillende rekenmethodes zie Meek (2016) p. 230-250.
33 www.footprintnetwork.org/content/documents/ecological_footprint_nations/ecological_per_capita.html: 'The Ecological Footprint per person is a nation's total Ecological Footprint divided by the total population of the nation. To live within the means of our planet's resources, the world's Ecological Footprint would have to equal the available biocapacity per person on our planet, which is currently 1.7 global hectares. So if a nation's Ecological Footprint per person is 6.8 global hectares, its citizens are demanding four times the resources and wastes that our planet can regenerate and absorb in the atmosphere.'
34 Babette Porcelijn, *Verborgen impact. Alles voor een ecopositief leven*, Amsterdam: Q. 2017.
35 Daar komt nog bij dat de methaanuitstoot van vee een flinke bijdrage levert aan de hoeveelheid broeikasgassen in de atmosfeer.
36 Zie 2.2.4 Bergen kunnen (niet) juichen.
37 P. E. Waggoner, J. H. Ausubel, 'A framework for sustainability science: a renovated IPAT identity.' *Proc National Academy of Science*, 99.12 (2002):7860-5. accessed at: phe.rockefeller.edu/ImPACT/ImPACT.pdf; zie ook sustainablescale.org/ConceptualFramework/UnderstandingScale/MeasuringScale/TheIPATEquation.aspx geraadpleegd 5 oktober 2018.
38 Marco Visscher, 'De nieuwe groene helden' *The Optimist* 27-9-2014.
39 Richard Bauckham, *Living with Other Creatures. Green Exegesis and Theology*, Waco Texas: Baylor University Press 2011, p. 230.
40 Met dank aan Marjolein Tiemens-Hulscher voor de nuancering.

41 Bauckham (2011) p. 232; Willem Schoonen, 'Waardeloze natuur, bestaat die?' *Trouw*, 17 maart 2018.
42 Ed van Hinte in: Merel Kamp 'Niet hergebruiken, maar dóórgebruiken' in: *Trouw* 26 oktober 2017.
43 Filosoof Roel Veraart in: Kiki Holman 'De term duurzame groei spreekt zichzelf tegen', *Trouw* 10 april 2018; zie ook René ten Bos in: Peter Henk Steenhuis 'Duurzaam is een woord voor managers', *Trouw*, 11 juli 2018.
44 Meek (2017) p. 148 e.v.
45 Met dank aan Lieve Troch in een gesprek in januari 2015.
46 *WWF Living Planet Report 2016 Summary*, p. 27.
47 In een lezing voor de American Association for the Advancement of Science, voor het eerst gepubliceerd in 1967 als 'The Historical Roots of our Ecologic Crisis', *Science*, Vol. 155. No. 3767 p. 1203-1207.
48 *Encyclopedia of Religion and Nature*, (red. Bron Taylor), Londen: Continuum 2005, p. 1736.
49 White, p. 1205; kritiek op antropocentrisme betekent niet dat een mens de wereld niet vanuit een menselijk standpunt zou mogen bezien of dat mensen geen bijzondere plaats of verantwoordelijkheid zouden kunnen hebben in het grote geheel, kritiek op antropocentrisme is vooral kritiek op veronachtzaming of minachting van de niet-menselijke natuur.
50 *Encyclopedia of Religion and Nature*, p. 1736.
51 Hendrik-Joost van Soest *"Welk is het voortreffelijkste schepsel op aarde?" De interpretatie van een omstreden bijbelse voorstelling in het 19ᵉ en 20ᵉ-eeuwse Nederland.* Delft: Eburon 1996.
52 Zie ook 2.2.1 'Onder gezag brengen van de aarde' en 'Heersen over de dieren' en 4.4 Elizabeth Theokritoff.
53 Manschot, *Blijf de aarde trouw. Pleidooi voor een nietzscheaanse terrasofie*, Nijmegen: Van Tilt 2016, p. 183-184.
54 Ik gebruik het begrip moderniteit niet in de zin van een afgebakend historisch tijdvak, maar van een wereldbeeld of paradigma dat wortels heeft in de oudheid en dominant werd in het tijdvak dat 'de moderne tijd' genoemd wordt. Het begin van de moderne tijd wordt meestal in de zeventiende of achttiende eeuw gesitueerd, het einde vanaf de Eerste Wereldoorlog. Er is altijd sprake van ongelijktijdigheid in de geschiedenis, verschillende wereldbeelden bestaan naast elkaar, niet iedereen ging er tegelijkertijd moderne ideeën op na houden in de tijd die modern genoemd wordt. En al is het moderne denken nog altijd dominant, het wordt door lang niet iedereen ter wereld in gelijke mate gedeeld.
55 White, p. 1205 e.v.
56 Timothy Morton, *Ecologisch wezen*, Utrecht: Ten Have 2018 en *Duistere ecologie*, Amsterdam: Boom 2018.
57 Birgit Verstappen, *Ekklesia van leven. Een aanzet tot een discussie tussen theologische kosmologie en bevrijdingstheologie*, Zoetermeer: Boekencentrum 2000. Birgit Verstappen schetst de ontwikkeling van wereldbeelden sinds de Bijbel met het oog op de verhouding tussen God, mensen en de wereld. In haar proefschrift wil ze een christelijk theologisch perspectief ontwikkelen waarin de mens met al het andere samen een plaats inneemt in het grote geheel als schepsel Gods.
58 Zie 4.4.2 mensen als koningen en priesters.
59 Verstappen (2000), p. 24.
60 Verstappen (2000), p. 27.
61 www.gereformeerdekerkennederland.nl/belijdenisgeschriften/nederlandse-geloofsbelijdenis.
62 Gijsbert van den Brink, *Als een schoon boec. Achtergrond en relevantie van artikel 2 van de Nederlandse Geloofsbelijdenis*, oratie 2007 (https://openaccess.leidenuniv.nl/handle/1887/12625) en van dezelfde auteur *En de aarde bracht voort. Christelijk*

geloof en evolutie, Utrecht: Boekencentrum 2017, p. 79 e.v.

63 Palmyre Oomen, 'De verzelfstandiging van de natuurwetenschap: Theologische en natuurwetenschappelijke achtergronden' in: *Geloof en wetenschap. Vijanden-vreemden-tochtgenoten. Tijdschrift voor Geestelijk Leven,* jrg. 72 nr. 4, juli-augustus 2016.

64 Oomen (2016) p. 89.

65 Michiel Leezenberg, Gerard De Vries, *Wetenschapsfilosofie voor geesteswetenschappen (herziene editie)* Amsterdam: Amsterdam University Press 2012, p. 127 e.v.

66 Elisabeth A. Johnson, *Quest for the Living God. Mapping Frontiers in the Theology of God,* New York: Continuum 2007, p. 181 e.v. (hfdst 9 'Creator Spirit in the evolving World').

67 Palmyre Oomen, 'Theologische perspectieven op de natuurwetenschap', in: *Geloof en wetenschap. Vijanden-vreemden-tochtgenoten. Tijdschrift voor Geestelijk Leven,* jrg. 72 nr. 4, juli-augustus 2016.

68 Palmyre Oomen, 'Schepping', in: *Geloof en wetenschap. Vijanden-vreemden-tochtgenoten. Tijdschrift voor Geestelijk Leven,* jrg. 72 nr. 4, juli-augustus 2016.

69 Ernst M. Conradie, 'The Earth in God's Economy. Reflections on the Narrative of God's Work', *Scriptura* (2008) p. 13-36, p. 14.

70 Leezenberg (2012), p. 166.

71 Zie 4.3.1 Feministisch, postmodern en procesmatig.

72 Oomen (2016) p. 91.

73 *Laudato Si',* p. 65.

74 Sallie McFague, *Live Abundant. Rethinking Theology and Economy for a Planet in Peril,* Mineapolis: Fortress Press 2000, p. 77.

75 Vandana Shiva, *De armoedige levensvisie van het rijke westen. Milieu- en Derde-Wereldproblemen: het resultaat van geestelijke monocultuur.* Baarn: Ten Have 1997, p. 49 e.v.

76 Naomi Klein, *De shockdoctrine. De opkomst van het rampenkapitalisme,* Breda: De Geus 2007 (oorspr. *The Shock Doctrine,* 2007), p. 78.

77 De petitie voor het behoud van het tropisch regenwoud verzamelde meer dan 600.000 handtekeningen in Vlaanderen. De vastencampagne van 2002 had als motto: 'Wij op grote voet. Wie draagt de gevolgen?' zie: Lieve Herijgers, 'Broederlijk Delen. Kiezen voor duurzaam leven is kiezen voor "het goede leven,"' *Tijdschrift voor Geestelijk Leven* jrg. 72, 2016 nr. 6 *De aarde die ons draagt en leidt. Oriëntatie op een duurzaam leven.*

78 McFague (2000), p. 82.

79 Voor de aarde inclusief de biosfeer hebben natuurkundige James Lovelock en biochemica Lynn Margulis in 1969 de term Gaia gemunt, naar de Griekse godin van de aarde. In ecotheologie en ecofilosofie is deze term op verschillende manieren verwerkt, onder meer door Rosemary Radford Ruether en Bruno Latour.

80 Naomi Klein, *No Time. Verander nu voor het klimaat alles verandert,* Breda: De Geus 2014, p. 81 e.v.

81 McFague (2000), p. 96.

82 McFague (2000), p. 95.

83 'It is now a universally established fact that it is the woman who is the worst victim of environmental destruction. The poorer she is, the greater is her burden.' geciteerd in Philiopose 1989.

84 Rosemary Radford Ruether, *Sexism and God-Talk: toward a feminist Theology,* Boston: Beacon Press 1983; Catharina Halkes, *...en alles zal worden herschapen. Gedachten over de heelwording van de schepping in het spanningsveld tussen natuur en cultuur,* Baarn: Ten Have 1989 en Heather Eaton, *Introducing Ecofeminist Theologies,* Londen/New York: Bloomsbury Publishing PLC 2005.

85 Eaton (2005), p. 37.

86 Halkes (1989), p. 52 e.v.

87 Zie ook 3.2.3 heidendom, vruchtbaarheid en beeldverbod.

88 Shiva (1997), p.47.
89 naar een term van Jean-François Lyotard (1924-1998).
90 onder wie Catherine Keller, zie 4.3; zie ook Conradie (2008), p. 15.
91 Eaton (2005), p. 47.
92 Eaton (2005), p. 47.
93 Zie 3.2 Protestantse weerstand.
94 Bruno Latour *Oog in oog met Gaia. Acht lezingen over het Nieuwe Klimaatregime*, Amsterdam: Octavo 2017.
95 Theokritoff, *Living in God's Creation. Orthodox Perspectives on Ecology*, New York: St Vladimir's Seminary Press 2009, zie 4.4.
96 Catherine Keller, *The Face of the Deep: A Theology of Becoming*, London: Routledge 2003, zie 4.3.
97 Christophe Boureux, *Dieu est aussi jardinier. La création, une écologie accomplie*, Parijs: Les Éditions du Cerf 2014, p. 259 e.v., zie 2.2.2.
98 Anne Elvey 'Matter, Freedom and the Future. Reframing Feminist Theologies through an Ecological Materialist Lens', in: *Feminist Theology* 2015, vol. 23(2), p. 186-204.
99 De definitie die de Brundtland Commissie van de World Commission on Environment and Development: (WCED) in 1987 gaf, luidt: 'duurzame ontwikkeling is ontwikkeling die voorziet in de behoeften van de huidige generaties zonder de mogelijkheden van toekomstige generaties om in hun behoeften te voorzien te schaden.'
100 Meek (2017), p. 13.
101 Meek (2017), p. 15.
102 *Laudato Si'* p.123 e.v..
103 Zie 4.3.5 Keller over een theologie zonder *theos.*
104 Erik Borgman, *Want de plaats waarop je staat is heilige grond. God als onderzoeksprogramma*, Amsterdam: Boom 2008, p. 11.
105 Sarah Coakley, *God, sexuality and the self. An Essay 'On the Trinity'*, Cambridge: Cambridge University Press 2013, p. 100 e.v.
106 *Kun je de lucht bezitten? Een indiaanse visie op het beheer van de aarde.* Aktie Strohalm/Ekologische uitgeverij, 1980 Er bestaan vele versies van deze in 1854 uitgesproken rede, de oorspronkelijke tekst is niet bewaard gebleven. Zie; Michael McKenzie 'Seattle (Sealth), Chief (ca. 1790-1866)' in: ERN.
107 Minna Opas, *Different but the same. Negotiations of Personhoods and Christianities in Western Amazonia*, Turku, 2008.
108 Sallie McFague, *Super, Natural Christians. How we should love nature*, Minneapolis: Fortress Press 1997; zie ook 4.1.1 naastenliefde voor alle schepselen.
109 Zie 5.3 De vruchten van de aarde in Boxtel.
110 Een term van Bruno Latour.
111 Peter Wohlleben, *Het verborgen leven van bomen. Wat ze voelen, hoe ze communiceren – ontdekkingen uit een onbekende wereld.* (oorspr. *Das geheime Leben der Bäume*, 2015) Amsterdam: Bruna 2016.
112 Kathryn Tanner, 'Social Theory concerning the "New Social Movements" and the Practice of Feminist Theology.' in Rebecca S. Chopp and Sheila Greeve Davaney(ed) *Horizons in Feminist Theology. Identity, Tradition and Norms* Minneapolis: Augsburg Fortress 1997.
113 Tanner (1997), p. 186: 'Al deze culturele elementen zijn, als je het poststructuralisme volgt, ontvankelijk voor herinterpretatie als ze geplaatst worden in nieuwe discursieve constellaties.'
114 Christa Anbeek, *Aan de heidenen overgeleverd. Hoe theologie de 21e eeuw kan overleven*, Utrecht: Ten Have 2013.
115 Borgman (2008).
116 Gijsbert van den Brink, *En de aarde bracht voort. Christelijk geloof en evolutie*, Utrecht: Boekencentrum 2017.

117 'Pointing out that the extent and recoverable past is wider and more divers than any particular identification of an authorizing past, makes clear that things could always be different' Tanner (1997) p. 197.
118 Kathryn Tanner, *Jesus, Humanity and the Trinity: A brief systematic Theology*, Mineapolis: Fortress Press 2001, p. xiii, geciteerd in: Akke van der Kooi 'Kathryn Tanner – De toekomst van de christelijke traditie.' college gehouden in het Dominicanenklooster in Zwolle, 14 april 2018, ongepubliceerd, geciteerd met toestemming van de auteur.
119 Van der Kooi (2018).
120 Hilda P. Koster, 'Creation as Gift. Tanner's Theology of God's Ongoing Gift-Giving as an Ecological Theology' in: *The Gift of Theology. The Contribution of Kathryn Tanner* (red. Rosemary P. Carbine, Hilda P. Koster), Minneapolis: Fortress Press 2015.
121 Voor de begrippen deconstructie en constructie in filosofie en theologie zie 1.2.7 postmoderne filosofie en 4.3.1 theologie als recycling.
122 Zie 1.2.1 Antropocentrisme en exploitatie.
123 James A. Nash bijvoorbeeld concludeert 'het overgrote deel van de Bijbel is onverschillig, ongevoelig of zelfs antagonistisch ten opzichte van de ongetemde natuur (als tegenstelling van de gedomesticeerde natuur). De Bijbel is in hoofdzaak ecologisch onbewust.' (James A. Nash, 'The Bible vs. Biodiversity. The Case against Moral Argument from Scripture', *Journal for the Study of Religion, Nature and Culture* 3, nr. 2, p. 213-237).
124 Hans Meek ziet wel een rol weggelegd voor de Bijbel om mensen te leren weer binnen ecologische grenzen te leven (Meek 2017).
125 Carolien van der Stichele 'De weergave van het Tetragrammaton in de Nieuwe Bijbelvertaling', in: *Proeven van vrouwenstudies theologie* (red. Kune Biezeveld e.a.), Zoetermeer: Meinema 2000.
126 Ik gebruik het woord bijbeluitleg en niet exegese omdat dat breder is en ook bijbelse theologie omvat.
127 Voor een kort overzicht van de verhouding tussen bijbelse en systematische theologie zie: Raymond R. Hausoul, *De nieuwe hemel en de nieuwe aarde. Een interdisciplinaire vergelijking tussen Karl Rahner, Jürgen Moltman en Gregory Beale*, Utrecht: KokBoekencentrum Academic 2018, p. 6-11.
128 D. Brouns-Wewerinke, 'Woorden die het houden: duurzaamheid in het Nieuwe Testament', *Speling* 2016/1.
129 Marcel Sarot, 'Zo zult Gij het kwaad uit uw midden wegdoen.' in: *De volgeling die voorgaat. Leiderschap in het licht van Franciscus van Assisi*, Krijn Pansters (red.), Nijmegen: Valkhof Pers 2014, p. 205-206.
130 *Groene Bijbel* NBG, 2016 De papieren oplage is uit de handel genomen, de digitale editie is nog wel verkrijgbaar. De *Groene Bijbel* is geïnspireerd op de *Green Bible*, Harper Collin Publishers, 2008.
131 *Groene Bijbel*, p. 1915.
132 *Groene Bijbel*, p. 1903-1914.
133 *Groene Bijbel*, p. 1915.
134 *Groene Bijbel*, Voorwoord.
135 Waarin een bepaalde uitleg van Psalm 8,6.7 domineert over andere scheppingsteksten, zie 2.2.1 en 2.2.4.
136 Horrel (2010), p. 8.
137 Zie 2.3.2.
138 Horrell (2010), p. 47.
139 Horrell (2010), p. 11-20.
140 Upton, Bridget Gilfillian, 'Feminist theology as biblical hermeneutics' in: *The Cambridge Companion to Feminist Theology*, Cambridge: Cambridge University Press 2002.
141 Horrell verschilt hierin van mening met Laffey, die van mening is dat historische kritiek het patriarchale karakter van de oud-Israëlische cultuur heeft blootgelegd.

Daarom is Laffey overgegaan op andere exegetische methoden die de geloofwaardigheid van de eindversie van de teksten herstellen, en op alternatieve interpretaties. Maar voor ecotheologie vindt ze de historisch-kritische methode juist nuttig. Alice L. Laffey, 'The Priestly Creation Narrative: Goodness and Interdependence' in: *Earth, Wind and Fire. Biblical and Theological Perspectives on Creation*, Collegeville, Minnesota: Liturgical Press 2004, p. 24.

142 Laffey (2004),p. 24.

143 Horrell (2010), p.11-20.

144 Richard Bauckham, *Living with Other Creatures. Green Exegesis and Theology*, Waco Texas: Baylor University Press 2011, p. 111.

145 Zie ook 4.3.3 tegen-apocalyps.

146 Jacques van Ruiten, *Zwervende teksten van Qumran tot Qur'an*, oratie, Groningen 11 juni 2013.

147 Voor recycling in de theologie zie 4.3.1 theologie als recycling.

148 Rick Benjamins, 'Waar wij ons bevinden. Een lokalisatie op de theologische landkaart', in: *Liberaal christendom. Ervaren, doen, denken*, (red. Rick Benjamins e.a.), Vught: Skandalon 2016, p. 25.

149 Vertaling Ellen van Wolde, 'Bijbelse scheppingsverhalen' in *Evolutie, cultuur en religie*, Kampen: Klement, 2010, p. 91; in de Hebreeuwse grondtekst ontbreekt het lidwoord, letterlijk staat er 'in begin'.

150 Van Wolde (2010).p. 92.

151 www.bibelwissenschaft.de/wibilex/das-bibellexikon/lexikon/sachwort/anzeigen/details/welt-weltbild-at/ch/05371e75ea3b8a31ee6e54bcc2fa3770/#h3 geraadpleegd 16 oktober 2018: 'De tekening van O. Keel bij het oudtestamentische wereldbeeld toont de wereld omgeven door de oervloed evenals de overeenkomst tussen het aardse en het hemelse heiligdom. De Hebreeuwse tekst op de Thorarol citeert Spreuken 3,19a: 'De Eeuwige heeft de aarde met wijsheid gegrondvest'.

152 www.bibelwissenschaft.de/wibilex/das-bibellexikon/lexikon/sachwort/anzeigen/details/pflanze/ch/c4f1a11083447a1b65071e658d36afdf/#h2 geraadpleegd 9 september 2017.

153 www.bibelwissenschaft.de/wibilex/das-bibellexikon/lexikon/sachwort/anzeigen/details/tier/ch/4495116a5b09da5d734c45d5062338df/ geraadpleegd 9 september 2017; zie ook 2.3.

154 Zie bijvoorbeeld het debat tussen Prof. dr. G. van den Brink en prof. dr. M. J. Paul 'Hoeveel evolutie past er in de schepping' www.youtube.com/watch?v=Nm6cgioyERs&feature=youtu.be geraadpleegd 11 oktober 2018 en van den Brink (2017), p. 110 e.v.

155 Richard J. Clifford, Roland E. Murphy, 'Genesis', in: *The New Jerome Biblical Commentary* (red. Raymond E. Brown e.a.), London: Chapman 1989.

156 Zie bijvoorbeeld 3.4.3 De evolutie als zingevend verhaal.

157 Van den Brink (2017), p. 114 e.v. , meer hierover in 3.5 kwesties.

158 Boersema, Jan, *Thora en Stoa over mens en natuur. Een bijdrage aan het milieudebat over duurzaamheid en kwaliteit*, Baarn: Callenbach 1997, p. 54; *bara* heeft altijd God als onderwerp (Boersema, p.50), maar is niet het enige werkwoord voor scheppen.

159 Naar de Septuagintvertaling, Clifford (1989), p. 10.

160 *De Naardense Bijbel*. De volledige tekst van de Hebreeuwse Bijbel en het Nieuwe Testament (vert. door Pieter Oussoren), Vught: Skandalon 2004.

161 Clifford (1989), p. 10.

162 Van Wolde (2010), p. 90.

163 De vertalingen van resp. de NBV, Horrel en van Wolde.

164 o.a. Psalm 104,5, Spreuken 8,29 en Job 38,4; daarom vertaalt Van Wolde in vers 2 'ongefundeerd', in teksten waar het woord tohu voorkomt in combinatie met aarde, betekent het: zonder grond/fundament (Ellen van Wolde, *Terug naar het begin*. Oratie, Nijmegen 2009, p. 19).

165 'Tapijt van de Schepping' in de kathedraal van Girona, Spanje, gemaakt in de 11e of 12e eeuw waarschijnlijk door kloosterzusters, zie: Manuel Castiñeiras *El tapiz de la creación*, Girona: Catedral de Girona 2016, p. 40.
166 Boersema (1997), p. 75 e.v.
167 Horrell (2010), p. 27.
168 Boersema (1997),p. 74.
169 Boersema (1997),p. 62.
170 De meeste van de in het vervolg van deze paragraaf genoemde argumenten m.b.t.de milieuonvriendelijke doorwerking van deze tekst zijn ontleend aan Horrell (2010), p. 26-34.
171 Hierbij klinkt vaak het woord rentmeester, zie 3.1 rentmeesterschap en zorg voor de schepping.
172 Boersema (1997), p. 60.
173 En zoals de zeemonsters het water onder de aarde domineren, is de veronderstelling, al staat dat er niet letterlijk.
174 Voor Genesis 6-9 zie 2.3.2, voor Psalm 8 zie 2.2.4.
175 Catherine Keller, *On the mystery. Discerning Divinity in Process,* Minneapolis: Fortress Press 2008, p. 63.
176 Dit was ook de opvatting van de *founding fathers* bij de verovering van Noord-Amerika, zie Thomas Berry, *The Great Work. Our Way into the Future,* New York: Three River Press 1999, p. 33-47.
177 Het volgende is grotendeels gebaseerd op Alice L. Laffey, 'The Priestly Creation Narrative: Goodness and Interdependence' in: *Earth, Wind and Fire. Biblical and Theological Perspectives on Creation* (red. Carol J. Dempsey, Mary Margaret Pazdan), Collegeville, Minnesota: Liturgical Press 2004, p. 24-35; overigens is de datering van Genesis 1 en 2 zeer omstreden.
178 *Earth, Wind and Fire,* p. 28.
179 Psalm 8 kan op dezelfde manier begrepen worden, zie 2.2.4.
180 Bauckham (2011), p. 227-232.
181 Bauckham (2011), p. 150.
182 Bauckham (2011), p. 227.
183 Resp. NBV, Statenvertaling en Willibrordvertaling/Van Wolde.
184 Of: 'hevige wind'.
185 Van Wolde (2010), p.112 e.v.
186 Van Wolde (2009), p. 20-21 De rest van het citaat luidt: 'En dat er naast die ene God ook nog andere goden bestonden. Dus deze tekst vertelt niet over een *creatio prima*, een eerste schepping, niet over een *creatio ex nihilo*, over een schepping uit het niets, en zelfs niet over een schepping uit chaos. Integendeel, het opent zijn vertelling met een enorme watermassa waarin monsters leven, en die gehuld is in duisternis; daarnaast bestaan er op zijn minst nog goden waarvan er één de oppergod is'.
187 o.a. Psalm 74,13-14. Job 3,8, Jesaja 27,1; maar in Job 40-41 spreekt God met respect over de monsters en in Psalm 104 speelt God met hen.
188 Zie 1.3.
189 Oorspronkelijk een Soemerische mythe.
190 *Liedboek. Zingen en bidden in huis en kerk.* Zoetermeer: BV Liedboek 2013 Het lied gaat terug op een middeleeuwse tekst, bewerkt door Luther, op de melodie van *Komm, Gott Schöpfer, Heiliger Geist.* De laatste strofe luidt: Gij heft de aarde aan het licht [...] eens zal zij bloeien als een roos. In het *Liedboek voor de Kerken* (1973) is het lied 337.
191 Kirchliche Dogmatik III, 1, 41.2, geciteerd door Keller (2008), p. 53.
192 Dorotea Erbele Küster, '"U vergat de God die u gebaard heeft" (Deuteronomium 32,18). Schepping als geboorte en andere voorstellingen van schepping in het Oude Testament' in: *Wanneer de schepping kreunt in barensweeën. Hedendaagse reflecties over schepping.* (red. Anneleen Decoene e.a.), Antwerpen: Halewijn 2008.
193 Keller (2008), p. 64, Keller verbindt het heelal als het lichaam van God met de mens

als beeld van God en daarmee het menselijk lichaam met het geheel van de kosmos. Zo sluit ze aan bij het middeleeuwse beeld van de mens als microkosmos, zie 1.2.2.
194 Boersema (1997), p. 52.
195 Boersema (1997), p. 52 en 53.
196 Keller (2008), p. 56 Zij legt een verband met de mystiek: de donkere nacht van de ziel als een duisternis die het licht al in zich draagt, een helder duister.
197 Zie 1.2.6 Patriarchaat en kolonialisme.
198 Zie 4.3.1 Feministisch, postmodern en procesmatig.
199 Keller (2008), p. 61.
200 Keller (2008), p. 59.
201 Christophe Boureux, *Dieu est aussi jardinier. La Création, une écologie accomplie,* Paris: Cerf 2014.
202 Vertaling van *She sits like a bird.*
202[a] © melodie: John L. Bell/Graham Maule, 1988 Wild Goose Resource Group, Glasgow.
203 Zie de paragrafen 2.2.6 over Spreuken 8 en 2.3.2 over Genesis 6-9.
204 Meer over Christus als Vrouwe Wijsheid in 2.2.7.
205 Boersema (1997), p. 87 en 88.
206 Elizabeth A. Johnson, *Ask the Beasts. Darwin and the God of Love,* London: Bloomsbury Publishing 2015, Kindle Edition, p. 264.
207 Om kinderen respect bij te brengen voor de natuur is het belangrijk om dieren en planten bij hun naam te kunnen noemen. Zie Marjolein van Heemstra, 'Bomen', *Trouw,* 4-11-2017. Dick Hellenius verklaart het feit dat oerwoudbewoners ook namen kennen van planten in hun omgeving die ze niet gebruikten uit 'het besef deel te hebben aan die omgeving'. *Ademgaten. Denken over dieren,* Amsterdam: Van Oorschot 2009, p. 124.
208 Marjo Korpel en Johannes de Moor, *Adam, Eva en de duivel. Kanaänitische mythen en de Bijbel,* Vught: Skandalon 2016, p. 129-130.
209 Van den Brink (2017), p. 213-222 onderscheid vijf grondtypen van de uitleg van Genesis 2 en 3, van a-historisch/mythisch tot zo letterlijk mogelijk.
210 Voor een oosters-orthodoxe uitleg zie 4.4.3 misbruik van de schepping.
211 Horrel (2010),p. 37 e.v.
212 Dit komt terug in Genesis 4,11-12.
213 Zie ook 2.4.3.
214 Zie paragraaf 2.3.3.
215 Van Schaik (2016); zie ook 1.1.2 de groeiende impact van mensen op de aarde.
216 Zie 1.1.2 de groeiende impact van mensen op de aarde; Ook Van den Brink (2017) zoekt naar een fase in de prehistorie om de zondeval te situeren, zie 3.4.3 God en de aarde.
217 Het woord paradijs komt van het Latijnse *paradisus,* de vertaling van het Hebreeuwse *gan,* afgesloten tuin.
218 Boureux, (2014), p. 34 e.v.
219 *être soucieux.*
220 Boureux, p. 48 In Openbaring 2,7 en 22,2 is sprake van één boom, de levensboom, zie 2.4.4.
221 Boureux, p. 46.
222 Boureux, p. 40.
223 Boureux, p. 40.
224 Boureux, p. 41.
225 Vergelijk de visie op paradijs en zondeval in de oosters-orthodoxe theologie, zie 4.4.2 misbruik van de schepping.
226 Boureux, p. 88-90.
227 Boureux, p. 99; ook in de oosters-orthodoxe theologie is dit een bekend beeld, zie Theokritoff 'Working salvation in the midst of the earth' college/lezing 2018 www.youtube.com/watch?v=JNnclcJgC38 (deel 1), geraadpleegd 12 september 2018.
228 Er zijn vele interpretaties van 'houdt me niet vast', dat bekend geworden is als *Noli*

me tangere in de Latijnse vertaling, zie: *'Noli Me Tangere' in Interpdisciplinary Perspective: Textual, Iconographic and Comtemporary Interpretations,* (red. R. Bieringer e.a.), Leuven etc.: Peeters 2016.

229 Roland E. Murphy, 'Canticle of Canticles', in: *The New Jerome Biblical Commentary,* p. 462 e.v.

230 22 Juli is op de rooms-katholieke kalender de feestdag van Maria Magdalena, dan worden

Hooglied 3,1-4a, 2 Korintiërs 5,14-17 en Johannes 20,1.11-18 gelezen.

231 Joan E. Cook, 'Everyone Called by My Name. Second Jesaiah's Use of the Creation Theme', in: *Earth, Wind, & Fire. Biblical and Theological Perspectives on Creation.* (red. Carol J. Dempsey, Mary Margaret Pazdan), Collegeville, Minnesota: Liturgical Press 2004.

232 Van Wolde (2010), p. 99-100.

233 Of: geboorte van de kosmos.

234 Cook, p. 40.

235 De schepping die klaagt is wel een thema bij de profeten: Hosea 4,13, Jeremia 12, 11, Joël 1,20 en in Romeinen 8,19-23, zie 2.4.2.

236 Horrell (2010), p. 49-55.

237 Zie 2.2.1.

238 Anne Primavesi, *Cultivating Unity within the Biodiversity of God,* Salem, Oregin: Polebridge Press 2011, p. 181 e.v.

239 Ook mogelijk is de interpretatie dat de Leviatan zelf speelt; zie ook: 2.2.1, de bespreking van de zeemonsters bij Genesis 1,2.

240 Bauckham (2011), p. 10.

241 Van de Brink (2017),p. 145.

242 Horrell (2010), p. 51.

243 Horrell (2010), p. 51.

244 Zie ook 2.2.1.

245 Eep Talstra, 'Singers and Syntax. On the Balance of Grammar and Poetry in Psalm 8', in: *Give Ear to My Words. Psalms and other Poetry in and around the Hebrew Bible. Essays in honour of Professor N.A. van Uchelen* (red. J.W. Dyk), Amsterdam/ Kampen: 1996, p. 6-8.

246 De milieuonvriendelijke uitleg van Psalm 8 is beïnvloed door Hebreeën 2,6-9, waar Psalm 8 geciteerd wordt: 'u hebt hem met eer en luister gekroond, alles hebt u aan hem onderworpen.' (Hebreeën 2,7-8) Hier gaat het echter over Christus, niet over de mens in het algemeen. Zie Talstra (1996).

247 Zie 2.2.2.

248 Zie ook *Liedboek* (2013), 98c Bergen kunnen het / door het ruisen van duizend bomen in bossen: / roepen en zingen ter ere van de Heer. / Zij zijn de echo van Gods naam, / de echo van Gods naam.

249 Als er in de Bijbel staat 'hemel en aarde', betekent dat niet het hiernamaals en dit leven, of God en wij, maar: alles wat er bestaat, het hele heelal, het grote en het kleine, het verre en het dichtbije.

250 Strofe 5,6 en 7 van lied 154b uit *Liedboek (*2013), tekst: Wim van der Zee, melodie: Genève 1562 – Psalm 136

251 E. Johnson (2015), p. 276 e.v.

252 Erik Borgman, '"Vlees met de ziel, met het bloed er nog in, mag u niet eten" (Genesis 9,4): Het belang van ritueel slachten als uiting van respect', in: *Bij de beesten af! Over dierenrecht en onrecht* (red. Bastiaan Rijpkema, Machteld Zee), Amsterdam: Prometheus 2013, 47-61.

253 Vertaling uit 2004 van 'Laudato si', mi' Signore, per sora nostra matre Terra', bron: www.franciscaansebeweging.nl/content/over-de-beweging/inspiratie-uit-het-begin/geschriften-van-franciscus/145/ geraadpleegd 18 augustus 2017.

254 www.kapucijnen.com/specials/zonnelied_richard.html geraadpleegd 18 oktober 2018.

255 Het Franse *sujet* betekent als zelfstandig naamwoord onderwerp, subject of persoon en als bijvoeglijk naamwoord onderworpen/onderhevig aan.
256 Frans de Waal, *Zijn we slim genoeg om te weten hoe slim dieren zijn?* Amsterdam: Atlas Contact 2017.
257 Stefano Mancuso en Allessandra Viola, *Briljant groen. De intelligentie van planten* (oorspr. *Verde brillante. Sensibilità e intelligenza del mondo vegetale*, 2013), Amsterdam: Cossee 2017; Plantenneurobiologie is overigens geen algemeen erkend vakgebied binnen de biologie.
258 Zie ook Wohlleben (2016).
259 Elvey, Anne, 'Matter, Freedom and the Future: Reframing Feminist Theologies through an Ecological Materialist Lens', *Feminist Theology* 2015, Vol. 23(2), 186-204 en Brumo Latour, *Wij zijn nooit modern geweest. Pleidooi voor een symmetrische antropologie* (oorspr. *Nous n'avons jamais été modernes*, 1991), Amsterdam: Boom 2016 en *Oog in oog met Gaia. Acht lezingen over het nieuwe klimaatregime* (oorspr. *Face à Gaïa. Huit conférences sur le nouveau régime climatique*, 2015),Amsterdam: Octavo 2017.
260 Zie hoofdstuk 1, 'Hedendaagse natuurwetenschappen' en 'De taak van de theologie'.
261 https://decorrespondent.nl/4447/wat-als-een-rivier-rechten-krijgt/53831152903-6457dfb8 in een serie 'Het einde van de mens als de maat der dingen', geraadpleegd 21 september 2017.
262 Wohlleben (2016).
263 Bauckham (2011), p. 150.
264 Bauckham (2011), p. 154, verwijzend naar Psalm 148, Daniël 3 en Job 38-39.
265 Zie 2.4.2.
266 Zie 2.2.6 Vrouwe Wijsheid.
267 Van Wolde (2010).
268 Habel geciteerd door Horrell (2010), p. 59 e.v.
269 De hoofdstukindeling van de Nieuwe Bijbelvertaling komt overeen met die van de Hebreeuwse grondtekst in de meest gebruikte uitgave, *Biblia Hebraïca Stuttgatensia*, 5[e] editie, 1997. Sommige andere bijbelvertalingen hebben een andere versindeling.
270 Boersema, 'leerhuis Job' z.j.
271 Jaap van Dorp, 'Het monster en de draak. Behemot en Leviatan in Job 40-41 in de Bijbel in Gewone Taal', *Met Andere Woorden*, jrg. 33 nr. 4, p. 10-19 Een risico van deze vertaling is een te snelle identificatie met het beest en de draak uit Openbaring, zie 2.4.4.
272 Kathleen M. O'Connor 'Wild, Raging Creativity: Job in the Whirlwind' in *Earth, Wind & Fire. Biblical and Theological Perspectives on Creation* (red. Carol J. Dempdey e.a.), Collegeville, Minnesota: Liturgical Press 2004, p. 48.
273 Boersema z.j.
274 Zie 2.2.6.
275 *Dictionary of Deities and Demons (DDD)* (red. Karel van Toorn e.a.), Leiden: Bril 1995, p. 956 e.v.
276 Zie ook 2.2.4 over Psalm 104,26: 'Leviatan, door u gemaakt om ermee te spelen'.
277 DDD, p. 315 e.v.
278 Horrell (2010), p. 58.
279 Horrell (2010), p. 59.
280 Horrell (2010), p. 59 en 60.
281 'De dieren die in het wild leven, de vogels van de hemel, de dieren die op de aardbodem rondkruipen en de vissen van de zee zullen ontzag en angst voor jullie voelen – ze zijn in jullie macht.' Genesis 1 en 9,2 staan in het kader van overleven van mensen in een vijandige omgeving.
282 Horrell (2010), p. 59.
283 Bauckham (2011), p. 220.
284 O'Connor (2004), p. 54.

285 O'Connor (2004), p. 54.
286 Leonie Breebaart, 'Stilte vond ik op de Zuidpool', *Trouw*, de Verdieping. 2 mei 2017.
287 Keller (2008), p. 64.
288 Boersema z.j.
289 Eep Talstra in e-mail.
290 Apocriefe/deuterocanonieke boeken zijn bijbelboeken die niet in de joodse canon opgenomen zijn en in niet in de meeste protestantse bijbeluitgaven, maar wel in katholieke bijbeluitgaven. Protestanten rekenen ze tot de apocriefe boeken, katholieken duiden ze aan als deuterocanoniek. Zie Panc Beentjes, *De wijsheid van Jezus Sirach. Een vergeten joods geschrift*, Budel: Damon 2006, p. 21-27.
291 DDD, p. 1694.
292 *The New Jerome Biblical Commentary*, p. 455.
293 Carole R. Fontaine 'Spreuken' in: *Met eigen ogen. Commentaar op de bijbel vanuit het perspectief van vrouwen* (red. Carol A. Newsom, Sharon H. Ringe, oorspr. *The women's bible commentary*, 1992), Zoetermeer: Meinema 1995, p. 200.
294 DDD, p. 1692.
295 De theorie is dat de schrijver(s) of redacteur(en) van het boek Deuteronomium de eerdere boeken Genesis, Exodus, Leviticus en Numeri herschreven om ze aan te passen aan hun opvattingen van een centrale eredienst in Jeruzalem en een streng monotheïsme. (Dr. Th. C. Vriezen, dr. A.S. van der Woude, *De literatuur van Oud-Israël*, Katwijk: Servire 1976, p. 196-199).
296 DDD, p. 1699.
297 Zoals DDD, p. 1696.
299 Panc Beentjes, *De wijsheid van Jezus Sirach. Een vergeten joods geschrift*, Budel: Damon 2006, p. 120.
300 DDD, p. 1696.
301 Zo ook in lied 701, zie 2.2.1.
302 DDD, p. 1699.
303 *The New Jerome Biblical Commentary*, p. 454.
304 Zie Inleiding.
305 Voorbeelden: Boureux noemt wel de wijsheid van Christus, trekt wel paralellen met Genesis 1 en 2, maar niet met andere wijsheidsteksten in het Oude Testament; Horrell (2010), Bauckham (2011) en van den Brink (2017) besteden geen aandacht aan Spreuken 8.
306 Parallelteksten: Matteüs 8,18.23-27 en Lucas 8,22-25.
307 Bauckham (2011), p. 77.
308 Parallelteksten: Matteüs 14,22-33 en Johannes 6,16-21.
309 Elisabeth Schüssler Fiorenza, *Jezus, Kind van Mirjam, Profeet van Sofia* (oorspr. *Jesus: Miriam's Child, Sophia's Prophet. Critical Issues in Feminist Christology*, 1994), Kampen: Kok 1997, p. 157 e.v.; zie ook *Changing Horizons. Explorations in feminist Interpretation*, Minneapolis: Fortress Press 2013, hoofdstuk 17 en 18.
310 *Oecumenisch Leesrooster 2013-2022*, Amersfoort: Raad van Kerken 2013: 6 juli 2014, 9 juli 2017, 5 juli 2020.
311 Waarschijnlijk tussen 70 en 80, misschien eerder, *The New Jerome Biblical Commentary*, p. 877.
312 *The New Jerome Biblical Commentary*, p. 879.
313 Wat niet wil zeggen dat de notie van menselijke heerschappij in de wijsheidstraditie helemaal ontbreekt, zie Wijsheid 9,2: 'Door uw wijsheid hebt u de mens zo gemaakt dat hij over uw schepping zou heersen, dat hij de wereld rechtvaardig zou regeren, in vertrouwen op u.'
314 Celia Deane-Drummond, 'Sophia: The Feminine Face of God as a Metaphor for an Ecotheology' in: *Feminist Theology* 1995.
315 Lied 849 uit het *Liedboek* (2013); tekst: Ruth C.Duck 'Come and seek the ways of wisdom', melodie: Donna Kasbohm.

316 Haenchen, *John 1* (oorspr. *Das Johannesevangelium. Ein kommentar*, 1980), Philadelphia: Fortress Press 1984, p. 101 e.v.
317 *Bibel in gerechter Sprache*, Gütersloh: Gütersloher Verlagshaus 2007.
318 Matthijs de Jong, 'De proloog van Johannes in de *Bijbel in Gewone Taal*', *Met Andere Woorden* 2012-4, p. 27-29.
319 Matthijs de Jong 'De proloog van Johannes in de *Bijbel in Gewone Taal*' MAW 2012-4 p. 27-28.
320 De Jong (2012), p. 33.
321 De Jong (2012), p. 30.
322 Al is 'mens' ook een gebrekkige vertaling van *sarks*. 'Materie', zoals de *BGS* vertaalt, legt de nadruk op Gods incarnatie in de schepping, maar roept weer andere problemen op.
323 Hilkert, Mary Catherine, 'Creation in the Image of God and Wisdom Christology', in: *Earth, Wind, & Fire. Biblical and Theological Perspectives on Creation.* (red. Carol J. Dempsey e.a.), Collegeville, Minnesota: Liturgical Press 2004, p. 156 in een parafrase op een tekst van Elisabeth A. Johnson.
324 Horrell (2010), p. 83 Behalve om de demiurg, zou het ook hier om opstandige engelen kunnen gaan.
325 Horrell (2010), p. 86.
326 Jürgen Moltmann, *"Sein Nahme ist Gerechtigkeit". Neue Beiträge zur christliche Gotteslehre*, Gütersloh: Gütersloher Verlagshaus 2008, p. 69.
327 Dit beeld ontleen ik aan Elisabeth Johnson die het gebruikt ter toelichting van de term panentheïsme die ze onder meer baseert op Efeziërs 4,6, zie Johnson (2007), p. 188.
328 Johan Graafland, *En God schiep. Over dieren en rentmeesterschap*, Heerenveen: Royal Jongbloed 2015.
329 Bauckham (2011), p. 112.
330 Zie ook 2.2.1 en 2.2.4.
331 Vergelijk Psalm 49,11-21; De NBV vertaalt in vers 18 'dat God de mens heeft bevoorrecht', wat niet alleen in de context heel onlogisch is, maar ook geen gangbare vertaling van het Hebreeuwse werkwoord dat beproeven of verklaren betekent.
332 Van den Brink (2017), p. 145, op dezelfde pagina een overzicht van recente publicaties over dieren in de Bijbel.
333 Graafland, Johan, 'Dierenrechten in bijbels perspectief' *TussenRuimte* 2016/2.
334 Van den Brink (2017), p. 144: 'Invloedrijke interpretaties van het scheppingsverhaal (vooral van Genesis 1,28 en 2,19) en Psalm 8 definieerden dieren primair in termen van hun instrumentele waarden voor het welzijn van mensen.'
335 Lopende dieren worden minder vaak genoemd dan kruipende dieren: Leviticus 20,25, 1 Koningen 5,13, Handelingen 10,12 en 11,16, Romeinen 1,23.
336 Zie Genesis 1 en Job.
337 Genesis 9,2.
338 Job 41,25-26.
339 De versie uit de jahwistische codex, waar ook Genesis 2 toe behoort, is gecombineerd met die uit de priestercodex van Genesis 1. Er zijn verschillen. Volgens de priesterversie 'braken alle bronnen van de machtige oervloed open en werden de sluizen van de hemel opengezet'(Genesis 7,11), dus de wateren die volgens Genesis 1 gescheiden waren, vloeien weer samen. De Jahwist noemt de oervloed niet, daar is de zondvloed het gevolg van stortregens: 'Veertig dagen en veertig nachten lang zou het op aarde stortregenen.'(Genesis 7,12).
340 Naar *The New Jerome Biblical Commentary*, p. 16.
341 *Kol-basar*, betekent volgens het *Theologisches Handwörterbuch zum Alten Testament* (lemma: basar) in Genesis in 6,17 en 9,16 e.v. 'de hele schepping, namelijk mensen en dieren', maar in 6,12 de mensheid (en wel in negatieve zin onderscheiden van God). *basar* betekent volgens *Gesenius* vlees (van mensen of dieren) of lichaam, *kol-*

basar betekent alle vlees, d.w.z. alle lichamelijke wezens, soms alle mensen (Genesis 9,12), soms alleen Israël, soms alleen de dierenwereld (Genesis 7,21) met de nadruk op het vergankelijk, sterfelijk zijn i.t.t. tot de eeuwige, onvergankelijke God. De vraag is waar het alleen over mensen en waar het alleen over dieren gaat in Genesis 6-9. De vertaling 'al wat leeft' laat dat in het midden. Deze vertaling is ook niet optimaal omdat in onze indeling van de wereld ook planten bij de levende wezens horen en die vallen niet onder *kol-basar*.

342 Zeedieren blijven buiten beschouwing evenals zoetwaterdieren, hoewel beide categorieën dieren niet in hetzelfde water kunnen overleven.

343 Zie 2.2.1.

344 Zoals in Genesis 1 de aarde planten voortbrengt zonder Gods opdracht tot voortplanting.

345 Mancuso (2017), p. 15.

346 Zie ook 2.4 redding van de aarde.

347 Horrell (2010), p. 43 e.v.

348 De jahwistische versie.

349 Johan Graafland, 'Mens verantwoordelijk voor lijden van dieren', *Reformatorisch Dagblad* 26 september 2015.

350 Van den Brink (2017), p. 146.

351 'Herhalen' in de zin dat Genesis 9 in de Bijbel na Genesis 1 komt, niet in de zin dat de tekst van later datum is dan de tekst van Genesis 1.

352 Horrell (2010), p. 46; Boureux (2014, p. 15) daarentegen ziet eten en gegeten worden als lijden dat inherent is aan de schepping, omdat lijden een gevolg is van verandering of metamorfose: elke gestalte dankt zijn bestaan aan de verdwijning van een vorige gestalte. Veganisme als vorm van ascetisme is voor hem geen antwoord op overconsumptie, want ligt te zeer in de sfeer van de moraal, terwijl van het goede van de aarde ook genoten mag worden.

353 Zie 'Jewish Environmentalism in North America' in *Encyclopedia of Religion and Nature.*

354 Rabbijn Clary Rooda studeerde in Stockholm en Jeruzalem en rondde de opleiding af in Nederland in 2014 met een scriptie over *eco-kasjroet*: Clary Rooda, *Eco-kashrut and Jewish Tradition. How the Food on our Table can Atone for us,* Levisson Institute, oktober 2013.

355 www.levisson.nl/nl/archief/sidra-van-de-week/archief/70-leviticus-shemini/1311-5775.html (geraadpleegd 30 augustus 2017): 'Het concept van eco-kasjroet (eco-kosjer) houdt in dat voedsel alleen als kosjer kan worden aangemerkt als tijdens alle fasen van het productieproces en de verkoopfases de ethische voorschriften zijn gewaarborgd. Dit betekent dat eerlijke belastingen moeten worden betaald, dat arbeiders respectvol moeten worden behandeld en eerlijk worden betaald, de duurzaamheid van het milieu in acht moet worden genomen en dat de dieren goed moeten worden behandeld.'

356 Rooda (2013); zie ook Boersema (1997) en Trinus Hoekstra, 'We zijn wat we eten!', *Kerk & Israël Onderweg*, jrg. 15, nr 4, juni 2014.

357 Bauckham (2011), p. 96.

358 Horrell (2010), p. 47.

359 Zie 2.2.1.

360 Reid, Barbara E., 'Sabbath, the Crown of Creation', in: *Earth, Wind, & Fire. Biblical and Theological Perspectives on Creation.* (red. Carol J. Dempsey e.a.), Collegeville, Minnesota: Liturgical Press 2004, p. 70.

361 Hier worden alleen Israëlieten genoemd, niet alle mensen.

362 Tot zover is deze subparagraaf gebaseerd op: Sharon V. Betcher, 'Sabbath-Jubilee Cycle', in: *Encyclopedia of Religion and Nature*, p. 1442-1444.

363 Wim Brummelman 'De aarde raakt steeds verder uitgeput', *NRC* 6 juni 2016.

364 Betcher (2008).

365 Bauckham (2011), p. 6,7.

366 Bauckham (2011), p. 229.
367 Bauckham (2011), p. 7.
368 Reid (2004), p. 68.
369 Reid (2004), p. 75.
370 Zie 2.4 redding van de aarde.
371 Reid (2004), p. 74.
372 Bauckham (2011), p. 66,67; de historisch-kritische methode is in de loop der tijd aangescherpt door sociologische, bevrijdingstheologische, feministische en postkoloniale lezingen die inzichten in de religieuze, politieke en sociaaleconomische contexten hebben geboden (aanvulling van Magda Misset-van der Weg).
373 Paralleltekst in Lucas 12,24.
374 Van den Brink (2017), p. 147.
375 Bauckham (2011), p. 11 en 90.
376 Ook mogelijk is de vertaling: zonder dat jullie hemelse vader het weet.
377 Paralleltekst Lucas 12,6-7.
378 Volgens Van den Brink (2017, p. 148) is deze tekst een voorbeeld 'van een meer onverschillige houding ten opzichte van dieren'.
379 Michael J. Gilmour *Eden's Other Residents. The Bible and Animals*, Eugene: Cascade Books 2014, p.86-87 (ontleend aan Van den Brink 2017, p. 147).
380 Bauckham (2011), p. 110.
381 Zie ook Hans Schravesande, 'Een dialoog met dieren': 'Dat is een Jezusbeeld waarin joden en christenen zich kunnen herkennen', www.kerkenmilieu.nl/een-dialoog-en-met-dieren/ geraadpleegd 6 februari 2018.
382 Bauckham (2011), p. 110.
383 Bijvoorbeeld Franciscus van Assisi en Martin de Porres, zie Nancy Pineda-Madrid, '¡Somos Criatures de Dios! – Seeing and Beholding the Garden of God', in: *Planetary Solidarity. (*2017); voor de oosters-orthodoxe traditie zie 4.4.2 de wereld als icoon.
384 Zo typeert Jan Wolsheimer de houding binnen o.a. de Gereformeerde Gemeente, *Groene Bijbel*, p. 1056.
385 Horrell (2010), p. 104 e.v.
386 Aldus Catherine Keller, zie 4.3.3.
387 Keller (2008), p. 166.
388 Zie ook 1 Korintiërs 15 en Filippenzen 2.
389 In de verzen 19 en 23 staat letterlijk zonen (*uios*), in 21 kinderen (*teknon*). Een mogelijke verklaring voor het woord zonen op deze plaatsen is dat dochters alleen erfden als er geen zonen waren en dat alle gelovigen m/v toegezegd wordt dat ze in die zin als zonen zijn, dus erfgenamen. Het beeld van weeën in verband met verlossing (22) komt ook voor in Jesaja 13,8, Jesaja 66,7-9 en Marcus 13,8. Zie Sheila E. McGinn, 'All Creation Groans in Labor: Pauls Theology of Creation in Romans 8: 18-23', in: *Earth, Wind & Fire* (2004), p. 115-120.
390 Horrell (2010), p. 74-87
391 Brendan Byrne s.j. 'Creation Groaning. An Earth Bible Reading of Romans 8.18-22' in: Norman C. Habel, *Readings from the Perspective of Earth* (*The Earth Bible Volume 1*, red. Norman C. Habel), Sheffield 2000, p. 198.
392 Walter Bauer, *Wörterbuch zum Neuen Testament*, lemma *ktisis.*
393 Dat laatste doet ook Horrell (2010), p. 75.
394 Walter Bauer *Wörterbuch zum NT.*
395 McGinn (2004).
396 Horrell (2010), p. 75.
397 Zie ook 2.2.3.
398 Johnson (2015), p. 275-281.
399 Zie 2.2.1.
400 Johnson (2015), p. 275-281.
401 Boureux (2014), p. 127.

402 Zie 2.2.3.
403 Jesaja 11,1-9 en 65,25, zie 2.3.4.
404 Bijv. Ezechiël 34,25; Jesaja 35,9 en Leviticus 26,6, zie Horrell (2010), p. 92.
405 Horrell (2010), p. 94-95.
406 Johnson (2015), p. 275-281.
407 Horrell (2010), p. 96 e.v.; niet alle bijbelvertalingen hanteren dezelfde hoofdstukindeling, hoofdstuk 3 in de NBV en de Willibrordvertaling komt overeen met 2: 28–3: 21 in o.a. NBG 1951.
408 Horrell (2010), p. 96: Jesaja 24,4 en 33,9, Jeremia 4,28 en 12,4,11 en 23,10, Amos 1,2, Hosea 4,3.
409 Horrell (2010), p. 97.
410 Horrell (2010), p. 98.
411 Horrell (2010), p. 105.
412 Horrell (2010), p. 106.
413 Zie o.a. Genesis 15,12 en 17, Exodus 14,19-20 en 19,16-18.
414 Bram van de Beek in college eschatologie Leiden, 23 september1991 (De opstanding en de gave van de Geest vallen op dezelfde dag in Johannes 20).
415 Het oordeel is aan God, God als rechter van de aarde komt ook voor in Psalm 82, 8 en 96,13.
416 Zie ook Jesaja 66,22; in Jesaja 65,17 klinkt net als in Genesis 1,1 het woord 'bara', 'scheppen' met als grondbetekenis scheiden, zie 2.2.1.
417 Zie 2.2.1, 2.2.4 en 2.2.5.
418 Horrell (2010), p. 98.
419 Horrell (2010), p. 99.
420 Barbara R. Rossing, 'Reimaging eschatology. Toward Healing and Hope for a World at the Eschatos', in: *Planetary Solidarity* (2017), p. 346.
421 Horrell (2010), p. 99 e.v.
422 Horrell (2010), p. 100 citeert Bouma-Prediger 2001 die Boring (1989) citeert.
423 Zie ook Van den Brink (2017), p. 148.
424 Zie 2.2.4.
425 Rossing (2017), p. 330.
426 Marina Warner, *De enige onder de vrouwen. De maagd Maria: mythe en cultus*, Amsterdam: Contact 1990 (oorspr. *Alone of all her Sex*, 1976).
427 Rossing (2017), p. 336.
428 Rossing (2017), p. 339.
429 Rossing (2017), p. 332.
430 Rossing (2017), p. 345.
431 Rossing (2017), p. 346 en Theokritoff (2009), p.171-174.
432 Catherine Keller in haar lezing 10 maart 2017 in Utrecht, zie ook 4.2.3.
433 Zie 2.2.7 'incarnatie van het Woord/de Wijsheid, Johannes 1'.
434 Barbara Bowe 'Soundings in the New Testament Understanding of Creation', in *Earth, Wind & Fire* (2004), p. 61-63.
435 Rossing (2017), p. 330.
436 Rossing (2017), p. 331.
437 Haenchen (1984), p. 226.
438 Sjef van Tilborg, *Johannes*, Boxtel: KBS 1988, p. 45-55.
439 En paar voorbeelden. In lied 188 van het *Liedboek* (2013) staat ze 'dorstig in de zon op het middaguur der schaamte'. Joop Smit (*Het verhaal van Johannes. Sleutelfiguren uit zijn evangelie*, Heeswijk: Verne Media 2015) meent: 'Dat de vrouw midden op de dag zonder begeleiding water komt putten is geen gunstig teken en suggereert dat er van alles met haar mis is.' (p. 47) en stelt: 'Het feit dat de vrouw een verleden met vreemde mannen heeft'. (p. 48); In de *Evangelische Liedbundel* lied 70 is ze niet slecht, maar zielig: '"Opnieuw mislukt" was het refrein dat zich herhaalde in haar leven. Ze was een afgedankte vrouw, vijf mannen werden haar ontrouw.'

440 Van Tilborg (1988), p. 45-46.
441 Van Tilborg (1988), p. 48.
442 Maria de Groot, *De vrouw bij de bron,* Haarlem: Uitgeversmaatschappij Holland 1980, p. 16 e.v.
443 Van Tilborg (1988), p. 48-49.
444 Van Tilborg (1988), p. 51.
445 Zie ook 4.2 Ivone Gebara: het dagelijks leven van arme vrouwen.
446 https://water.oikoumene.org/en/whatwedo/news-events/water-and-mines-in-southern-africa2019s-zambezi-basin en https://water.oikoumene.org/en/whatwedo/seven-weeks-for-water/2015/Ecofeminist_Rev.Kuzipa_En_week1.pdf geraadpleegd 7 mei 2018.
447 Zie 1.2.7 Postmodernisme.
448 Bij de niet-menselijke werkelijkheid horen in de Bijbel overigens ook de engelen en in sommige teksten andere goden.
449 Boersema (1979),p. 74.
450 Zie 1.2.3 en 2.2.1.
451 Zie ook de Inleiding.
452 Groene Genade is de naam van een werkgroep van de Nederlands Gereformeerde Kerk in Ede.
453 Zie ook 2.2.
454 Zie 2.2.1.
455 'Stewardship', in: *Encyclopedia of Religion and Nature,* p. 1598 e.v.
456 In Matteüs 20,18; Lucas 8,3 en Lucas 16,1-8.
457 Boersema (1997).
458 Voor een andere opvatting van wat economie is of zou moeten zijn zie 4.1.2 een ecologische economie.
459 Met dank aan de leden van de Nederlandse Lutherse Vrouwenbond die me hier na een lezing op wezen en aan Gijsbert van den Brink die me in een e-mail nog meer argumenten pro rentmeesterschap gaf.
460 Soms wordt het begrip *guardianship* (voogdijschap, curatele) gebruikt.
461 Bauckham (2011), p. 58-62.
462 *Encyclopedia of Religion and Nature,* p. 1598 e.v; Mozes werd verondersteld de auteur te zijn van de eerste vijf boeken van de Bijbel.
463 Johannes Calvijn, Het boek Genesis. De eerste drie hoofdstukken, Middelburg: Stichting De Gihonbron 2004, p. 42.
464 Zie 4.4.
465 Bauckham (2011), p. 36.
466 Van Soest (1996), p. 257.
467 Van Soest (1996), p. 262.
468 Van Soest (1996), p. 259.
469 Zoals in de visie van de ecomodernisten, zie 1.1.3.
470 *Liberaal christendom. Ervaren, doen, denken,* (red. Rick Benjamins e.a.), Vught: Skandalon 2016, p. 207.
471 *Liberaal Christendom,* p. 209-210; voor ecomodernisme zie 1.1.3.
472 *Liberaal Christendom,* p. 208; dit is een zeer antropocentrische versie van procestheologie.
473 Voor een opvatting van medeschepper-zijn die mensen niet buiten de schepping plaatst, zie Catherine Keller 4.3.5 niet alleen menselijke creativiteit.
474 Zoals in: Henk Vreekamp, *Het jaar van Vivaldi. Hemel en aarde in onze seizoenen.* Kok 2016.
475 De hier volgende historische schets is grotendeels gebaseerd op: Santmire (2006), p.124 e.v.
476 Leezenberg (2012), p.52; zie ook 1.3 wereldbeelden.
477 Meer over de procestheologie in 4.3.1 feministisch, postmodern en procesmatig.

478 Bauckham (2011), p. 111.
479 Brink, Gijsbert van der en Cees van der Kooi, *Christelijke Dogmatiek. Een inleiding*, Zoetermeer: Boekencentrum 2012; zie ook 4.2 oerknal en oergeboorte.
480 Uit het lied 'Dit is de dag van het licht' van Jan van Opbergen.
481 Rick Benjamins, *Catherine Keller's constructieve theologie*, Vught: Skandalon 2017, p. 91; voor de scheppingstheologie van Keller zie 2.2.1 en 4.3.5 schepping uit de diepte.
482 Kune Biezeveld, *Als scherven spreken. Over God in het leven van alledag*, Zoetermeer: Meinema 2008; deze bespreking is een bewerking van het artikel: Trees van Montfoort, 'Geboeid door Kune Biezeveld. Ook in de natuur is God te vinden', *Soteria* 2017-2.
483 Biezeveld (2008), p. 53.
484 Biezeveld (2008), p. 53 e.v.
485 Miskotte, *Edda en Thora*, p. 104, geciteerd in Coen Wessels 'Zijn wij hier wel voor? Over Miskottes Edda en Thora als hedendaagse bron van wantrouwen tegen de natuur.' tekst van een workshop gehouden op de conferentie *Over God in het leven van alledag* op 9 oktober 2010.
486 Wessels (2010).
487 Biezeveld (2008), p. 61.
488 Biezeveld (2008), p. 66.
489 Biezeveld (2008), p. 79.
490 Kune Biezeveld, *Spreken over God als Vader. Hoe kan het anders?* Baarn: Ten Have 1996.
491 Biezeveld (2008), p. 94.
492 Biezeveld (2008), p. 85-90.
493 De theorie is dat de schrijver(s) of redacteur(en) van het boek Deuteronomium de eerdere boeken Genesis, Exodus, Leviticus en Numeri herschreven om ze aan te passen aan hun opvattingen van een centrale eredienst in Jeruzalem en een streng monotheïsme. (Dr. Th. C. Vriezen, dr. A.S. van der Woude, *De literatuur van Oud-Israël*, Katwijk: Servire 1976, p. 196-199).
494 Biezeveld (2008), p. 41.
495 Biezeveld (2008), p. 41.
496 Biezeveld (2008), p. 42.
497 Biezeveld (2008), p. 74.
498 Biezeveld (2008), p. 75 en 76.
499 Biezeveld (2008), p. 40.
500 Uit de projectbeschrijving *Feest van Aarde en Hemel* zie ook: www.berthevansoest.nl/Midwinterviering-feest-van-aarde-en-hemel.pdf geraadpleegd 17 mei 2018.
501 Uit de projectbeschrijving *Feest van Aarde en Hemel.*
502 Dr. N.G.M. van Doornik, *De kleine triptiek. Handboek van de katholieke leer en het katholieke leven*, Utrecht/Antwerpen: Het Spectrum 1951, p. 272, meer uitgebreid op p. 217-219.
503 Hans Boersma, *Nouvelle Théologie and Sacramental Ontology. A Return to Mystery*, Oxford: Oxford University Press, 2009, geciteerd op www.lucepedia.nl/dossieritem/603/nouvelle-theologie-een-sacramentele-benadering-van-de-werkelijkheid geraadpleegd 24 mei 2018.
504 www.lucepedia.nl/dossieritem/603/nouvelle-theologie-een-sacramentele-benadering-van-de-werkelijkheid geraadpleegd 24 mei2018.
505 John Hart, 'Catholicism' in: *The Oxford Handboek of Religion and Ecology* (2006).
506 Hart (2006), p. 68-70.
507 Hart (2006), p. 71-72.
508 Erik Borgman, Thijs Caspers, 'In dienst van een zoekend geloof. Edward Schillebeeckx en de na-conciliaire periode in Nederland', *Tijdschrift voor Theologie* 54[e] jaargang, nr 4, winter 2014.

509 In de encycliek *Humanae Vitae*, 1968.
510 Met als eersten Gijsen in 1970 in Roermond en Simonis in 1972 in Rotterdam.
511 Tegen onder meer Edward Schillebeeckx, Hans Küng, Ivone Gebara en Leonardo Boff, maar ook tegen vele minder bekende docenten aan theologische opleidingen en gewone pastores en anderen die een proces, spreekverbod of ontzegging van leerbevoegdheid kregen, of ontslagen of niet meer benoemd werden.
512 www.rkdocumenten.nl/rkdocs/index.php?mi=600&doc=3069&al=3&highlight=vrede+met+God+schepper geraadpleegd 9 juni 2018.
513 Borgman, Caspers (2014), p. 388-389.
514 Borgman, Caspers (2014), p. 388-389.
515 *De Nieuwe Katechismus. Geloofsverkondiging voor volwassenen. In opdracht van de bisschoppen van Nederland.* Hilversum-Antwerpen etc., 1966 (hoofdredacteur was Piet Schoonenberg, de voorganger van Edward Schillebeeckx).
516 Geciteerd in Borgman en Caspers (2014), p. 392.
517 *De Nieuwe Katechismus*, p. 309, 501, 573 en 586.
518 *De Nieuwe Katechismus*, p. 501.
519 Mede dankzij de evolutionaire theologie van Pierre Teilhard de Chardin, Frans theoloog en paleontoloog (1881-1955); voor natuurlijke theologie zie: Walter Kasper, *Einführung in den Glauben*, Mainz: Grünewald 1973, p. 28 e.v.
520 *De Nieuwe Katechismus*, p. 7.
521 *De Nieuwe Katechismus*, p. 13.
522 Voor het verdwijnen van het kosmische perspectief uit de filosofie zie: Henk Manschot, *Blijf de aarde trouw. Pleidooi voor een nietzscheaanse terrasofie*, Nijmegen: Van Til 2016, p. 97-99.
523 Edward Schillebeeckx, *Jezus, het verhaal van een levende.* Bloemendaal: Nelissen, 1975 (derde vermeerderde druk; eerste druk in 1973), eerste deel van een trilogie over Jezus.
524 Het lied 'Tot u ben ik gezonden' in *Randstadbundel. Gebeden en gezangen ten dienste van de liturgieviering, vierde aangevulde editie.* (1973) p. 378.
525 Lied 1001 in *Liedboek* (2013), p. 1541 en lied 428 in *Gezangen voor liturgie*, Baarn: Gooi en Sticht 1996, p. 435.
526 Lied 322 in *Liedboek* (2013) en lied 593 in *Gezangen voor Liturgie*; zie ook Huub Oosterhuis, *Alles voor allen. Een nieuwe catechismus*, Utrecht: Kok 2016, p. 11-13.
527 Uit het lied 'Zevenmaal' in *Verzameld liedboek. Liturgische gezangen op teksten van Huub Oosterhuis*, Kampen/Antwerpen: Kok/Halewijn 2004, p. 808 en 809.
528 Zie ook: Inleiding.
529 *De oogst van Milieu* (red. J.J. Boersema), Amsterdam: Boom 2003.
530 Ik bespreek ze hier niet uitgebreid, een aantal van deze teksten komen elders in dit boek ter sprake. In de jaren tachtig en begin jaren negentig verschenen ook nog: Martien Brinkman, *Schepping en sacrament. Een oecumenische studie naar de reikwijdte van het sacrament als heilzaam symbool in een weerbarstige werkelijkheid*, Zoetermeer: Meinema 1991; Hans Opschoor, *Na ons geen zondvloed. Voorwaarden voor duurzaam milieugebruik*, Kampen: Kok Agora 1989; C. Houtman, *Wereld en tegenwereld. Mens en milieu in de bijbel*, Baarn: Ten Have 1982; Gerrit Manenschijn, *Geplunderde aarde, getergde hemel. Ontwerp voor een christelijke milieu-ethiek*, Baarn: Ten Have 1988; H.W. De Knijff, *Tussen woning en woestijn. Milieuzorg als aspect van christelijke cultuur*, Kampen: Kok 1995; Janna Stapert en Evert van der Poll, *Als het water bitter is. Evangelisch denken en de milieucrisis*, Sliedrecht: Merweboek 1988 (met dank aan David Renkema) en Hans Bouma, *Als het leven je lief is. Een pleidooi voor, milieudefensie, de ethiek van Albert Schweitzer, de wijsheid van het sabbatsjaar, een leven zonder dierproeven, vegetarisme, de deugd van de schaarste, echt materialisme, zinvolle arbeid*, Ede: Zomer &Keuning 1982.
531 Van Soest (1996), zie 1.2.1 en 3.1.
532 Boersema (1997), zie hoofdstuk 2.

533 Catharina Halkes, *...en alles zal worden herschapen. Gedachten over de heelwording van de schepping in het spanningsveld tussen natuur en cultuur*, Baarn: Ten Have 1989, zie 1.2.6.
534 Birgit Verstappen (2000), zie 1.2.2.
535 Jacques Schenderling, *Mens en dier in theologisch perspectief. Een bijdrage aan het debat over de morele status van het dier.* Zoetermeer: Boekencentrum 1999.
536 *Wanneer de schepping kreunt in barensweeën.* (2008), zie 2.2.1 schepping uit het niets.
537 Marilu Rojas Salazar, *De feministische theologische/thealogische methode van bevrijding vanuit Latijns-Amerikaans ecofeministisch perspectief* (dissertatie), Leuven 2013.
538 Martine Vonk, *Sustainability and Quality of Life. A study on the religious worldviews, values and environmental impact of Amish, Hutterite, Franciscan and Benedictine communities*, Amsterdam: Buijten en Schipperheijn, 2011.
539 Klaus Heinrich Neuhoff, *"Gott alles in allem" (1Kor 15,28). Theosis, Anakephalaiosis und Apokatastasis nach Maximos dem Bekenner in ihrer Bedeutung für die Kosmische Christologie* (dissertatie), 2014.
540 Heuvel, Steven Christian van den, *Bonhoeffer's Christocentric Theology and Fundamental Debates in Environmental Ethics*, Eugene, Oregon: Pickwick Publications 2017.
541 Graafland (2015), zie 2.3.2, Tini Brugge e.a., *Levend Huis. Ecospiritualiteit en schepping*, Kampen: Kok 2008.
542 Wel, Lisette van der, 'Maat, Moed en Mystiek. Christelijke bronnen voor een zorgzame omgang met de aarde.' (rapport ICCO/Kerk in Actie) 2013, te vinden op de website van Groene Kerken (www.groenekerken.nl/wp-content/uploads/2018/01/Maat-Moed-en-Mystiek-2013-4.pdf geraadpleegd 4 juli 2018).
544 *De gaarde een woestijn? De milieucrisis en de verantwoordelijkheid van de kerk. Een verkenning ten behoeve van het gesprek in de gemeenten, aangeboden door de Generale Synode van de Nederlandse Hervormde Kerk*, 's-Gravenhage: Boekencentrum 1990, p. 92.
545 *De gaarde* (1990), p. 18.
546 p. 20.
547 p. 25.
548 p. 32.
549 p. 34-35.
550 p. 35.
551 p. 37.
552 p. 10.
553 Jürgen Moltmann, *Gott in der Schöpfung.* Ökologische Schöpfungslehre, Gütersloh: Gütersloher Verlagshaus 1985; over de gevaren van een lineair model zie 1.3.1, 2.1.3, 2.4 en 2.5.1.
554 *De gaarde* (1990), p. 39.
555 p. 40.
556 p. 42-43.
557 p. 43-44.
558 p. 45-47.
559 p. 49.
560 Zie 2.2.7 Christus als schepper.
561 p. 53.
562 Namelijk verantwoordelijkheid voor de naaste en komende generaties, de intrinsieke waarde van de hele buitenmenselijke schepping, technologische ontwikkeling moet ondergeschikt gemaakt worden aan de zorg voor de schepping, de mens is verantwoordelijk voor het voortbestaan van plant- en diersoorten, de relatie tussen sociale gerechtigheid en milieubehoud, we moeten het zelfreinigende vermogen van de natuur intact laten, p. 58.
563 Maneschijn (1988).
564 'Kerk 2025. Waar een Woord is, is een weg', p. 10, zie: www.protestantsekerk.nl/kerk2025/kerk2025#notakerk2025 geraadpleegd 3 november 2018.

565 nederland.arocha.org/wp-content/uploads/sites/12/2018/05/Messentrekkers-bij-de-Nachtwacht.pdf geraadpleegd 21-6-2018.
566 Gerrit Manenschijn, *Geplunderde aarde, getergde hemel. Ontwerp voor een christelijke milieu-ethiek*, Baarn: Ten Have 1988.
567 Lisette van der Wel *Maat, moed en mystiek* bespreken, 2013 www.groenekerken.nl/wp-content/uploads/2018/01/Maat-Moed-en-Mystiek-2013-4.pdf (rapport ICCO/Kerk in Actie)
568 Zie ook een artikel van toenmalig synodepreses Karin van den Broeke in *De Linkerwang* 2014-3, p. 4 www.linkerwang.nl/CMS/wp-content/uploads/2014/07/DLW-2014-3.pdf en een column van scriba Arjan Plaisier: www.protestantsekerk.nl/actueel/nieuws/wij-moeten-haast-maken geraadpleegd 3 november 2018
569 Kerk 2025, p. 11.
570 Met www.kerkenmilieu.nl als portal.
571 *Kwetsbaarheid, verantwoordelijkheid en moed. Klimaatverandering: het moment van de waarheid. Een verklaring van de Raad van Kerken in Nederland*, Amersfoort 2008; een nieuwe brochure is gepland voor 2019.
572 Nederlandse vertaling uitgegeven in de serie Kerkelijke Documentatie, 2015 / nummer 2 en ook te vinden op www.rkkerk.nl/wp-content/uploads/2017/06/Encycliek-van-paus-Franciscus-Laudato-Si.pdf geraadpleegd 25-6-2018.
Deze bespreking is eerder gepubliceerd onder de titel '*Laudato Si'* en ecofeminisme', *ZijSpiegel* 5, 2016.
573 Romeinen 8,22.
574 Zie bijv. http://iglesiadescalza.blogspot.nl/2015/08/laudato-si-critique-of-pope-francis.html geraadpleegd 25 juni 2018, zie ook hoofdstuk 4.
575 Naar Leonardo Boff, *Ecology. Cry of the Earth, cry of the poor*, New York: Orbis 1995 (oorspr. *Ecologia. Grito da Terra, grito dos pobres*, S.Paulo: Atica 1995).
576 De encycliek gebruikt niet de term rentmeesterschap, maar de verhouding mens-schepping-natuur blijft een lastig punt: zorg voor, deel van, persoon tegenover materie. Voor de verhouding persoon-materie zie ook 2.2.4 bergen kunnen (niet) juichen.
577 Vgl. 4.4 Theokritoff.
578 'Re-Imaging with Laudato Si" in: *Planetary Solidarity. Global Women's Voices on Christian Doctrine and Climate Justice* (red. Grace Ji-Sun Kim en Hilda P. Koster), Fortress Press, Minneapolis 2017, p.47-101.
579 Zie ook 4.2 Ivone Gebara: het dagelijks leven van arme vrouwen; Vandana Shiva, *Staying Alive, Women, Ecology and Development*, London: Zed Books 1989; het VN-rapport uit 1989 (zie 1.2.6).
580 Zie 1.2.6 patriarchaat en kolonialisme.
581 Al citeert hij wel Spreuken 3,19: De Eeuwige heeft de aarde met wijsheid gegrondvest, de hemel met inzicht gevestigd (NBV).
582 Zie 2.2.6. Vrouwe Wijsheid, 2.2.7 Christus als schepper, Celia Deane-Drummond, 'Sophia. The Feminine Face of God as a Metaphor for an Ecotheology', *Feminist Theology* 1995 en Deane-Drummond (2008), p. 63-65, 93-95, 110-112,159-161.
583 Zie 4.4.1 orthodoxe ecotheologie.
584 Hildegard von Bingen, *Gott sehen*, München: Piper 1995. Een belangrijk woord in haar denken is *viriditas*: kiemkracht, de 'groenende' kracht die verwijst naar de groene vingers van God, waarmee God de wereld, ook de mens, heeft geschapen.
585 Eaton, Heather *Introducing Ecofeminist Theologies* Londen/New York, Bloomsbury Publishing PLC 2005.
586 Zie 1.1.2 de groeiende impact van mensen op de aarde.
587 Zie 1.2.2 westerse wereldbeelden en 1.3 de taak van de theologie.
588 Manschot verwijst naar Friedrich Nietzsche, *Aldus sprak Zarathoestra. Een boek voor iedereen en niemand.* 1883-1885, vertaling door Wilfred Oranje, Amsterdam: Boom 1996, herzien 2008.
589 Manschot (2016), p. 185.

590 Vergelijk Ton Lemaire, *Onder dieren. Voor een diervriendelijke wereld.* Amsterdam: Ambo/Anthos 2017; Lemaire pleit voor het verbreden van humanisme tot 'humanimalisme', een humanisme waarin de dieren inbegrepen zijn.
591 p. 107.
592 p. 137.
593 p. 97.
594 p. 98.
595 p. 143; Manschot baseert zich op Picq, *De Darwin à Levi-Strauss,* 2013 en Philippe Descola *Par-delá nature et culture,* Paris: Galimart 2005.
596 p. 142.
597 p. 145.
598 p. 167-171.
599 p. 162-163.
600 p. 156-157.
601 p. 154.
602 p. 99.
603 p. 154-155.
604 Zie Karen Barad, 'Posthumanist Performativity. Toward an Understanding of How Matter Comes to Matter', *Journal of Women in Culture and Society* 2003, vol. 28, no. 3.
605 Zie Sarah Coakley, *Powers and Submissions. Spirituality, Philosophy and Gender,* Malden, Oxford, Carlton: Blackwell Publishing 2002, p. 90-94.
606 Taede A. Smedes, *Thuis in de kosmos. Het Epos van de Evolutie en de vraag naar de zin van ons bestaan,* Amsterdam: AUP 2018, p. 86; de volgende paginaverwijzingen hebben betrekking op dit boek.
607 p. 86 en 64.
608 p. 17.
608[a] De mens is niet de laatst ontstane soort op aarde. Evolutie is immers een proces dat nog altijd werkzaam is. Soortvorming (speciatie) kan relatief snel gebeuren. Voor voorbeelden van recente soortvorming, zie: evolution.berkeley.edu/evolibrary/news/100201_speciation en nl.wikipedia.org/wiki/Soortvorming)
609 p. 56-57.
610 p. 61-62.
611 p. 89.
612 p. 65.
613 p. 76.
614 p. 56.
615 p. 75.
616 p. 76-77.
617 p. 79-80.
618 p. 85.
619 p. 68.
620 Voor de term 'groot verhaal' zie 1.2.7 Postmodernisme.
621 Gijsbert van den Brink, *En de aarde bracht voort. Christelijk geloof en evolutie,* Utrecht: Boekencentrum 2017, p. 214; de volgende paginaverwijzingen hebben betrekking op dit boek.
622 Getuige onder meer de reacties op internet.
623 p. 36.
624 p. 65 en 288-231.
625 p. 136.
626 p. 137.
627 p. 27-28.
628 p. 331.
629 p. 72; over de Bijbel en het boek van de natuur zie ook paragraaf 1.2.2 Wereldbeelden.

630 Van den Brink verwijst hier naar H. Berkhof, *Christelijk geloof. Een inleiding tot de geloofsleer*, Nijkerk: Callenbach 1990.
631 p. 338.
632 p. 335.
633 p. 339-340.
634 p. 337.
635 p. 226.
638 Zie 1.2.7 Postmodernisme en 1.3 De taak van de theologie.
639 Zie hoofdstuk 4.
640 Onder meer in de werkgroep Theologie, Kerk en Duurzaamheid van de Raad van Kerken in Nederland (christelijk) en in het Amsterdam Centre for Religion and Sustainable Development (interreligieus) dat gerelateerd is aan de VU (zie www.godgeleerdheid.vu.nl/en/news-agenda/news-archive/2018/apr-jun/180606-round-table-religion-and-sustainable-development.aspx geraadpleegd 18 december 2018).
641 Zie ook 1.2.8 Taal.
642 Bauckham (2011), p. 13.
643 Zie ook 1.2.3 Hedendaagse natuurwetenschap.
644 Serene Jones, *Trauma and Grace. Theology in a Ruptured World*, Louisville, Kentucky: Westminster John Knox Press 2009, p. 31.
645 Conradie (2008), p. 20.
646 Conradie (2008), p. 25.
647 Gender is de term die gebruikt wordt voor sociaal-culturele constructies van vrouwelijkheid en mannelijkheid, sekse verwijst naar biologische verschillen, de meningen verschillen over wat biologische en wat culturele componenten zijn van man- of vrouw-zijn.
648 Eaton (2005), p. 37 e.v.; zie ook 1.2.6 Patriarchaat en kolonialisme.
649 Eaton, (2005), p.7,; Daly, Mary *Gyn/ecology: A Metaethics of Radical Feminism* Beacon Press, Boston 1978 (zij liet met dit boek overigens de christelijke traditie achter zich), Rosemary Radford Ruether, *New Women, New Earth. Sexist ideologies and human liberation*, New York: The Seabury Press 1975; Rosemary Radford Ruether, *Sexism and God-Talk, Toward a feminist Theology*, Boston: Beacon Press 1983; Rosemary Radford Ruether, *Gaia and God. An ecofeminist theology of earth healing*, London: SCM Press 1993; een paar voorbeelden van ecotheologie van vrouwelijke religieuzen: Ivone Gebara, *Longing for Running Water. Ecofeminism and Liberation*, Minneapolis: Fortress Press, 1999; Sarah McFarland Taylor, *Green Sisters*, Cambridge: Harvard University Press 2009; Elisabeth A. Johnson *Ask the Beasts. Darwin and the God of Love*, London: Bloomsbury Publishing 2015; Marilu Rojas Salazar, *De feministische theologische/thealogische methode van bevrijding vanuit Latijns-Amerikaans ecofeministisch perspectief* (dissertatie), Leuven 2013.
650 In *Planetary Solidarity. Global Women's Voices on Christian Doctrine and Climate Justice* komen twintig ecofeministische theologen uit verschillende werelddelen aan het woord die een systematisch theologische benadering hanteren. Onder hen zijn McFague en Gebara. Keller en Theokritoff ontbreken in deze bundel.
651 McFague (1993), Gebara (1999), Keller (2003) en Theokritoff (2009).
652 In zekere zin is alle taal metaforisch, want valt nooit samen met het beschrevene.
653 Sallie McFague, *Modellen voor God. Nieuwe theologie in een bedreigde wereld*, Zoetermeer: De Horstink 1994 (oorspr. *Models of God*, 1987) Ze werkte het beeld van de wereld als Gods lichaam verder uit in *The Body of God An ecological Theology.* Londen: SCM Press 1993.
654 McFague (1994), p. 75.
655 McFague (1994), p. 128.
656 Sallie McFague, *Super, Natural Christians. How we should love nature*, Minneapolis: Fortress Press 1997.
657 McFague (1997), p. 10.
658 McFague (1997), p. 12.

659 De term natuurwetenschappelijke revolutie is weliswaar een negentiende-eeuws concept en doet niet echt recht aan de geleidelijkheid en ongelijktijdigheid van de veranderingen in wereldbeeld, maar kortheidshalve handhaaf ik hier in navolging van McFague de term. Zie Leezenberg, De Vries (2012), p. 45 e.v.
660 Zie ook 1.2.5 Markteconomie.
661 Sallie McFague, *Life Abundant. Theology and Economy for a Planet in Peril,* Minneapolis: Fortress Press 2000.
662 McFague (2000), p. 95; zie ook 1.2.5 Markteconomie.
663 Mark van Ostaijen, 'De BV Nederland is een misplaatste metafoor' www.binnenlandsbestuur.nl/bestuur-en-organisatie/opinie/columns/de-bv-nederland-is-een-misplaatste-metafoor.9558534.lynkx geraadpleegd 29 november 2017.
664 McFague (2000), p. 72.
665 Zie bijvoorbeeld Kate Raworth, *Donuteconomie. In zeven stappen naar een economie voor de 21e eeuw* (oorspr. *Doughnut economics: seven ways to think like a 21st-century economist,* 2017), Amsterdam: Nieuw Amsterdam 2017; zij is optimistisch over de mogelijkheden en de wil om de mondiale markteconomie bij te sturen.
666 Sallie McFague, *Blessed are the Consumers. Climate Change and the Practice of Restraint,* Minneapolis: Fortress Press 2013; voor kenosis vormt Filippenzen 2,6-8 de belangrijkste bron: 'Hij die de gestalte van God had, hield zijn gelijkheid aan God niet vast, maar deed er afstand van. Hij nam de gestalte aan van een slaaf en werd gelijk aan een mens. En als mens verschenen, heeft hij zich vernederd en werd gehoorzaam tot in de dood – de dood aan het kruis.'; In 'Reimagining the Triune God for a Time of Global Climate Change' in: *Planetary Solidarity,* 2017 geeft McFague een samenvatting en update van *Blessed are the consumers.*
667 McFague (2017), p. 107-108.
668 McFague (2017), p. 111.
669 Zie 3.2 protestantse weerstand.
670 Zie 2.2.4 bergen kunnen (niet) juichen.
671 McFague (2017), p. 117.
672 Gebara, Ivone, *Longing for Running Water. Ecofeminism and Liberation,* Minneapolis: Fortress Press 1999, p. 6.
673 Gebara (1999), p. v.
674 Lois Ann Lorentzen, Salvador Leavitt-Alcantara, 'Religion and Environmental Struggles in Latin America', in: *The Oxford Handbook of Religion and Ecology,* (red. Roger S. Gottlieb), Oxford University Press 2006, p. 510-534.
675 Ivone Gebara 'Ecofeminismo e Ecoteologia: perspectiva de Ivone Gebara.' geschreven ter gelegenheid van een bijeenkomst op 17 oktober 2006 in Doorn, vertaling Olivier van Dijk.
676 Gebara (1999), p. 18.
677 p. 16.
678 p. 4.
679 Voor deze levensbeschrijving heb ik de volgende bronnen gebruikt: Arianne van Andel en Anneke Kok, 'Inleiding', in: Ivone Gebara, *Omdat de schepper even moest niezen. Postpatriarchale overwegingen in uren van twijfel,* Den Haag: CMC 2006, p.5-10; Elaine Nogueira-Godsey, 'A History of Resistance. Ivone Gebara's Transformative Feminist Liberation Theology', in: *Journal for the Study of Religion,* Vol. 26, No. 2, 2013; Lois Ann Lorentzen, 'Gebara. Ivone (1944-)', in: *Encyclopedia of Religion and Nature*; 'Entrevista a Ivone Gebara, brasileña, monja y feminista', www.amerindiaenlared.org/contenido/2842/entrevista-a-ivone-gebara-brasileña-monja-y-feminista/, geraadpleegd 19 augustus 2018.
680 Nogueira, p. 96.
681 Gebara (1999), p. vi.
682 *Le mal au féminin. Reflexions théologiques à partir du féminisme.* Parijs/Montréal: L'Harmattan, 1999, in het Engels vertaald als *Out of the Depth. Women's Experience of Evil and Salvation*, Minneapolis: Fortress 2002.

683 Gebara (1999), p. ix.
684 p. 8.
685 p. 21.
686 p. 26-27.
687 p. 32.
688 p. 34.
689 p. 38.
690 Gebara gebruikt het begrip dogma voor kerkelijke leerstelling, dus veel breder dan de vier oecumenische dogma's of de zes dogma's van de Rooms-Katholieke Kerk.
691 p. 45-47.
692 p. 1.
693 p. 49.
694 p. 50.
695 p. 48.
696 p. 50.
697 Met dank aan Marc van der Post voor deze aanvulling.
698 p. 50.
699 p. 52.
700 p. 58.
701 p. 59.
702 p. 60.
703 p. 62.
704 p. 63.
705 p. 64.
706 p. 64.
707 p. 65.
708 p. 65.
709 Thecla Sloot, *Mensbeeld en bevrijding. Een analyse van de antropologische en theologische ontwikkeling in het werk van Ivone Gebara, exemplarisch gerelateerd aan religiositeit van volksvrouwen in Brazilië.* doctoraalscriptie 1999.
710 Ivone Gebara, 'Women's suffering, Climate Injustice, Good, and Pope Francis's Theology. Some Insights from Brazil', in: *Planetary Solidarity,* 2017.
711 Gebara (1999), p.68.
712 p. 71.
713 p. 71-72.
714 p. 75-76; Een illustratie uit hedendaags Brazilië, met dank aan Marc van der Post: de in 2018 tot president van Brazilië gekozen Bolsanaro heeft vele beledigingen geuit aan het adres van zwarten, vrouwen, homoseksuelen en andere minderheden en zegt daarmee waarschijnlijk hardop wat door veel anderen gedacht of minstens onbewust verondersteld wordt.
715 p. 79.
716 p. 81.
717 Zie de volgende paragraaf, 4.2.4.
718 p. 81-82.
719 *Relatedness* wordt ook wel met 'verbondenheid', 'verbinding' of 'relationaliteit' vertaald, maar is sterker dan dat.
720 p. 85.
721 p. 87.
722 p. 88.
723 Zie ook 2.2.5 en 2.2.6 over de oudtestamentische wijsheidsliteratuur.
724 p. 92; ze verwijst naar Brian Swimme, Thomas Berry, *The Universe Story. From the Primodial Flaring Forth to the Ecozoic Era. A Celebration of the Unfolding of the Cosmos,* Harper Collins Publishers 1994, zie ook: Thomas Berry, *The Great Work. Our Way into the Future,* New York: Random House 1999;

zie ook de film 'Een nieuw verhaal voor de aarde' van David Andrea: www.earth-matters.nl/7/8678/duurzaam-20/een-nieuw-verhaal-voor-de-aarde.html, geraadpleegd 9 november 2018.
725 p. 93.
726 p. 94.
727 p. 95-96.
728 p. 95.
729 p. 96.
730 p. 97.
731 p. 98; vergelijk 2.2.4 De schepping zingt.
732 p. 99.
733 p. 101.
734 p. 102.
735 p. 103-104.
736 p. 105.
737 p. 108.
738 p. 110.
739 p. 129-131.
740 p. 123.
741 p. 124.
742 p. 124.
743 p. 124-127.
744 p. 114.
745 p. 110.
746 p. 115-116.
747 p.120.
748 p. 109.
749 Zie 4.1.3.
750 p. 106-107.
751 p. 107.
752 p. 164.
753 p. 166.
754 p. 13.
755 Zie ook 4.1.3 De drie-ene God in een tijd van klimaatverandering.
756 p. 148.
757 p. 155.
758 p. 156.
759 p. 159.
760 p. 168-169.
761 p. 170.
762 p. 173.
763 p. 175-182.
764 p. 181.
765 p. 180.
766 p. 183.
767 p. 188.
768 p. 190.
769 p. 192.
770 p. 195-196.
771 p. 197.
772 p. 198.
773 Marc van der Post vult vanuit Buenos Aires aan: 'Heel herkenbaar. Geloof raakt langzaamaan gemarginaliseerd. De parochie of kapel biedt een heel traditioneel geloof dat met de eigen kinderen steeds minder gedeeld kan worden, de gemeenschappen

worden kleiner en grijzer, de wijk anoniemer en gevaarlijker. Alleen onder intellectuelen wordt expliciet het geloof zelf bevraagd.'

774 p. 202; Pinksterkerken zijn inmiddels een belangrijke politieke factor in Brazilië.

775 'Entrevista a Ivone Gebara, brasileña, monja y feminista' www.amerindiaenlared.org/contenido/2842/entrevista-a-ivone-gebara-brasilena-monja-y-feminista/ geraadpleegd 19 augustus 2018.

776 p. 207.

777 Rubem Alves, geciteerd door Gebara p.208.

778 Umberto Eco, geciteerd door Gebara p.210.

779 p. 211.

780 p. 212.

781 p. 213.

782 p. 214-215.

783 Voor een vergelijking van de rol van ervaring en lijden bij Gebara en Schillebeeckx, zie Kathleen McManus, 'Reconciling the Cross in the Theologies of Edward Schillebeeckx and Ivone Gebara', *Theological Studies* 66 (2005).

784 Keller (2003), p. 22, verwijzend naar Marcella Althaus-Reid, *Indecent Theology. Theological Perversions in Sex, Gender and Politics* Routledge, London/New York 2001, over de receptie van bevrijdingstheologie in het westen.

785 Vergelijk het nieuwe paradigma dat Henk Manschot voorstelt en zijn ecologische wetenschapskritiek, zie 3.4.3 mensen aarde.

786 Een bredere context voor Nederlandstalige ecotheologie heb ik in hoofdstuk 1 beschreven, iets van mijn eigen context in het voorwoord.

787 Zie 4.1.3 De drie-ene God in een tijd van klimaatverandering.

788 Michelle A. González, 'Review of *Longing for Running Water: Ecofeminism and Liberation* by Ivone Gebara (Minneapolis: Fortress Press, 1999)', *Journal of Hispanic / Latino Theology*, 10:3 (Feb. 2003), p. 78-80.

789 Vergelijk 2.4.5 De vrouw bij de bron.

790 Zie 2.2.7 Christus als Schepper.

791 Catherine Keller, *The Face of the Deep. A Theology of Becoming*, London: Routledge 2003, p. 22.

792 Catherine Keller, 'Eschatology, Ecology, and Green Ecumenacy', *Ecotheology* 2-1997, geciteerd in Arica Nutt, 'Eine theologische Praxis des Recycling. Ökologie, Gott und Geslecht bei Catherine Keller› in: *Feministische Theologie Politische Theologie. Entwicklungen und Perspektiven.* (red. Stefanie Schläfer-Bossert/Elisabeth Hartlieb), Ulrike Helmer Verlag 2012, p. 185.

793 Santmire (2006), p. 141-142.

794 Catherine Keller, *The Face of the Deep. A Theology of Becoming*, London: Routledge 2003.

795 Van den Brink en van der Kooi (2012), p. 189 e.v.

796 A.w. p. 195 vervolg citaat: Maar de keerzijde is dat de aarde zonder angst geëxploreerd, onderzocht en tot ontplooiing gebracht kan worden.

797 Keller (2003), p. xv cursivering door Keller.

798 Zie 2.2.1 vanuit de diepte, Genesis 1,2.

799 Judith Butler, *Gender Trouble. Feminism and the subversion of identity*, New York: Routledge 1990.

800 Catherine Keller, 'Dark Vibrations. Ecofeminism and the Democracy of Creation' (lezing 6 april 2005), www.users.drew.edu/ckeller/Dark-Vibe.pdf, geraadpleegd 25 februari 2018.

801 Zie 1.2.7 Postmodernisme.

802 Vooral Franse postmodernisten, Amerikaanse benadrukken verschillen tussen individuen. Keller staat in de Europese traditie.

803 Zie Jay McDaniel, 'Christianity (7f) – Process Theology', in: *Encyclopedia of Religion and Nature*, p.364-366 en Majorie Hewitt Suchocki, 'Process Theology', in: *Dictionary of Christian Theology*, p.410-412.

804 Catherine Keller, *From a Broken Web. Separation, Sexism, and Self*, Boston: Beacon Press1986.
805 Zie 2.2.1.
806 *Apocalypse Now and Then. A Feminist Guide to the End of the World*, Boston: Beacon Press 1996 en *God and Power. Counter-Apocalyptic Journeys*, Minneapolis: Fortress Press 2005.
807 *Apocalypse Now and Then*, p. 14, geciteerd in Benjamins (2017), p. 43.
808 Zie voor een uitleg van Openbaring: 2.4.4 een nieuwe aarde in Openbaring.
809 In 2.2.1 het worden van de kosmos, 2.2.5 Jobs lijden in context en 2.4.4 Een nieuwe aarde in Openbaringen.
810 Nutt (2012), p. 188-189.
811 Keller (2003), p. 31.
812 p. 36-39 en 79.
813 p. 81-82.
814 Wesley dichtte meer dan 6000 liederen, onder andere over de Geest broedend op de chaos, NLB 701 Zij zit als een vogel, zie 2.2.1.
815 p. xviii.
816 Van Wolde (2009), p. 20-21.
817 Keller (2003), p. 181.
818 p. 177 e.v.
819 p. 172, vertaling Rick Benjamins (2017).
820 Dat gebeurt mijns inziens bijvoorbeeld als methoden uit de sociale wetenschappen dominant worden in de theologie, zie 1.3.1.
821 Plato's scheppingsverhaal in de *Timaeus* stamt uit dezelfde periode als Genesis 1 en Justinus legde in de tweede eeuw een verband tussen beide, zie Keller (2003), p. 46.
822 Met name bij Derrida's begrip 'spoor' en bij Deleuzes begrip 'vouw', en bij de chaostheorie in de interpretatie van Progognes, p. 188.
823 Zie 2.2.1 Schepping uit het niets, strijd tegen het kwaad, moedermoord?
824 p. 194.
825 p. 188.
826 p. 188.
827 p. 189-190.
828 p. 190.
829 p. 190.
830 Harari (2011).
831 p. 191.
832 p. 198.
833 Zie 2.2.1 Een nieuwe lezing van Genesis 1.
834 p. 198.
835 p. 196.
836 Hadewijch, *Liederen* (vertaald en toegelicht door Veerle Fraeters en Frank Willaert), Groningen: Historische Uitgeverij 2009, lied 41, 5^{e} strofe, p. 303.
837 p. 199.
838 Cusa geciteerd door Keller p.202; in Catherine Keller, *Cloud of the Impossibe. Negative Theology and the Planetary Entanglment* Columbia University Press 2014 gaat ze uitvoeriger in op zijn mystiek.
839 p. 210-211.
840 p. 203.
841 p. 206.
842 p. 212.
843 p. xvi.
844 p. 65-83.
845 Het oude idee dat door mens te worden God zichzelf ontledigd heeft, gebaseerd op o.a. Filippenzen 2,6-8.

846 p. 216-217.
847 p. 89-90.
848 p. 214.
849 Nataliteit is een term van filosofe Hanna Arendt.
850 Peacock geciteerd door Keller p. 191.
851 p. 219.
852 De wereld is niet eenvoudigweg *capax dei*, maar God is *capax mundi*. Tehom en Elohim kunnen gezien worden, zo niet als personen, dan als capaciteiten van oneindig worden. p. 219.
853 p. 214-215.
854 p. 44.
855 p. 51.
856 p. 220.
857 p. 223.
858 p. 63.
859 p. 63.
860 p. 19.
861 Catherine Keller, *Intercarnations. Exercises in Theological Possibility*, Minneapolis: Fortress Press 2017.
862 Benjamins (2017), p. 124.
863 Twee systematisch theologen onafhankelijk van elkaar, de een mondeling, de ander in een e-mail.
864 p. 172.
865 Hilda Koster, 'Creation as Gift. Tanner's Theology of God's Ongoing Gift-Giving as an Ecological Theology' in: *The Gift of Theology. The Contribution of Kathryn Tanner* (red. Rosemary P. Carbine, Hilda P. Koster), Minneapolis: Fortress Press 2015.
866 Zie 3.4.1 De gaarde een woestijn?
867 Zie ook 3.4.3 en 3.5.
868 Zie ook 4.1 McFague en 4.2 Gebara.
869 Zie 4.4.
870 Bijvoorbeeld bij Thomas Berry en Elisabeth A. Johnson.
871 Hilda. P. Koster (2015) p.268, verwijzend naar Cobb and Griffin *Process Theology*, p. 52-54.
872 Maaike de Haardt '... *een innig fluistren'. Over hoop, verlangen en verandering*. (afscheidsrede), Radboud Universiteit 2018.
873 Een term van bevrijdingstheoloog Jon Sobrino.
874 Derek Michaud, 'Chaos and "Tehomofobia"', *JCRT* 4.3, augustus 2003, p. 117.
875 Michaud (2003), p. 115.
876 Catherine Keller in haar lezing 10 maart 2017 in Utrecht.
877 Bijvoorbeeld Kathryn Tanner, Celia Deanne-Drummond, Sarah Coakley.
878 www.iocs.cam.ac.uk/about/research-affiliates/ geraadpleegd 12-9-2018.
879 Bijvoorbeeld als ze verwijst naar 'de huisvrouw die een kruisteken maakt over het brood alvorens het aan te snijden, of de grootmoeder die het vee bewierookt tijdens haar avondgebeden' (4.4.2) en naar moeder Theodora (onder het tussenkopje 'ascese als het juiste gebruik van de dingen').
880 *The Cambridge Companion to Orthodox Christian Theology* (rec. Mary B. Cunningham, Elizabeth Theokritoff) Cambridge: Cambridge University Press 2009; Elizabeth Theokritoff, *Living in God's Creation. Orthodox Perspectives on Ecology*, New York: St. Vladimir's Seminary Press 2009.
881 Bijv. 'Working salvation in the midst of the earth', college in 2018, zie: www.youtube.com/watch?v=JNnclcJgC38 en www.youtube.com/watch?v=BQmRCdowbW8 geraadpleegd 12 september 2018.
882 Voor deze paragraaf heb ik gebruikgemaakt van: Mary Cunningham and Elizabeth Theokritoff 'Who are the Orthodox Christians?' in: *The Cambridge Companion to Orthodox Christian Theology*; 'Orthodox theology' in: *The Cambridge Dictionary*

of Christian Theology, Cambridge: Cambridge University Press, 2011, p.358-360; 'Christianity (6b1) – Christian Orthodoxy' en Christianity (6b2) – Greek Orthodox' in: *The Encyclopedia of Religion and Nature*, p.333-341; John Chryssavgis, 'The Earth as Sacrament. Insights from Orthodox Christian Theology and Spirituality', in: *The Oxford Handbook of Religion and Ecology.*
883 Vanuit de Russische kerk bijvoorbeeld in Siberië, China, Japan, Korea en Alaska.
884 Cunningham en Theokritoff (2011), p. 7.
885 Zie ook 2.2.6 en 2.2.7 en Celia Deane-Drummond, 'Sophia. The Feminine Face of God as a Metaphor for an Ecotheology', in: *Feminist Theology* 1995.
886 Zoals Athanasius van Alexandrië, Basilius van Caesarea, Gregorius van Nyssa, Gregorius van Nazianze, Maximus Confessor, Dionysius de Areopagiet, Gregorius Palamas.
887 Cunningham en Theokritoff (2011), p. 16.
888 Cunningham en Theokritoff (2011), p. 6.
889 Gösta Hallonsten, 'Ex oriente lux? Recent developments in Eastern Orthodox Theology', *Svensk teologisk kvartalskrift* 89.1 (2013), p.42.
890 Hallonsten (2013), p. 34.
891 Hallonsten (2013), p. 31.
892 Hallonsten (2013), p. 41.
893 www.ec-patr.org/athp/index.php?lang=en en www.ec-patr.org/docdisplay.php?lang=en&cat=10 geraadpleegd 12 september 2018.
894 *Encyclopedia of Religion and Nature* (ERN), p.338-340.
895 ERN, p. 334.
896 ERN, p. 335.
897 ERN, p. 336.
898 John Chryssavgis, 'The Earth as Sacrament. Insights from Orthodox Christian Theology and Spirituality', in: *The Oxford Handbook of Religion and Ecology* (2006), p. 92-114.
899 Chryssavgis (2006), p.97.
900 ERN, p. 337.
901 ERN, p. 335-337.
902 ERN p. 336.
903 ERN, p. 336.
904 Theokritoff (2009), p.9, voorwoord door Peter Bouteneff.
905 Daniel Munteanu 'Elizabeth Theokritoff Living in God's Creation. Rezension.' in: *International Journal of Orthodox Theology* 1:2 (2010), p.192.
906 p. 28.
907 p. 22.
908 p. 18.
909 Zie 1.2.1 Antropocentrisme en exploitatie (White en Morton).
910 p. 27.
911 p. 29.
912 p. 30.
913 p. 32.
914 p. 26.
915 p. 33.
916 p. 35.
917 p. 42; het Woord is de *logos*, zie 2.2.7 incarnatie van het Woord/de Wijsheid, Johannes 1.
918 p. 50.
919 p. 46.
920 p. 54.
921 p. 51.
922 Een notie die tot in de reformatie christelijk gemeengoed was, zie 1.2.2.
923 p. 59.

924 p. 62.
925 p. 59.
926 Zie 1.2.2.
927 p. 90.
928 p. 66.
929 p. 67.
930 p. 70 Koning zijn mensen alleen indien ze zijn 'gekleed in het purper van de deugd en de kroon van gerechtigheid' dragen.
931 p. 69-70.
932 Zie 2.2.1 'Onder gezag brengen' en 'Heersen over de dieren'?
933 p. 72.
934 p. 74.
935 Zoals in de psalmen, zie ook 2.2.4.
936 p. 79.
937 p. 80.
938 Zie ook 2.2.2 Verloren paradijs?
939 p. 84.
940 p. 84.
941 p. 85.
942 p. 89.
943 p. 90.
944 p. 95.
945 p. 99.
946 p. 102-103.
947 p. 104.
948 p. 105.
949 p. 107.
950 *De Regel van Sint- Benedictus, vertaald door Vincent Hunink*, Amsterdam: Athenaeum-Polak & Van Gennep 2000, hoofdstuk 31, p.46; geciteerd door Theokritoff op p.110 (zij verwijst abusievelijk naar hoofdstuk 21).
951 p. 113.
952 p. 119.
953 p. 120.
954 Of een levensverhaal strikt historisch is, is daarbij niet zo belangrijk, zegt Theokritoff. Het drukt het geloof van de gemeenschap uit die het overgeleverd heeft. Zie ook Helen Waddell, *Beasts and Saints*.
955 p. 121.
956 Erenaam voor de vrouw van en priester, Russisch voor 'mama'.
957 p. 127-128.
958 p. 129.
959 p. 138; Ook de Bijbel denkt niet in termen van dierenrechten, maar van plichten van mensen ten opzichte van dieren, zie 2.3 God en de dieren.
960 p. 145; zie Marcus 9:2-13 over de gedaanteverandering van Jezus voor de ogen van enkele van zijn leerlingen; voor de schepping die God prijst zie 2.2.4 de schepping zingt: de psalmen.
961 p. 146.
962 p. 146.
963 p. 149.
964 p. 150.
965 p. 153.
966 p. 153.
967 p. 156.
968 In de vertaling die de Grieks-Orthodoxe kerk gebruikt, de Septuagint, is dat Psalm 103.

969 p. 157; zie ook 2.2.4 de schepping zingt.
970 p. 159-160.
971 p. 155.
972 p. 161.
972a p. 164.
973 p. 165; zie Matteüs 27,45.51.
974 Kolossenzen 1,15, zie 2.2.7 Christus als schepper.
975 p. 181.
976 Uit de Vespers op dinsdag in de eerste week van de veertigdagentijd/Vasten, geciteerd op p. 171.
977 p. 173.
978 p. 178.
979 Voor het land dat rouwt zie 2.4.2 over Hosea 4,3 en 2.4.3 over Joël 1,10.
980 p. 180.
981 Ik gebruik het woord eucharistie en niet avondmaal, omdat de orthodoxe visie op sacramenten dichter bij de katholieke dan bij de protestantse theologie ligt, en om het omslachtige 'eucharistie/avondmaal' te vermijden.
982 p. 184.
983 Vergelijk het zondvloedgebed in de protestantse kerken.
984 p. 187.
985 p. 189.
986 p. 189.
987 p. 190.
988 p. 191.
989 p. 194.
990 p. 195-196.
991 p. 198.
992 p. 198-199.
993 p. 200-201.
994 p. 204.
995 p. 205-206.
996 p. 206-207.
997 p. 208.
998 p. 213.
999 Cunningham en Theokritoff (2011), p.11.
1000 De vroege kerkvaders, zoals Maximus Confessor, associeerden Sofia/Wijsheid echter nog wel met de Logos, maar na het concilie van Efeze (431) werd ze gaandeweg steeds meer met Maria verbonden, zie: Deane-Drummond (2008), p. 63.
1001 Zie 4.1.3 De drie-ene God in een tijd van klimaatverandering.
1002 Sarah Coakley, *The New Ascetism. Sexuality, Gender and the Quest for God*, London: Bloomsbury 2015.
1003 Deane-Drummond (2008), p. 161; p. 63-65 voor een samenvatting van de theologie van Bulgakov; de voornaam van Sergii Bulgakov wordt ook geschreven als Sergei of Sergius.
1004 In het Grieks: o logos sarx egeneto.
1005 Zie 2.2.7 Christus als schepper.
1006 Keller (2003), p. 63.
1007 En/of God en/of de Geest.
1008 Zie 4.3.5 Als het lichaam van Christus zich opent.
1009 Deane-Drummond (2008), p. 100.
1010 Voor een bespreking van de vragen rond niet-menselijk lijden, al dan niet inherent aan het proces van de evolutie, zie Deane-Drummond (2008) p. 114-130: 'Ecology and Theodicy' en Van den Brink (2016), p. 142-181: 'Evolutionair lijden en de goedheid van God'.

1011 Zie ook: Zorgdrager, Heleen *Gewoon goddelijk. Theosis als oecumenisch zoekontwerp voor een inclusief denken over verlossing.* (oratie) PThU, 2014.
1012 Zie 4.3.5 Als het lichaam van Christus zich opent.
1013 Zie www.transitieboxtel.nl, www.eetbaarboxtel.nl en www.dekleineaarde.nl.
1014 Zie www.repaircafe.org.
1015 o.a. Marcus 6, 30-44.
1016 Zie 2.3.2 Het leven van dieren en mensen is kostbaar.
1017 In Boxtel is dit een tuin met planten uit de Bijbel, voor verschillende soorten kerktuinen zie www.samen-aan-tafel.nl/kerktuinen geraadpleegd 18 december 2018.
1018 Zie *Liedboek (*2013), lied 718 en 3.4.2 *Laudato Si'.*
1019 Zie 2.2.4 De schepping zingt: de psalmen.
1020 Zie 2.2.1 Het worden van de kosmos: Genesis 1-2,4 en 3.3.2 snelle modernisering.
1021 Zie 1.3 De taak van de theologie en 3. Nederlandstalige ecotheologie.
1022 *Liedboek* (2013), lied 841.
1023 *Liedboek* (2013), lied 978; Het begin 'Aan u behoort, o Heer der heren, de aarde met haar wel en wee', suggereert helaas een godsbeeld van mannelijke heerschappij. Voor de bezwaren daartegen zie hoofdstuk 4.
1024 Zie 4.2.2 Een andere manier van kennen.
1025 Zie 3.4.3 Mensen aarden.

Register van personen en zaken

Reacties op *Groene theologie*

Een mijlpaal. Dit is het boek waarop iedereen in en rond de kerken die 'groen' denkt, heeft gewacht. Het boek biedt niet alleen een kritische samenvatting van het denken over theologie, geloof en duurzaamheid, maar het is zeker ook een inspiratiebron voor de toekomst.
FRIESCH DAGBLAD

... een fantastisch mooi, hoogst actueel en aanstekelijk geschreven boek. Het is een rijpe vrucht van theologische reflectie en eruditie.
PROF. DR. HELEEN ZORGDRAGER

Een zeer aanbevelenswaardig boek, dat wezenlijke onderwerpen aanroert en kerken kan helpen klimaatverandering theologisch te bevechten. Het is ook nog eens zeer goed en leesbaar geschreven.
PREDIKANT EN SAMENLEVING

In de lijn van de encycliek Laudato Si' van paus Franciscus stelt dit boek aan de orde dat het aantasten van de ecologische samenhang ook een aantasting van de menselijke waardigheid inhoudt, die het eerste en het zwaarste gevoeld wordt door de armen. Groene Theologie *nodigt uit om mondiaal te denken en lokaal te handelen.*
PASTOR WILFRED VAN NUNEN

Een inspirerend boek.
BENEDICTIJNS TIJDSCHRIFT

Verplichte kost voor elke theoloog of theologisch geïnteresseerde.
GERARD MOORMAN (KONFERENTIE NEDERLANDSE RELIGIEUZEN)

Met dit belangwekkende boek opent Van Montfoort het terrein van de ecologische theologie. Ze maakt overtuigend duidelijk dat theologie een wezenlijke bijdrage kan leveren aan de ecologische discussie en aan het denken en doen over duurzaamheid.
NIEUWWIJ

Ecologie staat hoog op de maatschappelijke agenda. Maar niet op die van de Nederlandse theologie. Trees van Montfoort voorziet in die leemte met een prachtig boek, ... Wat een inspirerend werk!
PIETVANDIE.NL